Rhino 6.0 完全自学一本通

中文版

孟令明 彭菲 李鹏飞 编著

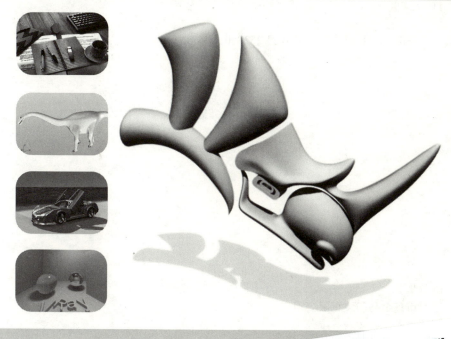

电子工业出版社
Publishing House of Electronics Industry
北京·BEIJING

内 容 简 介

本书从软件的基本应用及行业知识入手，以 Rhino 软件的应用为主线，以实例为引导，按照由浅入深、循序渐进的方式，讲解模型的设计技巧。

本书提供了设计案例的演示视频，还提供了全部案例的素材文件和设计结果文件，协助读者完成全书案例的操作。扫描封底上的二维码，关注"有艺"公众号，在"有艺学堂"的"资源下载"中可获取下载链接。

未经许可，不得以任何方式复制或抄袭本书之部分或全部内容。
版权所有，侵权必究。

图书在版编目（CIP）数据

Rhino 6.0 中文版完全自学一本通 / 孟令明，彭菲，李鹏飞编著. -- 北京：电子工业出版社，2019.7
ISBN 978-7-121-35384-0

Ⅰ. ①R… Ⅱ. ①孟… ②彭… ③李… Ⅲ. ①产品设计－计算机辅助设计－应用软件
Ⅳ. ① TB472-39

中国版本图书馆 CIP 数据核字 (2018) 第 252850 号

责任编辑：赵英华
印　　刷：三河市鑫金马印装有限公司
装　　订：三河市鑫金马印装有限公司
出版发行：电子工业出版社
　　　　　北京市海淀区万寿路 173 信箱　邮编：100036
开　　本：787×1092　1/16　印张：37.25　字数：956.8 千字
版　　次：2019 年 7 月第 1 版
印　　次：2019 年 7 月第 1 次印刷
定　　价：89.00 元

凡所购买电子工业出版社图书有缺损问题，请向购买书店调换。若书店售缺，请与本社发行部联系，联系及邮购电话：(010) 88254888，88258888。
质量投诉请发邮件至 zlts@phei.com.cn，盗版侵权举报请发邮件至 dbqq@phei.com.cn。
本书咨询联系方式：(010) 88254161~88254167 转 1897。

前言
PRAFACE

　　Rhino 是一套工业产品设计及动画场景设计师们所钟爱的概念设计与造型的强大工具集，广泛地应用于三维动画制作、工业设计、科研制图及机械设计等领域。它能轻易整合 3ds Max 与 Softimage 的模型功能，对要求精细、弹性与复杂的 3D NURBS 模型，有点石成金的效能。

　　Rhino 是第一套将 NURBS 造型技术的强大且完整的功能引入 Windows 操作系统中的软件。

本书内容

　　本书基于 Rhino 6.0，全面详解其造型功能与应用方法，由浅到深、循序渐进地介绍了 Rhino 及其插件的基本操作及命令的使用，并配合大量的制作实例，使用户能更好地巩固所学知识。

　　全书共 13 章，章节内容安排如下。

　　第 1 章：介绍 Rhino 软件的安装方法、该软件的特点和 Rhino 6.0 的新功能，介绍 Rhino 中模型的输入与输出方法和支持格式。

　　第 2 章：详细讲解 Rhino 的变动工具。变动工具是快速建模必不可少的重要作图工具。

　　第 3~8 章：主要介绍 Rhino 6.0 曲线绘制与编辑、基本曲面造型、高级曲面造型，以及实体造型、编辑与操作等。

　　第 9~11 章：主要介绍 Rhino 6.0 渲染器、KeyShot 渲染器和 V-Ray for Rhino 渲染器的基本渲染功能。

　　第 12 章：本章主要介绍 Rhino 6.0 的珠宝设计插件 RhinoGold 的设计界面、设计工具的基本用法，让珠宝设计爱好者更容易掌握 RhinoGold 的使用技巧。

　　第 13 章：本章针对 3 个产品造型设计进行练习，帮助大家熟悉 Rhino 的功能指令，并掌握 Rhino 在实战中的应用技巧。

本书特色

　　本书定位于初学者，旨在为产品造型工程师、家具设计师、鞋类设计师、家用电器设计者打下良好的三维工程设计基础，同时让读者学习到相关专业的基础知识。

　　本书从软件的基本应用及行业知识入手，以 Rhino 6.0 软件的模块和插件程序的应用为主线，以实例为引导，按照由浅入深、循序渐进的方式，讲解软件的新特性和软件操作方法，使读者能快速掌握软件设计技巧。

本书的特色在于：
- 功能指令全。
- 穿插海量典型实例。
- 附赠大量的教学视频，帮助读者轻松学习。
- 附赠大量有价值的学习资料及练习内容，帮助读者充分利用软件功能进行相关设计。

本书适合从事工业产品设计、珠宝设计、制鞋、建筑及机械工程设计等专业的技术人员，想快速提高 Rhino 6.0 造型技能的爱好者，也可作为大中专和相关培训学校的教材。

作者信息

本书由水利部松辽水利委员会水文局水文管理处的孟令明、松辽流域水资源保护局工程师彭菲和吉林省人事考试中心高级工程师李鹏飞编著。感谢你选择了本书，希望我们的努力对你的工作和学习有所帮助，也希望你把对本书的意见和建议告诉我们。

读者服务

读者在阅读本书的过程中如果遇到问题，可以关注"有艺"公众号，通过公众号与我们取得联系。此外，通过关注"有艺"公众号，您还可以获取更多的新书资讯、书单推荐、优惠活动等相关信息。

扫一扫关注"有艺"

资源下载方法：关注"有艺"公众号，在"有艺学堂"的"资源下载"中获取下载链接，如果遇到无法下载的情况，可以通过以下三种方式与我们取得联系。

1. 关注"有艺"公众号，通过"读者反馈"功能提交相关信息；
2. 请发邮件至 art@phei.com.cn，邮件标题命名方式：资源下载+书名；
3. 读者服务热线：（010）88254161~88254167 转 1897。

投稿、团购合作：请发邮件至 art@phei.com.cn。

目录 CONTENTS

第1章 Rhino 6.0 造型基础 1
  1.1 Rhino 6.0 概述 2
    1.1.1 Rhino 6.0 界面 2
    1.1.2 Rhino 建模的相关术语 3
  1.2 Rhino 坐标系统 6
    1.2.1 坐标系 6
    1.2.2 坐标输入方式 7
  1.3 工作平面 11
    1.3.1 设置工作平面原点 12
    1.3.2 设置工作平面高度 13
    1.3.3 设定工作平面至物件 14
    1.3.4 旋转工作平面 16
    1.3.5 以其他方式设定工作平面 17
  1.4 工作视窗配置 21
    1.4.1 预设工作视窗 22
    1.4.2 导入背景图片辅助建模 25
    1.4.3 添加一个图像平面 30
  1.5 视图操作 31
    1.5.1 视图操控 31
    1.5.2 设置视图 33
  1.6 可见性 33

第2章 物件的变动 35
  2.1 复制类工具 36
    2.1.1 移动 36
    2.1.2 复制 38
    2.1.3 旋转 39
    2.1.4 缩放 42
    2.1.5 倾斜 44
    2.1.6 镜像 44
    2.1.7 阵列 45
  2.2 对齐与扭曲工具 52
    2.2.1 对齐 52
    2.2.2 扭曲 54
    2.2.3 弯曲 56

2.3 合并和打散工具 57
2.3.1 组合 57
2.3.2 群组 58
2.3.3 合并边缘 59
2.3.4 合并曲面 61
2.3.5 打散 62
2.4 实战案例——电动玩具拖车造型 62

第 3 章 曲线绘制与编辑 67
3.1 构建基本曲线 68
3.1.1 绘制直线 68
3.1.2 绘制自由造型曲线 77
3.1.3 绘制圆 79
3.1.4 绘制椭圆 79
3.1.5 绘制多边形 81
3.2 绘制文字 82
3.3 曲线延伸 83
3.3.1 延伸曲线（延伸到边界） 84
3.3.2 曲线连接 86
3.3.3 延伸曲线（平滑） 87
3.3.4 以直线延伸 87
3.3.5 以圆弧延伸至指定点 88
3.3.6 以圆弧延伸（保留半径） 89
3.3.7 以圆弧延伸（指定中心点） 89
3.3.8 延伸曲面上的曲线 90
3.4 曲线偏移 91
3.4.1 偏移曲线 91
3.4.2 往曲面法线方向偏移曲线 95
3.4.3 偏移曲面上的曲线 97
3.5 混接曲线 97
3.5.1 可调式混接曲线 98
3.5.2 弧形混接曲线 99
3.5.3 衔接曲线 102
3.6 曲线修剪 103
3.6.1 修剪与切割曲线 104
3.6.2 曲线的布尔运算 104
3.7 曲线倒角 105
3.7.1 曲线圆角 105
3.7.2 曲线斜角 106
3.7.3 全部圆角 107
3.8 曲线优化工具 107

   3.8.1 调整封闭曲线的接缝 ································· 107
   3.8.2 从两个视图的曲线 ································· 110
   3.8.3 从断面轮廓线建立曲线 ····························· 111
   3.8.4 重建曲线 ·· 112
  3.9 实战案例——绘制零件图形 ······························ 115

第 4 章 基本曲面造型设计 ··· 119
  4.1 平面曲面 ·· 120
   4.1.1 指定三个或四个角建立曲面 ························· 120
   4.1.2 矩形平面 ·· 121
  4.2 挤出曲面 ·· 127
   4.2.1 直线挤出 ·· 127
   4.2.2 沿着曲线挤出 ···································· 137
   4.2.3 挤出至点 ·· 139
   4.2.4 挤出成锥状 ······································ 139
   4.2.5 彩带 ·· 140
   4.2.6 往曲面法线方向挤出曲面 ··························· 141
  4.3 旋转曲面 ·· 142
   4.3.1 旋转成形曲面 ···································· 142
   4.3.2 沿着路径旋转曲面 ································ 144
  4.4 实战案例——无线电话建模 ······························ 146

第 5 章 高级曲造型设计 ··· 153
  5.1 放样曲面 ·· 154
  5.2 边界曲面 ·· 158
   5.2.1 以平面曲线建立曲面 ······························· 158
   5.2.2 以两条、三条或四条边缘曲线建立曲面 ················ 160
   5.2.3 嵌面 ·· 160
   5.2.4 以网线建立曲面 ·································· 163
  5.3 扫掠曲面 ·· 165
   5.3.1 单轨扫掠 ·· 165
   5.3.2 双轨扫掠 ·· 169
  5.4 在物件表面产生布帘曲面 ································ 173
  5.5 实战案例——刨皮刀曲面造型 ···························· 173

第 6 章 曲面操作与编辑 ··· 185
  6.1 延伸曲面 ·· 186
  6.2 曲面倒角 ·· 187
   6.2.1 曲面圆角 ·· 187
   6.2.2 不等距曲面圆角 ·································· 188
   6.2.3 曲面斜角 ·· 191
   6.2.4 不等距曲面斜角 ·································· 192

6.3 曲面的连接 193
　　6.3.1 连接曲面 193
　　6.3.2 混接曲面 194
　　6.3.3 不等距曲面混接 197
　　6.3.4 衔接曲面 197
　　6.3.5 合并曲面 201
6.4 曲面偏移 202
　　6.4.1 偏移曲面 202
　　6.4.2 不等距偏移曲面 204
6.5 其他曲面编辑工具 207
　　6.5.1 设置曲面的正切方向 207
　　6.5.2 对称 207
　　6.5.3 在两个曲面之间建立均分曲面 208
6.6 实战案例——太阳能手电筒造型设计 208
　　6.6.1 构建灯头部分 209
　　6.6.2 构建手柄和尾勾部分 215

第7章 实体工具造型设计 223

7.1 实体概述 224
7.2 立方体 225
　　7.2.1 立方体：角对角、高度 225
　　7.2.2 立方体：对角线 227
　　7.2.3 立方体：三点、高度 228
　　7.2.4 立方体：底面中心点、角、高度 229
　　7.2.5 边框方块 229
7.3 球体 230
　　7.3.1 球体：中心点、半径 231
　　7.3.2 球体：直径 231
　　7.3.3 球体：三点 232
　　7.3.4 球体：四点 232
　　7.3.5 球体：环绕曲线 234
　　7.3.6 球体：从与曲线正切的圆 235
　　7.3.7 球体：逼近数个点 236
7.4 椭圆体 237
　　7.4.1 椭圆体：从中心点 237
　　7.4.2 椭圆体：直径 238
　　7.4.3 椭圆体：从焦点 239
　　7.4.4 椭圆体：角 240
　　7.4.5 椭圆体：环绕曲线 241
7.5 锥形体 242
　　7.5.1 抛物面锥体 243

7.5.2 圆锥体 244
7.5.3 平顶锥体（圆台） 245
7.5.4 金字塔（棱锥） 246
7.5.5 平顶金字塔（棱台） 247
7.6 柱形体 248
7.6.1 圆柱体 248
7.6.2 圆柱管 249
7.7 环形体 250
7.7.1 环状体 250
7.7.2 环状圆管（平头盖） 251
7.7.3 环状圆管（圆头盖） 254
7.8 挤出实体 254
7.8.1 挤出封闭的平面曲线 254
7.8.2 挤出建立实体 256
7.9 实战案例——苹果电脑机箱造型 264
7.9.1 前期准备 265
7.9.2 创建机箱模型 267
7.9.3 创建机箱细节 271
7.9.4 分层管理 276

第 8 章 实体编辑与操作 277
8.1 布尔运算工具 278
8.1.1 布尔运算联集 278
8.1.2 布尔运算差集 279
8.1.3 布尔运算交集 280
8.1.4 布尔运算分割 283
8.1.5 布尔运算两个物件 284
8.2 工程实体工具 284
8.2.1 不等距边缘圆角 284
8.2.2 不等距边缘斜角 288
8.2.3 封闭的多重曲面薄壳 289
8.2.4 洞 291
8.2.5 文字 300
8.3 成形实体工具 301
8.3.1 线切割 301
8.3.2 将面移动 302
8.4 曲面与实体转换工具 303
8.4.1 自动建立实体 303
8.4.2 将平面洞加盖 305
8.4.3 抽离曲面 305
8.4.4 合并两个共平面的面 306

8.4.5 取消边缘的组合状态 306
8.5 操作与编辑实体工具 307
    8.5.1 打开实体物件的控制点 307
    8.5.2 移动边缘 313
    8.5.3 将面分割 314
    8.5.4 将面摺叠 314
8.6 实战案例——"哆啦A梦"存钱罐造型 316
    8.6.1 创建主体曲面 316
    8.6.2 添加上部分细节 325
    8.6.3 添加下部分细节 330

第9章 Rhino 基本渲染 333

9.1 Rhino 渲染概述 334
    9.1.1 渲染类型 334
    9.1.2 渲染前的准备 334
    9.1.3 Rhino 渲染工具 335
    9.1.4 渲染设置 335
9.2 显示模式 336
9.3 材质与颜色 338
    9.3.1 赋予材质的方式 338
    9.3.2 赋予物件材质 343
    9.3.3 编辑材质 346
    9.3.4 匹配材质属性 350
    9.3.5 设定渲染颜色 350
9.4 赋予渲染物件 351
    9.4.1 赋予渲染圆角 351
    9.4.2 赋予渲染圆管 352
    9.4.3 赋予装饰线 354
    9.4.4 赋予置换贴图 356
9.5 贴图与印花 357
    9.5.1 通过【切换贴图面板】贴图 357
    9.5.2 贴图轴 359
    9.5.3 程序贴图（印花） 367
9.6 环境与地板 370
    9.6.1 环境 370
    9.6.2 地板 372
9.7 光源 373
    9.7.1 灯光类型 373
    9.7.2 编辑灯光 378
    9.7.3 天光和太阳光 380
9.8 综合实战——可口可乐瓶渲染 382

第 10 章 KeyShot for Rhino 渲染技术 389

10.1 KeyShot 渲染器简介 390
10.2 KeyShot 7.0 软件安装 391
10.3 认识 KeyShot 7.0 界面 394
10.3.1 窗口管理 394
10.3.2 视图控制 395
10.4 材质库 396
10.4.1 赋予材质 397
10.4.2 编辑材质 398
10.4.3 自定义材质库 400
10.5 颜色库 402
10.6 灯光 402
10.6.1 利用光材质作为光源 402
10.6.2 编辑光源材质 405
10.7 环境库 405
10.8 背景库和纹理库 406
10.9 渲染 406
10.9.1 【输出】渲染设置类别 407
10.9.2 【选项】渲染设置类别 409
10.10 实战案例——"成熟的西瓜"渲染 410

第 11 章 渲染巨匠 V-Ray for Rhino 417

11.1 V-Ray for Rhino 6.0 渲染器简介 418
11.1.1 V-Ray for Rhino 6.0 软件安装 418
11.1.2 【VRay 大工具栏】选项卡 420
11.1.3 V-Ray 资源编辑器 420
11.2 布置渲染场景 421
11.3 光源、反光板与摄像机 422
11.3.1 光源的布置要求 422
11.3.2 设置 V-Ray 环境光 423
11.3.3 布置 V-Ray 主要光源 425
11.3.4 设置摄像机 430
11.4 V-Ray 材质与贴图 431
11.4.1 材质的应用 432
11.4.2 V-Ray 材质的赋予 435
11.4.3 材质编辑器 438
11.4.4 【VRay 双向反射分布 BRDF】设置 438
11.4.5 【材质选项】设置 445
11.4.6 【纹理贴图】设置 445
11.4.7 V-Ray 渲染器设置 446
11.5 实战案例——V-Ray 材质质感表现 459

11.5.1 布置光源 ································· 459
11.5.2 赋予材质 ································· 461

第 12 章 RhinoGold 珠宝设计 ·············· 469

12.1 RhinoGold 概述 ································· 470
12.1.1 RhinoGold 6.6 软件的下载与安装 ······ 470
12.1.2 RhinoGold 6.6 设计工具 ··············· 472
12.2 利用变动工具设计首饰 ······················ 473
12.3 宝石工具 ·· 481
12.3.1 创建宝石 ································· 481
12.3.2 排石 ·· 485
12.3.3 珍珠与蛋面宝石 ························ 488
12.4 珠宝工具 ·· 490
12.4.1 戒指设计 ································· 491
12.4.2 宝石镶脚设置 ···························· 498
12.4.3 链、挂钩和吊坠 ························ 508
12.5 实战案例 ·· 517
12.5.1 绿宝石群镶钻戒设计 ·················· 517
12.5.2 三叶草坠饰设计 ························ 523

第 13 章 工业产品设计综合案例 ············ 527

13.1 兔兔儿童早教机建模 ·························· 528
13.1.1 添加背景图片 ···························· 528
13.1.2 创建兔头模型 ···························· 529
13.1.3 创建身体模型 ···························· 537
13.1.4 创建兔脚模型 ···························· 539
13.2 制作电吉他模型 ······························· 545
13.2.1 创建主体曲面 ···························· 546
13.2.2 创建琴身细节 ···························· 554
13.2.3 创建琴弦细节 ···························· 565
13.2.4 创建琴头细节 ···························· 568
13.3 制作恐龙模型 ·································· 570
13.3.1 创建恐龙主体曲面 ····················· 571
13.3.2 制作恐龙头部 ···························· 573
13.3.3 创建恐龙腿部曲面 ····················· 580

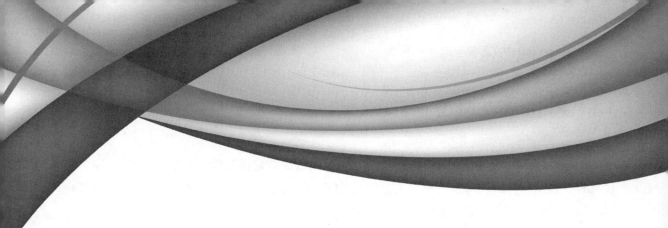

第 1 章
Rhino 6.0 造型基础

本章内容

本章主要结合最新发布的 Rhino 6.0，介绍 Rhino 软件的安装操作方法、该软件的特点和 Rhino 6.0 的新功能，以及 Rhino 中模型的输入与输出方法和支持格式。希望读者通过本章的学习，能对 Rhino 软件有一个初步的认识。

知识要点

- ☑ Rhino 6.0 概述
- ☑ Rhino 坐标系统
- ☑ 工作平面
- ☑ 工作视窗配置
- ☑ 视图操作
- ☑ 可见性

1.1 Rhino 6.0 概述

Rhino 6.0 是一款基于 NURBS 开发的功能强大的高级建模软件，新增 Grasshopper 参数化插件、连续性控制调节自动连续实时预览功能，面或体增加渲染实体功能。Rhino 软件也是三维设计师们所说的犀牛软件。

1.1.1 Rhino 6.0 界面

打开 Rhino 6.0 软件，将看到它的工作界面大致由文本命令操作窗口、图标命令面板及中心区域的四个视图构成（顶视图、前视图、右视图、透视图）。用户界面的具体结构如图 1-1 所示。

1. 菜单栏

菜单栏是文本命令的一种，与图标命令方式不同，它囊括了各种各样的文本命令与帮助信息，用户在操作中可以直接通过选择相应的命令菜单项来执行相应的操作。

2. 命令监视区

监视各种命令的执行状态，并以文本形式显示出来。

3. 命令输入区

接受各种文本命令输入，提供命令参数设置。命令监视区与命令输入区又并称为命令提示行，在使用工具或命令的同时，提示行中会做出相应的更新。

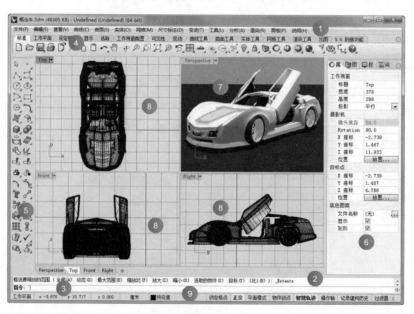

图 1-1　Rhino 6.0 工作界面

4. 工具列群组

工具列群组汇聚了一些常用选项卡命令，以图标的形式提供给用户，提高工作效率。可以添加工具列或者移除工具列。

5. 边栏工具列（简称"边栏"）

在边栏工具列中列出了常用建模指令，包括点、曲线、网格、曲面、布尔运算、实体及其他变动指令。

6. 辅助工具列

辅助工具列的功能类似于其他软件中的控制面板，在选取视图中的物件的时候，可以查看它们的属性，分配各自的图层，以及在使用相关命令或工具的时候可以查看该命令或工具的帮助信息。

7. 透视图

以立体方式展现正在构建的三维对象，展现方式有线框模式、着色模式等。用户可以在此视图中旋转三维对象，从各个角度观察正在创建的对象。

8. 正交视图

这三个正交视图（Top 视图、Right 视图、Front 视图），分别从不同的方位展现正在构建的对象，合理地布置分配要创建模型的方位，并通过这些正交视图来更好地完成较为精确的建模。另外，需要注意的是，这些视图在工作区域的排列不是固定不变的，还可以添加更多的视图，比如后视图、底视图、左视图等。

> **技术要点：**
> 透视图窗口和三个正交视图窗口组合成"工作视窗"。

9. 状态栏

状态栏主要用于显示某些信息或控制某些项目，这些项目有工作平面坐标信息、工作图层、锁定格点、物件锁点、智慧轨迹、记录构建历史等。

1.1.2 Rhino 建模的相关术语

在讲解 Rhino 3D 中的工具命令之前，需要对它的常见术语做一下说明，这些理论部分的知识对工具各选项的理解有很大的帮助。即使未能完全理解也没有关系，在后面真正遇到的时候返回这里进行巩固，可以对学习起到很大的帮助。

1. 非统一有理 B 样条（NURBS）

前面也曾提到过 Rhino 3D 是以 NURBS 为基础的三维造型软件，通过它创建的一切对象均由 NURBS 定义。NURBS 是一种非常出色的建模方式，它是 Non-Uniform Rational

B-Splines 的缩写，直译过来便是非统一有理 B 样条。在高级三维软件中都支持这种建模方式，与传统的网格建模方式相比，它能够更好地控制物体表面的曲线度，从而创建出更为逼真生动的造型。使用 NURBS 建模造型，可以创建出各种复杂的曲面造型，以及特殊的效果，如动物模型、流畅的汽车外形等。如图 1-2 所示为 NURBS 造型中常见的元素。

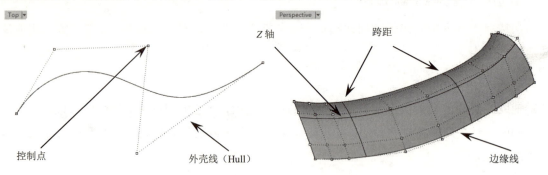

图 1-2　NURBS 造型中常见的元素

2. 阶数（Degree）

一条 NURBS 曲线有四个重要的参数：阶数（Degree）、控制点（Control Point）、节点（Knot）、评定规则（Evaluation rule）。其中，阶数（Degree）是最为主要的参数，又称为度数，它的值总是一个整数。这项指数决定了曲线的光滑长度，比如直线为一阶，抛物线为二阶等。其中的一阶、二阶则是说明该曲线的阶数为 1 或 2。

通常情况下，曲线的阶数越高曲面表现得就越光滑，而计算起来所需的时间也越长。所以对于曲线的阶数不宜设置得过高，满足要求即可，以免给以后的编辑带来困难。如果创建一条直线，将其复制为几份，然后将它们更改为不同的阶数，就可以看出，随着阶数的不同，控制点的数目也会随之增加。移动这些控制点的时候就会发现，这些控制点所管辖的范围也不尽相同，如图 1-3 所示。

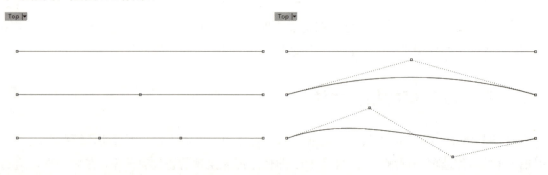

图 1-3　阶数对曲线的影响

技术要点：

若要更改曲线的阶数，可在曲线编辑工具列中选择变更阶数工具，也可以执行菜单栏中的【编辑】|【改变阶数】命令来对曲线（或曲面）的阶数进行更改。

3. 控制点（Control Point）

这里需要对控制点与编辑点做一下区分。控制点一般在曲线之外，在 Rhino 3D 中呈虚线显示，称为外壳线（Hull），而编辑点则位于曲线之上，并且在向一个方向移动控制点时，控制点左右两侧的曲线随控制点的移动而发生变化，而在拖动编辑点时，它始终会位于曲线之上，无法脱离，如图 1-4 所示。

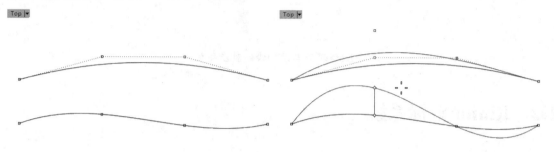

图 1-4　控制点与编辑点的区别

在修改曲线的造型时，一般情况下是通过移动曲线的控制点来完成的。控制点为附着在外壳线（Hull）虚线上的点群。由于曲线的阶数与跨距的不同，移动控制点对曲线的影响也不同。移动控制点对曲线的影响程度又称为权重（Weight），如果一条曲线的所有控制点权重相同，则称该曲线为非有理线条。反之，则称为有理线条。

> **技术要点：**
> 控制点的权重可以通过位于点的编辑工具列上的编辑控制点权值工具 来更改。

4. 节点（Knot）

首先关于曲线上节点的数目可以通过控制点的数目减去曲线的阶数，然后加一计算得到。因此增加节点，控制点也会增加，删除节点，控制点也会随之被删除。控制点与节点的关系如图 1-5 所示（图中曲线的阶数为 3）。

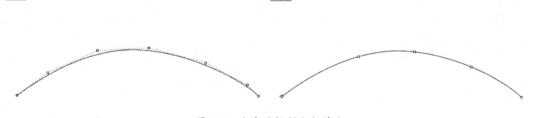

图 1-5　曲线的控制点与节点

节点在曲线的创建中，显得并不太重要，但是如果以这条曲线为基础创建一块曲面。这时候可以看到，曲线节点的位置与曲面结构线的位置一一对应，如图 1-6 所示。

> **技术要点：**
> 如果两个节点发生重叠，则重叠处的 NURBS 曲面就会变得不光滑。当节点的多样性值与其阶数一样时，将其称为全复节点（Full Multiplicity Knot），这种节点会在 NURBS 曲线上形成锐角点（Kink）。

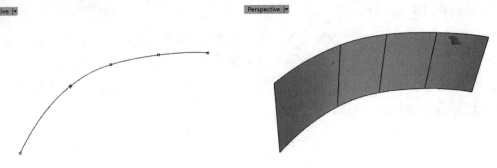

图 1-6 节点与结构线的对应关系

1.2 Rhino 坐标系统

如果 Rhino 新手有研究或者使用过 AutoCAD 软件,就不难发现其实 Rhino 的坐标系与 AutoCAD 的坐标系是相通的。也就是说,如果掌握了 AutoCAD 软件,Rhino 软件也就至少会一半了。

1.2.1 坐标系

Rhino 有两种坐标系:工作平面坐标(相对坐标系)和世界坐标(绝对坐标系)。世界坐标在空间中固定不变,工作平面坐标可以在不同的作业视窗分别设定。

技术要点:
默认情况下,工作平面坐标系与世界坐标系是重合的。

1. 世界坐标系

Rhino 有一个无法改变的世界坐标系统,当 Rhino 提示输入一点时,可以输入世界坐标。每一个作业视窗的左下角都有一个世界坐标轴图标,用以显示世界 X、Y、Z 轴的方向。旋转视图时,世界坐标轴也会跟着旋转,如图 1-7 所示。

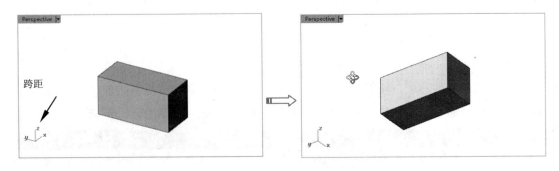

图 1-7 世界坐标系

2. 工作平面坐标系

每一个视图窗口（简称"视窗"）都有一个工作平面，除非使用坐标输入、垂直模式、物件锁点或其他限制方式，否则工作平面就像是让鼠标光标在其上移动的桌面。工作平面上有一个原点、X轴、Y轴及网格线，工作平面可以任意改变方向，而且每一个作业视窗的工作平面预设是各自独立的，如图1-8所示。

网格线位于工作平面上，暗红色的线代表工作平面 X 轴，暗绿色的线代表工作平面 Y 轴，两条轴线交于工作平面原点。

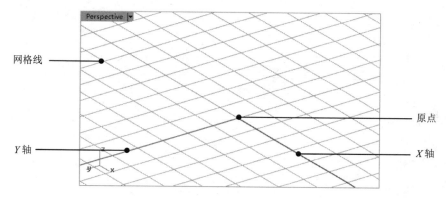

图 1-8　工作平面坐标系

工作平面是工作视窗中的坐标系，这与世界坐标系不同，可以移动、旋转及新建或编辑。Rhino 的标准工作视窗各自有预设的工作平面，但 Perspective 视窗及 Top 视窗同样是以世界坐标的 Top 平面为预设的工作平面。

1.2.2　坐标输入方式

Rhino 软件中的坐标系与 AutoCAD 中的坐标系相同，其坐标输入方式也相同，即如果仅以 (x,y) 格式输入则表达为 1D 坐标，若以 (x,y,z) 格式输入就是 3D 坐标。

2D 坐标输入和 3D 坐标输入统称为绝对坐标输入。当然坐标输入方式还包括相对坐标输入。

1. 2D 坐标输入

在指令提示输入一点时，以 (x,y) 的格式输入数值，x 代表 X 坐标，y 代表 Y 坐标。例如绘制一条从坐标 (1,1) 至 (4,2) 的直线，如图 1-9 所示。

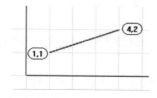

图 1-9　2D 坐标输入绘制直线

2. 3D 坐标输入

在指令提示输入一点时，以 x,y,z 的格式输入数值，x 代表 X 坐标，y 代表 Y 坐标，z 代表 Z 坐标。

在每一个坐标数值之间并没有空格。例如，需要在距离工作平面原点 X 方向 3 个单位、Y 方向 4 个单位及 Z 方向 10 个单位的位置放置一点时，请在指令提示下输入（3,4,10），如图 1-10 所示。

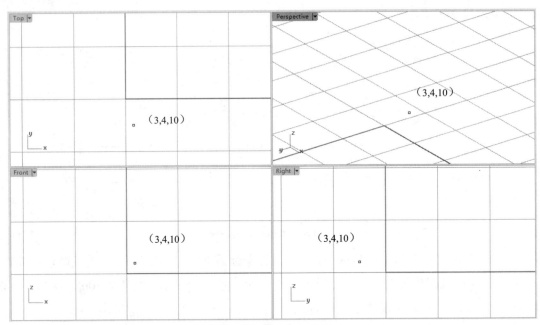

图 1-10　3D 坐标输入放置点

3. 相对坐标输入

Rhino 会记住最后一个指定的点，可以使用相对于该点的方式输入下一个点。当你只知道一连串的点之间的相对位置时，使用相对坐标输入会比绝对坐标来得方便。相对坐标是以下一点与上一点之间的相对坐标关系定位下一点。

在指令提示输入一点时，以 rx,y 的格式输入数值，r 代表输入的是相对于上一点的坐标。

> **技术要点：**
> 在 AutoCAD 中，相对坐标输入是以@x,y 格式进行的。

下面我们以 3D 坐标和相对坐标输入方式来绘制如图 1-11 所示的椅子空间曲线。

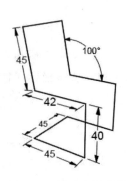

图 1-11　椅子空间曲线

上机操作——用坐标输入法绘制椅子空间曲线

① 在菜单栏中执行【文件】|【新建】命令，或者在【标准】选项卡中单击【新建文件】按钮 打开【打开模板文件】对话框。

单击对话框底部的【不使用模板】按钮完成模型文件的创建，如图 1-12 所示。

图 1-12　新建模型文件

② 为了更清楚地看到所绘制的曲线，将工作视窗中的网格线隐藏。在菜单栏中执行【工具】|【选项】命令，打开【Rhino 选项】对话框。在对话框左侧的【文件属性】选项区中选择【格线】选项，然后在右侧的选项设置区域中取消勾选【显示格线】复选框即可，如图 1-13 所示。

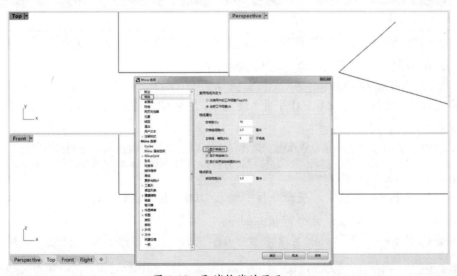

图 1-13　取消格线的显示

技术要点：

默认情况下，工作平面中仅显示 X 轴和 Y 轴，要显示 Z 轴，在工作视窗右侧的辅助工具列中的【显示】选项卡中勾选【Z 轴】复选框即可，如图 1-14 所示。

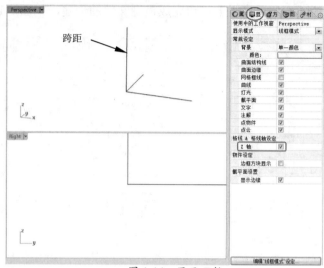

图 1-14　显示 Z 轴

③ 在 Perspective 视窗中绘制。在边栏工具列中单击【多重直线】按钮 ，然后在命令行中输入直线起点坐标（0,0,0），并按 Enter 键或单击鼠标右键确认，命令行提示如下：

```
指令:_Polyline
多重直线起点(持续封闭(P)=否):0,0,0↵
```

技术要点：

坐标值后的 ↵ 符号在本书中表示为确认。

④ 将光标移到到 Top（XY 工作平面）视窗中，然后输入基于原点的相对坐标值 r45,0（点1），单击鼠标右键确认，命令行状态如下：

```
多重直线的下一点(持续封闭(P)=否模式(M)=直线导线(H)=否复原(U)):r45,0↵
```

⑤ 将光标移动到 Front（ZX 工作平面）视窗中，然后依次输入相对坐标 r0,40（点 1）、r-41,0（点 3）。命令行状态如下：

```
多重直线的下一点，按 Enter 完成(持续封闭(P)=否模式(M)=直线导线(H)=否长度(L)复原(U)):r0,40↵
多重直线的下一点，按 Enter 完成(持续封闭(P)=否封闭(C)模式(M)=直线导线(H)=否长度(L)复原(U)):r-41,0↵
```

⑥ 仍然是在 Front 视窗中，在命令行中输入<100，并确认。然后直接输入点 4 的数值 45 并单击鼠标左键确认，命令行状态如下：

```
多重直线的下一点，按 Enter 完成(持续封闭(P)=否封闭(C)模式(M)=直线导线(H)=否长度(L)复原(U)):<100↵
多重直线的下一点，按 Enter 完成(持续封闭(P)=否封闭(C)模式(M)=直线导线(H)=否长度(L)复原(U)):45↵
```

⑦ 将光标移动到 Right（ZY 工作平面）视窗中。然后在命令行中输入点 5 的相对坐标 r45,0，命令行状态如下：

```
多重直线的下一点，按 Enter 完成(持续封闭(P)=否封闭(C)模式(M)=直线导线(H)=否长度(L)复原(U)):r45,0↵
```

⑧ 将光标移动到 Perspective 视窗中，捕捉到点 3 的水平延伸追踪线的垂点单击即可获取点 6 的坐标，如图 1-15 所示。

⑨ 同理，在点 6 的水平延伸追踪线上捕捉，然后在命令行中输入值 41，即可确定点 7，如

图 1-16 所示。

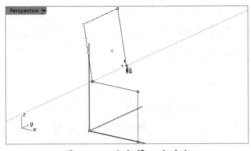
图 1-15 确定第 6 点坐标

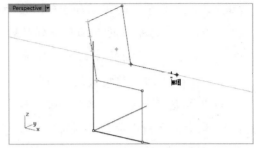
图 1-16 确定第 7 点坐标

⑩ 继续在 Perspective 视窗中向下垂直捕捉到点 8 的位置，如图 1-17 所示。

⑪ 将光标移动到 Front 视窗中，按住 Shift 键向左延伸，然后输入值 45，即可确定点 9 的位置，如图 1-18 所示。

图 1-17 确定第 8 点坐标

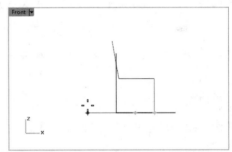
图 1-18 确定第 9 点坐标

⑫ 最后与原点重合，完成了椅子曲线的绘制，如图 1-19 所示。

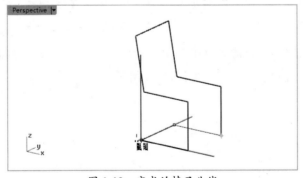
图 1-19 完成的椅子曲线

1.3 工作平面

工作平面是 Rhino 建立物件的基准平面，除非使用坐标输入、垂直模式、物件锁点，否则所指定的点总是会落在工作平面上。

每一个工作平面都有独立的轴、网格线与相对于世界坐标系的定位。

预设的工作视窗使用的是预设的工作平面。

- Top 工作平面的 X 轴和 Y 轴对应于世界坐标系的 X 轴和 Y 轴。
- Right 工作平面的 X 轴和 Y 轴对应于世界坐标系的 Y 轴和 Z 轴。
- Front 工作平面的 X 轴和 Y 轴对应于世界坐标系的 X 轴和 Z 轴。
- Perspective 工作视窗使用的是 Top 工作平面。

工作平面是一个无限延伸的平面，但在作业视窗里工作平面上相互交织的直线阵列（称为格线）只会显示在设置的范围内，可作为建模的参考，工作平面网格线的范围、间隔、颜色都可以自定。

1.3.1 设置工作平面原点

【设置工作平面原点】命令通过定义原点的位置来建立新的工作平面。在【工作平面】选项卡中单击【设置工作平面原点】按钮，命令行会显示如图 1-20 所示的操作提示。

图 1-20　命令行操作提示

操作提示中的选项可以直接单击执行，也可以输入选项后括号中的大写字母执行。

操作提示中的选项与【工作平面】选项卡中的按钮命令是相同的，只不过执行命令的方式不同。如图 1-21 所示为【工作平面】选项卡中的按钮命令。

图 1-21　【工作平面】选项卡中的按钮命令

在设置工作平面原点时，命令行中的第一个选项【全部（A）=否】，表示仅在某个视窗内将工作平面原点移动到指定位置，如图 1-22 所示。

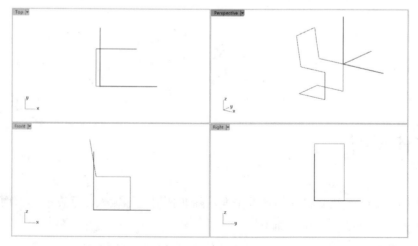

图 1-22　仅在 Perspective 工作视窗中移动

当【全部（A）=否】选项变为【全部（A）=是】时，再执行该选项可以在所有视窗中将原点移动到指定的位置，如图 1-23 所示。

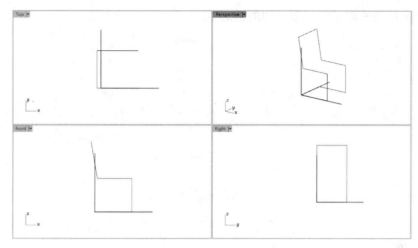

图 1-23　在所有工作视窗中移动

1.3.2　设置工作平面高度

【设置工作平面高度】命令是基于 X、Y、Z 轴进行平移而得到新的工作平面。选择不同的视窗再单击【设置工作平面高度】按钮，会得到不同平移方向的工作平面。

1. 创建在 X 轴向平移的工作平面

首先选中 Front 视窗或 Right 视窗，再单击【设置工作平面高度】按钮，将会在 X 轴正负方向创建偏移一定距离的新工作平面，如图 1-24 所示。

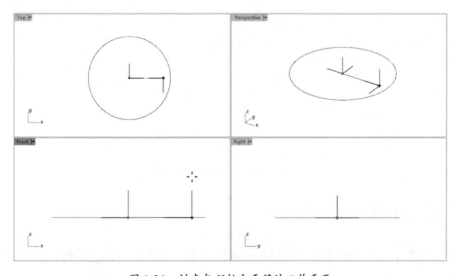

图 1-24　创建在 X 轴向平移的工作平面

2. 创建在 Y 轴向平移的工作平面

先选中 Perspective 视窗，再单击【设置工作平面高度】按钮 ，将会在 Y 轴正负方向创建偏移一定距离的新工作平面，如图 1-25 所示。

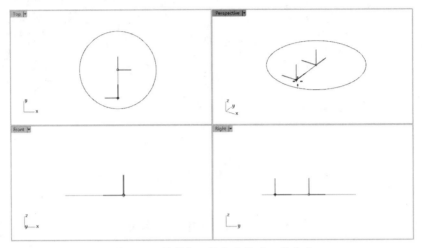

图 1-25　创建在 Y 轴向平移的工作平面

3. 创建在 Z 轴向平移的工作平面

先选中 Top 视窗，再单击【设置工作平面高度】按钮 ，将会在 Z 轴正负方向创建偏移一定距离的新工作平面，如图 1-26 所示。

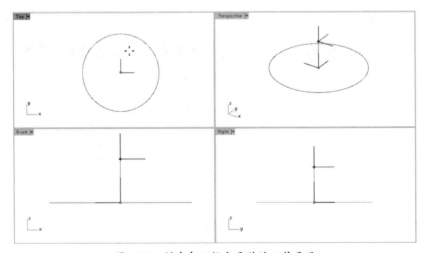

图 1-26　创建在 Z 轴向平移的工作平面

1.3.3　设定工作平面至物件

【设定工作平面至物件】命令可以在作业视窗中将工作平面移动到物件上。物件可以是曲线、平面或曲面。

1. 设定工作平面至曲线

在【工作平面】选项卡中单击【设定工作平面至物件】按钮，然后在 Top 视窗中选中要定位工作平面的曲线，随后将自动建立新工作平面。该工作平面中的某轴将与曲线相切，如图 1-27 所示。

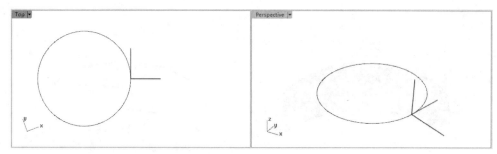

图 1-27　设定工作平面至曲线

2. 设定工作平面至平面

当用于定位的物件是平面时，该平面将成为新的工作平面，且该平面的中心点为工作坐标系的原点，如图 1-28 所示。

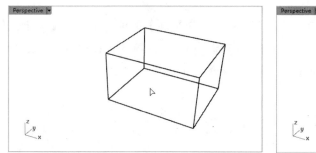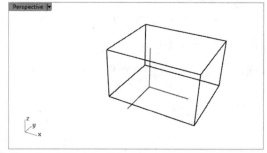

图 1-28　设定工作平面至平面

> **技术要点：**
> 如果选择面时无法选取，可以选择模型的棱线，然后通过弹出的【候选列表】对话框来选取要定位的平面，如图 1-29 所示。

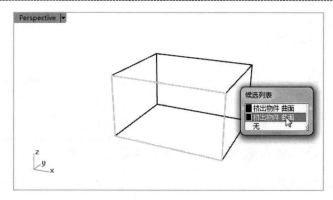

图 1-29　物件平面的选取方法

3. 设定工作平面至曲面

可以将工作坐标系移动到曲面上。在【工作平面】选项卡中单击【设定工作平面至曲面】按钮，选择要定位工作平面的曲面后，按 Enter 键接受预设值，工作坐标系移动到曲面指定位置，至少有一个工作平面与曲面相切，如图 1-30 所示。

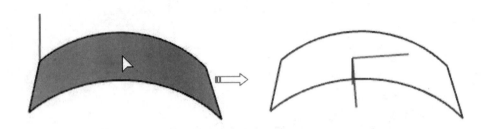

图 1-30　设定工作平面至曲面

技术要点：
如果不接受预设值，可以通过指定工作坐标系的轴向设定工作平面。

4. 设定工作平面与曲线垂直

可以将工作平面设定为与曲线或曲面边垂直。在【工作平面】选项卡中单击【设定工作平面与曲线垂直】按钮，选中曲线或曲面边并接受预定值后，即可将工作坐标系移动到曲线或曲面边上，且工作平面与曲线或曲面边垂直，如图 1-31 所示。

图 1-31　设定工作平面与曲线垂直

1.3.4　旋转工作平面

【旋转工作平面】命令是将工作平面绕指定的轴和角度进行旋转，从而得到新的工作平面。如图 1-32 所示为旋转工作平面的操作步骤。命令行提示如下：

```
指令:'_CPlane
工作平面基点<0.000,0.000,0.000>(全部(A)=否曲线(C)垂直高度(L)下一个(N)物件(O)上一个(P)
    旋转(R)曲面(S)通过(T)视图(V)世界(W)三点(I)):_Rotate/见图❷
旋转轴终点(X(A)Y(B)Z(C)):/见图❸
角度或第一参考点:90↙/见图❹
```

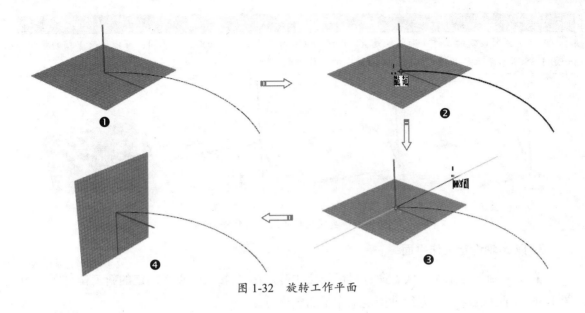

图 1-32　旋转工作平面

1.3.5　以其他方式设定工作平面

除了上述应用广泛的工作平面设置方法，还包括以下设置工作平面的简便方法。

1. 设定工作平面：垂直

【设定工作平面：垂直】是设置与原始工作平面相互垂直的新工作平面，如图 1-33 所示。

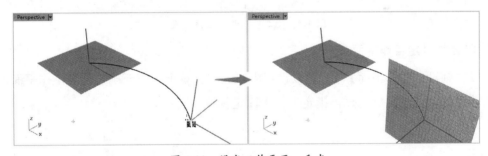

图 1-33　设定工作平面：垂直

2. 以三点设定工作平面

【以三点设定工作平面】是指定基点（圆心点）、X 轴延伸线上一点和工作平面定位点（XY 平面）的一种方法，如图 1-34 所示。

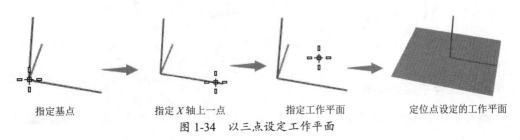

图 1-34　以三点设定工作平面

> **技术要点：**
> 此种方式所设定的工作平面仅仅是 XY 平面，但因指定的工作平面定位点不同，可以更改 Y 轴的指向。如图 1-35 所示为指定 Y 轴负方向一侧后设定的工作平面。

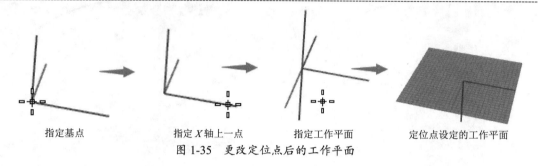

图 1-35 更改定位点后的工作平面

3. 以 X 轴设定工作平面

【以 X 轴设定工作平面】命令可以设定由基点和 X 轴上一点而确定的新工作平面，如图 1-36 所示。这种方法无须再指定工作平面定位点。

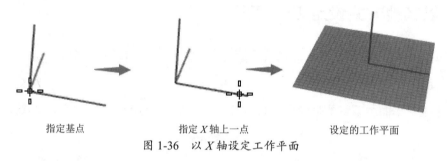

图 1-36 以 X 轴设定工作平面

4. 以 Z 轴设定工作平面

【以 Z 轴设定工作平面】命令可以设定由基点和 Z 轴上一点而确定的新工作平面，如图 1-37 所示。这种方法同样无须再指定工作平面定位点。

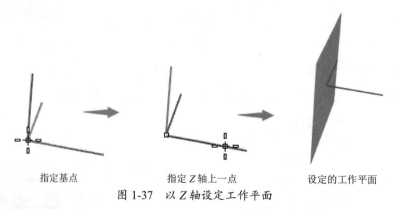

图 1-37 以 Z 轴设定工作平面

5. 设定工作平面至视图

【设定工作平面至视图】命令可以将当前工作视图的屏幕设定为工作平面，如图 1-38

所示。

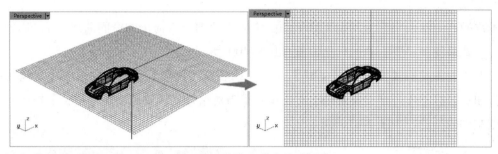

图 1-38 设定工作平面至视图

6. 设定工作平面为世界

【设定工作平面为世界】命令是为世界坐标系（绝对坐标系）中的 6 个平面（Top、Bottom、Left、Right、Front、Back）指定工作平面，如图 1-39 所示。

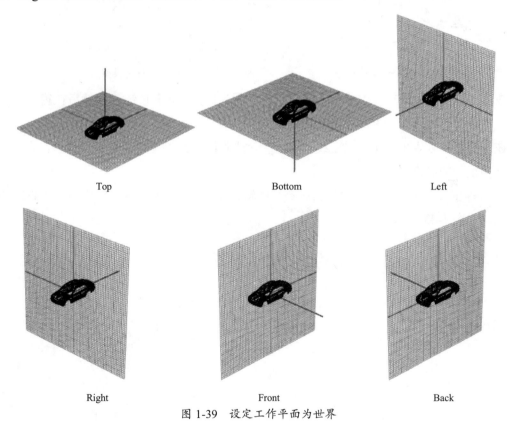

图 1-39 设定工作平面为世界

7. 上一个工作平面

在【工作平面】选项卡中单击【上一个工作平面】按钮，可以返回到上一个工作平面状态，如果用鼠标右键单击此按钮将复原至下一个使用过的工作平面状态。

上机操作——用工作平面方法绘制椅子曲线

本次操作中我们将充分利用工作平面的优势再绘制一次椅子的空间曲线，可以让大家看到何种方式最便捷。要绘制的椅子曲线如图1-40所示。

① 在菜单栏中执行【文件】|【新建】命令，或者在【标准】选项卡中单击【新建文件】按钮，打开【打开模板文件】对话框。单击对话框底部的【不使用模板】按钮完成模型文件的创建，如图1-41所示。

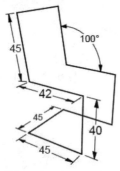

图1-40 椅子曲线

图1-41 新建模型文件

② 在【工作平面】选项卡中单击【设定工作平面为世界Top】按钮，然后在窗口底部的状态栏中单击【正交】和【锁定格点】选项。

③ 在边栏工具列中单击【多重直线】按钮，然后锁定到工作坐标系原点并单击，以此确定多重线的起点，如图1-42所示。

④ 往X轴正方形移动光标，然后在命令行中输入值45并单击确认，完成第一条直线的绘制，如图1-43所示。

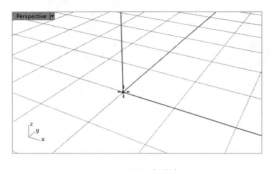

图1-42 锁定直线起点

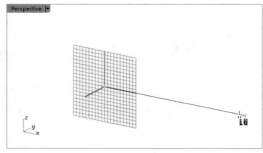

图1-43 绘制直线

⑤ 同理，单击【设定工作平面为世界Front】按钮，竖直向上移动光标，在命令行中输入值40再单击确认，即可绘制第二条直线，如图1-44所示。

⑥ 保持同一工作平面，向左移动光标，输入值42并单击确认，绘制第三条直线，如图1-45所示。

第1章　Rhino 6.0 造型基础

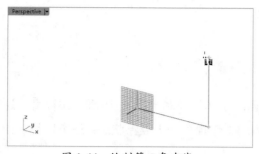
图 1-44　绘制第二条直线

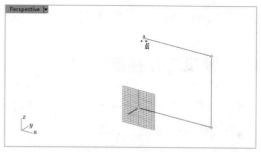
图 1-45　绘制第三条直线

⑦ 单击状态栏中的【正交】选项，暂时取消正交控制。然后在命令行中输入<100，按 Enter 键确认后，将光标移到 100°延伸线上，然后再输入长度值 45，单击完成斜线 4 的绘制，如图 1-46 所示。

⑧ 重新激活【正交】选项，然后将工作平面设定为世界 Left，在水平延伸线上输入距离值 45，单击确认后完成直线 5 的绘制，如图 1-47 所示。

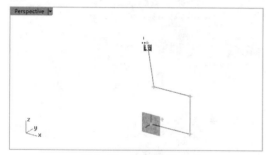
图 1-46　绘制斜线 4

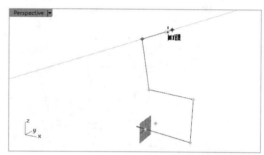
图 1-47　绘制直线 5

⑨ 同理，通过切换工作平面，完成其余直线的绘制，最终结果如图 1-48 所示。

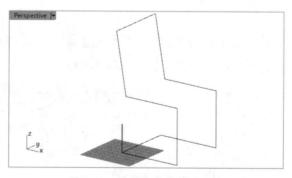
图 1-48　绘制完成的椅子曲线

1.4　工作视窗配置

工作视窗是指软件中间由四个视图组成的视图窗口区域，各个视图窗口也可称为 Top 工作视窗（简称 Top 视窗）、Front 工作视窗（简称 Front 视窗）、Right 工作视窗（简称 Right

视窗）和 Perspective 工作视窗（简称 Perspective 视窗）。

1.4.1 预设工作视窗

常见的工作视窗有三种：三个工作视窗、四个工作视窗和最大化/还原工作视窗。还可以在原有工作视窗基础上新增工作视窗，此新增的工作视窗处于漂浮状态；还可以将工作视窗进行分割，由一变二、由二变四等。

1. 三个工作视窗

在【工作视窗配置】选项卡中单击【三个工作视窗】⊞，工作视窗区域变成三个视窗，包括 Top 视窗、Front 视窗和 Perspective 视窗，如图 1-49 所示。

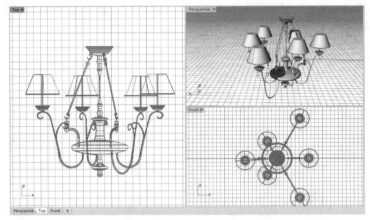

图 1-49　三个工作视窗

2. 四个工作视窗

在【工作视窗配置】选项卡中单击【四个工作视窗】⊞，工作视窗区域变成四个视窗。四个视窗也是建立模型文件时的默认工作视窗，如图 1-50 所示。

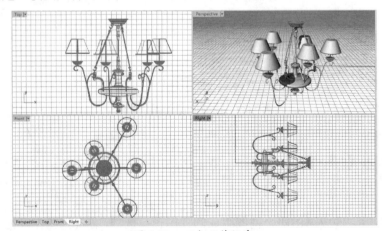

图 1-50　四个工作视窗

3. 最大化/还原工作视窗

在【工作视窗配置】选项卡中单击【最大化/还原工作视窗】🔲，可以将多个视窗变成为一个视窗，如图 1-51 所示。

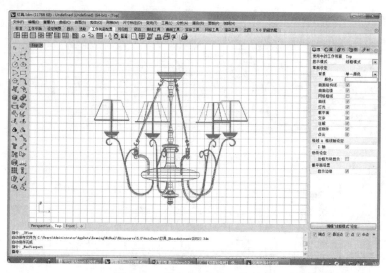

图 1-51　最大化/还原工作视窗

4. 新增工作视窗

在【工作视窗配置】选项卡中单击【新增工作视窗】按钮🔲，可以新增一个 Top 视窗，如图 1-52 所示。

如果要关闭新增的视窗，可以用鼠标右键单击【新增工作视窗】按钮🔲，或者用鼠标右键单击工作视窗区域底部要关闭的视窗，再选择快捷菜单中的【删除】命令，如图 1-53 所示。

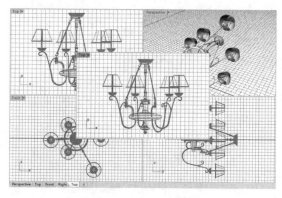

图 1-52　新增工作视窗

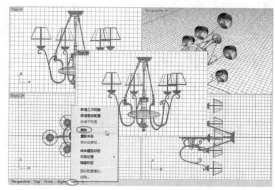

图 1-53　删除工作视窗

5. 水平分割工作视窗

选中一个视窗，再单击【工作视窗配置】选项卡中的【水平分割工作视窗】按钮🔲，可以将选中的视窗一分为二，如图 1-54 所示。

6. 垂直分割工作视窗

与水平分割工作视窗操作相同，可将选中的工作视窗进行垂直分割，如图 1-55 所示。

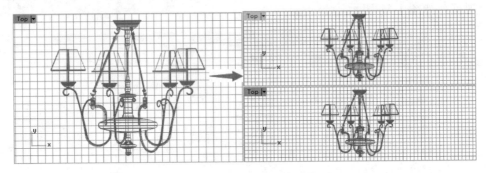

图 1-54　水平分割工作视窗

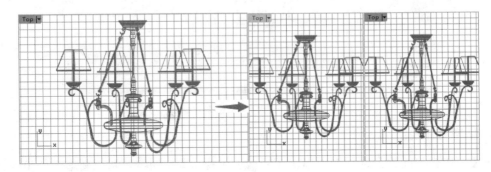

图 1-55　垂直分割工作视窗

7. 工作视窗属性

选中某个工作视窗，再单击【工作视窗属性】按钮，弹出【工作视窗属性】对话框。通过该对话框，可以设置所选工作视窗的基本属性，如视窗命名、投影模式、摄像机与目标点位置、底色图案选项等，如图 1-56 所示。

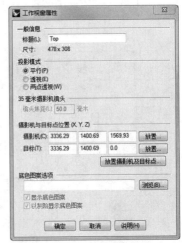

图 1-56　【工作视窗属性】对话框

1.4.2 导入背景图片辅助建模

在工作视窗中导入背景图片可以更好地确定模型的特征结构线，在不同视窗中导入模型相应视角的透视图，可以辅助完成模型的三维建模。

执行菜单栏中的【查看】|【背景图】命令，可以看到在其子菜单中的各项命令。另外，还可以执行菜单栏中的【工具】|【工具列配置】命令，在打开的配置工具列窗口中调出背景图工具列，如图1-57所示。

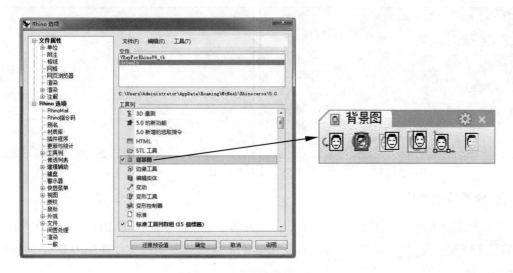

图1-57 调出背景图工具列

对于工具列中的这几项工具，简单做一下说明：

- 放置背景图：用于导入背景图片。
- 移除背景图：用于删除背景图片。
- 移动背景图：用于移动背景图片。
- 缩放背景图：用于缩放背景图片。
- 对齐背景图：用于对齐背景图片。
- 显示/隐藏背景图片（左/右键）：显示或隐藏背景图片，避免工作视窗的紊乱。

1. 导入背景图片

对于不同视角的背景图片必须要放置到相应的视窗窗口中。向Top正交视窗中导入背景图片，首先Top正交视窗要处于激活状态（即当前工作窗口），单击Top正交视窗的标题栏，然后选择【放置背景图】工具，在弹出的文件浏览窗口中，选择需要导入的背景图片。然后在Top视图中通过确定两个对角点的位置，完成背景图的放置，如图1-58所示。

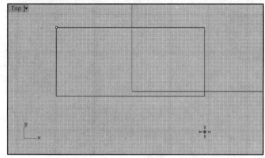 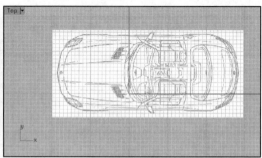

图 1-58　导入背景图片

2. 对齐背景图片

以刚刚导入的背景图片为例，Top 正交视窗仍处于激活状态，单击选择【对齐背景图】工具，然后以确定背景图片上的两点，紧接着确定这两点与当前工作视图中要对齐的位置，背景图片将自动调整大小与其对齐，如图 1-59 所示。

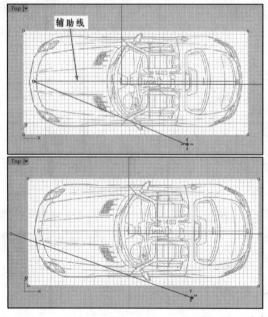 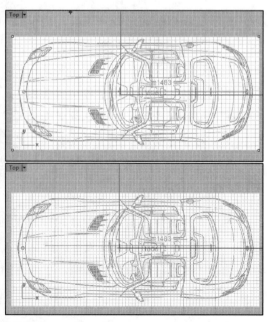

图 1-59　对齐背景图片

第 1 章　Rhino 6.0 造型基础

> **技术要点：**
> 在上面的对齐操作中，在背景图片的特殊位置创建一条辅助线（上图中的那条辅助线，是以汽车顶视图的前后两个 LOGO 为端点），然后在对齐的过程中通过开启物件锁点，以辅助线的两个端点对齐顶视图的 Y 轴轴线。

上机操作——导入背景图片

下面以一个小范例来讲解怎样对齐一个汽车的三视图。背景图片的源文件可以在本书附送的下载文件中找到。

① 运行 Rhino 6.0。

② 单击 Top 视图激活该窗口，然后单击【背景图】工具面板中的【放置背景图】按钮，选择本例源文件"top.bmp"，然后在 Top 视图中拖动光标，即可导入一张背景图。用此方法，依次在 Front、Right 视图中分别放入相应的背景图，如图 1-60 所示。

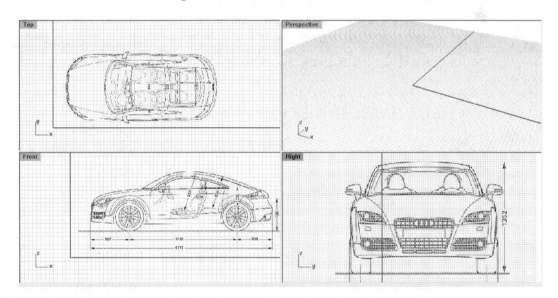

图 1-60　在三视图放入背景图

> **技术要点：**
> 导入的背景图片最好提前在 Photoshop 或其他平面软件中将轮廓线以外的部分裁掉，这样方便设立对齐的参考点和控制缩放的显示框。

③ 从图中可以发现，每个视图中的背景图并没有对齐，这是不符合要求的。下面需要将三个视图中的图片分别对齐，才能起到辅助建模的作用。首先打开网格，激活 Top 视图，单击【对齐背景图】按钮，在背景图上点选一点作为基准点，另外选择一点作为参考点。然后在工作平面上单击一点作为基准点到达的位置，再单击一点作为参考点到达的位置，即可完成 Top 背景图的对齐操作，如图 1-61 所示。当然，如果发现不够准确，可单击鼠标右键多次执行此命令。

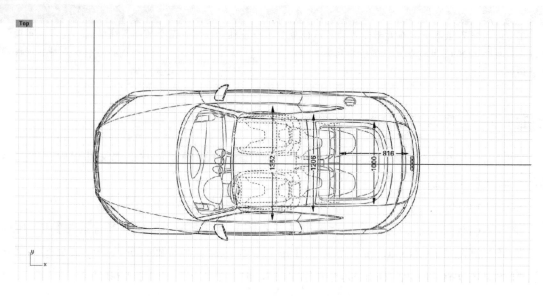

图 1-61 对齐 Top 背景图

> **技术要点：**
> 　　一般情况下，为了更精确地操作，在选择参考点的时候可以按住 Shift 键，保证参考点与基准点在一条直线上。

④ 按照同样的方法对齐 Front 视图和 Right 视图，如图 1-62 所示。

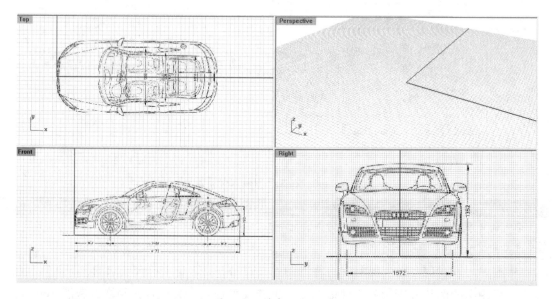

图 1-62 对齐三个视图

⑤ 对齐各背景图后，新问题又出现了。从图中网格数量可以明显看出，三个视图中的车身长宽高的数值是不对等的。这时，需要调节图片比例了。

⑥ 首先，选定 Top 视图作为缩放尺寸基准。用【尺寸标注】命令量出车身长度为 39 个单位，一半宽度为 9.1 个单位（这里由于选择的基准在轴线上，所以可以只测量一半的

宽度)。然后在 Top 视图中，分别在车头、车尾及车身侧面基准点处，用【点】命令绘出三个点作为缩放参考点。如图 1-63 所示，圆圈内即为参考点的位置。

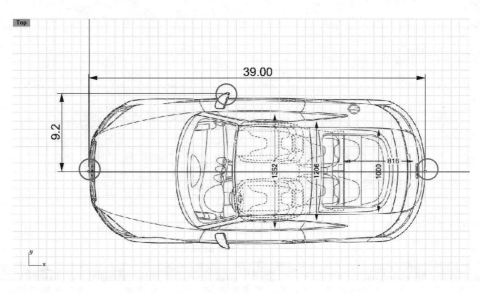

图 1-63　建立缩放基准点

⑦ 单击 Front 视图，启用【物件锁点】中的点捕捉，单击【缩放背景图】，点选坐标原点为基点，点选车尾部一点作为第一参考点，第二参考点即上一步中绘制的车尾部基准点。核对车身长度是否同为 39 个单位，缩放完毕，如图 1-64 所示。

⑧ 在 Front 视图中，用【尺寸标注】命令量出车身高度为 11.8 个单位，并在最高点设定一个基准点。按照上面的方法，将 Right 视图中的背景图缩放到合适的位置，如图 1-65 所示。

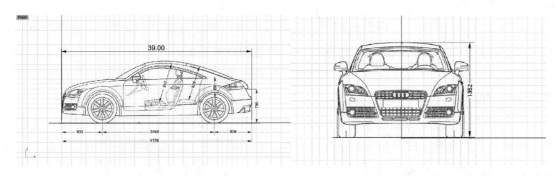

图 1-64　缩放 Front 背景图　　　　　　图 1-65　缩放 Right 背景图

⑨ 如出现缩放比例出错，停用【物件锁点】，或者按住 Shift 键将缩放轴锁定在坐标轴上拖移，让缩放框到达定位基准点的位置，松开鼠标即可。校对车身高度值，完成整个背景图的放置，如图 1-66 所示。

⑩ 为了检验背景图放置的准确性，可以在任一视图的车身线条上绘制一些点，然后在其他视图中检验该点是否放置在车身线条正确的位置即可。

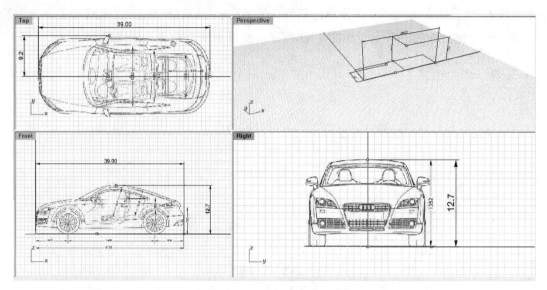

图 1-66 完成背景图的放置

> **技术要点:**
> 　　在操作过程中,需要进行物件锁点捕捉时,可以按住 Alt 键进行快捷调用,松开即可关闭捕捉。
> 　　此外,在【背景图】的工具面板上还有【移除背景图】按钮 和【隐藏背景图】按钮 ,操作比较简单就不做解释了。值得关注的一点是,单击 按钮是隐藏背景图,用鼠标右键单击该按钮是显示背景图,练习的时候要注意区分。

1.4.3　添加一个图像平面

　　除了以上常规的放置背景图的方法,Rhino 中还有一个引入参考图辅助建模的方法——添加一个图像平面。

　　单击【添加一个图像平面】按钮 ,在各视图中以平面形式导入参考图,如图 1-67 所示。为了提高图片对齐的准确度,建议在导入前将图片修整好,并且导入的基点选择在坐标原点。如果发现不符合要求的地方,同样可以使用【平移】 或【缩放】 命令对导入的帧平面进行调整。

　　这种方法的好处在于能够直观、全方位地看到整个物体的各面细节,便于对模型进行调整,如果导入的是真实产品图片,还可以检查模型渲染的效果。而且由于该参考图是以平面形式出现的,因此其可操作性(比如在空间移动等)远远高于导入的背景图。

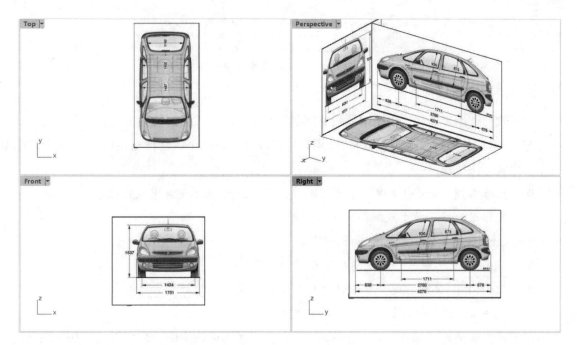

图 1-67 导入平面参考图

1.5 视图操作

三维建模设计类软件有很多相通的地方,但是它们每个的操作习惯又有一定的区别,本节将着重讲解在 Rhino 中的一些模型的基本操作习惯。

1.5.1 视图操控

利用键盘和鼠标的功能键是熟练操作软件的必要保障,同时也是进入软件学习阶段的最基础的操作。

1. 平移、缩放和旋转

在【标准】选项卡中包含操控物件(Rhino 中的物件就是指物体或对象)的平移、缩放和旋转指令,如图 1-68 所示。

图 1-68 操控物件的功能指令

也可以在【设定视图】选项卡中选择视图操控命令来控制视图,如图 1-69 所示。

图 1-69　【设定视图】选项卡中的操控视图命令

2. 利用快捷键操控视图

对于软件使用者来说，快捷键是最常用的，一般情况下都会记忆并使用软件提供的默认快捷键。当有些快捷键使用频率很高时，用户往往需要设置几个适合自己使用习惯的快捷键。

常用鼠标快捷键：

- 鼠标右键——在 1D 视窗中平移屏幕，在 Perspective 视窗中旋转观察
- 鼠标滚轮——放大或缩小视窗
- Ctrl+鼠标右键——放大或缩小视窗
- Shift+鼠标右键——在任意视窗中平移屏幕
- Ctrl+Shift+鼠标右键——在任意视窗中旋转视图
- Alt+以鼠标左键拖曳——复制被拖曳的物件

常用键盘快捷键，见表 1-1。这些快捷键有许多是可以改变的，也可以自行加入快捷键或指令别名。

表 1-1　常用键盘快捷键

功能说明	快捷键
调整透视图摄影机的镜头焦距	Shift+Page Up
调整透视图摄影机的镜头焦距	Shift+Page Down
端点物件锁点	E
切换正交模式	O、F8、Shift
切换平面模式	P
切换格点锁定	F9
暂时启用/停用物件锁点	Alt
重做视图改变	End
切换到下一个作业视窗	Ctrl+Tab
放大视图	Page Up
缩小视图	Page Down

> **技术要点：**
> 如果不小心，视图无法恢复到最初的状态，试着执行菜单栏中的【查看】|【工作视窗配置】|【四个作业视窗】命令，四个视图窗口会回到默认的状态。
> 如果突然发现，使用鼠标键盘组合键无法对透视图进行旋转操作，这时候请试着在 Rhino 工具列中选择旋转工具来对视图进行旋转，很有可能再次使用组合键的时候你会发现它恢复了正常的功能。

1.5.2 设置视图

视图总是与工作平面关联的，每个视图都可以作为工作平面。常见的视图包括七种：六个基本视图+一个透视图。

设置视图可以从【设定视图】选项卡中单击视图按钮进行操作，如图 1-70 所示。

图 1-70 视图设置按钮

也可以从菜单栏中执行【查看】|【设置视图】命令，如图 1-71 所示。

还可以在各个视窗中左上角单击下三角箭头，展开菜单后选择【设置视图】命令，再选择视图选项即可，如图 1-72 所示。

图 1-71 从菜单栏中执行设置视图命令

图 1-72 从视窗中执行设置视图命令

1.6 可见性

当用户在复杂场景中需要编辑某个物件时，隐藏命令可以方便地把其他物件先隐藏起来，不在视觉上造成混乱，起到简化场景的作用。

此外，还有一种场景简化方法就是锁定某些特定物件，该物件被锁定后将不能对其实施任何的操作，这样也大大降低了用户误操作的概率。

以上操作命令均集成于【可见性】工具面板中，长按标准工具栏中的【隐藏物件】按钮💡或【锁定物件】按钮🔒，均可弹出【可见性】工具面板，面板中各按钮具体功能见表 1-2。

此类命令操作方法比较简单，选择物件后单击命令按钮即可，因此不再一一举例。

表 1-2　隐藏与锁定各按钮图标的功能

名称	说明	快捷键	图标
隐藏物件	左键：隐藏选取的物件，可以多次点选物体进行隐藏 右键：显示所有隐藏的物件	Ctrl+H	
显示物件	显示所有隐藏的物件	Ctrl+Alt+H	
显示选取的物件	显示选取的隐藏物件	Ctrl+Shift+H	
隐藏未选取的物件	隐藏未选取的物件，即反选功能		
对调隐藏与显示的物件	隐藏所有可见的物件，并显示所有之前被隐藏的物件		
隐藏未选取的控制点	左键：隐藏未选取的控制点 右键：显示所有隐藏的控制点和编辑点		
隐藏控制点	隐藏选取的控制点和编辑点		
锁定物件	左键：设置选取物件的状态为可见、可锁点，但无法选取或编辑 右键：解锁所有锁定的物件	Ctrl+L	
解锁物件	解锁所有锁定的物件	Ctrl+Alt+L	
解除锁定选取物件	解锁选取的锁定物件	Ctrl+Shift+L	
锁定未选取的物件	锁定未选取的物体，即反选功能		
对调锁定与未锁定的物件	解锁所有锁定的物件，并锁定未锁定的物件		

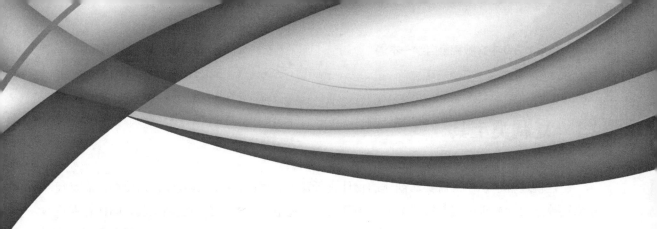

第 2 章
物件的变动

本章内容

本章将详细讲解 Rhino 的变动工具。变动工具是快速建模必不可少的重要作图工具。

所有与改变模型的位置及造型有关的操作都被称为物件的变换操作，它主要包含以下主要内容，如物件在 Rhino 坐标系中的移动，物件的旋转、缩放、倾斜、镜像等。本章主要介绍 Rhino 中物件变换工具的使用方法及相关功能。

知识要点

- ☑ 复制类工具
- ☑ 对齐与扭曲工具
- ☑ 合并和打散工具

2.1 复制类工具

在建模过程中，经常需要对创建的物件进行移动、缩放、旋转等操作，以使得它满足尺寸位置等方面的要求。在菜单栏中的变动菜单下，几乎包含了所有的变动工具，同样存在一个与之对应的工具列。如图 2-1 所示为【变动】选项卡中的变动工具。在左边栏中也可以找到相同的变动工具。

图 2-1 【变动】选项卡

Rhino 复制工具包括移动、复制、旋转、缩放、镜像、定位、阵列等。

2.1.1 移动

【移动】命令可以将物件从一个位置移动到另一个位置。物件也称为对象，Rhino 物件包括点、线、面、网格和实体。

单击【变动】选项卡中的【移动】按钮，选择物件，单击鼠标右键或按 Enter 键确认操作。

在视窗中任选一点作为移动的起点，这时物件就会随着光标的移动而不断地变换位置，当被操作物件移动到所需要的位置时单击鼠标左键确认移动即可，如图 2-2 所示。

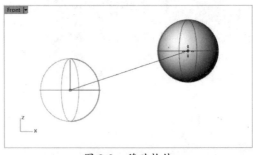

图 2-2 移动物件

> **技术要点：**
> 如需准确定位，可以在寻找移动起点和终点的时候，按住 Alt 键，打开【物件锁点】对话框并勾选所需捕捉的点。

在 Rhino 软件中还有其他两种移动物件的方式，如下所述。

1. 直接移动物件

在视窗中选中物件按住左键不放并拖动物件，将物件移动到一个新的位置后再松开鼠标左键，如图 2-3 所示。

如果在拖动过程中快按 Alt 键，可以创建一个副本，等同于【复制】功能，如图 2-4 所示。

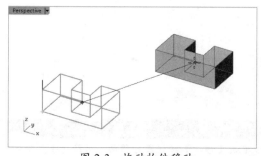 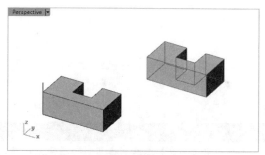

图 2-3　拖动物件移动　　　　　　　　　图 2-4　快按 Alt 键创建副本

技术要点：
直接拖动物件进行移动，与执行【移动】命令进行移动所不同的是，直接拖动不能精确移动与定位。

2．按组合快捷键进行移动

在视窗中选中物件，然后按住 Alt 键，物件会随着按↑、↓、←、→这四个键在该视窗的 XY 坐标轴上移动，按 Alt +Page Up 或 Page Down 组合键可在 Z 坐标轴上移动。

上机操作——【移动】工具的应用

① 新建 Rhino 文件。
② 在菜单栏中执行【曲线】|【多边形】|【星形】命令绘制五角星，如图 2-5 所示。
③ 在菜单栏中执行【实体】|【挤出平面曲线】|【直线】命令，创建挤出实体，如图 2-6 所示。

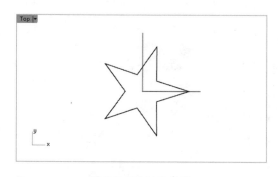 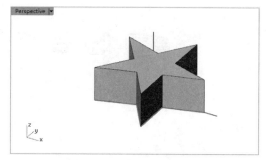

图 2-5　绘制五角星　　　　　　　　　图 2-6　创建挤出实体

④ 在【变动】选项卡中单击【移动】按钮，选取要移动的挤出实体并单击鼠标右键确认。
⑤ 在命令行中输入移动起点坐标（0,0,0），单击鼠标右键确认后再输入移动终点坐标（0,30,0），单击鼠标右键确认后完成物件的移动，如图 2-7 所示。

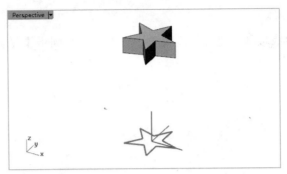

图 2-7 移动物件

> **技术要点：**
> 要想利用【移动】工具创建复制的物件，就不能通过单击【移动】按钮进行移动，只能是手动拖动物件+Alt 键组合使用。

2.1.2 复制

单击【变动】选项卡中的【复制】按钮，选中要复制的物件，按 Enter 键或单击鼠标右键确认。然后选择一个复制起点，此时视窗中会出现一个随着光标移动的物件预览操作。移动到所需放置的位置后单击鼠标左键确认。最后按 Enter 键或单击鼠标右键结束操作。重复操作可进行多次复制，如图 2-8 所示。

在鼠标执行移动操作时可配合【物件锁点】中的捕捉命令，从而实现被复制物件的精确定位及复制操作，如图 2-9 所示。

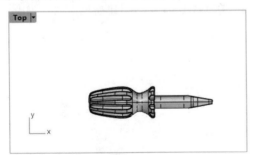
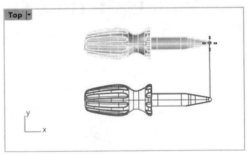

图 2-8 复制物件

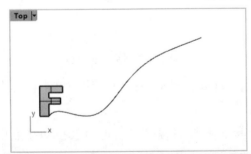
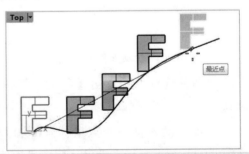

图 2-9 配合【物件锁点】沿曲线路径复制物件

第 2 章 物件的变动

> **技术要点：**
> 移动和复制物体时都可以输入坐标来确定一个的位置，使移动和复制的位置更为准确。

2.1.3 旋转

【旋转】工具其实包含了两个工具，单击 按钮可执行 2D 旋转操作，用鼠标右键单击可执行 3D 旋转操作，如图 2-10 所示。

注意：鼠标光标放置在工具图标上停留一会儿可以看到该工具的提示信息

图 2-10 【旋转】工具

1．2D 旋转

在当前视窗中进行旋转。选择【旋转】工具，在视窗中选取需要旋转的物件，单击鼠标右键确认。然后依次选择旋转中心点、第一参考点（角度）、第二参考点，完成旋转，如图 2-11 所示。

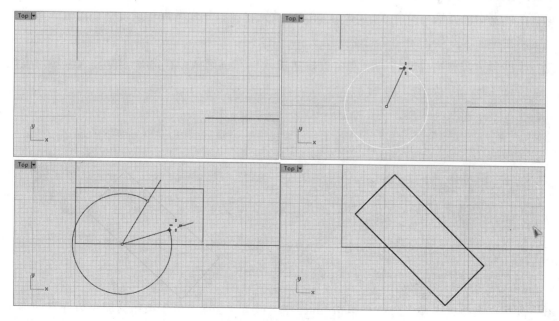

图 2-11 2D 旋转物件

> **技术要点：**
> 也可在选定中心点之后，在提示行中输入旋转的角度，然后单击鼠标右键确认，直接完成旋转。其中正值代表逆时针旋转，负值代表顺时针旋转。旋转轴为当前视窗的垂直向量。

上机操作——【旋转】工具的应用

① 新建 Rhino 文件。

② 在左侧边栏中长按【立方体】按钮，弹出【建立实体】工具面板。利用【实体】工具面板中的命令按钮分别在视窗中各创建一个长方体、圆球体、圆柱体，如图 2-12 所示。

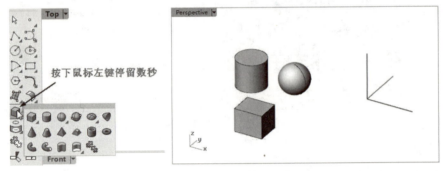

图 2-12　创建三个实体物件

③ 框选选中三个物件，单击【旋转】按钮，在视窗中选择坐标系原点为旋转中心点，所产生的旋转效果将围绕这个点产生。

④ 在视窗中选择第一参考点，所产生的旋转效果将在第一参考点与旋转中心点组成直线的所在平面内产生，如图 2-13 所示。

⑤ 根据预览，将物件旋转到所需位置，单击鼠标左键确认或在命令行中输入旋转角度按 Enter 键确认，如图 2-14 所示。

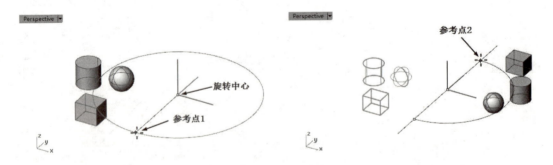

图 2-13　为旋转确定旋转中心点参考点 1　　　图 2-14　确定参考点 2

⑥ 如果在命令行中输入命令 C 再按 Enter 键，或者单击【复制】按钮就可以在平面内围绕旋转中心进行多次复制，如图 2-15 所示。

第 2 章 物件的变动

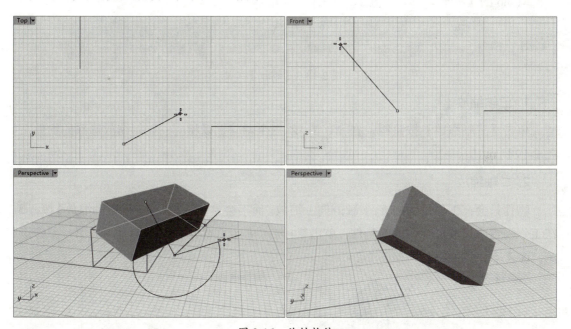

图 2-15 旋转复制

2. 3D 旋转

这种旋转方式较为复杂，用鼠标右键单击【旋转】工具，然后在工作视窗中选取需要旋转的物件，单击鼠标右键确认，然后依次放置旋转轴起点、旋转轴终点、第一参考点（角度）和第二参考点，完成旋转，如图 2-16 所示。

图 2-16 旋转物件

> **技术要点：**
>
> 这里需要理解旋转轴的含义，对于一个物件，旋转轴与旋转角度是最关键的参量。确定了这两个参量，物件的旋转结果也就确定下来了。在 2D 旋转的旋转轴只不过是确定了特殊的方向。
>
> 另外在旋转过程中同样可以按 Alt 键（也可在指示提示行中激活复制选项），然后旋转复制多个物件。

在实际的操作过程中，还可以借助【物件锁点】工具与手动绘制参考线来进行精确的三维旋转操作，如图 2-17 所示。

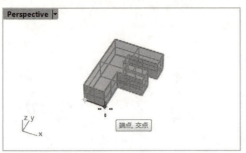 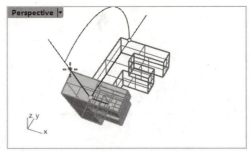

图 2-17　捕捉点旋转

技术要点：

物件的 3D 旋转与 2D 旋转都可以在旋转的同时进行多次复制，操作方式也相同。

2.1.4　缩放

Rhino 的【缩放】工具有五个，如图 2-18 所示。

图 2-18　【缩放】工具

1. 三轴缩放

单击【三轴缩放】按钮，在 X、Y、Z 三个轴向上以相同的比例缩放选取的物件，如图 2-19 所示。

2. 二轴缩放

物件只会在工作平面的 X、Y 轴方向上缩放，而不会整体缩放。单击【二轴缩放】按钮，在工作视窗中选取进行缩放的物件，单击鼠标右键确认。然后依次放置基点、第一参考点和第二参考点，完成缩放，如图 2-20 所示。

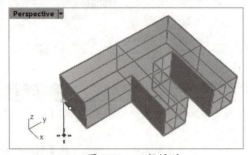 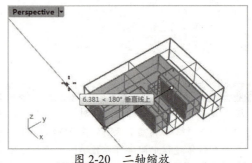

图 2-19　三轴缩放　　　　　图 2-20　二轴缩放

3. 单轴缩放

选取的物件仅在指定的轴向缩放。单击【单轴缩放】按钮，在工作视窗中选取进行缩放的物件，单击鼠标右键确认。然后依次放置基点、第一参考点和第二参考点，完成缩放，如图 2-21 所示。

第 2 章 物件的变动

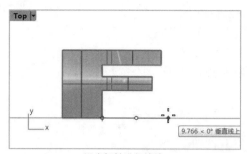
沿坐标轴进行缩放

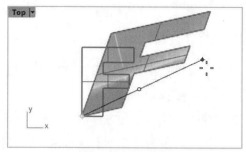
沿任一轴向进行缩放

图 2-21 单轴缩放

4. 不等比缩放

不等比缩放，操作时只有一个基点，但是需要分别设置 X、Y、Z 三个轴向的缩放比例，操作方法相当于进行了三次单轴缩放，它的缩放仅限于 X、Y、Z 三个轴的方向，如图 2-22 所示。

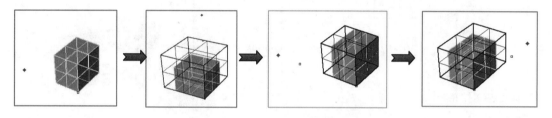

图 2-22 不等比缩放

> **技术要点：**
>
> 这项工具的使用要烦琐一些，它需要分别确定 X、Y、Z 三个轴向的缩放比，但是掌握了前面几个工具的使用，这个工具自然也很容易理解。
>
> 与缩放相关的两大因素一个是基点，一个是缩放比，在很多时候，基点的位置决定了缩放结果是否让人满意。

5. 在定义的平面上缩放

可以自定义平面，物件在平面上进行 X 轴及 Y 轴或任意角度的缩放。如图 2-23 所示，在指定平面的 Y 轴方向上缩放。

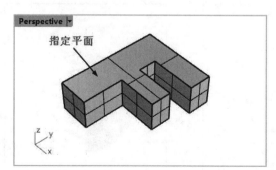
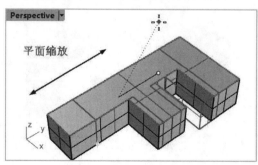

图 2-23 在定义的平面上缩放

2.1.5 倾斜

该命令可以使物件在原有的基础上产生一定的倾斜变形。

倾斜操作步骤如下：

① 在视窗中创建一个长方体。
② 选择物件，单击【变动】选项卡中的【倾斜】按钮。
③ 在视窗中选择一个基点，然后选择第一参考点。此时物件的倾斜角度就会随着鼠标的移动而发生变化，如图 2-24 所示。
④ 将物件移动到所需位置，单击鼠标左键确认倾斜，或者在命令行中输入倾斜角度按 Enter 键确认。

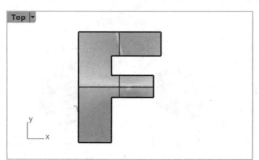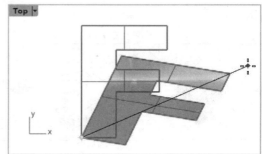

图 2-24　倾斜物件

2.1.6 镜像

该命令主要是对物件进行关于参考线的镜像复制操作。

选择要镜像的物件，单击【变动】选项卡中的【镜像】按钮，在视窗中选择一个镜像平面起点，然后选择镜像平面终点。则生成的物件与原物件关于起点与终点所在的直线对称，如图 2-25 所示。

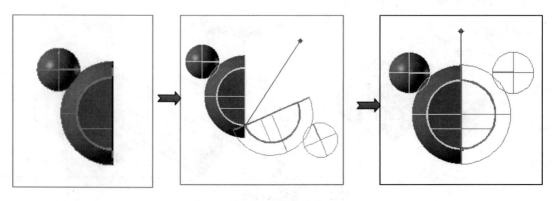

图 2-25　镜像物件

2.1.7 阵列

阵列是 Rhino 建模中非常重要的工具之一。

长按【变动】选项卡中的【阵列】按钮，弹出【阵列】子工具面板，如图 2-26 所示。

图 2-26 【阵列】子工具面板

1.【矩形阵列】

将一个物件进行矩形阵列，即以指定的列数和行数摆放物件副本。

上机操作——矩形阵列

① 新建 Rhino 文件。

② 执行菜单栏中的【实体】|【圆柱体】命令，在坐标系圆心创建半径为 5、高度为 10 的圆柱体，如图 2-27 所示。

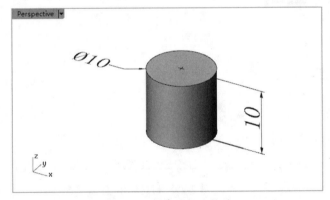

图 2-27 创建圆柱体物件

③ 单击【矩形阵列】按钮，选取要阵列的圆柱体物件后，在命令行中输入该物件在 X、Y 和 Z 方向上的副本数分别为 5、5、0。

④ 指定一个矩形的两个对角定义单位方块的大小或在命令行中输入 X 间距（30）、Y 间距（30）的距离值。

⑤ 按 Enter 键结束操作，如图 2-28 所示。

> **技术要点：**
> 当我们想要进行 2D 阵列时只要将其中任意轴上的复本数设置为 1 即可。

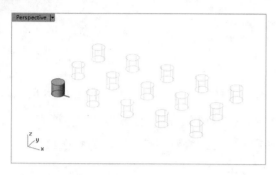
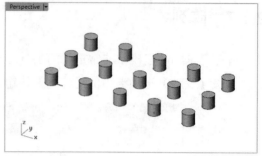

图 2-28　矩形阵列

2.【环形阵列】

对物件进行环形阵列，就是以指定数目的物件围绕中心点复制摆放。

上机操作——环形阵列

① 在文档中新建一个半径为 5 的球体，如图 2-29 所示。

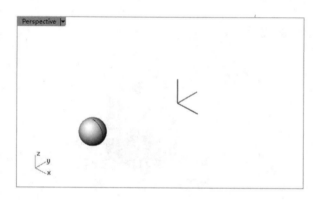

图 2-29　创建球体

② 在 Top 视窗中选中球体，然后单击【环形阵列】按钮。

③ 在命令行中输入环形阵列的中心点坐标（0,0,0），随后输入副本的个数为 6，按 Enter 键确认操作。

④ 这时命令行中会有如图 2-30 所示的提示，再输入旋转总角度 360，或者以默认值直接单击鼠标右键确认即可。

图 2-30　命令行信息提示

> 技术要点：
> 【步进角】为物件之间的角度。

⑤ 最后按 Enter 键结束操作，环形阵列结果如图 2-31 所示。

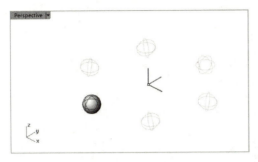
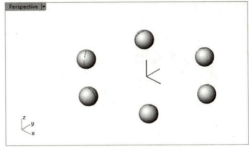

图 2-31　环形阵列

3.【沿着曲线阵列】

使物件沿曲线复制排列，同时会随着曲线扭转。单击【沿着曲线阵列】按钮，选取要阵列的物件，单击鼠标右键确认操作。然后选取已知曲线作为阵列路径，在弹出的对话框（如图 2-32 所示）中对阵列的方式和定位进行调整，阵列结果如图 2-33 所示。

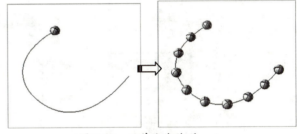

图 2-32　【沿着曲线阵列选项】对话框　　　图 2-33　沿着曲线阵列

- 项目数：输入物件沿着曲线阵列的数目。
- 项目间的距离：输入阵列物件之间的距离，阵列物件的数量依曲线长度而定。
- 不旋转：物件沿着曲线阵列时会维持与原来的物件一样的定位。
- 自由扭转：物件沿着曲线阵列时会在三维空间中旋转。
- 走向：物件沿着曲线阵列时会维持相对于工作平面朝上的方向，但会做水平旋转。

上机操作——沿着曲线阵列

① 新建 Rhino 文件。然后在 Top 视窗中绘制内插点曲线和一个长方体，如图 2-34 所示。

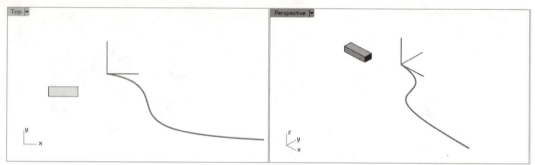

图 2-34 绘制曲线和长方体

② 单击【沿着曲线阵列】按钮，然后选取长方体作为要阵列的物件，并单击鼠标右键确认。

③ 选取路径曲线为内插点曲线，随后弹出【沿着曲线阵列选项】对话框。在对话框中设置【项目数】为 6，选中【不旋转】单选按钮，最后单击【确定】按钮关闭对话框，如图 2-35 所示。

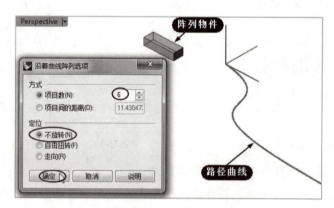

图 2-35 设置阵列选项

④ 随后生成曲线阵列，如图 2-36 所示。

⑤ 如果在【沿着曲线阵列选项】对话框中设置定位为【自由扭转】，将产生如图 2-37 所示的阵列结果。

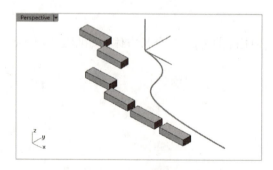

图 2-36 沿曲线阵列结果

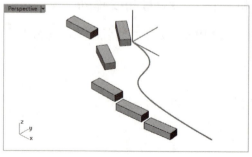

图 2-37 自由扭转阵列

⑥ 如果在【沿着曲线阵列选项】对话框中设置定位为【走向】,需要选择一个工作视窗,指定不同的视窗将产生相同的阵列结果,如图 2-38 所示。

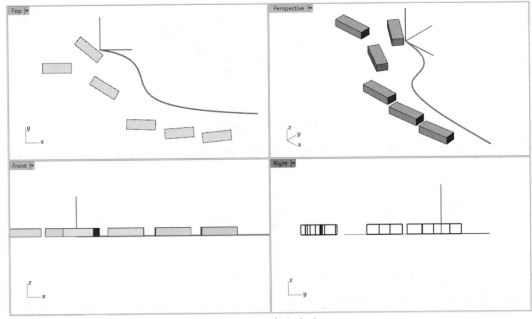

图 2-38　走向阵列

4.【在曲面上阵列】

让物件在曲面上阵列,以指定的列数和栏数摆放物件副本,物件会以曲线的法线方向做定位进行复制操作。

上机操作——在曲面上阵列

① 新建 Rhino 文件。

② 在 Front 视窗中绘制内插点曲线,如图 2-39 所示。然后执行菜单栏中的【曲面】|【挤出曲线】|【直线】命令创建一个曲面,如图 2-40 所示。

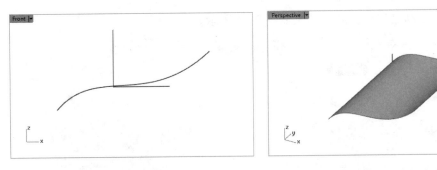

图 2-39　绘制曲线　　　　　　　图 2-40　创建挤出曲面

③ 在菜单栏中执行【实体】|【圆锥体】命令,创建一个圆锥体,如图 2-41 所示。

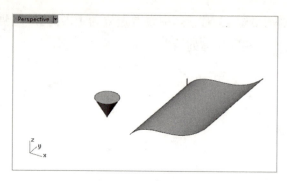

图 2-41 创建圆锥体

④ 单击【在曲面上阵列】按钮▦,然后按命令行提示进行操作。首先选取要阵列的物件——圆锥体,如图 2-42 所示。

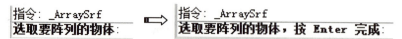

图 2-42 命令行提示操作

⑤ 然后选择物件的基准点——即物体上的一点作为参考点,如图 2-43 所示。

⑥ 随后命令行提示要求指定阵列物件的参考法线,本例中将 Z 轴作为阵列的参考法线,按 Enter 键或单击鼠标右键即可。

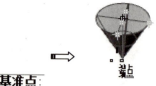

图 2-43 选择物件上的基准点

⑦ 接着选取目标曲面——选取挤出曲面。

⑧ 输入 U 方向的数目值为 3,输入 V 方向的数目值为 3。

⑨ 最后按 Enter 键结束操作。阵列结果如图 2-44 所示。

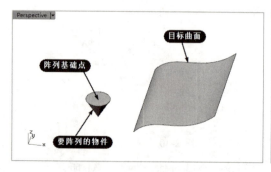 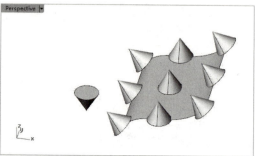

图 2-44 在曲面上阵列

第 2 章 物件的变动

> **技术要点：**
> 当要做阵列的物件不在曲线或曲面上时，物件沿着曲线或曲面阵列之前必须先被移动到曲线上，而基准点通常会被放置于物件上。

5.【沿着曲面上的曲线阵列】

沿着曲面上的曲线以等距离摆放物件复本，阵列物件会依据曲面的法线方向定位。

上机操作——沿着曲面上的曲线阵列

① 继续用上一操作中的物件与曲面。
② 在菜单栏中执行【控制点曲线】|【自由造型】|【在曲面上描绘】命令，然后在曲面上绘制一条曲线，如图 2-45 所示。
③ 单击【沿着曲面上的曲线阵列】按钮，选取要阵列的物件，并指定一个基点（基点通常会放置于物件上），如图 2-46 所示。

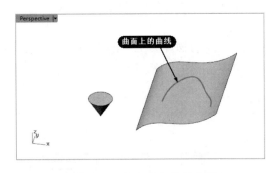
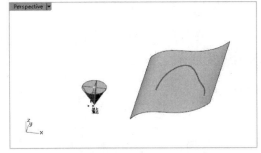

图 2-45 在曲面上绘制曲线　　　　　图 2-46 选择物件并指定基点

④ 按命令行提示要选取曲面上的一条曲线，选择描绘的曲线即可，如图 2-47 所示。
⑤ 选取曲面，接着在曲线上放置物件，此处放置三个即可，如图 2-48 所示。

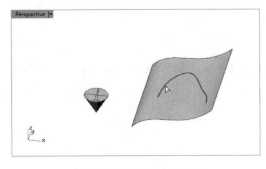
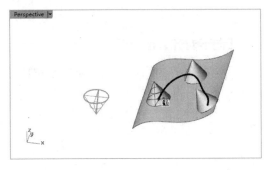

图 2-47 选择描绘的曲线　　　　　图 2-48 放置物件

⑥ 最后单击鼠标右键或按 Enter 键确认，完成阵列。

2.2 对齐与扭曲工具

对齐和扭曲是比较常用的变换工具,能够根据需要对模型进行造型设计变换。

2.2.1 对齐

该命令的功能是将所选物件对齐。长按【变动】选项卡中的【对齐】按钮,将弹出【对齐】子工具面板,如图 2-49 所示。

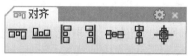

图 2-49 【对齐】子工具面板

1.【向上对齐】按钮

全选需要对齐的物件,单击该按钮,则物件将以最上面的物件的上边沿为参考进行对齐,如图 2-50 所示。

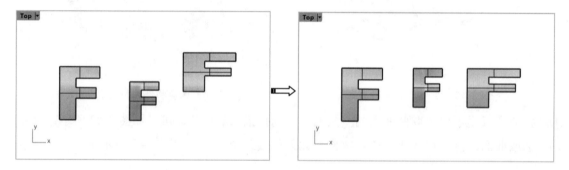

图 2-50 向上对齐

2.【向下对齐】按钮

全选需要对齐的物件,单击该按钮,则物件将以最下面的物件的下边沿为参考进行对齐,如图 2-51 所示。

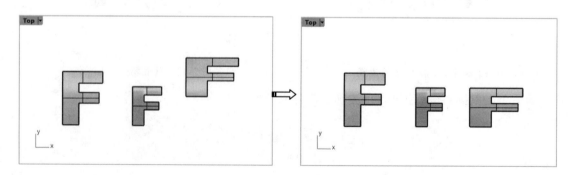

图 2-51 向下对齐

3.【向左对齐】按钮

全选需要对齐的物件,单击该按钮,则物件将以最左面的物件的左边沿为参考进行对齐,如图 2-52 所示。

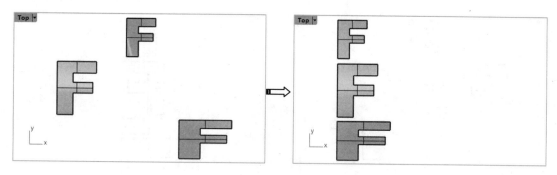

图 2-52　向左对齐

4.【向右对齐】按钮

全选需要对齐的物件,单击该按钮,则物件将以最右面的物件的右边沿为参考进行对齐,如图 2-53 所示。

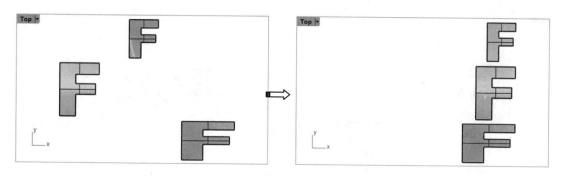

图 2-53　向右对齐

5.【水平置中】按钮

全选需要对齐的物件,单击该按钮,则物件将以所有物件位置的水平中心线为参考进行对齐,如图 2-54 所示。

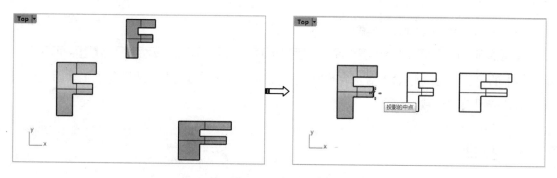

图 2-54　水平置中

6.【垂直置中】按钮

全选需要对齐的物件，单击该按钮，则物件将以所有物件位置的垂直中心线处进行对齐，如图 2-55 所示。

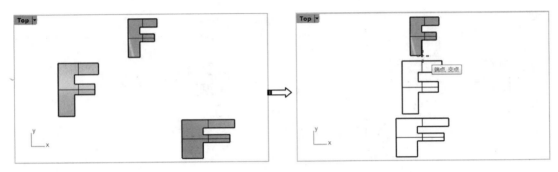

图 2-55　垂直置中

7.【双向置中】命令按钮

全选需要对齐的物件，单击该命令按钮，则物件将以所有物件位置的水平和垂直中心线分别进行对齐，如图 2-56 所示。

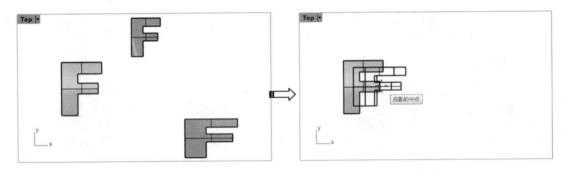

图 2-56　双向置中

> **技术要点：**
> 双向置中只是水平置中与垂直置中的组合，并不是将所有物体的中心移到一点。

如果单击的是【对齐】命令而非其子命令，则选择所需对齐物件后，命令行中会有如下提示：

```
选取要对齐的物件。按 Enter 完成：
对齐选项（向下对齐(B)　水平置中(H)　向左对齐(L)　向右对齐(R)　向上对齐(T)　垂直置中(V)）：
```

其中的各选项可通过输入对应字母或鼠标点击的方式进行选择，结果和子工具面板中相应的工具按钮功能一致。

2.2.2　扭曲

该命令的功能是对物件进行扭曲变形，例如麻花绳造型。下面进行工具的应用演示。

上机操作——扭转

① 新建 Rhino 文件。
② 在菜单栏中执行【圆：中心点、半径】命令，在 Top 视窗中创建三个两两相切的圆，如图 2-57 所示。
③ 接着在 Right 视窗中坐标系原点绘制 Z 轴方向的直线，如图 2-58 所示。此直线作为扭转轴参考。
④ 在菜单栏中执行【实体】|【挤出平面曲线】|【直线】命令创建挤出实体，如图 2-59 所示。

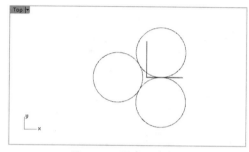

图 2-57 创建三个圆

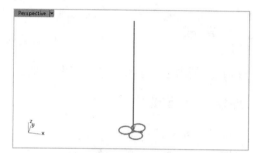

图 2-58 绘制直线

⑤ 单击【变动】选项卡中的【扭转】按钮，然后选中三个挤出曲面物件，按 Enter 键确认。
⑥ 选择直线的两个端点分别作为扭转轴的参考起点和终点，如图 2-60 所示。

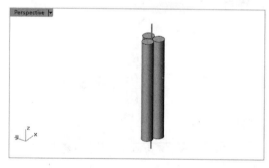

图 2-59 创建挤出实体

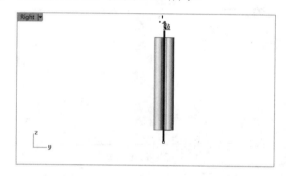

图 2-60 选择扭转轴起点和终点

⑦ 然后指定扭转的第一参考点或第二参考点，如图 2-61 所示。

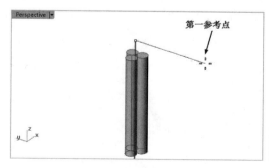

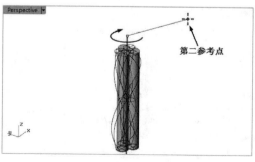

图 2-61 扭转第一参考点和第二参考点

⑧ 旋转结束后单击鼠标右键结束操作。扭曲效果如图 2-62 所示。

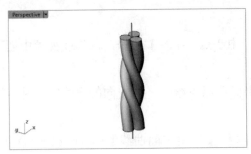

图 2-62　扭曲效果

2.2.3　弯曲

该命令的功能是对物件进行弯曲变形。

上机操作——弯曲

① 新建 Rhino 文件。
② 在视窗中创建一个圆柱体，如图 2-63 所示。
③ 单击【弯曲】按钮 ，然后选中物件，按 Enter 键确认。
④ 在物件上单击一点作为骨干起点，单击另一点作为骨干终点，如图 2-64 所示。

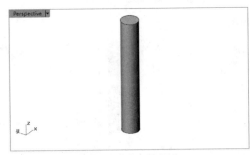
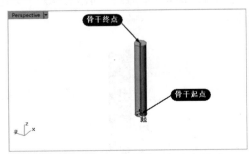

图 2-63　创建圆柱体　　　　　　图 2-64　指定弯曲的骨干起点与终点

⑤ 物件就会随着光标的移动进行不同程度的弯曲，在所需要位置单击鼠标左键结束操作，如图 2-65 所示。

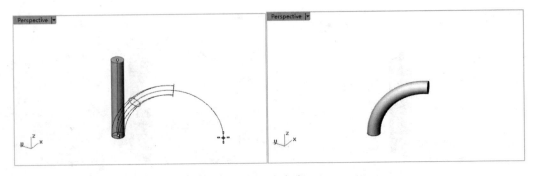

图 2-65　完成弯曲

2.3 合并和打散工具

合并和打散是比较常用的变换工具，能够根据需要对模型进行造型设计变换。

2.3.1 组合

在 Rhino 软件中有很多合并工具，包括组合、群组、合并边缘、合并曲面等。

【组合】命令是将两个或多个没有封闭的曲线或者曲面的端点或曲面的边缘结合起来，从而将其组合成一个物件。

上机操作——创建曲线合并

① 新建 Rhino 文件。
② 在视窗中创建不封闭的两条线。
③ 在左侧边栏中单击【组合】按钮，然后依次选取两条线段，这时会出现一个组合对话框，提示衔接两条线段的最接近端点间距，并提示是否将两条线段进行组合。
④ 单击【是】按钮，单击鼠标右键结束操作，如图 2-66 所示。

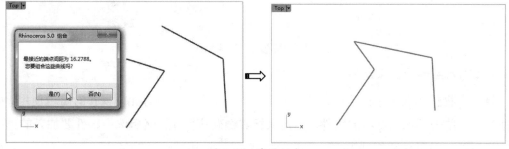

图 2-66 线的组合

⑤ 此操作对面同样适用。不同的是在对面进行组合时，两个面的边界必须要共线，组合后两个面将成为一个物件，如图 2-67 所示。

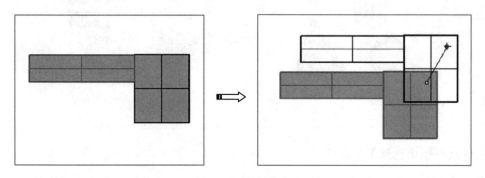

图 2-67 面的组合

2.3.2 群组

该命令的功能是对物件进行各种群组的操作，比如群组、解散、移除等。

长按左边栏中的【群组】按钮，弹出【群组】子工具面板，如图 2-68 所示。

图 2-68 【群组】子工具面板

1.【群组】按钮

对物件进行群组操作，这里的物件包括点、线、面和体。群组在一起的物件可以被当作一个物件选取或者进行 Rhino 中的指令操作。选择待群组的物件，单击该按钮，然后单击鼠标右键或按 Enter 键结束操作即可，效果如图 2-69 所示。

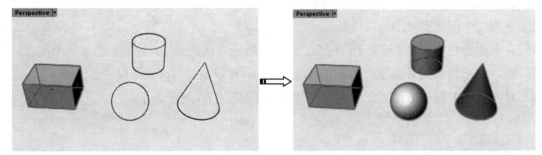

图 2-69 群组

2.【加入至群组】按钮

将一个物件加入一个群组中，当一个物件与一个群组要进行相同操作时可以使用。单击该按钮后，单击要加入群组的物件，单击鼠标右键确认操作。然后选中物件要加入的群组单击鼠标右键，效果如图 2-70 所示。

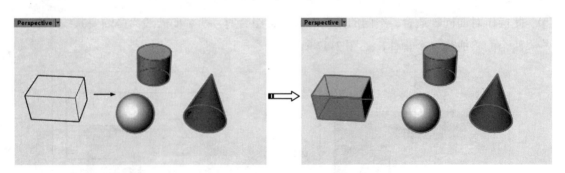

图 2-70 加入至群组

3.【从群组中移除】按钮

将一个物件从一个群组中移除。操作方法与【加入至群组】一致，不再重复说明。

4.【解散群组】按钮

将群组好的物件打散，还原成单个的物件。单击该按钮，选择要解散的群组，单击鼠标右键确认操作即可，效果如图 2-71 所示。

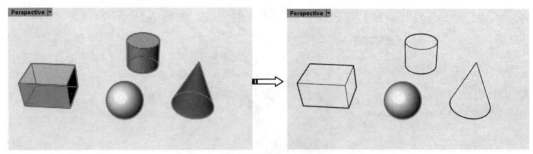

图 2-71　解散群组

5.【设置群组名称】按钮

将群组进行重命名，主要是方便模型内部物件的管理。单击该按钮，选择需要重命名的群组，这时命令行中会有如下提示：

在命令行中输入要命名的群组名称，按 Enter 键完成操作。

2.3.3　合并边缘

该节的内容，主要是针对物件边缘进行操作，其中包含了合并边缘的部分。

长按左侧边栏中的【分析】按钮，在弹出的子面板中再长按【边缘】按钮，将会弹出【边缘工具】面板，如图 2-72 所示。

图 2-72　【边缘工具】面板

1.【分割与合并】按钮

该按钮的功能是分割和合并相邻的曲面边缘，就是将同一个曲面的数段相邻的边缘合并为一段。

2.【显示与隐藏边缘】按钮

该按钮的功能是显示与隐藏物件的边缘。

下面通过一个操作练习来理解以上两个按钮的功能。

上机操作——分割边缘

① 新建 Rhino 文件。

② 在视窗中创建一个长方体。

③ 单击【显示与隐藏边缘】按钮，显示物件的边缘，如图 2-73 所示。

图 2-73 显示物件的边缘

④ 单击【分割边缘】按钮，选中物件的一条边（选取中点）将其分割为两段，单击鼠标右键结束操作，如图 2-74 所示。

⑤ 单击【合并边缘】按钮，选取多条要合并的边缘后，再单击鼠标右键选择【全部】命令将这些线段合并，如图 2-75 所示。

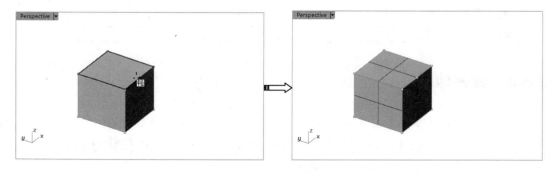

图 2-74 分割边缘

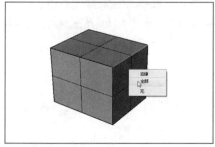

图 2-75 合并边缘

3.【合并两个外露边缘】按钮

强行组合两个距离大于公差的外露边缘。如果两个外露边缘（至少有一部分）看起来是并行的,但未组合在一起,【组合边缘】对话框会提示"组合这些边缘需要(距离值)的组合公差,您要组合这些边缘吗?",这时可以选择将两个边缘强行组合,如图 2-76 所示。

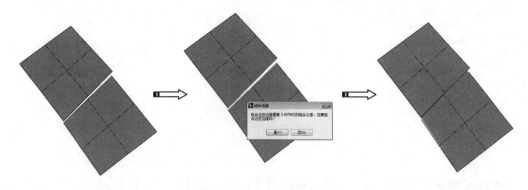

图 2-76　合并两个外露边缘

2.3.4　合并曲面

在 Rhino 中,通常使用【合并曲面】工具可以将两个或两个以上的边缘相接的曲面合并成一个完整的曲面。但必须注意的是,要进行合并的曲面相接的边缘必须是未经修剪的边缘。

在平面视窗中绘制两个边缘相接的曲面。

单击【曲面圆角】|【合并曲面】按钮,在命令行中会有如下提示:

```
介于 0 与 1 之间的圆度 <1>: _Undo
选取一对要合并的曲面 ( 平滑(S)=是  公差(T)=0.01  圆度(R)=1 ):
```

> 技术要点:
> 用户可以选择自己所需选项,输入相应字母进行设置。

各选项功能说明如下:

- 平滑:选择【是】,则两曲面合并的时候连接之处会以平滑曲面过渡,合并出来的最终曲面效果更加自然。若选择【否】,则两曲面直接合并。
- 公差:两个要进行合并的曲面边缘距离必须小于该设置值。
- 圆度:过渡圆角,输入介于 0~1 之间大小的圆度。

> 技术要点:
> 【圆度】选项仅在选择"平滑=是"选项后才会发挥作用。

选取要合并的一对曲面,按 Enter 键完成合并曲面操作,如图 2-77 所示。

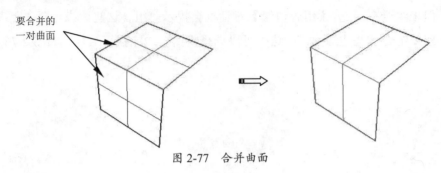

图 2-77 合并曲面

2.3.5 打散

在 Rhino 中关于打散的命令不是很多，最常用的就是【炸开】按钮、【解散群组】按钮和【从群组中移除】按钮。

1.【炸开】按钮

将组合在一起的物件打散，还原成单个的物件。操作比较简单，操作方法参考之前的组合命令。不同的物件炸开之后的结果也是不同的，具体见表 2-1。

表 2-1 不同物件炸开后得到的结果

物件	结果
尺寸标注	曲线和文字
群组	群组里的物件会被炸开，但炸开的物件仍属于同一个群组
剖面线	单一直线段或者平面
网格	单个的网格或网格面
使用中的变形控制物件	曲线、曲面、变形控制器
多重曲面	单个的曲面
多重曲线	单个的曲线段
多重直线	单个的直线段
文字	曲线

2.【解散群组】按钮

将群组解散。

3.【从群组中移除】按钮

将群组中的一个物件从群组中移除。

2.4 实战案例——电动玩具拖车造型

本例主要讲解如何创建实体基本物件，以及使用简单的变动操作创建模型。如图 2-78 所示为电动玩具拖车造型。

第 2 章 物件的变动

图 2-78 电动玩具拖车造型

1. 创建车主体

① 新建 Rhino 文件，在【打开模板文件】对话框中选择"小模型-厘米.3dm"模板。
② 在窗口底部的状态栏中开启【正交】模式。在【实体工具】选项卡的左侧边栏中单击【椭圆体：从中心点】按钮，激活 Top 视窗。
③ 然后在命令行中输入中心点的坐标（0,0,11），按 Enter 键（或者单击鼠标右键）确认，接着输入第一轴终点值 15，并按 Enter 键确认；再输入第二轴终点值 8，并按 Enter 键确认；光标滑动至 Front 视窗中，最后输入第三轴终点值 9，并按 Enter 键确认，完成椭圆体的创建，如图 2-79 所示。

技术要点：
确定椭圆体的中心点时，不要在 Perspective 视窗中绘制。

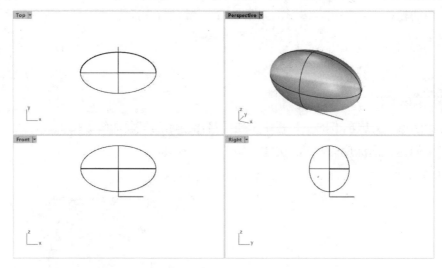

图 2-79 绘制椭圆体

2. 创建车轮

轮轴与轮框是不同尺寸的圆柱体，轮轴较细长，轮框较扁平。先创建一个轮轴及一个完整的轮子，将轮子镜像到另一侧，再将整组的轮轴及两个轮子镜像或复制到车体的前方。

① 在左边栏中单击【圆柱】按钮，在 Front 视窗中创建圆柱体，如图 2-80 所示。命令行提示如下：

```
指令：_Cylinder
圆柱体底面(方向限制(D)=垂直  实体(S)=是  两点(P)  三点(O)  正切(T)  逼近数个点(F))：9,6.5,10✓
半径 <2.515>  (直径(D)  周长(C)  面积(A)  投影物件锁点(P)=是)：0.5✓
圆柱体端点 <4.354>  (方向限制(D)=垂直  两侧(B)=否)：-20✓
```

② 再继续创建一个圆柱体，如图 2-81 所示。命令行提示如下：

```
指令：_Cylinder
圆柱体底面（方向限制(D)=垂直  实体(S)=是  两点(P)  三点(O)  正切(T)  逼近数个点(F)）：
    9,6.5,10✓
半径 <0.500>  (直径(D)  周长(C)  面积(A)  投影物件锁点(P)=是)：4✓
圆柱体端点 <-20.000>  (方向限制(D)=垂直  两侧(B)=否)：2✓
```

图 2-80　创建轮轴

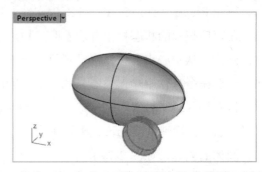

图 2-81　创建轮框

③ 在【曲线工具】选项卡的左边栏中单击【多边形：中心点、半径】按钮，然后在 Front 视窗中的轮框上绘制正六边形，如图 2-82 所示。命令行提示如下：

```
指令：_Polygon
内接多边形中心点（边数(N)=5  模式(M)=内切  边(D)  星形(S)  垂直(V)  环绕曲线(A)）：N✓
边数 <5>：6✓
内接多边形中心点（边数(N)=6  模式(M)=内切  边(D)  星形(S)  垂直(V)  环绕曲线(A)）：9,8,12✓
多边形的角（边数(N)=6  模式(M)=内切）：0.5✓
多边形的角（边数(N)=6  模式(M)=内切）
```

④ 在【实体工具】选项卡的左边栏中单击【挤出封闭的平面曲线】按钮，然后选择正六边形来创建挤出深度为 0.5 的实体，如图 2-83 所示。

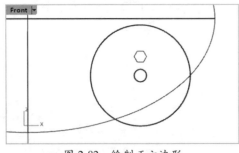

图 2-82　绘制正六边形

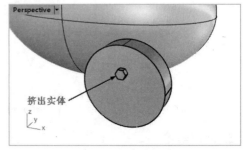

图 2-83　创建挤出实体

⑤ 选中挤出实体，然后在【变动】选项卡中单击【圆形阵列】按钮，拾取轮框的中心点作为阵列中心，创建阵列项目数为 6 的环形阵列，如图 2-84 所示。

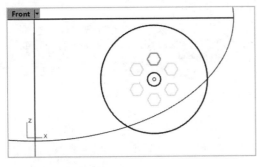 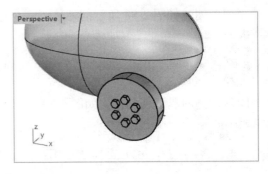

图 2-84 创建环形阵列

⑥ 在【实体工具】选项卡的左边栏中单击【环状体】按钮，然后在 Front 视窗中创建环状体，如图 2-85 所示。命令行提示如下：

```
指令: _Torus
环状体中心点 ( 垂直(V)  两点(P)  三点(O)  正切(T)  环绕曲线(A)  逼近数个点(F) ): 9,6.5,11↵
半径 <1.000> ( 直径(D)  定位(O)  周长(C)  面积(A)  投影物件锁点(P)=是 ): 5↵
第二半径 <1.000> ( 直径(D)  固定内圈半径(F)=否 ): 1.5↵
正在建立网格... 按 Esc 取消
```

⑦ 在 Top 视窗中选中车轮（包括轮框、挤出实体和环状体），然后在【变动】选项卡中单击【镜像】按钮，镜像平面起点确定为 X 轴，镜像结果如图 2-86 所示。

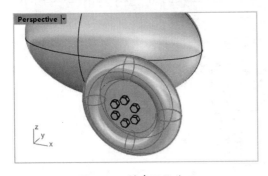 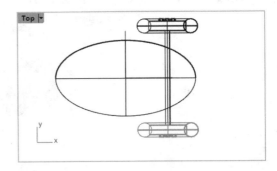

图 2-85 创建环状体　　　　　　　　　图 2-86 镜像车轮

⑧ 同理，在 Top 视窗中按下 Shift 键选择一组车轮，将其镜像至 Y 轴一侧，如图 2-87 所示。

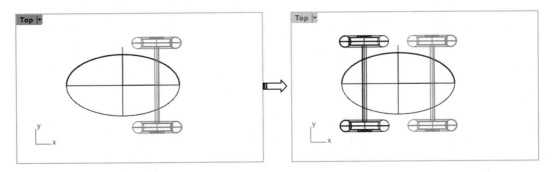

图 2-87 镜像一组车轮

3. 创建眼睛部分

① 在【实体工具】选项卡的左边栏中单击【球体：中心点、半径】按钮，然后在 Top

视窗中创建如图 2-88 所示的球体。命令行提示如下:

```
指令: _Sphere
球体中心点 ( 两点(P)  三点(O)  正切(T)  环绕曲线(A)  四点(I)  逼近数个点(F) ): -12,-3,14↙
半径 <2.520> ( 直径(D)  定位(O)  周长(C)  面积(A)  投影物件锁点(P)=是 ): 3↙
正在建立网格... 按 Esc 取消
```

② 同理,再创建一个球体,如图 2-89 所示。命令行提示如下:

```
指令: _Sphere
球体中心点 ( 两点(P)  三点(O)  正切(T)  环绕曲线(A)  四点(I)  逼近数个点(F) ): -13,-4,15↙
半径 <2.000> ( 直径(D)  定位(O)  周长(C)  面积(A)  投影物件锁点(P)=是 ): 2↙
正在建立网格... 按 Esc 取消
```

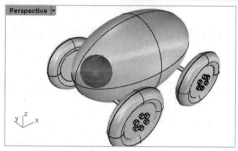

图 2-88　创建球体

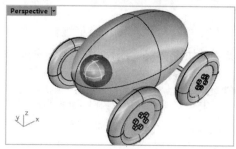

图 2-89　创建小球体

③ 利用【镜像】工具,在 Top 视窗中将两个球体镜像到 X 轴的另一侧,如图 2-90 所示。

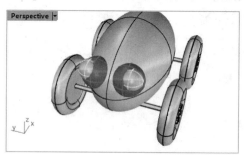

图 2-90　镜像球体

④ 至此,完成了电动玩具拖车的造型设计。

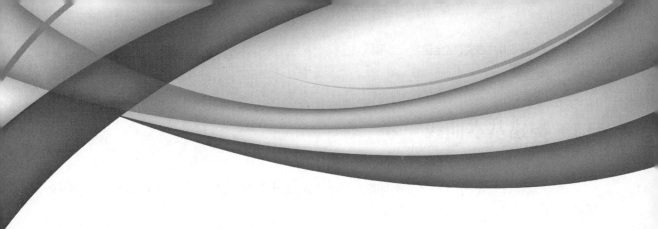

第 3 章
曲线绘制与编辑

本章内容

曲线是构建模型的基础,也是读者学习曲面构建、曲面编辑、实体编辑等知识的入门课程。希望通过本章的学习,使读者轻松掌握 NURBS 曲线绘制与编辑功能的基本应用。

知识要点

- ☑ 构建基本曲线
- ☑ 绘制文字
- ☑ 曲线延伸
- ☑ 曲线偏移
- ☑ 混接曲线
- ☑ 曲线修剪
- ☑ 曲线倒角
- ☑ 曲线优化工具

3.1 构建基本曲线

本节主要讲解常见的各种基本曲线，如直线、多重直线、曲线、圆、多边形和文字曲线等的绘制方法。

曲线绘制命令主要布置在视窗左侧的边栏中，边栏也可以独立显示在窗口的任意位置，如图 3-1 所示。

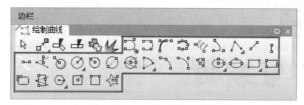

图 3-1 边栏中的曲线绘制命令

3.1.1 绘制直线

直线是比较特殊的曲线，可以从其他的物件上创建直线，也可以用它们获得其他的曲线、表面、多边形面和网格物体。

在左边栏中单击 ∧ 按钮，弹出【直线】工具面板，如图 3-2 所示。

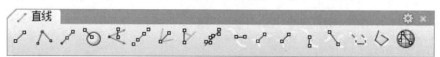

图 3-2 【直线】工具面板

- 直线 ✎：单击此按钮，在视窗中任意位置确定起点，然后拖曳光标来确定终点。当然，若是需要精确控制直线的长度，可在命令行中输入长度值 10，按 Enter 键后在视窗中单击，即得到一条长度为 10 的直线，如图 3-3 所示。

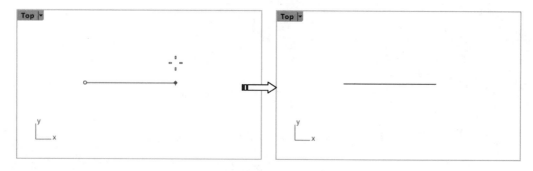

图 3-3 绘制直线

- 从中点 ✎：从中点向两侧等距离绘制直线。在视窗中单击一点作为起始点，然后单击此按钮,将会显示一条以起始点为中点,同时往两侧等距离拉出的直线,如图3-4 所示。

- 多重直线 ⚠: 在视窗中单击一点作为多重直线的起始点,然后单击下一点,如果需要可以继续单击绘制下去,最后按 Enter 键或者单击鼠标右键结束绘制,如图3-5 所示。

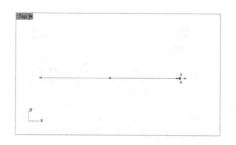
图 3-4 从中点绘制直线

图 3-5 绘制多重直线

- 曲面法线 ⓘ: 沿着曲面表面的法线方向绘制直线。选择一个曲面的表面,在表面上单击直线的起点,然后再单击一个点作为直线的终点,则这条直线为该曲面在起点处的法线,如图 3-6 所示。若是单击直线终点前,在命令行中输入 B,则会以起点为中点,沿表面法线的方向同时往两侧绘制直线,如图 3-7 所示。

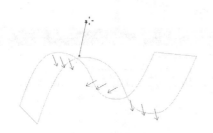
图 3-6 绘制法向与曲面的曲线

图 3-7 绘制曲面法线

- 垂直于工作平面 ⚡: 绘制垂直于当工作平面(XY 平面)的直线。操作与绘制单一的直线基本上一致,只是绘制出的直线只能垂直于 XY 平面。同样,用鼠标右键单击 ⚡ 按钮,也可以绘制 BothSide 模式的直线,如图 3-8 所示。

> 工程点拨:
> BothSide 模式的直线是指以起始点为中点的等距向正反两个方向延伸的直线。BothSide,即双向的意思。

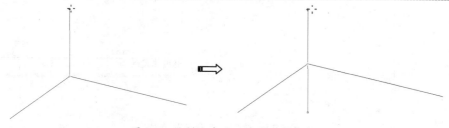
图 3-8 绘制垂直于工作平面的直线

- 四点 ✏️：过四个点来绘制一条直线。在视窗中绘制两点确定直线的方向，然后绘制第三点和第四点，分别作为直线的起点和终点，从而绘制出一条直线，如图3-9所示。

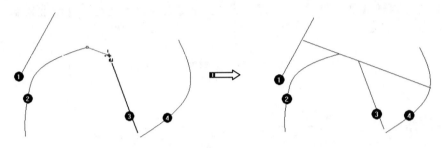

图3-9　绘制通过四点的直线

- 角度等分线 ✏️：沿着虚拟角度的平分线方向绘制直线，如图3-10所示。

图3-10　绘制角度等分线

工程点拨：
如果需要绘制水平或竖直的线条，只需在拖动光标时，按住Shift键。

- 指定角度 ✏️：绘制与已知直线成一定角度的直线，如图3-11所示。

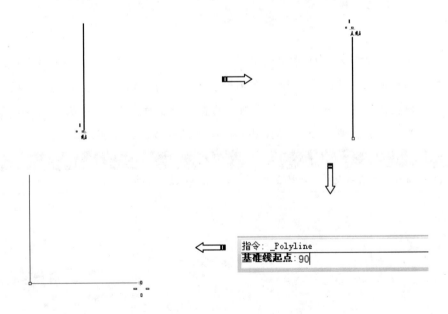

图3-11　绘制指定角度的直线

- 适配数个点的直线：绘制一条直线，使其通过一组被选择的点。单击此按钮，选择视窗中的一组点，并按下 Enter 键，将会在这些被选择的点之间出现一条相对于各点距离均最短的直线，如图 3-12 所示。
- 起点与曲线垂直：绘制垂直于选择曲线的直线，垂足即为直线的起始点。同样也可以绘制 BothSide 模式的直线，如图 3-13 所示。

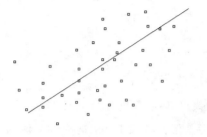 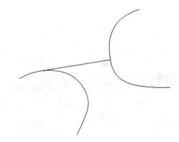

图 3-12　绘制适配数个点的直线　　　　图 3-13　起点与曲线垂直

- 与两条曲线垂直：绘制垂直于两条曲线的直线，如图 3-14 所示。
- 起点相切、终点垂直：在两条曲线之间绘制一条与其中一条曲线相切、与另一条曲线垂直的直线，如图 3-15 所示。

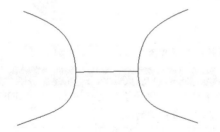

图 3-14　绘制垂直于两条曲线的直线　　　图 3-15　起点相切、终点垂直

- 起点与曲线相切：绘制与被选择曲线的切线方向一致的直线。单击此按钮，而后单击曲线，将会出现一条总是沿着曲线切线方向的白线，沿白线任选一点作为该直线的终点。同样，该命令可绘制 BothSide 模式的直线，如图 3-16 所示。
- 与两条曲线相切：绘制相切于两条曲线的直线。单击此按钮，选择第一条曲线上的希望被靠近的切点，作为切线的起点，然后选择第二条曲线上切线的终点，如图 3-17 所示。

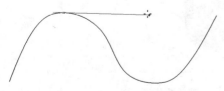 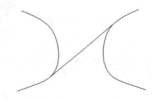

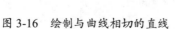

图 3-16　绘制与曲线相切的直线　　　图 3-17　绘制与两条曲线相切的直线

- 通过数个点的多重直线：绘制一条穿过一组被选择的点的多重直线。单击此按钮，依次单击数个点（不得少于两个），单击的顺序决定了直线的形状，按 Enter 键或单击鼠标右键确认，完成绘制，如图 3-18 所示。

图 3-18　绘制通过数个点的多重直线

- 将曲线转换为多重直线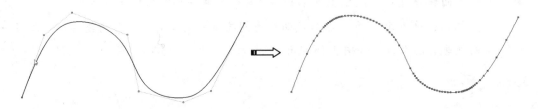：将 NURBS 曲线转换为多重直线。选择需要转换的 NURBS 曲线，按 Enter 键确认，输入角度公差值，再按 Enter 键确认，该 NURBS 曲线即可转换为多重直线，如图 3-19 所示。

图 3-19　将 NURBS 曲线转换为多重直线

工程点拨：
　　角度公差值越大，转换后的多重直线就越粗糙；角度公差值越小，多重直线就越接近原始 NURBS 曲线，产生大量的节点。所以选择合适的公差值，对这个功能来说是非常重要的。

- 网格上多重直线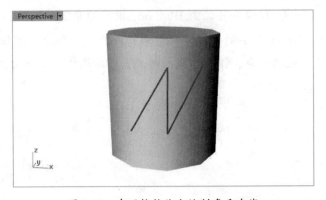：直接在网格物体上绘制多重直线。选取网格物体，按 Enter 键确认，开始在网格物体上拖动光标绘制多重直线，松开鼠标则绘制完成一段，还可以继续绘制。按 Enter 键或者单击鼠标右键结束绘制，如图 3-20 所示。

图 3-20　在网格物体上绘制多重直线

上机操作——绘制创意椅子曲线

① 新建 Rhino 文件。在【工作视窗配置】选项卡中单击【背景图】按钮◎，打开【背景图】工具面板。

② 单击【放置背景图】按钮◎，再打开椅子的参考位图，如图 3-21 所示。

③ 接着在 Top 视窗中放置参考位图，如图 3-22 所示。

图 3-21 打开参考位图

图 3-22 放置参考位图

④ 暂时隐藏网格线。在视窗左边栏中单击【多重直线】按钮△，绘制如图 3-23 所示的多重直线。

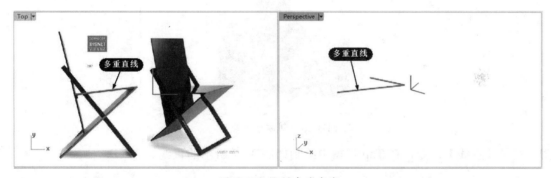

图 3-23 绘制多重直线

⑤ 单击【直线：从中点】按钮，在上一多重直线端点处开始绘制，直线中点与多重直线另一端点重合，如图 3-24 所示。

图 3-24 绘制直线

⑥ 在【曲线工具】选项卡中单击【延伸曲线】按钮 ，在命令行中输入延伸长度值 4，然后单击鼠标右键确认，完成延伸，如图 3-25 所示。

图 3-25　延伸曲线

⑦ 在菜单栏中执行【曲面】|【挤出曲线】|【直线】命令，选中前面绘制的直线和多重直线，单击鼠标右键后输入挤出长度值–12，再单击鼠标右键完成曲面的创建，如图 3-26 所示。

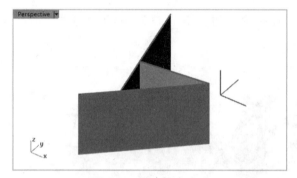

图 3-26　创建挤出曲面

⑧ 利用【直线】命令，在 Top 视窗中绘制如图 3-27 所示的直线。

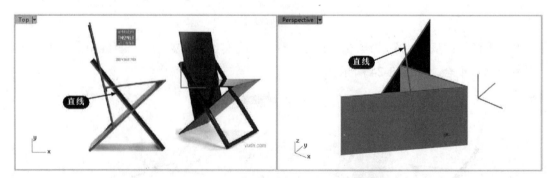

图 3-27　绘制直线

⑨ 在【曲线工具】选项卡中单击【偏移曲线】按钮 ，选择上一步骤绘制的直线作为偏移参考，在 Right 视窗中指定偏移侧，然后输入偏移距离值 12，单击鼠标右键完成偏移，如图 3-28 所示。

第 3 章 曲线绘制与编辑

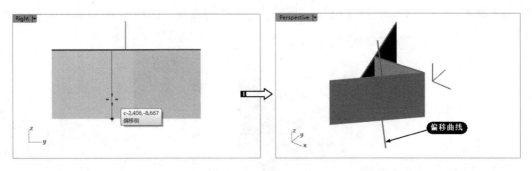

图 3-28 偏移曲线

⑩ 再利用【偏移曲线】命令，分别偏移上下两条直线，各向偏移 0.8，如图 3-29 所示。偏移后将原参考曲线隐藏或删除。

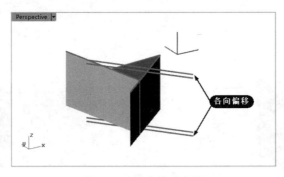

图 3-29 再次偏移曲线

⑪ 在【曲线工具】选项卡中单击【可调式混接曲线】按钮，绘制连接线段，如图 3-30 所示。

⑫ 同理，在另一端绘制另一条混接曲线。

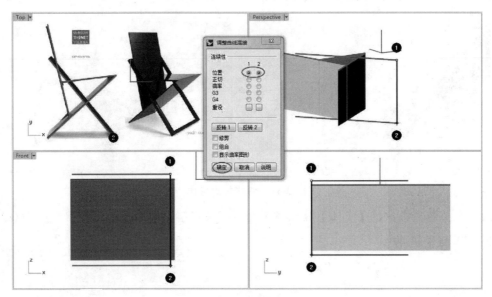

图 3-30 绘制连接线段

⑬ 在菜单栏中执行【编辑】|【组合】命令，组合 4 条直线，如图 3-31 所示。

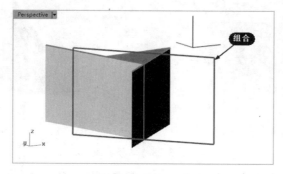

图 3-31 组合曲线

⑭ 在菜单栏中执行【曲面】|【挤出曲面】|【彩带】命令，选择组合的曲线创建如图 3-32 所示的彩带曲面。

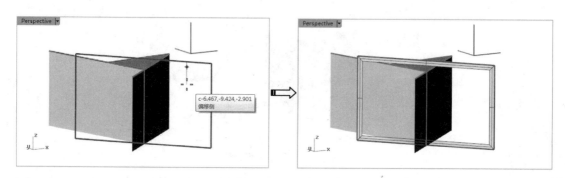

图 3-32 创建彩带曲面

⑮ 在菜单栏中执行【实体】|【挤出曲面】|【直线】命令，然后选择上一步骤创建的彩带曲面，创建挤出长度为 0.8 的实体，如图 3-33 所示。

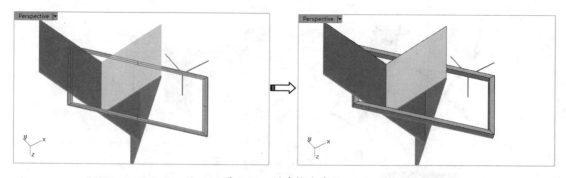

图 3-33 创建挤出实体

⑯ 最后在菜单栏中执行【实体】|【偏移】命令，选择挤出曲面来创建偏移厚度为 0.2 的实体，如图 3-34 所示。

第 3 章 曲线绘制与编辑

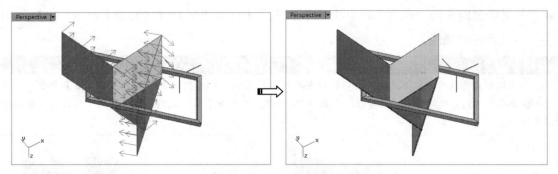

图 3-34　创建偏移实体

⑰ 至此，完成了创意椅子的造型。

3.1.2　绘制自由造型曲线

NURBS 是非均匀有理 B 样条曲线（Non-Uniform Rational B-Splines）的英文缩写，NURBS 曲线和 NURBS 曲面在传统的制图领域是不存在的，是为使用计算机进行 3D 建模而专门创建的。

NURBS 曲线也称自由造型曲线，NURBS 曲线的曲率和形状是由 CV 点（控制点）和 EP 点（编辑点）共同控制的。绘制 NURBS 曲线的工具有很多，它们均集成在【曲线】工具面板中，如图 3-35 所示。

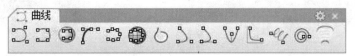

图 3-35　【曲线】工具面板

上机操作——绘制创意沙发曲线

① 新建 Rhino 文件。在【工作视窗配置】选项卡中单击【背景图】按钮，打开【背景图】工具面板。

② 单击【放置背景图】按钮，再打开创意沙发的参考位图，如图 3-36 所示。

③ 接着在 Top 视窗中放置参考位图，如图 3-37 所示。

图 3-36　打开参考位图

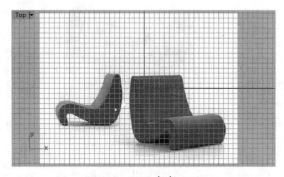

图 3-37　放置参考位图

④ 暂时隐藏网格线。在菜单栏中执行【曲线】|【自由造型】|【内插点】命令，绘制如图 3-38 所示的曲线。

> **工程点拨：**
> 如果绘制的曲线看起来不光顺，可以执行菜单栏中的【编辑】|【控制点】|【开启控制点】命令，按住 Ctrl 键并拖动控制点编辑曲线的连续性，如图 3-39 所示。在后面章节中我们还将讲解关于曲线的连续性的调整问题。

图 3-38 绘制曲线

图 3-39 编辑曲线

⑤ 在菜单栏中执行【实体】|【挤出平面曲线】|【直线】命令，选取曲线创建如图 3-40 所示的实体（挤出长度为 10）。

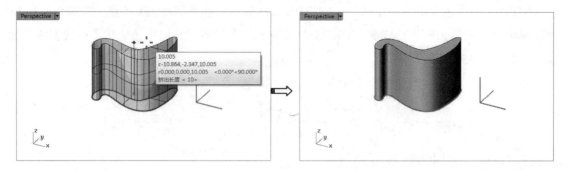
图 3-40 创建挤出实体

⑥ 在菜单栏中执行【实体】|【边缘圆角】|【不等距边缘圆角】命令，在挤出实体上创建半径为 0.2 的圆角，如图 3-41 所示。

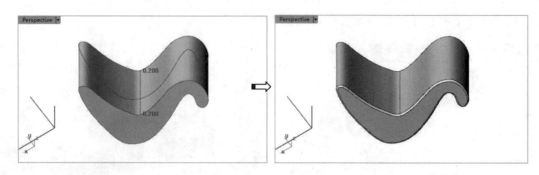
图 3-41 创建圆角

⑦ 至此完成了创意沙发曲线的绘制。

3.1.3 绘制圆

圆是最基本的几何图形之一，也是特殊的封闭曲线。Rhino 中有多种绘制圆的命令，下面分别加以介绍。

在左边栏中长按 ⊙ 按钮，弹出【圆】工具面板，如图 3-42 所示。

图 3-42 【圆】工具面板

- 中心点、半径 ⊙：根据中心点、半径绘制平行于工作平面的圆，如图 3-43 所示。

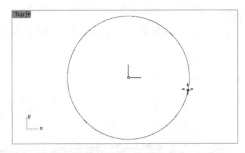

图 3-43 绘制与工作平面平行的圆

- 与工作平面垂直、中心点、半径 ⊙：根据中心点、半径绘制垂直于工作平面的圆，如图 3-44 所示。

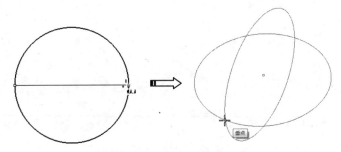

图 3-44 绘制与工作平面垂直的圆

- 与工作平面垂直、直径 ⊙：根据中心点、直径绘制垂直于工作平面的圆。操作方法与 ⊙ 类似，只是在输入半径值阶段改为输入直径值。
- 环绕曲线 ⊙：绘制垂直于被选择曲线的圆。

3.1.4 绘制椭圆

椭圆的构成要素为长轴、短轴、中心点及焦点，在 Rhino 中也是通过约束这几个要素来完成椭圆绘制的。在左边栏中长按 ⊙ 按钮，弹出绘制椭圆的工具面板，如图 3-45 所示。

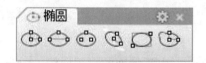

图 3-45　【椭圆】工具面板

- 从中心点 ⊕：首先确定椭圆中心点。拖动光标确定第二点（也就是长轴端点）然后单击第三点确定短半轴端点，按 Enter 键或单击鼠标右键完成绘制，如图 3-46 所示。绘制过程中命令行出现如下选项，分别为绘制椭圆的各种创建方式：

```
圆心（可塑形的(D) 垂直(V) 两点(P) 三点(O) 相切(T) 环绕曲线(A) 配合点(F)）:_Deformable
椭圆中心点（可塑形的(D) 垂直(V) 角(C) 直径(I) 从焦点(F) 环绕
```

- 可塑形的：对椭圆进行塑形。
- 垂直：将平行于工作平面的椭圆改换成垂直于工作平面的椭圆。
- 两点：以椭圆的焦点来绘制。
- 三点：通过确定三点来确定椭圆的形状。
- 相切：通过与指定曲线相切来绘制椭圆。
- 环绕曲线：绘制环绕曲线的椭圆，如图 3-47 所示。

工程点拨：
工具面板中的其他按钮命令，其实就包含在命令行中，下面进行介绍。

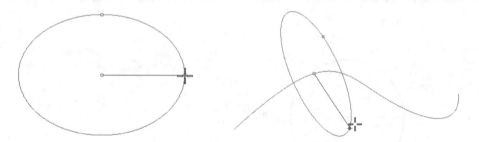

图 3-46　从中心点绘制椭圆　　　图 3-47　绘制环绕所选曲线的椭圆

- 配合点：通过确定焦点位置来绘制椭圆，方法同 ⊙。
- 角：根据矩形框的对角线长度绘制椭圆，方法同 ◯。
- 直径：根据直径绘制椭圆。单击 ⊖ 按钮，在视窗中单击第一点和第二点确定椭圆的第一轴向，拖动光标在所需的地方单击或者直接在命令行中输入第二轴向的长度，按 Enter 键完成绘制，如图 3-48 所示。

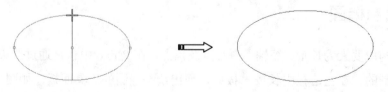

图 3-48　根据直径绘制椭圆

- 从焦点：根据两焦点及短半轴长度来绘制椭圆，如图 3-49 所示。

图 3-49　从焦点绘制椭圆

3.1.5　绘制多边形

在 Rhino 中，绘制矩形和多边形的工具是分开的，但它们具有相似的绘制方法。而且可以把矩形看作一种特殊的多边形，因此在这里作为一部分内容进行讲解。

在左边栏中长按按钮，弹出【多边形】工具面板，如图 3-50 所示。

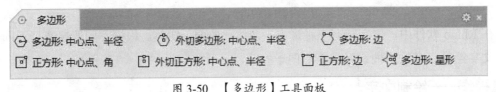

图 3-50　【多边形】工具面板

第一排的三个按钮，在默认情况下都是用来绘制六边形的。但是在实际绘制中，是可以随意调整角度和边数的。

- 多边形：中心点、半径：根据中心点到顶点的距离来绘制多边形。
- 外切多边形：中心点、半径：根据中心点到边的距离来绘制多边形。
- 多边形：边：以多边形一条边的长度作为基准来绘制多边形。

第二排的三个按钮与前面三个按钮的使用方法是相同的，只不过这三个按钮在默认情况下绘制的是正方形。如果想要改变多边形的边数，在命令行中输入所需的边数即可。下面仅介绍【多边形：星形】按钮的用法。

- 多边形：星形：通过定义三个点来确定星形的形状。首先指定第一点确定星形的中心点，接着需要输入两个半径值来指定第二点（星形凹角顶点）和第三点（星形尖角顶点）。输入第一个半径值时将确定星形凹角顶点的位置，输入第二个半径值时确定星形尖角顶点的位置，如图 3-51 所示。

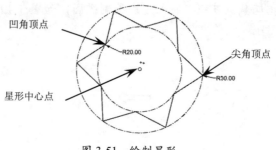

图 3-51 绘制星形

3.2 绘制文字

文字是一种语言符号，但符号却是一种形象，通过远古的象形文字可以得到证实。在 Rhino 软件中，文字也代表了一种形象。文字绘制常用于制作产品 LOGO，或文字型物体模型建立。

在 Rhino 软件中，文字具有三种形态：曲线、曲面、实体。根据不同情况选择不同形态进行文字绘制。多采用曲线形态，更便于修改。

上机操作——绘制文字

① 在【变动】选项卡的左边栏中单击【文字物件】按钮 T，弹出【文字物件】对话框，如图 3-52 所示。

② 在对话框的【要建立的文字】一栏中输入要建立的文字内容，然后在【字型】选项中选择文字的字体和形态，若勾选【群组物件】复选框，则建立的是一个文字模型群组，如图 3-53 所示。

图 3-52 【文字物件】对话框

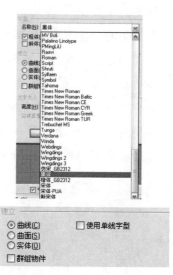

图 3-53 选择文字的字体和形态

③ 若选择文字为曲线的形态，则右方出现【使用单线字型】复选框。是否勾选【使用单线字型】复选框的对比效果如图 3-54 所示。

勾选　　　　　　　　　　　　　　　未勾选

图 3-54　是否勾选【使用单线字型】复选框的对比效果

④ 输入【文字大小】选项区中的高度和实体厚度数值。若选择文字为曲线或曲面的形式，则只需输入高度值；若选择文字实体，则还需要输入实体厚度值，如图 3-55 所示。

图 3-55　设置文字大小

⑤ 选项设置完毕后，单击【确定】按钮。在一个平面视窗中移动光标选择文字位置，按 Enter 键或单击鼠标右键确认操作。创建的曲线、曲面、实体的最终效果如图 3-56 所示。

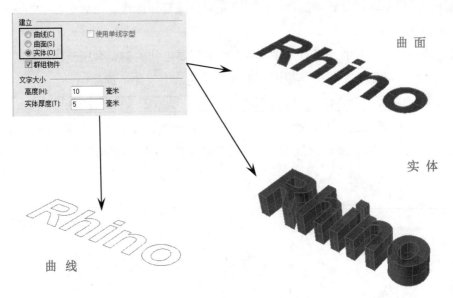

图 3-56　三种文字形态的绘制效果

3.3　曲线延伸

曲线延伸工具，可以根据你的需要让曲线无限地延伸下去，并且所延伸出来的曲线更具多样性，有直线、曲线、圆弧等各种形式。

在【曲线工具】选项卡中长按 按钮，弹出【延伸】工具面板，如图 3-57 所示。

图 3-57　【延伸】工具面板

3.3.1　延伸曲线（延伸到边界）

该命令主要是对 NURBS 曲线进行长度上的延伸，其中延伸方式包括：【原本的】、【直线】、【圆弧】和【平滑】四种。

在 Top 视窗中运用【直线】工具 或【控制点曲线】工具 绘制一条直线或曲线。单击【延伸曲线】按钮 ，命令行中会出现如下提示：

选取边界物体或输入延伸长度，按 Enter 使用动态延伸（型式(T)=原本的）:

从命令行中可以看出，默认的延伸方式为【原本的】，这时按照提示在命令行中输入长度值，或者在视窗中单击该曲线需要延伸到的某个特定物体，然后按 Enter 键或单击鼠标右键确认操作。最后选取需要延伸的曲线，即可完成曲线延伸操作。在命令行中输入 U，则可取消刚刚的操作。

默认延伸方式只能对曲线进行常规延伸，如果需要延伸的类型有所变化，则需在命令行中输入 T，或者选择【型式（T）=原本的】选项，随后出现如下选项：

类型 <原本的>（原本的(N)　直线(L)　圆弧(A)　平滑(S)）:

在四个选项中可以选择你需要的类型，其中【平滑】、【原本的】和【圆弧】的效果几乎相同，所以在这里不做对比展示了。以【直线】选项进行延伸的前后对比，如图 3-58 所示。

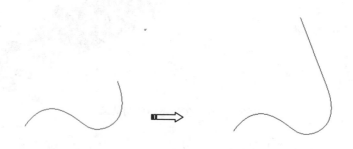

图 3-58　以【直线】选项进行延伸的前后对比

工程点拨：

先选择的是曲线要延伸到的目标，它可以是表面或实体等几何类型，但这几种类型只能让曲线延伸到它们的边。如果没有延伸目标可以输入延伸长度，则手动选择方向和类型。

上机操作——创建延伸曲线

① 打开本例源文件"3-1-1.3dm",如图 3-59 所示。

② 单击【延伸曲线】按钮 ，选取左侧竖直线为边界物体,按 Enter 键确认,如图 3-60 所示。

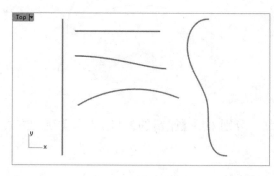

图 3-59 打开源文件

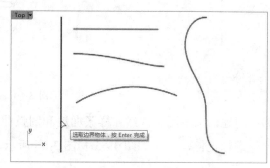

图 3-60 选取边界物体

③ 依次选取中间的三条曲线为要延伸的曲线,如图 3-61 所示。

④ 最后单击鼠标右键完成曲线的延伸,如图 3-62 所示。

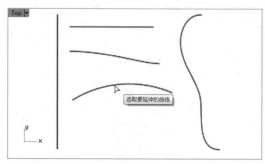

图 3-61 选取要延伸的曲线

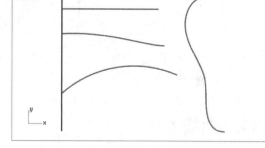

图 3-62 完成延伸

⑤ 重新执行【延伸曲线】命令,在命令行中设置延伸方式为【直线】,然后选取右侧的自由曲线为边界物体,并按 Enter 键确认,如图 3-63 所示。

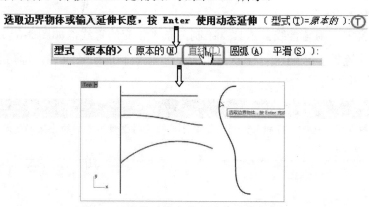

图 3-63 选择延伸方式和延伸边界物体

⑥ 选择上边的直线作为要延伸的曲线，随后自动完成延伸，如图 3-64 所示。

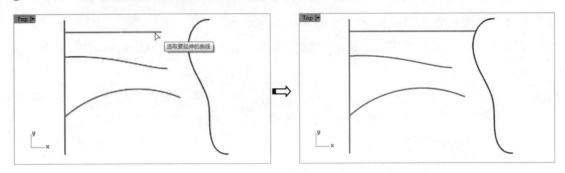

图 3-64　延伸直线

⑦ 同理，余下两条曲线（样条曲线和圆弧曲线）分别采用【平滑的】和【圆弧】延伸方式进行延伸，结果如图 3-65 和图 3-66 所示。

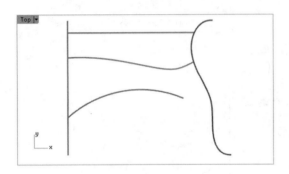 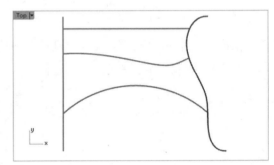

图 3-65　平滑延伸　　　　　　　　　　图 3-66　圆弧延伸

3.3.2　曲线连接

运用该工具可将两条不相交的曲线以直线的方式连接。

上机操作——创建曲线连接

① 新建 Rhino 文件。
② 在 Top 视窗中运用【直线】工具绘制两条不相交的直线，如图 3-67 所示。
③ 然后单击【连接】按钮，依次选取上一步骤绘制的两条直线，即可自动连接，如图 3-68 所示。

> **工程点拨：**
> 两条弯曲的曲线同样能够进行相互连接，但要注意的是两条曲线之间的连接部分是直线，而不是有弧度的曲线。

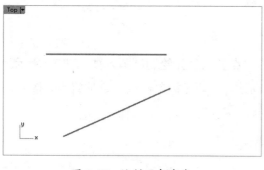
图 3-67 绘制两条直线

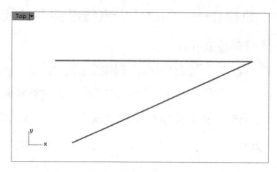
图 3-68 连接两条直线

3.3.3 延伸曲线（平滑）

【延伸曲线（平滑）】命令的操作方法与【延伸曲线】命令相似，其延伸类型同样包括：【直线】、【原本的】、【圆弧】和【平滑】，功能也类似。不同的是，在进行直线延伸的时候，该命令能够随着拖动光标，延伸出平滑的曲线，而【延伸曲线】命令只能延伸出直线。

上机操作——创建延伸曲线（平滑）

① 新建 Rhino 文件。
② 在 Top 视窗中运用【直线】工具绘制直线，如图 3-69 所示。
③ 单击【延伸曲线（平滑）】按钮，选取该直线拖动光标，单击确认延伸终点或在命令行中输入延伸长度值，按 Enter 键或单击鼠标右键确认，完成延伸，如图 3-70 所示。

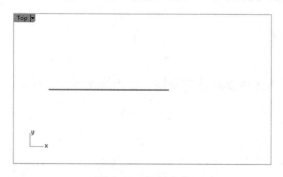
图 3-69 绘制直线

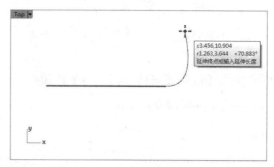
图 3-70 平滑延伸直线

工程点拨：
在使用【延伸曲线（平滑）】工具时，无法对直线进行圆弧延伸。

3.3.4 以直线延伸

使用该命令只能延伸出直线，无法延伸出曲线。【以直线延伸】命令的操作方法与【延伸曲线】命令相同，其延伸类型同样包括：【直线】、【原本的】、【圆弧】和【平滑】，功能也类似。

上机操作——创建【以直线延伸】曲线

① 新建 Rhino 文件。
② 在 Top 视窗中运用【圆弧：起点、终点、通过点】工具先绘制圆弧，如图 3-71 所示。
③ 单击【以直线延伸】按钮，选取要延伸的曲线，拖动光标单击确认延伸终点，按 Enter 键或单击鼠标右键确认操作，如图 3-72 所示。

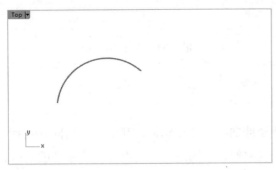
图 3-71　绘制圆弧

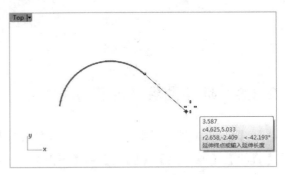
图 3-72　以直线延伸

3.3.5　以圆弧延伸至指定点

该命令能够使曲线延伸到指定点的位置。下面用实例来说明操作方法。

上机操作——创建【以圆弧延伸至指定点】曲线

① 新建 Rhino 文件。
② 在 Top 视窗中运用【控制点曲线】工具和【点】工具先绘制 B 样条曲线和点，如图 3-73 所示。
③ 单击【以圆弧延伸至指定点】按钮，依次选取要延伸的曲线、延伸的终点，即可完成操作，如图 3-74 所示。

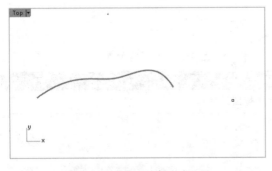
图 3-73　绘制样条曲线和点

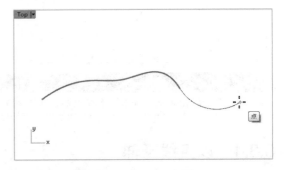
图 3-74　圆弧延伸至指定点

工程点拨：
这里要注意的是，在进行延伸端选取时，会选择更靠近鼠标单击位置的端点。

如果未指定固定点，也可设置曲率半径，作为曲线延伸依据。

单击【以圆弧延伸至指定点】按钮 ，选取要延伸的曲线，拖动光标，会在端点处出现不同曲率的圆弧。在所需位置按 Enter 键或单击鼠标右键，命令行中会出现提示：

延伸终点或输入延伸长度 <21.601> (中心点(C) 至点(T))：

此时，输入长度值或者在拉出的直线上单击所需位置即可。单击鼠标右键，可再次调用该命令，反复使用可以在原曲线端点处延伸出不同形状和大小的圆弧，如图 3-75 所示。

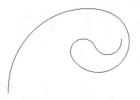

图 3-75　圆弧延伸

3.3.6　以圆弧延伸（保留半径）

该命令自动依照端点位置的曲线半径进行延伸，也就是说延伸出来的曲线与延伸端点处的曲线半径相同。只需输入延伸长度或指定延伸终点即可，得到的效果与【以圆弧延伸至指定点】命令相同。

上机操作——创建【以圆弧延伸（保留半径）】曲线

① 新建 Rhino 文件。
② 在 Top 视窗中运用【圆弧：起点、终点、半径】工具先绘制圆弧曲线，如图 3-76 所示。
③ 单击【以圆弧延伸（保留半径）】按钮 ，选取要延伸的曲线，然后拖动光标确定延伸终点，单击鼠标右键完成圆弧曲线的延伸，如图 3-77 所示。

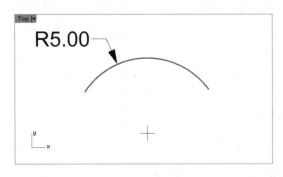

图 3-76　绘制圆弧

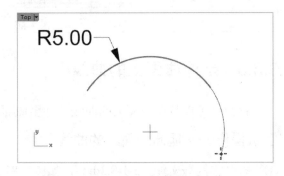

图 3-77　以圆弧延伸（保留半径）

3.3.7　以圆弧延伸（指定中心点）

该命令以指定圆弧中心点与终点的方式将曲线以圆弧延伸。操作方法与前面的命令类似，只是在选定待延伸曲线后，拖动光标，在拉出来的直线上单击确定圆弧圆心位置。

上机操作——创建【以圆弧延伸（指定中心点）】曲线

① 新建 Rhino 文件。
② 在 Top 视窗中运用【控制点曲线】工具先绘制 B 样条曲线，如图 3-78 所示。
③ 单击【以圆弧延伸（指定中心点）】按钮，选取圆弧为要延伸的曲线，然后拖动光标确定圆弧延伸的圆心，如图 3-79 所示。

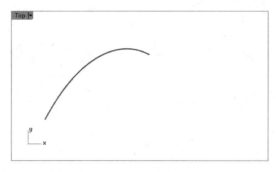

图 3-78　绘制样条曲线　　　　　　　　图 3-79　确定圆弧延伸的圆心

④ 然后再拖动光标确定圆弧的终点，单击鼠标右键完成圆弧曲线的延伸，如图 3-80 所示。

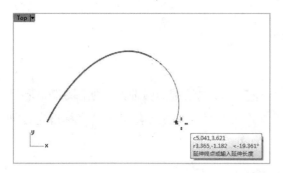 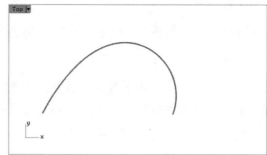

图 3-80　完成延伸

3.3.8　延伸曲面上的曲线

该命令可以将在曲面上的曲线延伸至曲面的边缘。

上机操作——延伸曲面上的曲线

① 打开本例源文件"3-1-8.3dm"，如图 3-81 所示。
② 单击【延伸曲面上的曲线】按钮，然后按命令行的信息提示，先选取要延伸的曲线，如图 3-82 所示。

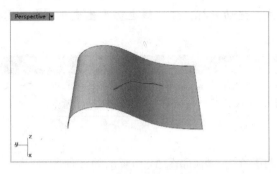
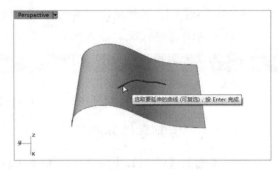

图 3-81　打开源文件　　　　　　　　图 3-82　选取要延伸的曲线

③ 再选取曲线所在的曲面，按 Enter 键或单击鼠标右键结束操作，曲线将延伸至曲面的边缘，如图 3-83 所示。

工程点拨：
虽然各个曲线延伸命令类似，但每个延伸命令都有各自的功能，使用时要根据具体情况选择最适合的命令，避免出错。

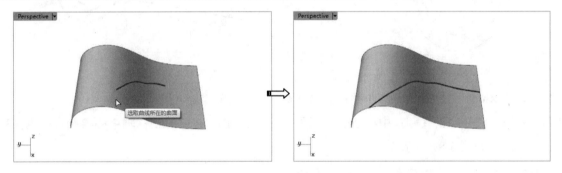

图 3-83　延伸曲面上的曲线

3.4　曲线偏移

【曲线偏移】命令是 Rhino 中最常用的编辑命令之一，功能是在一条曲线的一侧产生一条新曲线，这条线在每个位置都和原来的线保持相同的距离。

3.4.1　偏移曲线

偏移命令可将曲线偏移到指定的位置，并保留原曲线。

在 Top 视窗中绘制一条曲线，单击【偏移曲线】按钮，选取要偏移复制的曲线，确认偏移距离和方向后单击鼠标左键即可。

有两种方法可以确定偏移距离：

● 在命令行中输入偏移距离的数值。

- 输入【T】,这时能立刻看到偏移后的线,拖动光标,偏移线也会发生变化,在所需地方单击确认偏移距离即可。

> **工程点拨:**
> 偏移复制命令具有记忆功能,下一次执行该命令时,如果不设置偏移距离,系统会自动采用最近一次的偏移操作所使用的距离。使用这个方法可以快速绘制出无数条等距离的偏移线,如图 3-84 所示。

上机操作——绘制零件外形轮廓

利用【圆】、【圆弧】、【偏移曲线】及【修剪】命令绘制如图 3-85 所示的零件图形。

图 3-84 绘制等距离偏移线

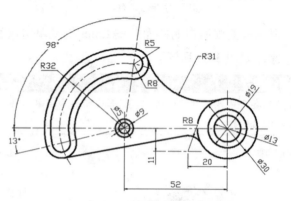
图 3-85 零件图形

① 新建 Rhino 文件。隐藏格线并设置总格数为 5,如图 3-86 所示。
② 利用左边栏中的【圆:中心点、半径】命令,在 Top 视窗的坐标轴中心绘制直径为 13 的圆,如图 3-87 所示。

图 3-86 设置格线选项

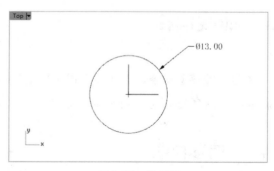
图 3-87 绘制圆

③ 再创建两个同心圆,直径分别为 19 和 30,如图 3-88 所示。
④ 利用【直线】命令,在同心圆位置绘制基准线,如图 3-89 所示。

第 3 章 曲线绘制与编辑

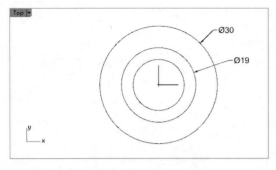
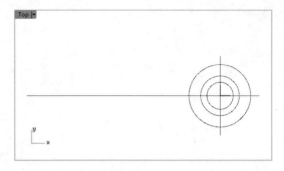

图 3-88 绘制同心圆　　　　　　　　　　图 3-89 绘制基准线

⑤ 选中基准线，然后在【出图】选项卡中单击【设置线型】按钮，将直线线型设置为点画线，如图 3-90 所示。

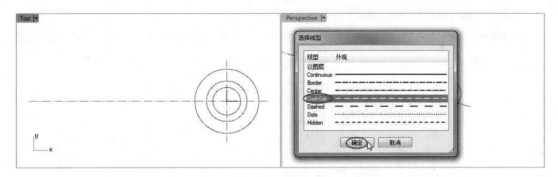

图 3-90 设置基准线线型

⑥ 执行【圆：中心点、半径】命令，在命令行中输入圆心的坐标（-52,0,0），单击鼠标右键确认后再输入直径值 5，单击鼠标右键完成绘制，如图 3-91 所示。

⑦ 执行【圆】命令，绘制同心圆，圆的直径为 9，如图 3-92 所示。

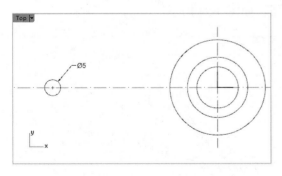
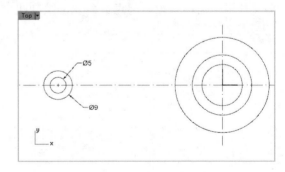

图 3-91 绘制圆　　　　　　　　　　图 3-92 绘制同心圆

⑧ 利用【直线：指定角度】命令，绘制如图 3-93 所示的两条基准线。

⑨ 利用【圆：中心点、半径】命令，绘制直径为 44 的圆。然后利用左边栏中的【修剪】命令修剪圆，得到的圆弧如图 3-94 所示。

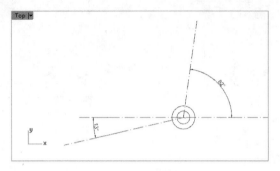

图 3-93　绘制基准线　　　　　　　　图 3-94　绘制基准圆弧

⑩ 单击【偏移曲线】按钮，选取要偏移的曲线（圆弧基准线），单击鼠标右键确认后在命令行中单击【距离】选项，修改偏移距离为 5，然后在命令行中单击【两侧】选项，在 Top 视窗中绘制如图 3-95 所示的偏移曲线。

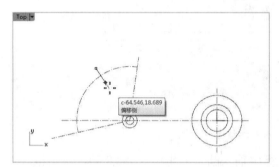
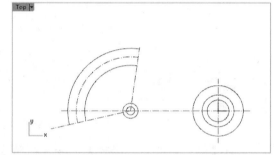

图 3-95　绘制偏移曲线

⑪ 同理，再绘制偏移距离为 8 的偏移曲线，如图 3-96 所示。
⑫ 利用【圆：直径、起点】命令，绘制四个圆，如图 3-97 所示。

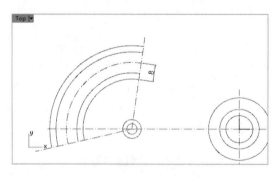
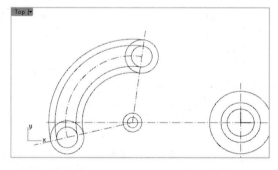

图 3-96　绘制偏移曲线　　　　　　　　图 3-97　绘制四个圆

⑬ 利用【圆弧：正切、正切、半径】命令，绘制如图 3-98 所示的相切圆弧。
⑭ 利用【圆：中心点、半径】命令，绘制圆心坐标为（-20,-11,0）、圆上一点与大圆相切的圆，如图 3-99 所示。

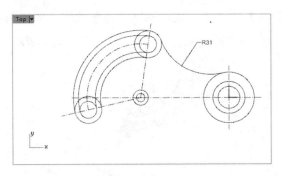

图 3-98 绘制相切圆弧

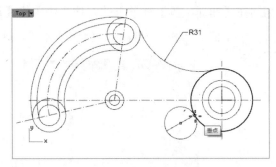

图 3-99 绘制相切圆

⑮ 利用【直线：与两条曲线正切】命令，绘制如图 3-100 所示的公切直线。

⑯ 最后利用【修剪】命令，修剪轮廓曲线，得到最终的零件外形轮廓，如图 3-101 所示。

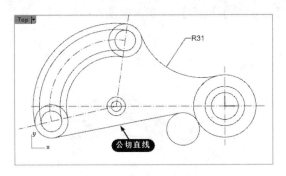

图 3-100 绘制公切直线

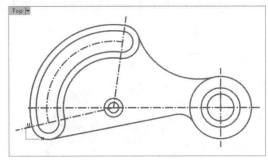

图 3-101 修剪图形后的最终零件外形轮廓

3.4.2 往曲面法线方向偏移曲线

该命令主要用于对曲面上的曲线进行偏移。曲线偏移方向为曲面的法线方向，并且可以通过多个点控制偏移曲线的形状。下面通过一个操作练习进行讲解。

上机操作——往曲面法线方向偏移曲线

① 在 Top 视窗中用【内插点曲线】命令绘制一条曲线，如图 3-102 所示。切换到 Perspective 视窗，再利用【偏移曲线】命令将这条曲线偏移复制一次（偏移距离为 15），如图 3-103 所示。

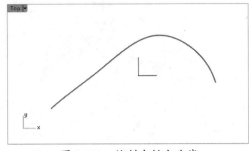

图 3-102 绘制内插点曲线

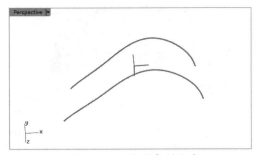

图 3-103 偏移复制曲线

② 在【曲面工具】选项卡的左边栏中单击【放样】按钮,依次选取这两条曲线,放样出一个曲面(相关内容后面会详细介绍,这里只需按照提示操作即可),如图 3-104 所示。

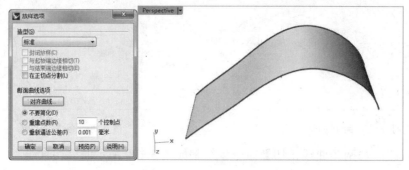

图 3-104　创建放样曲面

③ 在菜单栏中执行【曲线】|【自由造型】|【在曲面上描绘】命令,在曲面上绘制一条曲线,如图 3-105 所示。

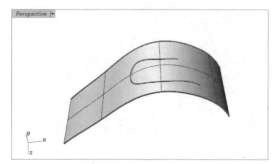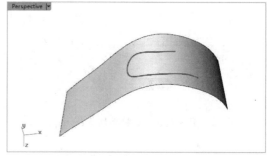

图 3-105　在曲面上绘制曲线

④ 在【曲线工具】选项卡中单击【往曲面法线方向偏移曲线】按钮,依次选取曲面上的曲线和基底曲面,根据命令行提示,在曲线上选择一个基准点,拖动光标,将会拉出一条直线。该直线为曲面在基准点处的法线,然后在所需高度位置单击。

⑤ 此时如果不希望改变曲线形状,则可按 Enter 键或单击鼠标右键,完成偏移操作,如图 3-106 所示。

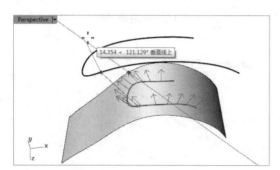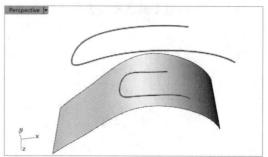

图 3-106　偏移曲线

> **工程点拨：**
> 如果你希望改变曲线形状，则可在原曲线上继续选择点，确定高度，重复多次，最后按 Enter 键或单击鼠标右键，完成偏移操作，如图 3-107 所示。

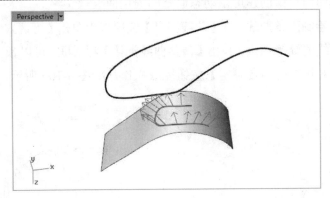

图 3-107　偏移效果

3.4.3　偏移曲面上的曲线

使用此命令，曲线能够在曲面上进行偏移，值得注意的是，曲线在曲面上延伸后得到的曲线会延伸至曲面的边缘。

绘制一个曲面和一条曲面上的线，方法和上例相同。单击【偏移曲面上的曲线】按钮，依次选取曲面上的曲线和基底曲面，在命令行中输入偏移距离并选择偏移方向，然后按 Enter 键或单击鼠标右键，完成偏移操作，如图 3-108 所示。

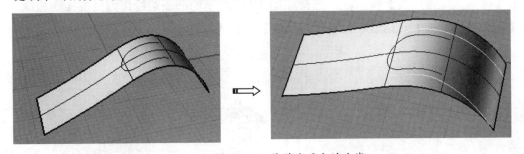

图 3-108　偏移曲面上的曲线

3.5　混接曲线

【混接曲线】命令是在两条曲线之间创建平滑过渡的曲线。该曲线与混接前的两条曲线分别独立，如需结合成一条曲线，则需使用【组合】按钮。可以在【曲线工具】选项卡中调用【混接曲线】命令。

3.5.1 可调式混接曲线

在两条曲线或曲面边缘创建可以动态调整的混接曲线。

在 Top 视窗中绘制两条曲线。在【曲线工具】选项卡中单击【可调式混接曲线】按钮，依次选取要混接曲线的混接端点，弹出【调整曲线混接】对话框，可以预览并调整混接曲线。调整完毕后，单击对话框中的【确定】按钮完成操作，如图 3-109 所示。

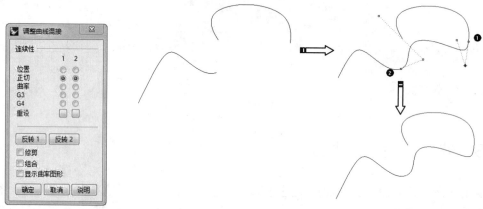

图 3-109　可调式混接曲线

上机操作——创建可调式混接曲线

① 打开本例源文件"3-3-2.3dm"，如图 3-110 所示。

② 单击【可调式混接曲线】按钮，选择如图 3-111 所示的曲面边缘作为要混接的边缘，在【调整曲线混接】对话框中设置【连续性】均为【正切】。

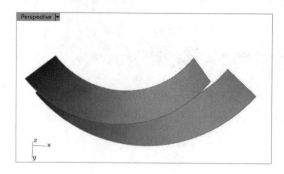

图 3-110　打开的源文件

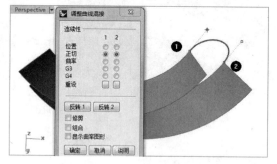

图 3-111　选择要混接的边并设置连续性

③ 在 Perspective 视窗中选取控制点，然后拖动，改变混接曲线的延伸长度，如图 3-112 所示。

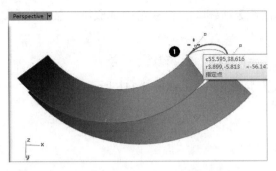 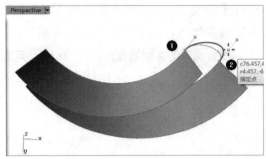

图 3-112　调整混接曲线的延伸长度

④ 单击【调整曲线混接】对话框中的【确定】按钮完成混接曲线的创建。同理，在另一侧也创建混接曲线，如图 3-113 所示。

⑤ 再次执行【可调式混接曲线】命令，在命令行提示中单击【边缘】选项，在 Perspective 视窗中选取曲面边缘，如图 3-114 所示。

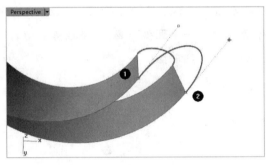 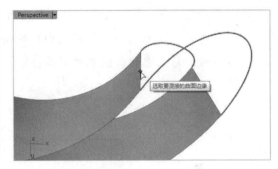

图 3-113　创建另一侧的混接曲线　　　　　图 3-114　选取曲面边缘

⑥ 弹出【调整曲线混接】对话框，并显示预览效果。设置【连续性】为【曲率】，单击【确定】按钮完成混接曲线的创建，如图 3-115 所示。

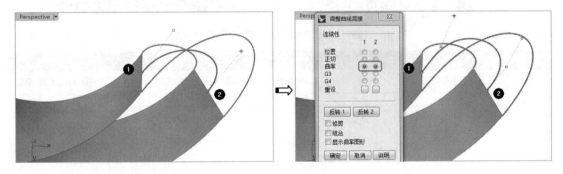

图 3-115　完成混接曲线的创建

3.5.2　弧形混接曲线

【弧形混接曲线】命令可以创建由两个相切连续的圆弧组成的混接曲线。

在【曲线工具】选项卡中单击【弧形混接曲线】按钮，在视窗中选取第一条曲线和第二条曲线的端点，命令行中显示如下提示：

选取要调整的弧形混接点，按 Enter 完成（半径差异值(R) 修剪(T)=否）:

同时生成弧形混接曲线预览（两参考曲线为异向相对），如图 3-116 所示。

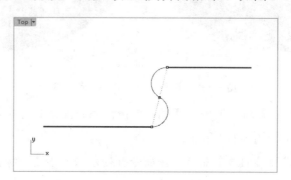

图 3-116 预览弧形混接曲线

- 半径差异值：创建 S 形混接圆弧时可以设定两个圆弧半径的差异值。半径差异值为正数时，先点选的曲线端（❶）的圆弧会大于另一个圆弧（❷）；半径差异值为负数时，后点选的曲线端的圆弧会较大，如图 3-117 所示。

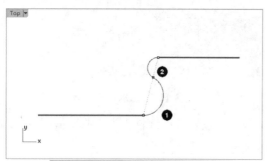
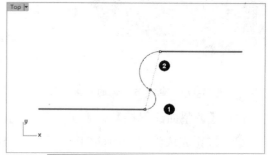

图 3-117 半径差异值输入正负数后的对比

工程点拨：
除可输入差异值来更改圆弧大小外，还可以将光标放置在控制点上拖动进行改变，如图 3-118 所示。

图 3-118 手动控制半径差异

- 修剪：当拖动混接曲线端点到参考曲线任意位置上时，会有多余曲线产生，此时可以设置【修剪】为【是】或者【否】，【是】表示要修剪，【否】表示不修剪，如图 3-119 所示。此外，在命令行中还增加了【组合=否】选项。同理，若是设为【否】，即混接曲线与参考曲线不组合，反之则组合成整体。

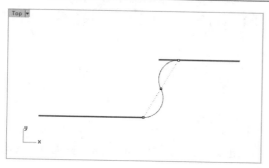
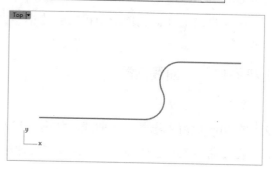

图 3-119　设置【修剪=是】选项的结果

当两参考曲线的位置状态发生如图 3-120 所示的同向变化时，弧形混接曲线也会发生变化。在命令行中增加了与先前不同的选项——【其他解法】选项。

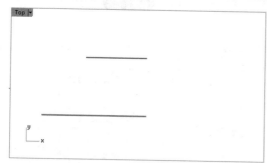
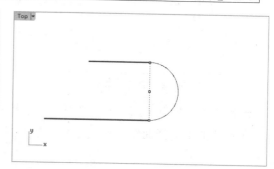

图 3-120　同向曲线间的弧形混接曲线

单击【其他解法】选项，可以反转一个或两个圆弧的方向，创建不同的弧形混接曲线，如图 3-121 所示。

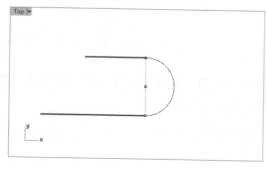
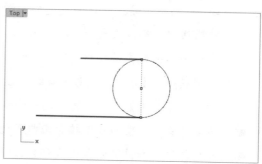

原解法　　　　　　　　　　　　　　　　　其他解法

图 3-121　其他解法与原解法的对比

3.5.3 衔接曲线

【衔接曲线】工具是非常重要的一项功能，在 NURBS 建模过程中起着举足轻重的作用。它的作用是改变一条曲线或者同时改变两条曲线末端的控制点的位置，以达到让这两条曲线保持 G0、G1、G2 的连续性。

在【曲线工具】选项卡中可找到【衔接曲线】按钮 。下面通过一个操作练习来详细讲解。

上机操作——曲线匹配

① 新建 Rhino 文件。
② 在 Top 视窗中绘制两条曲线，如图 3-122 所示。
③ 在【曲线工具】选项卡中单击【衔接曲线】按钮 ，依次选取要衔接的两条曲线，如图 3-123 所示。

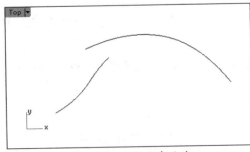
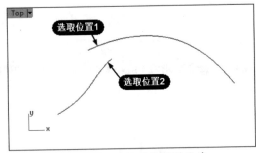

图 3-122　绘制两条曲线　　　　图 3-123　选取要衔接的曲线

④ 弹出【衔接曲线】对话框，如图 3-124 所示。

在对话框中选择曲线的连续性和匹配方式。各选项功能如下：

- 【连续性】选项区：位置——G0 连续，即曲线保持原有形状和位置；相切——G1 连续，即两条曲线的连接处呈相切状态，从而产生平滑的过渡；曲率——G2 连续，即让曲线更加平滑地连接起来，对曲线形状影响最大。

图 3-124　【衔接曲线】对话框

- 【维持另一端】选项区：如果改变的曲线少于六个控制点，衔接后该曲线另一端的位置/切线方向/曲率可能会改变，选择【位置】、【相切】或【曲率】选项，可以避免曲线另一端因为衔接而被改变。

- 与边缘垂直：使曲线衔接后与曲面边缘垂直。

- 互相衔接：衔接的两条曲线都会被调整。

- 组合：衔接完成后组合曲线。

● 合并：此选项仅在选择【曲率】连续性选项时才可以使用。两条曲线在衔接后会合并成单一曲线。如果移动合并后的曲线的控制点，原来的两条曲线衔接处可以平滑地变形，而且这条曲线无法再炸开成为两条曲线。

⑤ 在【连续性】和【维持另一端】选项区中均选择【曲率】单选按钮，最后单击【确定】按钮，完成曲线衔接，如图 3-125 所示。

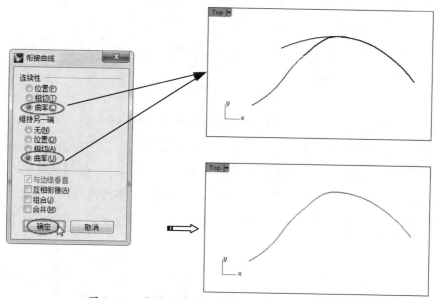

图 3-125 衔接曲线（注意鼠标单击位置）

工程点拨：

在点选曲线端点时，注意鼠标单击位置分别为两条曲线的起点。该命令会认为是第一条曲线终点连接第二条曲线起点，因此一定要注意鼠标单击位置。选择曲线的先后顺序也会对匹配曲线产生影响。

【衔接曲线】命令不但可以匹配两条曲线，而且可以把曲线匹配到曲面上，使曲线和曲面保持 G1 或 G2 连续性。

单击【衔接曲线】按钮 ～，选择将要进行匹配的曲线，命令行中会出现如下提示：

选取要衔接的开放曲线 — 点选于靠近端点处（曲面边缘(S)）:

【曲面边缘】选项就是曲线匹配到曲面的选项。输入【S】激活该选项，选择曲面边界线，这时会出现一个可以移动的点，这个点就代表曲线衔接到曲面边缘的位置。单击确定位置后弹出【曲线衔接】对话框，勾选所需选项，曲线即可按照设置的连续性匹配到曲面上。

3.6 曲线修剪

用【曲线修剪】命令，可以去掉两条相交的曲线的多余部分，修剪后的曲线还可以通过【结合曲线】命令结合成一条完整的曲线。

3.6.1 修剪与切割曲线

两条相交曲线,以其中一条曲线为剪切边界,对另一条曲线进行剪切操作。

在 Top 视窗中绘制一个矩形和圆形作为要操作的对象,如图 3-126 所示。

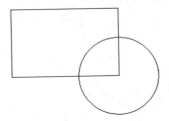

图 3-126 修剪前的原始曲线

单击左边栏中的【修剪】按钮,首先选择作为修剪工具的对象,按 Enter 键确认后再选择待修剪对象,按 Enter 键完成曲线修剪,如图 3-127 所示。曲线选择的顺序和鼠标单击位置很重要,请调换曲线选择顺序,改变鼠标单击位置,多练习几次,对比效果。

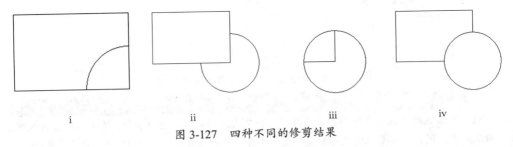

      i   ii   iii   iv

图 3-127 四种不同的修剪结果

切割命令同样可以达到修剪曲线效果,操作方法与修剪曲线相同。区别在于切割命令只能将曲线分割成若干段,需要手动将多余的部分删除,而修剪曲线是自动完成的。切割曲线,给予使用者更大的自由度和更多的选择。

3.6.2 曲线的布尔运算

【布尔运算】命令能够修剪、分割、组合有重叠区域的曲线。

在视窗中绘制两条以上的曲线,在【曲线工具】选项卡中单击【曲线布尔运算】按钮,选择要进行布尔运算的曲线,按 Enter 键或单击鼠标右键确认。然后选择想要保留的区域(再一次选择已选区域可以取消选择),被选取的区域会醒目提示。按 Enter 键或单击鼠标右键确认操作,该命令会沿着被选取的区域外围创建一条闭合的多重曲线,如图 3-128 所示。

> **工程点拨:**
> 布尔运算形成的曲线独立存在,不会改变或删除原曲线,适用于根据特定环境创建新曲线。

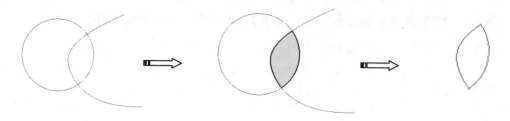

图 3-128　曲线的布尔运算

3.7　曲线倒角

两条端点处相交的曲线，通过【曲线倒角】工具可以在交汇处进行倒角。有两种方式可以选择【曲线倒角】工具：曲线圆角、曲线斜角。不过【曲线倒角】命令只能针对两条曲线进行编辑，不能在一条曲线上使用该命令。

3.7.1　曲线圆角

【曲线圆角】命令是在两条曲线之间生成和两条线都相切的一段圆弧。

在 Top 视窗中绘制两条端点处对齐的直线，单击【曲线工具】选项卡中的【曲线圆角】按钮，在命令行中输入需要倒角的半径值（若此处未输入，默认值为 1），依次选择要倒圆角的两条曲线，按 Enter 键或单击鼠标右键完成操作，如图 3-129 所示。

图 3-129　曲线倒圆角

单击【曲线圆角】按钮后，命令行中会有如下提示：

选取要建立圆角的第一条曲线（半径(R)=10 组合(J)=是 修剪(T)=是 圆弧延伸方式(E)=圆弧）：

各选项功能如下：

- 半径：控制倒圆角的圆弧半径。如果需要更改只需输入【R】，根据提示输入即可。
- 组合：倒圆角后，新创建的圆角曲线与原被倒角的两条曲线组合成一条曲线。在选择曲线前，输入【J】,【组合】选项即变为【是】，然后再选择曲线即可。当【半径】值设为 0 时，功能等同于左边栏中的【组合】工具。

- 修剪：默认选项为【是】，即倒角后自动将曲线的多余部分修剪掉。如果不需修剪，则输入【T】，【修剪】选项即变为【否】，则倒角后保留原曲线部分，如图 3-130 所示。

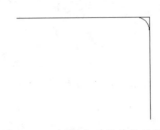

图 3-130　倒圆角不修剪的效果

- 圆弧延伸方式：由于 Rhino 可以对曲线进行自动延伸以适应倒角，因此这里提供了两种延伸方式：圆弧和直线。输入【E】即可切换。

工程点拨：
倒圆角产生的圆弧和两侧的线是相切状态。因此，对于不在同一平面上的两条曲线，一般来说无法倒角。

3.7.2　曲线斜角

【曲线斜角】与【曲线圆角】不同的是，【曲线圆角】倒出的角是圆滑的曲线，而【曲线斜角】倒出的角是直线。

在 Top 视窗中绘制两条端点处对齐的直线，单击【曲线工具】选项卡中的【曲线斜角】按钮，在命令行中输入斜角距离（如此处未输入，默认值为 1），依次选择要倒斜角的两条曲线，按 Enter 键或单击鼠标右键完成操作，如图 3-131 所示。

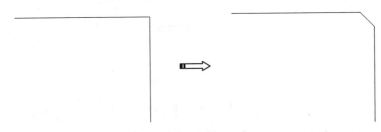

图 3-131　曲线倒斜角

单击【曲线斜角】按钮后，命令行中会有如下提示：

选取要建立斜角的第一条曲线（距离(D)=5,5　组合(J)=否　修剪(T)=是　圆弧延伸方式(E)=圆弧）：

- 距离：即倒斜角点与曲线端点之间的距离，默认值为 1。如果需要更改只需输入【D】，根据提示输入即可。当输入的两个距离值一样时，倒出来的斜角为 45°。
- 组合：倒斜角后，新创建的圆角曲线与原被倒角的两条曲线组合成一条曲线。在选择曲线前，输入【J】，【组合】选项即变为【是】，然后再选择曲线即可。当半径值设为 0 时，功能等同于左边栏中的【组合】工具。
- 修剪：默认选项为【是】，即倒角后自动将曲线多余部分修剪掉。如果不需修剪，则输入【T】，【修剪】选项即变为【否】，则倒角后保留原曲线部分。功能与【曲线圆角】中的【修剪】选项相同。
- 圆弧延伸方式：曲线斜角也提供了两种延伸方式：圆弧/直线。输入【E】即可切换。

3.7.3　全部圆角

以单一半径在多重曲线或多重直线的每一个夹角处进行倒圆角。

在 Top 视窗中，用【多段线】工具绘制一条多重直线。单击【全部圆角】按钮，选择多重直线。在命令行中输入倒圆角的半径值，按 Enter 键或单击鼠标右键完成操作，如图 3-132 所示。

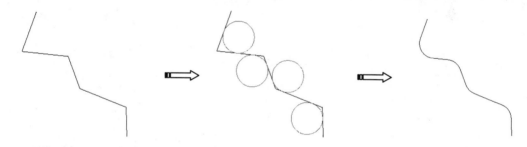

图 3-132　对多重直线执行【全部圆角】命令

3.8　曲线优化工具

在【曲线工具】选项卡中还包括优化曲线和编辑曲线工具，本节详细介绍各曲线优化工具的用法。

3.8.1　调整封闭曲线的接缝

简言之，该命令可以调整多个封闭曲线之间的接缝位置（起点/终点）。在创建放样曲面时此功能特别有用，可以使创建的曲面更加顺滑而不至于扭曲。

下面用案例来说明这个工具的用法。

上机操作——调整封闭曲线的接缝

① 新建 Rhino 文件。
② 利用【内插点曲线】命令在 Front 视窗中绘制如图 3-133 所示的曲线。

③ 利用【偏移曲线】命令，绘制向外偏移的一条偏移曲线，如图 3-134 所示。

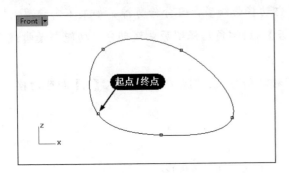
图 3-133　绘制内插点曲线

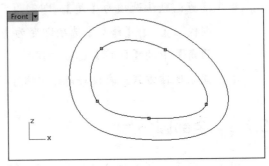
图 3-134　绘制偏移曲线

④ 利用【移动】命令，将偏移曲线进行平行移动（移动距离可以自行确定），如图 3-135 所示。

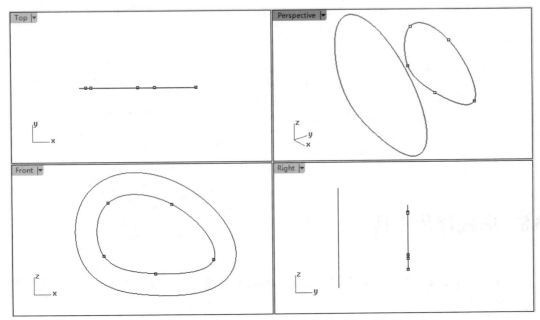
图 3-135　平行移动曲线

⑤ 同理，再在 Front 视窗中绘制曲线，然后将其平行移动，如图 3-136 所示。

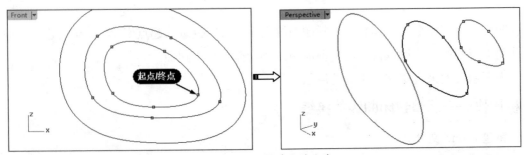
图 3-136　绘制并平移曲线

⑥ 为了能清晰表达出接缝在创建放样曲面时的重要性，下面以创建放样曲面为例进行封闭曲线接缝的调整。在菜单栏中执行【曲面】|【放样】命令，然后依次选取三条封闭的要放样的曲线，如图 3-137 所示。

⑦ 单击鼠标右键或按 Enter 键确认，显示曲线的接缝线和接缝点，如图 3-138 所示。

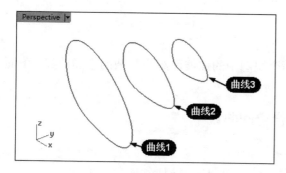

图 3-137　选取要放样的曲线　　　　　图 3-138　显示接缝线和接缝点

⑧ 先看看默认的接缝创建的曲面情形，直接单击鼠标右键或按 Enter 键打开【放样选项】对话框，单击【确定】按钮完成放样曲面的创建，如图 3-139 所示。

⑨ 按快捷键 Ctrl+Z 返回放样曲面创建之前的状态。重新执行【曲面】|【放样】命令，选取要放样的曲线，然后选取封闭曲线 3 的接缝标记点，沿着曲线移动接缝，如图 3-140 所示。

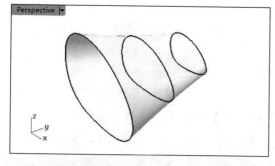 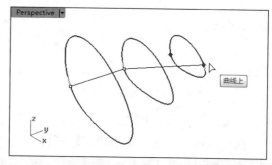

图 3-139　按默认的接缝创建放样曲面　　　图 3-140　调整曲线 3 的接缝

⑩ 单击以放置接缝。同理，再调整封闭曲线 1 的接缝，如图 3-141 所示。

⑪ 单击鼠标右键弹出【放样选项】对话框，同时查看放样曲面的生成预览，如图 3-142 所示。

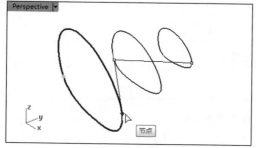 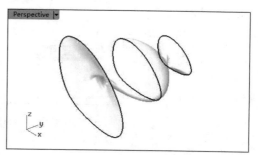

图 3-141　调整封闭曲线 1 的接缝　　　　图 3-142　生成放样曲面预览

> **工程点拨：**
> 可以看出，由于调整了曲线 1 和曲线 3 的接缝，曲面产生扭曲。所以当多条封闭曲线的接缝不在同一位置区域时，需要调整接缝使其曲面变得光顺。

⑫ 最后单击【放样选项】对话框中的【确定】按钮完成放样曲面的创建。

3.8.2 从两个视图的曲线

【从两个视图的曲线】命令可以创建由两个视图中的曲线而组成复杂的空间曲线。下面通过实例来说明如何创建复杂空间曲线。

上机操作——从两个视图的曲线创建组合空间曲线

① 新建 Rhino 文件。
② 首先利用【内插点曲线】命令在 Top 视窗中绘制如图 3-143 所示的曲线 1。
③ 然后利用【内插点曲线】命令在 Front 视窗中绘制曲线 2，如图 3-144 所示。

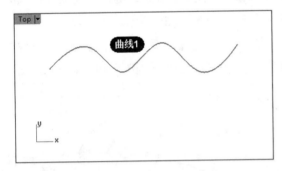
图 3-143 绘制曲线 1

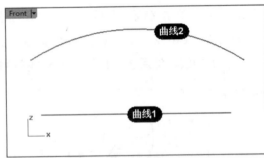
图 3-144 绘制曲线 2

④ 在【曲线工具】选项卡中单击【从两个视图的曲线】按钮，按信息提示先选取第一条曲线，再选取第二条曲线，随后自动创建出复杂的组合曲线，如图 3-145 所示。

> **工程点拨：**
> 所谓"组合曲线"，是指既要符合参考曲线 1 的形状，也要符合参考曲线 2 的形状。

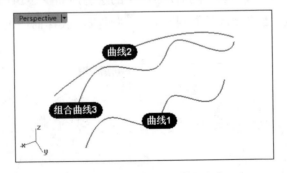
图 3-145 创建的组合空间曲线

3.8.3 从断面轮廓线建立曲线

【从断面轮廓线建立曲线】命令可以创建通过数条轮廓线的断面线,可以帮助你快速创建空间的曲线网格,以便创建网格曲面。

下面通过一个案例来说明其操作步骤。

上机操作——从断面轮廓线建立曲线

① 新建 Rhino 文件。

② 在 Top 视窗中利用【内插点曲线】命令绘制如图 3-146 所示的曲线。

③ 利用【变动】选项卡中的【3D 旋转】命令 ,将曲线绕 X 轴进行旋转复制,复制数量为 4(即第二参考点的位置依次为 90°、180°、270°、360°),如图 3-147 所示。

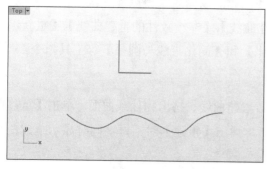

图 3-146 绘制曲线　　　　图 3-147 旋转复制曲线

④ 在【曲线工具】选项卡中单击【从断面轮廓线建立曲线】按钮 ,然后依次选取四条曲线,按 Enter 键确认。

⑤ 选取断面线的起点和终点,随后自动创建断面线,如图 3-148 所示。

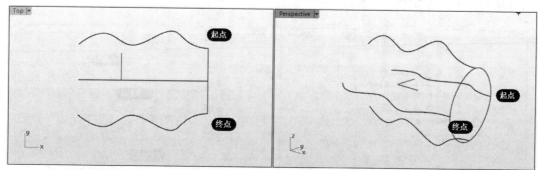

图 3-148 选取起点和终点确定断面线

工程点拨:
断面线的起点和终点不一定非要在轮廓曲线上,但必须完全通过轮廓曲线,否则不能创建断面线。

⑥ 同理,在其他位置上创建其余断面线,如图 3-149 所示。

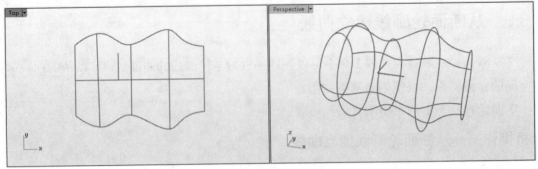

图 3-149　创建其余断面线

3.8.4 重建曲线

重建曲线可以使创建的曲线更加顺滑，更使创建的曲面质量得以提升。

重建曲线包括【重建曲线】、【以主曲线重建曲线】、【非一致性的重建曲线】、【重新逼近曲线】、【更改阶数】、【整平曲线】、【参数均匀化】和【简化直线与圆弧】等工具指令。

1.【重建曲线】

【重建曲线】是指用设定的控制点数和阶数重建曲线、挤出物件或曲面。单击【重建曲线】按钮，选取要重建的曲线并按 Enter 键后，弹出【重建】对话框，同时显示重建曲线预览，如图 3-150 所示。

2.【以主曲线重建曲线】

【以主曲线重建曲线】是指根据所选的参考曲线（要重建的曲线）和主要参考曲线来重建曲线。例如，用鼠标右键单击【以主曲线重建曲线】按钮选取要重建的曲线及主曲线后，重建曲线的结果如图 3-151 所示。

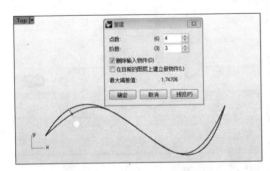　　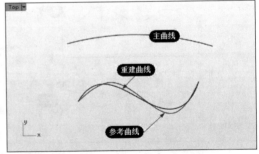

图 3-150　【重建】对话框　　　　　图 3-151　以主曲线重建曲线

3.【非一致性的重建曲线】

【非一致性的重建曲线】是指以非一致的参数间距及互动性的方式重建曲线。

单击【非一致性的重建曲线】按钮，选取要重建的曲线，随后显示 CV 点、EP 点和方向箭头，如图 3-152 所示。可以拖动 EP 点调整位置，也可以通过命令行修改【最大点数】选项（即修改 CV 控制点数）。

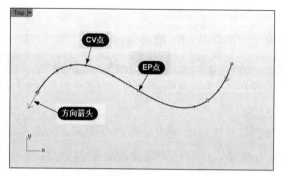

图 3-152　显示分段点和方向箭头

4.【重新逼近曲线】

重新逼近曲线是以设定公差、阶数或参考曲线来重建曲线。下面以案例来说明操作过程。

上机操作——重新逼近曲线

① 新建 Rhino 文件。

② 在 Top 视窗中利用【内插点曲线】命令绘制曲线，如图 3-153 所示。

③ 在【曲线工具】选项卡中单击【重新逼近曲线】按钮，选取要重新逼近的曲线并按 Enter 键后，在命令行中输入逼近公差值，或者在 Top 视窗中绘制要逼近的参考曲线，如图 3-154 所示。

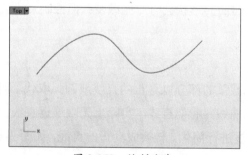

图 3-153　绘制曲线

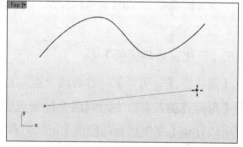

图 3-154　绘制要逼近的参考曲线

④ 随后重新创建逼近曲线，如图 3-155 所示。

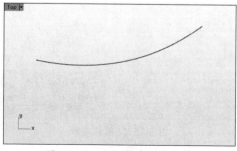

图 3-155　重新创建逼近曲线

> **工程点拨：**
> 逼近公差越大，越逼近于直线。

5.【更改阶数】

【更改阶数】命令用于更改曲线的阶数。

> **工程点拨：**
> 曲线的阶数是指曲线的方程式组的最高指数。阶数越高，EP 控制点就越多，曲线也就会调整得更光顺，曲面也更平滑。

单击【更改阶数】按钮，选取要更改阶数的曲线后，在命令行中输入新的阶数值，最后按 Enter 键或单击鼠标右键确认，即可完成曲线阶数的更改，如图 3-156 所示。

```
指令：_ChangeDegree
新阶数 <3>（可塑形的(D)=否）: 5
```

图 3-156 在命令行中输入阶数值

6.【整平曲线】

【整平曲线】可以使曲线曲率变化较大的部分变得较平滑，但曲线形状的改变会限制在公差内。

【整平曲线】重建曲线的效果与【重新逼近曲线】相同，其操作步骤也是相同的。

7.【参数均匀化】

【参数均匀化】用来修改曲线或曲面的参数，使每个控制点对曲线或曲面有相同的影响力。可以使曲线或曲面的节点向量一致，曲线或曲面的形状会有一些改变，但控制点不会被移动。

8.【简化直线与圆弧】

【简化直线与圆弧】可将曲线上近似直线或圆弧的部分以真正的直线或圆弧取代。例如利用【内插点曲线】命令绘制两个控制点的样条曲线，看似直线，实际上无限逼近直线，那么就可以使用【简化直线与圆弧】工具对样条曲线进行简化，转换成真正的直线，如图 3-157 所示。

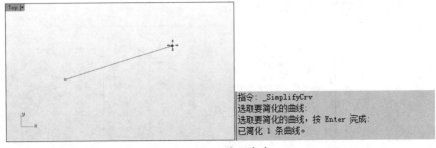

图 3-157 简化直线

3.9 实战案例——绘制零件图形

下面综合利用【多重直线】、【曲线圆角】及【曲线倒角】命令绘制一个图形，如图 3-158 所示。

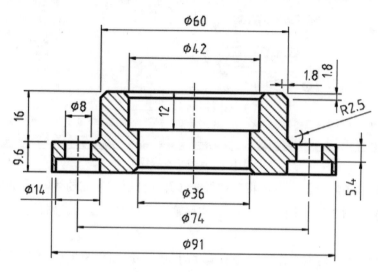

图 3-158 要绘制的图形

① 新建 Rhino 文件。
② 利用【多重直线】命令在 Top 视窗中绘制整个轮廓，如图 3-159 所示。
③ 利用【直线】命令，绘制三条中心线，如图 3-160 所示。

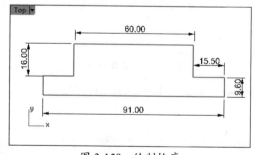

图 3-159 绘制轮廓

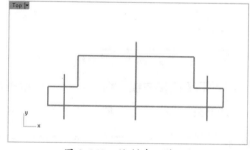

图 3-160 绘制中心线

④ 添加【尺寸标注】选项卡，如图 3-161 所示。将中心线的实线设定为 Center（中心线）线型。

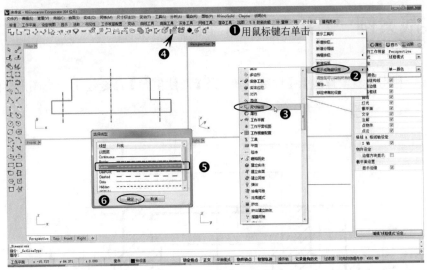

图 3-161　设定中心线线型

⑤　执行【编辑】|【炸开】命令，将多重直线炸开（分解成独立的线段）。再利用【偏移曲线】命令，参照图 3-159 中的标注尺寸，偏移轮廓线与中心线，偏移曲线的结果如图 3-162 所示。

⑥　利用左边栏中的【修剪】命令，修剪偏移的曲线，得到如图 3-163 所示的结果。

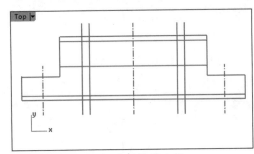

图 3-162　绘制偏移曲线

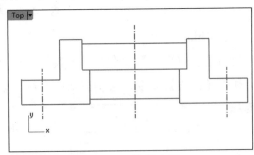

图 3-163　修剪曲线

⑦　再利用【偏移曲线】命令，在左侧绘制偏移曲线，如图 3-164 所示。

⑧　将偏移的曲线进行修剪，结果如图 3-165 所示。

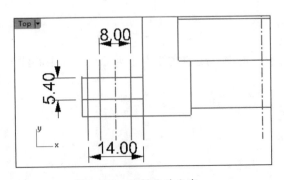

图 3-164　绘制偏移曲线

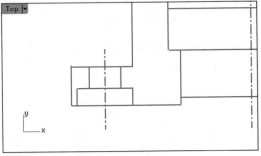

图 3-165　修剪曲线

⑨　在菜单栏中执行【编辑】|【镜像】命令，对上一步骤修剪的曲线进行镜像，结果如图

3-166 所示。

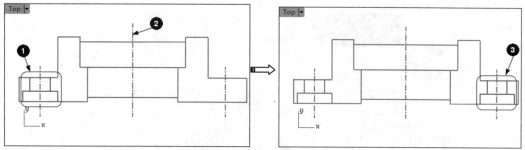

①要镜像的曲线；②镜像平面参考线；③镜像结果
图 3-166 镜像曲线

⑩ 利用【曲线斜角】命令，绘制出如图 3-167 所示的斜角，斜角的距离均为 1.8。

⑪ 利用【直线】命令，重新绘制两条直线，完成整个图形轮廓的绘制，如图 3-168 所示。

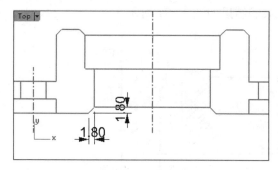

图 3-167 绘制斜角　　　　　　　图 3-168 绘制两条直线

⑫ 在【出图】选项卡中单击【剖面线】按钮，然后选取填充剖面线的边界（必须形成一个封闭的区域），如图 3-169 所示。

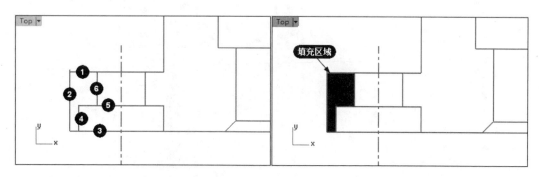

图 3-169 选取填充边界

⑬ 单击鼠标右键确认边界后，再点选要保留的区域，按 Enter 键后弹出【剖面线】对话框，设置剖面线线型与缩放比例后单击【确定】按钮完成该区域的剖面线填充，如图 3-170 所示。

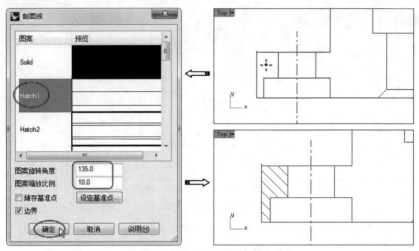

图 3-170 设置剖面线并完成填充

⑭ 同理，完成其他区域的填充，最终绘制完成的结果如图 3-171 所示。

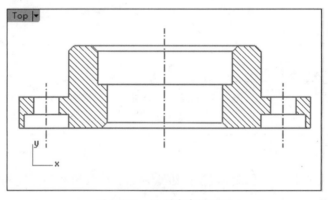

图 3-171 绘制完成的图形

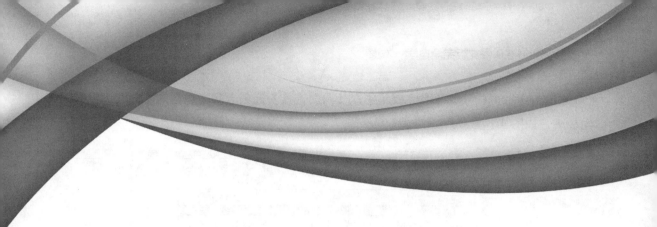

第4章
基本曲面造型设计

本章内容

曲面就像是一张有弹性的矩形薄橡皮，NURBS 曲面可以呈现简单的造型(平面及圆柱体)，也可以呈现自由造型或雕塑曲面。本章主要介绍 Rhino 6.0 的最基础的曲面功能指令的基本用法及造型设计应用。

知识要点

- ☑ 平面曲面
- ☑ 挤出曲面
- ☑ 旋转曲面

Rhino 中曲面的绘制工具主要集中在【曲面工具】选项卡和左边栏的【曲面边栏】工具面板中，如图 4-1 所示。

图 4-1　曲面绘制工具

4.1　平面曲面

在 Rhino 中绘制平面的工具主要包含【指定三个或四个角建立曲面】和【矩形平面】工具。而【矩形平面】工具又包括【矩形平面：角对角】、【矩形平面：三点】、【垂直平面】、【逼近数个点的平面】和【切割用平面】、【帧平面】等命令按钮。

4.1.1　指定三个或四个角建立曲面

形成方式：以空间上的三个或四个点之间的连线形成闭合区域，如图 4-2 所示。

图 4-2　由三个点或四个点建立的曲面

下面通过一个简单的操作步骤加以理解。

上机操作——指定三个或四个角建立曲面

① 新建 Rhino 文件。
② 单击【实体工具】选项卡的左边栏中的【立方体】按钮 ⬛，在视窗中绘制两个立方体，如图 4-3 所示。

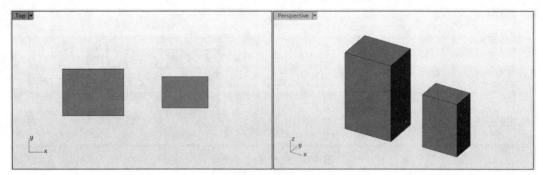

图 4-3　绘制两个正方体

③ 在【曲面工具】选项卡的左边栏中单击【指定三个或四个角建立曲面】按钮，在软件窗口底边栏中开启【物件锁点】捕捉，选择需要连接的四个边缘端点，随后自动建立平面曲面，如图 4-4 所示。

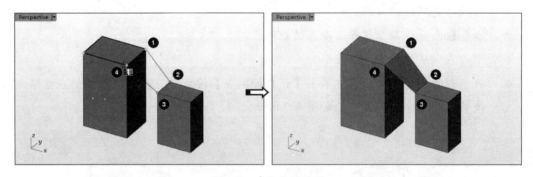

图 4-4　建立平面曲面

4.1.2　矩形平面

【矩形平面】命令主要是在二维空间里用各种方法绘制平面矩形，在【曲面工具】选项卡的左边栏中长按【矩形平面：角对角】按钮，弹出【平面】工具面板，如图 4-5 所示。

图 4-5　【平面】工具面板

1.【矩形平面：角对角】

形成方式：以空间上的两点来连线形成闭合区域。

激活 Top 视窗，单击【矩形平面：角对角】按钮，然后确定对焦点位置，或者在命令行中输入具体数据，如 10 和 18，按 Enter 键或单击鼠标右键确认，完成结果如图 4-6 所示。

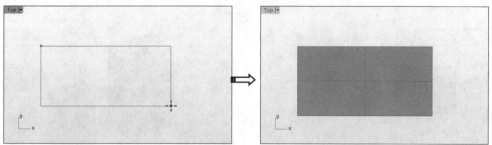

图 4-6 角对角建立平面

该命令执行过程中,命令行中会有如下提示:

平面的第一角(三点(P) 垂直(V) 中心点(C) 可塑形的(D)):

各选项功能如下:

- 三点:以两个相邻的角和对边上的一点画出矩形。此功能的主要作用是在建模时可沿物体边缘延伸曲面。
- 垂直:画一个与工作平面垂直的矩形。
- 中心点:从中心点画出矩形。
- 可塑形的:建立曲面后,单击【开启控制点】按钮,即可通过控制点重塑曲面,使其达到你需要的弧度,如图 4-7 所示。

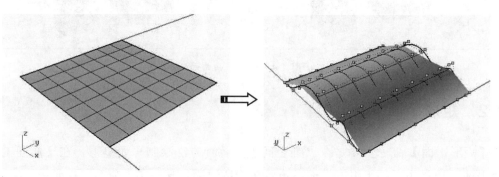

图 4-7 绘制可塑形的平面

工程点拨:

在命令行中输入数据后,软件会以颜色区分数据段和非数据段。数据段即为所指定数据的部分,非数据段即为原有的已知部分,如图 4-8 所示。

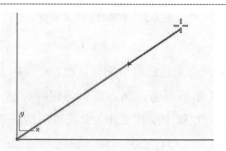

图 4-8 红色为非数据段,蓝色为数据段

2.【矩形平面：三点】

形成方式：先以两点确定矩形平面的一条边，拖动第三点来确定矩形平面的其余三条边。

下面通过一个实例来理解该命令的使用。在边长为 10 的正方体的任一边上延伸出一个尺寸为 10×5 的平面。

上机操作——以【矩形平面：三点】建立平面

① 新建 Rhino 文件。

② 利用【立方体】工具 建立一个边长为 10 的正方体。

③ 单击【矩形平面：三点】按钮，在正方体的某端点上选取一点，然后选取其同一边上相邻的第二点，以此确定第一条长度为 10 的边，如图 4-9 所示。

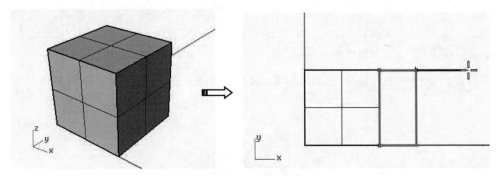

图 4-9　绘制长度为 10 的边

④ 接着在命令行中输入 5，按 Enter 键确认，如图 4-10 所示。

> **工程点拨：**
> 拖动鼠标时按住 Shift 键，可绘制出垂直的直线。

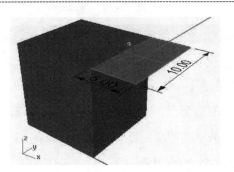

图 4-10　完成三点建立矩形平面

3.【垂直平面】

形成方式：此工具同样是利用三点定面的方式操作，即以两点确定一条边，再以一点确定另外三条边，创建的平面与前面两点所在的工作平面垂直。

上机操作——建立垂直平面

① 新建 Rhino 文件。

② 先用【矩形平面：角对角】工具建立一个尺寸为 50×25 的矩形平面，如图 4-11 所示。

③ 单击【垂直平面】按钮 ▨，在矩形平面的某一条边上指定边缘起点与终点，如图 4-12 所示。

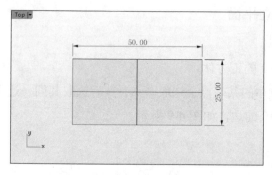

图 4-11　建立矩形平面　　　　　图 4-12　指定边缘起点与终点

④ 然后在命令行中输入高度值 20，按 Enter 键完成垂直平面的建立，如图 4-13 所示。

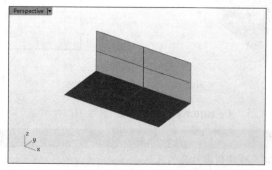

图 4-13　建立垂直平面

工程点拨：
输入高度值后可以在工作平面的上下方确定第三点，依次确定垂直平面的位置。

4.【逼近数个点的平面】

形成方式：由空间已知的数个点，建立一个逼近一群点或是一个点云的平面。
此功能至少需要三个及其以上的点，才能建立一个平面。

上机操作——建立逼近数个点的平面

① 新建 Rhino 文件。

② 执行菜单栏中的【曲线】|【点物件】|【多点】命令，在 Top 视窗中绘制如图 4-14 所示的多点。

③ 单击【逼近数个点的平面】按钮，然后在 Top 视窗中用框选的方法选取所有点，如图 4-15 所示。

第4章 基本曲面造型设计

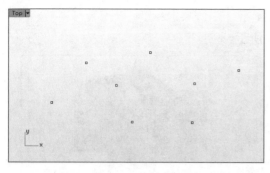
图 4-14 绘制多点

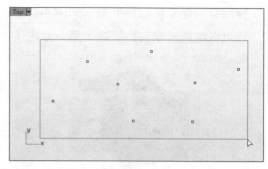
图 4-15 框选所有点

④ 按 Enter 键或单击鼠标右键完成逼近点平面的建立，如图 4-16 所示。

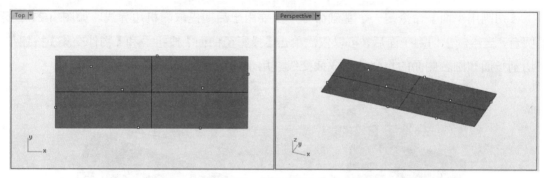
图 4-16 建立逼近点平面

5.【切割用平面】

形成方式：建立通过物件某一个点的平面，建立的切割用平面会和已知的平面垂直，且大于选取的物件，并可将其切断。这个命令可以连续建立多个切割用平面。

上机操作——建立切割用平面

① 新建 Rhino 文件。
② 利用【立方体】命令，在视窗中绘制如图 4-17 所示的长方体。
③ 单击【切割用平面】按钮，然后选取要做切割的物件（即长方体），按 Enter 键确认后再在 Top 视窗中绘制穿过物件的直线，此直线确定了切割平面的位置，如图 4-18 所示。

图 4-17 绘制长方体

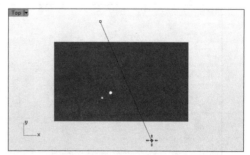
图 4-18 确定切割平面的位置

125

④ 随后自动建立切割用平面，如图 4-19 所示。
⑤ 还可以继续建立其他切割平面，如图 4-20 所示。

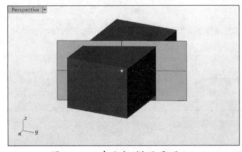 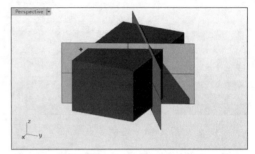

图 4-19　建立切割用平面　　　　　　图 4-20　继续建立切割平面

【切割用平面】命令是一个基础命令，主要用于后期提取随机边界线。如图 4-21 所示的圆台，当绘制出切割平面后，可以依次单击【投影至曲面】按钮和【物件交集】按钮，在切割平面和圆台侧面的相交处生成截交线，用于后期模型的制作。

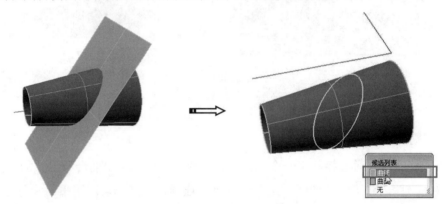

图 4-21　利用切割平面生成截交线

6.【帧平面】

该命令主要用于建立一个附有该图片文件的矩形平面。单击该按钮，在浏览器中选择需要插入作为参考的图片路径，找到该图片，然后在视窗中根据需要放置该位图，如图 4-22 所示。这种放置图片文件的方式灵活性更强，而且可以根据需要随时改变图片的大小和比例，十分方便。

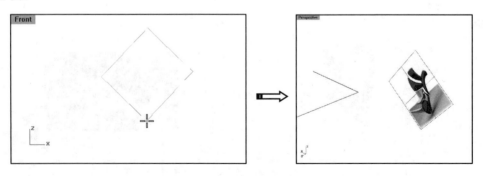

图 4-22　帧平面效果

4.2 挤出曲面

挤出曲面属于沿着轨迹扫掠截面而建立曲面的其中最为简单的工具。可以说本章中除了前面介绍的平面，其他命令都是扫掠类型的曲面命令。

也就是说，扫掠类型的曲面至少具备两个条件才能建立：截面和轨迹。下面介绍最简单的六个【挤出】命令，如图 4-23 所示。

图 4-23 【挤出】命令

4.2.1 直线挤出

形成方式：将曲线往与工作平面垂直的方向笔直地挤出建立曲面或实体。要建立直线挤出曲面，必须先绘制截面曲线。此截面曲线就是"要挤出的曲线"。

单击【直线挤出】按钮，选取要挤出的曲线后，命令行中显示如下提示：

挤出长度 < 0 > （方向(D) 两侧(B)=否 实体(S)=否 删除输入物件(L)=否 至边界(T) 分割正切点(P)=否 设定基准点(A) ）：

命令行中各选项含义如下：

- 方向：挤出方向，默认的方向是垂直于工作平面的正负法向方向，如图 4-24 所示。若需要定义其他方向，单击【方向】选项后，可以通过定义方向起点坐标与方向终点坐标来指定，如图 4-25 所示。还可以通过指定已有的曲线端点、实体边等作为参考来定义方向，如图 4-26 所示。

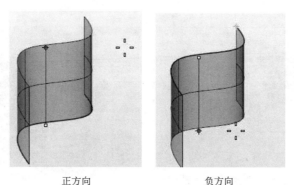

正方向   负方向

图 4-24 默认的挤出方向

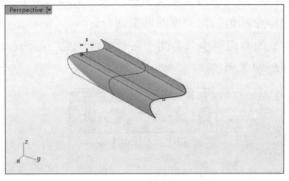

图 4-25 定义方向点坐标

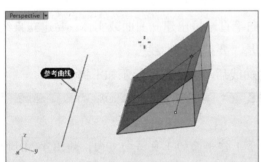
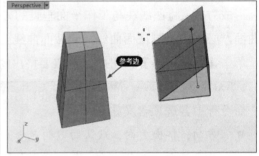

图 4-26 参考曲线或实体边定义方向

- 两侧：在截面曲线的两侧同时挤出。设为【是】，同时挤出；设为【否】，单侧挤出，如图 4-27 所示。

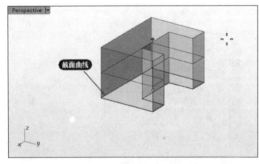

图 4-27 两侧挤出

- 实体：设置挤出的几何类型为实体还是曲面。设为【否】，为曲面；设为【是】，为实体，如图 4-28 所示。

第4章 基本曲面造型设计

工程点拨：
Rhino 中的"实体"并非实体模型，而是封闭的曲面模型，内部是空心的。

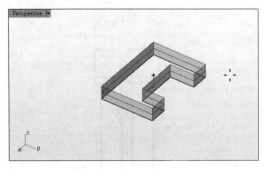 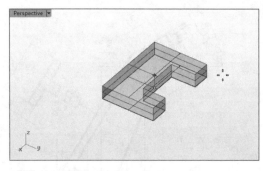

实体(S)=否　　　　　　　　　　　　　实体(S)=是

图 4-28　设定挤出几何类型

- 删除输入物件：是否删除截面曲线（要挤出的曲线）。

工程点拨：
删除输入物件会导致无法记录建构历史。

- 至边界：挤出至边界曲面，如图 4-29 所示。

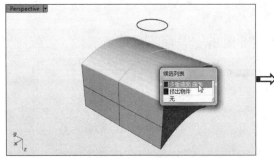 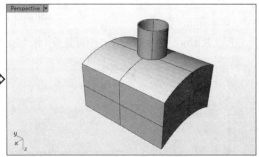

图 4-29　挤出至边界曲面

- 分割正切点：当截面曲线为多重曲线时，设置是否在线段与线段正切的顶点将建立的曲面分割为多重曲面，如图 4-30 所示。

  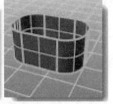

原来的多重曲线　　　分割正切点=否　　　分割正切点=是

图 4-30　分割正切点

上机操作——以【直线挤出】建立零件模型

本例主要是利用【直线挤出】命令来建立零件曲面模型，如图 4-31 所示为零件模型的尺寸图。

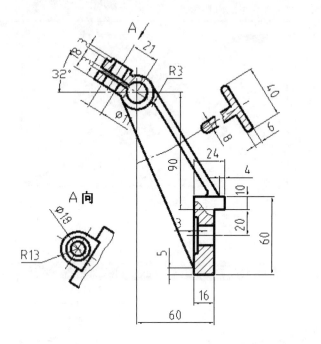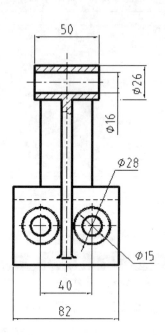

图 4-31　零件尺寸图

① 新建 Rhino 文件。打开本例源文件"零件尺寸图.dwg"，如图 4-32 所示。

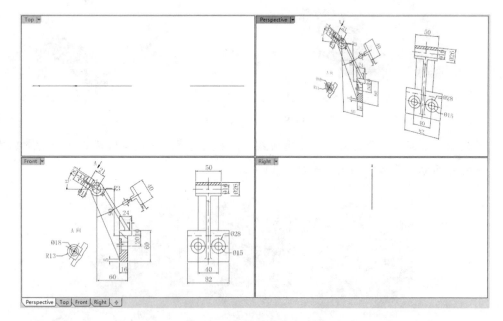

图 4-32　打开的零件尺寸图

工程点拨：

　　先以左图中的轮廓作为截面曲线进行挤出，右图是挤出长度的参考尺寸图。从右图可以看出，零件是左右对称的，所以在挤出时会设为【两侧】同时挤出。

第 4 章 基本曲面造型设计

② 单击【直线挤出】按钮■，在 Front 视窗中选取要挤出的截面曲线，如图 4-33 所示。

工程点拨：
为了方便选取截面曲线，暂时将【0】图层和【dim】图层隐藏，如图 4-34 所示。

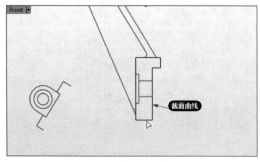

图 4-33　选取截面曲线　　　　　　　　图 4-34　关闭部分图层

③ 单击鼠标右键确认后在命令行中设置【两侧=是】和【实体=是】选项，并输入挤出长度值 41（参考尺寸图），再单击鼠标右键完成曲面 1 的建立，如图 4-35 所示。

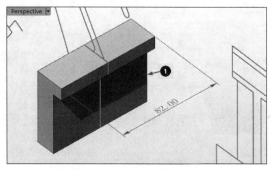

图 4-35　建立挤出曲面 1

④ 在挤出其他几处截面曲线时，需要做曲线封闭处理。首先利用【曲线工具】选项卡中的【延伸曲线】命令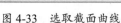，延伸如图 4-36 所示的圆弧。

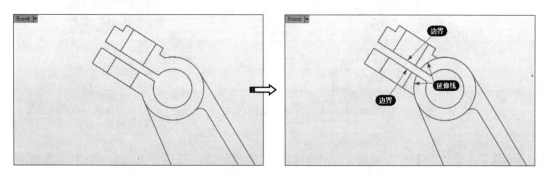

图 4-36　延伸圆弧

⑤ 延伸后利用【修剪】命令进行修剪，结果如图 4-37 所示。
⑥ 按快捷键 Ctrl+C 和 Ctrl+V 复制，如图 4-38 所示的曲线。

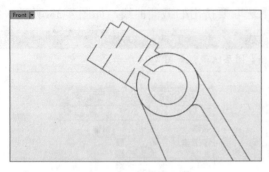

图 4-37 修剪曲线

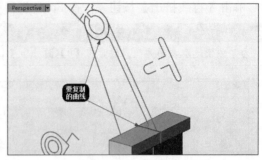

图 4-38 复制曲线

⑦ 将复制的曲线利用中间的曲线进行修剪，形成封闭的曲线以便于后面进行挤出操作，结果如图 4-39 所示。

⑧ 利用【直线挤出】命令，将如图 4-40 所示的封闭曲线挤出，建立长度为 20、两侧挤出的封闭曲面 2（实体）。

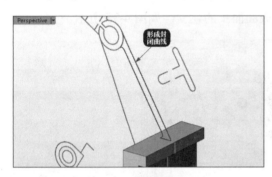

图 4-39 修剪曲线

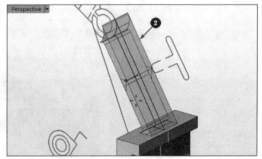

图 4-40 建立封闭的挤出曲面 2

⑨ 同理，再将如图 4-41 所示的截面曲线挤出为封闭曲面 3，挤出长度为 25。

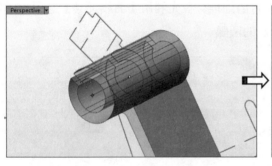

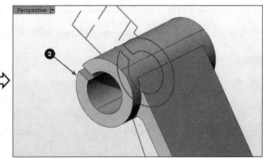

图 4-41 建立挤出封闭曲面 3

⑩ 利用【隐藏物件】命令将前面三个挤出曲面暂时隐藏。然后在 Front 视窗中清理余下的曲线。即利用【修剪】命令修建多余的曲线，另外再利用【直线】命令修补先前修剪掉的部分曲线，结果如图 4-42 所示。

⑪ 再利用【直线挤出】命令，用上一步骤整理的封闭曲线建立两侧同时挤出、长度为 4 的封面曲面 4（实体），如图 4-43 所示。

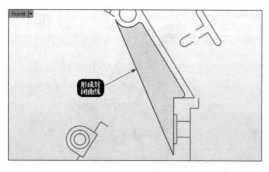
图 4-42 整理曲线

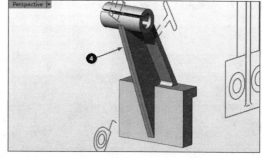
图 4-43 建立封闭的挤出曲面 4

⑫ 在 Right 视窗中重新设置视图为 Left，如图 4-44 所示。

⑬ 在 Front 视窗中利用【变动】选项卡中的【3D 旋转】命令（用鼠标右键单击 按钮），将如图 4-45 所示的曲线旋转 90°。

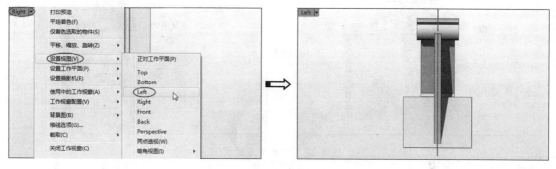
图 4-44 设置视图

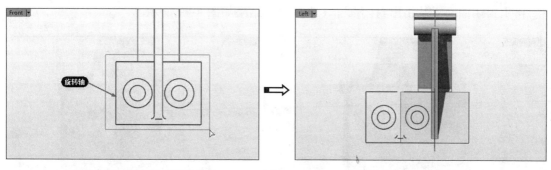
在 Front 视窗中选取要旋转的曲线　　　　　　　在 Left 视窗中查看旋转效果

图 4-45 3D 旋转曲线

⑭ 在 Left 视窗中利用【移动】命令，将 3D 旋转的曲线移动到挤出曲面 1 上，与挤出曲面 1 的边缘重合，如图 4-46 所示。

⑮ 利用【直线挤出】命令，建立如图 4-47 所示的封闭曲面 5，长度超出参考用的挤出封闭曲面 1。

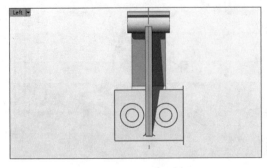
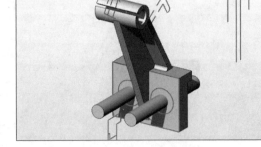

图 4-46　移动曲线　　　　　　　　图 4-47　建立挤出曲面 5

⑯ 利用【实体工具】选项卡中的【布尔运算差集】命令，从参考挤出封闭曲面 1 中减去挤出封闭曲面 5，如图 4-48 所示。

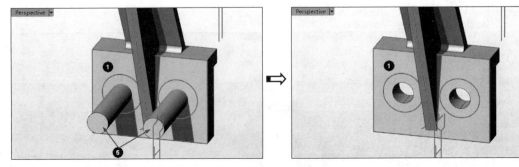

图 4-48　布尔差集运算

⑰ 同理再建立挤出长度为 3、单侧挤出的封闭曲面 6，然后利用【布尔运算差集】命令将挤出封闭曲面 6 从挤出封闭曲面 1 中减去，结果如图 4-49 所示。

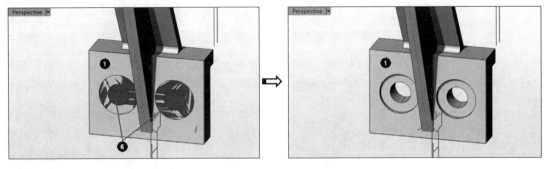

图 4-49　布尔差集运算

⑱ 利用【工作平面】选项卡中的【设定工作平面：垂直】命令，在 Front 视窗中设定工作平面，如图 4-50 所示。

⑲ 在 Perspective 视窗中利用【3D 旋转】命令，将 A 向投影视图旋转 90°，如图 4-51 所示。

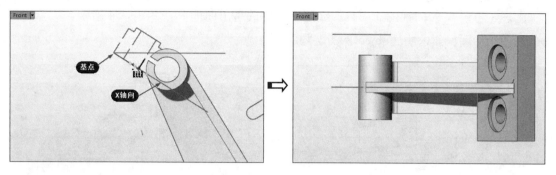

图 4-50 设置工作平面

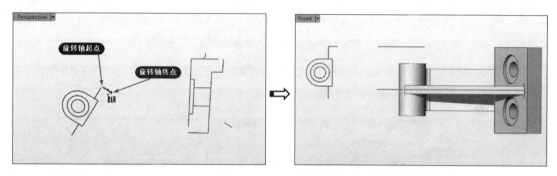

图 4-51 3D 旋转 A 向视图

⑳ 旋转后将 A 向视图的所有曲线移动到工作平面上（在 Front 视窗中操作），并且与挤出封闭曲面 2 重合，如图 4-52 所示。

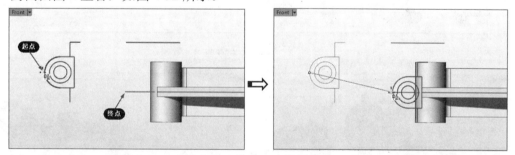

图 4-52 移动 A 向视图曲线

㉑ 利用【直线挤出】命令，选取 A 向视图曲线来建立如图 4-53 所示的封闭曲面 7。

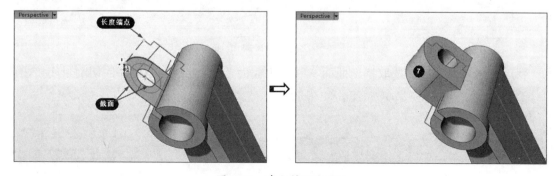

图 4-53 建立封闭曲面 7

㉒ 同理，再选取 A 向视图的部分曲线建立封闭的挤出曲面 8，如图 4-54 所示。

㉓ 为便于后面操作，将【object】图层隐藏。

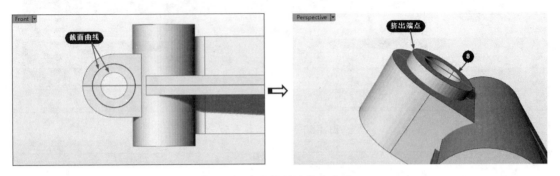

图 4-54　建立封闭的挤出曲面 8

㉔ 利用【直线挤出】命令，选取曲面边建立有方向参考的挤出曲面 9，如图 4-55 所示。同理，建立如图 4-56 所示的挤出曲面 10。

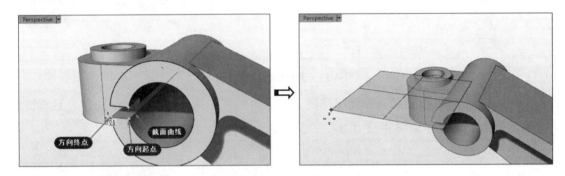

图 4-55　建立挤出曲面 9

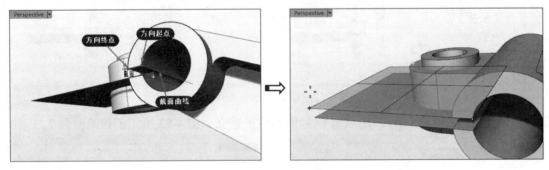

图 4-56　建立挤出曲面 10

㉕ 利用【修剪】命令，选取挤出曲面 9 和挤出曲面 10 作为切割用物件，切割封闭挤出曲面 7 和挤出曲面 8，结果如图 4-57 所示。

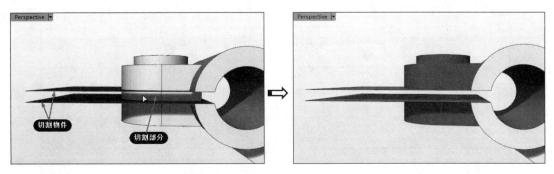

图 4-57 修剪挤出曲面 7 和挤出曲面 8

㉖ 完成本例零件的设计。

4.2.2 沿着曲线挤出

形成方式：沿着一条路径曲线挤出另一条曲线建立曲面。

要建立沿着曲线挤出曲面，必须先绘制要挤出的曲线（截面曲线）和路径曲线。

单击【沿着曲线挤出】按钮，将建立与路径曲线齐平的曲面，若用鼠标右键单击此按钮，将沿着副曲线挤出建立曲面，如图 4-58 所示。

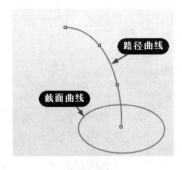
截面和路径

沿着曲线挤出

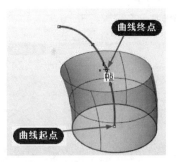
沿着副曲线挤出

图 4-58 沿着曲线挤出的两种模式

上机操作——以【沿着曲线挤出】建立曲面

① 新建 Rhino 文件。

② 利用【多重直线】命令在 Top 视窗中绘制多边形 1，再利用【内插点曲线】命令绘制一条曲线 2，如图 4-59 所示。

工程点拨：
绘制内插点曲线后打开编辑点，分别在几个视窗中调整编辑点位置。

③ 单击【沿着曲线挤出】按钮，选取要挤出的曲线 1 和曲线 2，按 Enter 键后自动建立曲面，如图 4-60 所示。

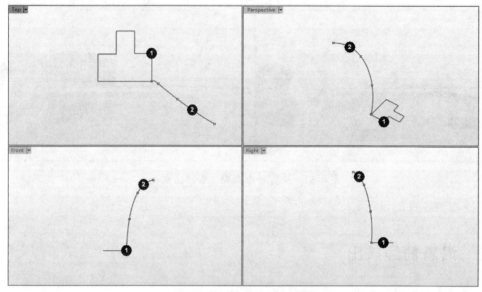

图 4-59　绘制截面曲线和路径曲线

> **工程点拨：**
> 路径曲线有且只有一条。在选取路径曲线时，要注意选取位置，在路径曲线两端分别选取，会产生两种不同的效果。图 4-60 是在靠近截面曲线一端选取，如图 4-61 所示为在远离截面曲线一端选取而产生的结果。

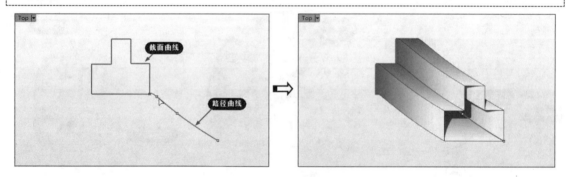

图 4-60　沿曲线挤出

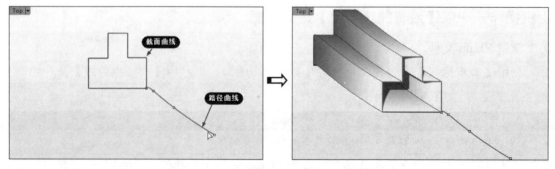

图 4-61　选取路径曲线另一端所建立的曲面

4.2.3 挤出至点

形成方式：挤出曲线至一点建立锥形的曲面、实体、多重曲面，如图 4-62 所示。

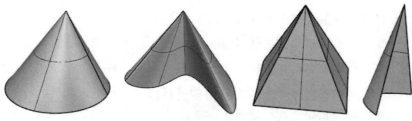

图 4-62 挤出至点

上机操作——以【挤出至点】建立锥形曲面

① 新建 Rhino 文件。
② 利用【矩形】命令绘制一个矩形，如图 4-63 所示。
③ 单击【挤出至点】按钮，选取要挤出的曲线并单击鼠标右键确认，指定挤出点位置，随后自动建立锥形曲面，如图 4-64 所示。

工程点拨：
可以指定参考点、曲线/边端点，或者输入坐标值确定挤出点。

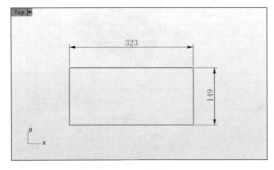

图 4-63 绘制矩形

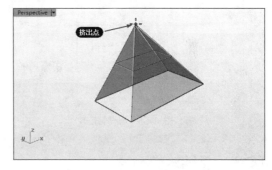

图 4-64 挤出至点

4.2.4 挤出成锥状

形成方式：将曲线往单一方向挤出，并以设定的拔模角内缩或外扩，建立锥状的曲面。
单击【挤出成锥状】按钮，选取要挤出的曲线后，命令行中显示如下提示：

`挤出长度 < -55.028 > (方向(D) 拔模角度(R)=5 实体(S)=否 角(C)=锐角 删除输入物件(L)=否 反转角度(F) 至边界(T) 设定基准点(B)):`

此命令行提示与前面【直线挤出】的命令行提示有相似也有不同，这里仅介绍不同的选项：

- 拔模角度：物件的拔模角度以工作平面为计算依据。当曲面与工作平面垂直时，拔模角度为 0°；当曲面与工作平面平行时，拔模角度为 90°。

> **工程点拨：**
> 物件的拔模角度以工作平面为计算依据。当曲面与工作平面垂直时，拔模角度为0°；当曲面与工作平面平行时，拔模角度为90°。

- 角：设置角如何偏移，将一条矩形多重直线往外侧偏移即可看出使用不同选项的差别。包括【尖锐】、【圆角】和【平滑】三个子选项。
  - 尖锐：挤出时以位置连续（G0）填补挤出时造成的裂缝。
  - 圆角：挤出时以正切连续（G1）的圆角曲面填补挤出时造成的裂缝。
  - 平滑：挤出时以曲率连续（G2）的混接曲面填补挤出时造成的裂缝。
- 反转角度：切换拔模角度数值的正、负。

上机操作——以【挤出成锥状】建立锥状曲面

① 新建 Rhino 文件。
② 利用【矩形】命令绘制一个矩形，如图 4-65 所示。
③ 单击【挤出成锥状】按钮，选取要挤出的曲线并单击鼠标右键确认后，在命令行中输入【拔模角度】值 15，其余选项不变，输入【挤出长度】值 50，单击鼠标右键完成曲面的建立，如图 4-66 所示。

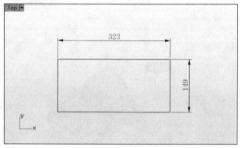
图 4-65 绘制矩形

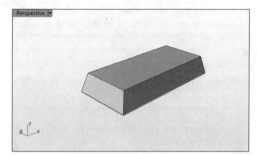
图 4-66 挤出成锥状

4.2.5 彩带

形成方式：偏移一条曲线，在原来的曲线和偏移后的曲线之间建立曲面，如图 4-67 所示。

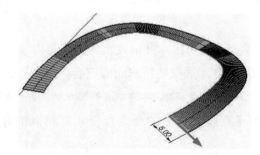
图 4-67 彩带功能的效果示意图

单击【彩带】按钮，选取要挤出的曲线后，命令行显示如下提示：

第 4 章 基本曲面造型设计

选取要建立彩带的曲线（距离(D)=1 角(C)=锐角 通过点(T) 公差(O)=0.001 两侧(B) 与工作平面平行(I)=否 ）:

各选项含义如下：

- 距离：设置偏移距离。
- 角：同【挤出成锥状】命令行中的【角】选项。
- 通过点：指定偏移曲线的通过点，而不使用输入数值的方式设置偏移距离。
- 公差：设置偏移曲线的公差。
- 两侧：同【直线挤出】命令行中的【两侧】选项。

上机操作——以【彩带】建立锥形曲面

① 新建 Rhino 文件。
② 利用【矩形】命令绘制一个矩形，如图 4-68 所示。
③ 单击【彩带】按钮，选取要建立彩带的曲线后，在命令行中设定【距离】为 30，其余选项不变，然后在矩形外侧单击以此确定偏移侧，如图 4-69 所示。

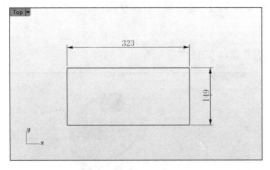

图 4-68　绘制矩形　　　　　　图 4-69　指定偏移侧

④ 随后自动建立彩带曲面，如图 4-70 所示。

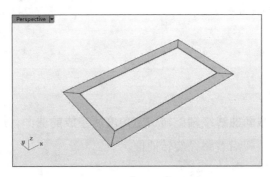

图 4-70　建立彩带曲面

4.2.6　往曲面法线方向挤出曲面

形成方式：挤出一条曲面上的曲线建立曲面，挤出的方向为曲面的法线方向。

上机操作——以【往曲面法线方向挤出曲面】建立曲面

① 新建 Rhino 文件。打开如图 4-71 所示的源文件 "4-2-6.3dm"。打开的文件是一个旋转曲面和曲面上的样条曲线（内插点曲线）。

② 单击【往曲面法线方向挤出曲面】按钮 ，选取曲面上的曲线及基底曲面，如图 4-72 所示。

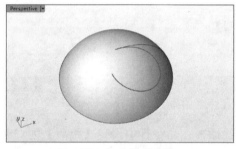

图 4-71 打开的源文件

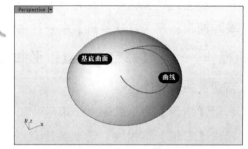

图 4-72 选取曲线与基底曲面

③ 在命令行中设定【挤出距离】为 50，单击【反转】选项使挤出方向指向曲面外侧，如图 4-73 所示。

④ 最后按 Enter 键或单击鼠标右键完成曲面的建立，如图 4-74 所示。

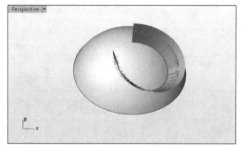

图 4-73 更改挤出方向

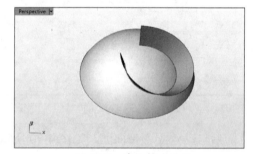

图 4-74 建立挤出曲面

4.3 旋转曲面

旋转曲面是将旋转截面曲线绕轴旋转一定角度所生成的曲面。旋转角度为 0°~360°，旋转曲面分为旋转成形曲面和沿着路径旋转曲面。

4.3.1 旋转成形曲面

形成方式：以一条轮廓曲线绕着旋转轴旋转建立曲面。

要建立旋转曲面，必须先绘制旋转截面曲线。旋转轴可以参考其他曲线、曲面/实体边，也可以指定旋转轴起点和终点进行定义。截面曲线可以是封闭的，也可以是开放的。

第4章 基本曲面造型设计

在【曲面工具】选项卡的左边栏中单击【旋转成形】按钮，选取要旋转的曲线（截面曲线），再根据提示指定或确定旋转轴，命令行中显示如下提示：

`起始角度 <51.4039>（删除输入物件(I)=否 可塑形的(F)=否 360度(U) 设置起始角度(A)=是 分割正切点(S)=否）：`

> **工程点拨：**
> 【旋转成形】与【沿着路径旋转】的按钮是同一个。由于Rhino 6.0有许多功能相似的按钮是相同的，仅以单击鼠标左键或右键进行区分。如果仅提及单击某按钮，就是用鼠标左键单击，反之为用鼠标右键单击。

各选项含义如下：

- 删除输入物件：是否删除截面曲线。
- 可塑形的：是否对曲面进行平滑处理。
  - ➤ 选择【否】：以正圆旋转建立曲面，建立的曲面为有理曲面，这个曲面在四分点的位置是全复节点，这样的曲面在编辑控制点时可能会产生锐边。
  - ➤ 选择【是】：创建旋转成形曲面的环绕方向为三阶，为非有理曲面，这样的曲面在编辑控制点时可以平滑地变形。
- 点数：当设置【可塑形的=是】时，需要设置【点数】选项。【点数】选项用来设置曲面环绕方向的控制点数。
- 360度：快速设置旋转角度为360°，而不必输入角度值。使用这个选项以后，下次再执行这个指令时，预设的旋转角度为360°。
- 设置起始角度：若设为【是】，需要指定起始角度位置；若设为【否】，将默认从0°（输入曲线的位置）开始旋转。
- 分割正切点：此选项设置为【否】时，在线段与线段正切的顶点会将建立的曲面分割为多重曲面；设置为【是】时，仅建立单一曲面。

上机操作——建立漏斗曲面

① 新建Rhino文件。
② 利用【多重直线】命令，在Front视窗中绘制如图4-75所示的多重直线（包括实线和点画线）。
③ 单击【旋转成形】按钮，选取要旋转的截面曲线，如图4-76所示。

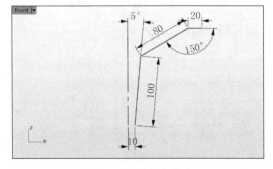

图4-75 绘制多重直线

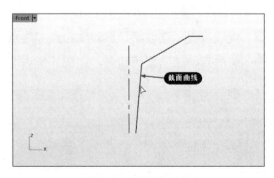

图4-76 选取截面曲线

④ 按 Enter 键确认后再指定点画线的两个端点分别为旋转轴的起点和终点，如图 4-77 所示。
⑤ 在命令行中设置【设置起始角度=否】，然后设置旋转角度为 360°，最后单击鼠标右键完成旋转曲面的建立，如图 4-78 所示。

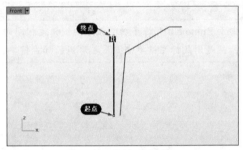
图 4-77　指定旋转轴

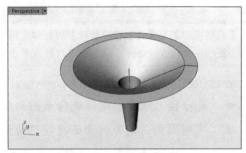
图 4-78　建立旋转曲面

4.3.2　沿着路径旋转曲面

形成方式：以一条轮廓曲线沿着一条路径曲线，同时绕着中心轴旋转建立曲面。下面以两个案例来说明此命令的执行过程。

上机操作——建立心形曲面

① 新建 Rhino 文件。打开如图 4-79 所示的源文件"4-3-2-1.3dm"。
② 用鼠标右键单击【沿着路径旋转】按钮，然后根据命令行提示依次选取轮廓曲线和路径曲线，如图 4-80 所示。

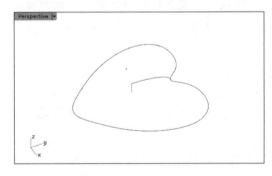
图 4-79　打开的源文件

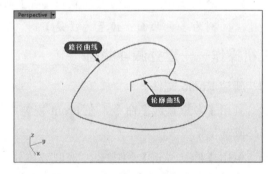
图 4-80　选取轮廓曲线与路径曲线

③ 继续按提示选取路径旋转轴起点和终点，如图 4-81 所示。
④ 随后自动建立旋转曲面，如图 4-82 所示。

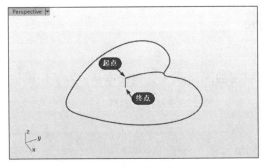
图 4-81　选取旋转轴起点与终点

图 4-82　建立旋转曲面

上机操作——建立伞状曲面

① 新建 Rhino 文件。打开如图 4-83 所示的源文件"4-3-2-2.3dm"。
② 用鼠标右键单击【沿着路径旋转】按钮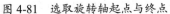，然后根据命令行提示依次选取轮廓曲线和路径曲线，如图 4-84 所示。

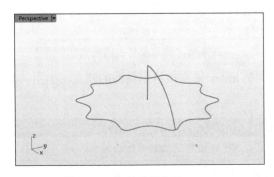
图 4-83　打开的源文件

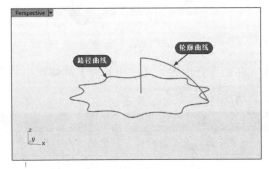
图 4-84　选取轮廓曲线与路径曲线

③ 继续按提示选取路径旋转轴起点和终点，如图 4-85 所示。
④ 随后自动建立旋转曲面，如图 4-86 所示。

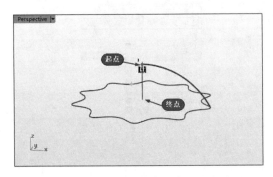
图 4-85　选取旋转轴起点与终点

图 4-86　建立旋转曲面

4.4 实战案例——无线电话建模

下面介绍一个无线电话的曲面建模案例，以挤出曲面建立一支无线电话。为了让模型更有组织，已事先建立了曲面和曲线图层。

要建立的无线电话模型如图 4-87 所示。

① 新建 Rhino 文件。打开本例源文件 "phone.3dm"。

② 单击【直线挤出】按钮，选取如图 4-88 所示的曲线 1 作为要挤出的曲线（截面曲线）。

图 4-87 无线电话模型

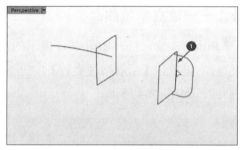

图 4-88 选取要挤出的曲线

③ 在命令行中输入【挤出长度】的终点值-3.5，按 Enter 键完成挤出曲面的建立，如图 4-89 所示。

> **工程点拨：**
> 如果挤出的是平面曲线，挤出的方向与曲线平面垂直。按 Esc 键取消选取曲线。

④ 在右侧的【图层】面板中勾选【Bottom Surface】图层，将其设为当前工作图层，如图 4-90 所示。

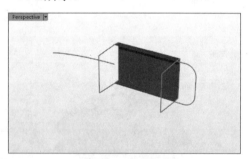

图 4-89 建立挤出曲面

图 4-90 设置工作图层

⑤ 同理，建立如图 4-91 所示的挤出曲面。

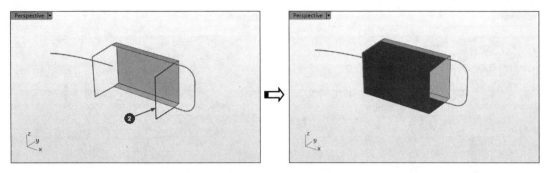

图 4-91 建立挤出曲面

⑥ 将【Top Surface】图层设为当前图层。利用【沿着曲线挤出】命令 选取曲线 3 作为截面，选取曲线 4 作为路径，建立如图 4-92 所示的挤出曲面。

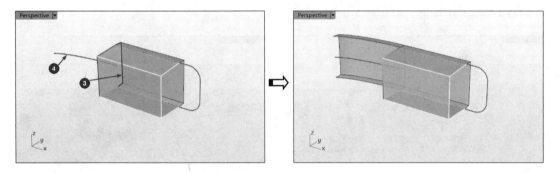

图 4-92 建立挤出曲面

⑦ 将【Bottom Surface】图层设为当前图层。再以【沿着曲线挤出】命令选取曲线 5 作为截面，选取曲线 4 作为路径，建立如图 4-93 所示的挤出曲面。

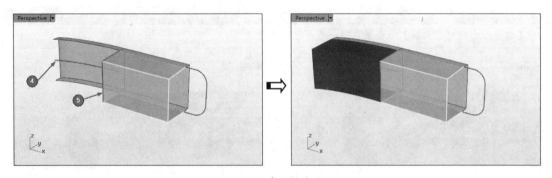

图 4-93 建立挤出曲面

⑧ 将【Top Surface】图层设为当前图层。利用【挤出曲线成锥状】命令 ，选取右边的曲线 6 作为要挤出的曲线，在命令行中设置【拔模角度】为-3、【挤出长度】为 0.375，单击鼠标右键完成挤出曲面的建立，如图 4-94 所示。

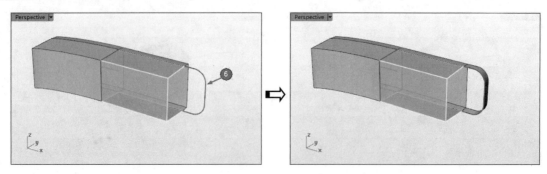

图 4-94　建立挤出曲面

⑨ 将【Bottom Surface】图层设为当前图层。再利用【挤出曲线成锥状】命令，依然选取曲线 6 作为要挤出的曲线，设置【拔模角度】为-3、【挤出长度】为-1.375，单击鼠标右键完成挤出曲面的建立，如图 4-95 所示。

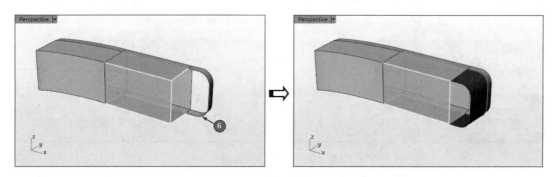

图 4-95　建立挤出曲面

⑩ 余下的两个缺口利用【以平面曲线建立曲面】命令 进行修补，如图 4-96 所示。

工程点拨：
【以平面曲线建立曲面】命令将在下一章中进行详解。

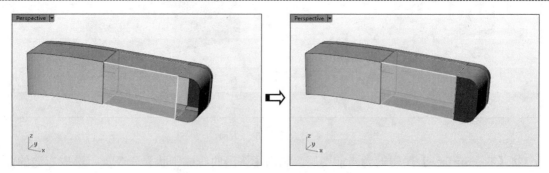

图 4-96　修补缺口

⑪ 利用【组合】命令，分别将上、下两部分的曲面进行组合，如图 4-97 所示。

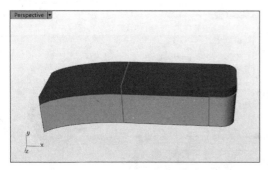 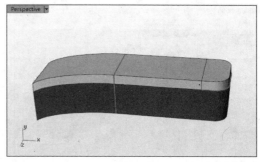

图 4-97　组合上、下部分的曲面

⑫ 显示【Extrude Straight-bothsides】图层，利用【直线挤出】命令将打开的曲线向两侧挤出，得到如图 4-98 所示的挤出曲面。

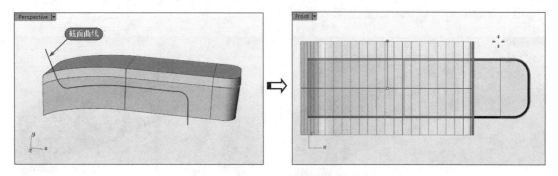

图 4-98　建立对称挤出的曲面

⑬ 利用【修剪】命令，用上、下部分的组合曲面去修剪两侧的挤出曲面，如图 4-99 所示。

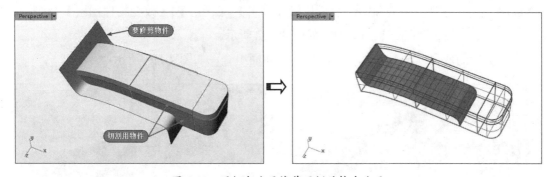

图 4-99　用组合曲面修剪两侧的挤出曲面

⑭ 再利用【修剪】命令，用上一步骤修剪过的挤出曲面去修剪上、下部分曲面，得到如图 4-100 所示的结果。

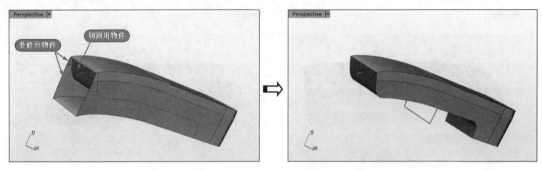

图 4-100 再次修剪

⑮ 在【曲面工具】选项卡的左边栏中用鼠标右键单击【以结构线分割曲面】按钮（也是【分割】按钮），选取如图 4-101 所示的曲面进行分割，在命令行中设置【方向】为 V，选取分割点后单击鼠标右键完成分割。

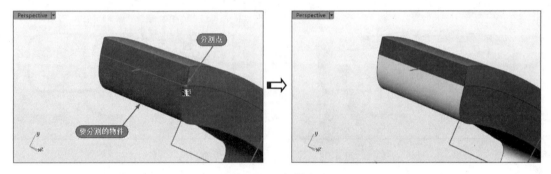

图 4-101 分割曲面

⑯ 选取上部分分割出来的曲面，然后执行【编辑】|【图层】|【改变物件图层】命令，将其移动到【Top Surface】图层中，如图 4-102 所示。

⑰ 将分割后的两个曲面分别与各自图层中的曲面组合，如图 4-103 所示。

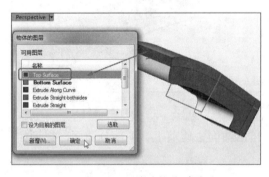

图 4-102 移动物件到图层

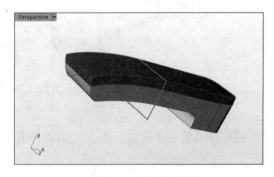

图 4-103 组合曲面

⑱ 在【实体工具】选项卡中单击【不等距边缘圆角】按钮，选取所有的边缘建立半径为 0.2 的圆角，如图 4-104 所示（建立圆角前先设置各自图层为当前图层）。

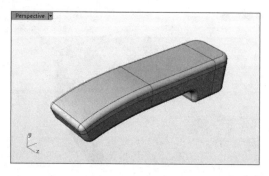 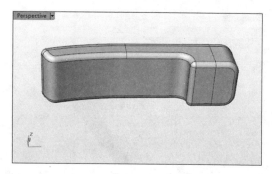

图 4-104 建立圆角

⑲ 隐藏下半部分的曲面图层,显示【Extrude to a Point】图层。利用【挤出至点】工具,选取要挤出的曲线和挤出目标点,建立如图 4-105 所示的挤出曲面。

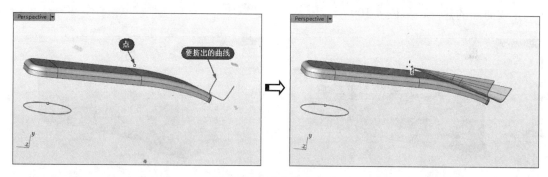

图 4-105 建立挤出曲面

⑳ 利用【修剪】命令,对挤出曲面与上半部分曲面相互进行修剪,结果如图 4-106 所示。然后利用【组合】命令将修剪后的结果组合。

㉑ 将上半部分曲面的图层隐藏,设置下半部分曲面为当前图层,并显示图层中的曲面。然后用同样的方法建立挤出至点曲面,如图 4-107 所示。

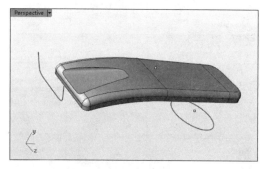 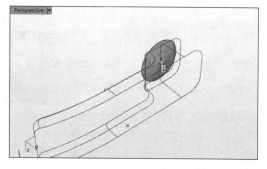

图 4-106 修剪并组合曲面　　　　　　图 4-107 建立挤出至点曲面

㉒ 再利用【修剪】命令,对挤出曲面和下半部分曲面进行相互修剪,并进行组合,得到如图 4-108 所示的结果。

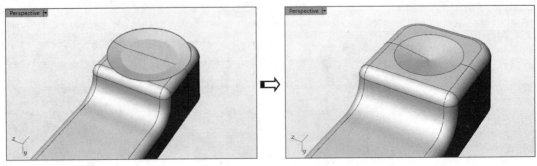

图 4-108　修剪并组合曲面

㉓ 打开【Curves for Buttons】图层中的对象曲线。框选第一竖排的曲线，然后执行【直线挤出】命令，设置【挤出类型=实体】选项，输入【挤出长度】值-0.2，单击鼠标右键完成曲面的建立，如图 4-109 所示。

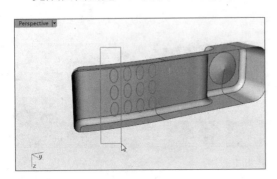 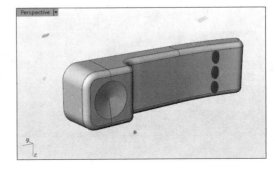

图 4-109　建立挤出曲面

㉔ 同理，完成其他竖排的曲线挤出操作，如图 4-110 所示。至此，完成了无线电话的建模过程，最后将结果保存。

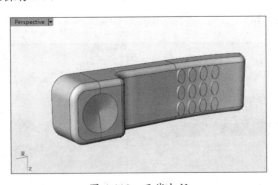

图 4-110　无线电话

第 5 章
高级曲面造型设计

本章内容

本章将进一步介绍用于复杂造型的曲面造型指令。曲面功能是 Rhino 6.0 中最重要的功能,因此需要详细地进行讲解,让读者的学习变得更加容易。

知识要点

- ☑ 放样曲面
- ☑ 边界曲面
- ☑ 扫掠曲面
- ☑ 在物件表面产生布帘曲面

5.1 放样曲面

【放样曲面】命令从空间、同一走向的一系列曲线上建立曲面，如图 5-1 所示。

> **工程点拨：**
> 这些曲线必须同为开放曲线或闭合曲线，在位置上最好不要交错。

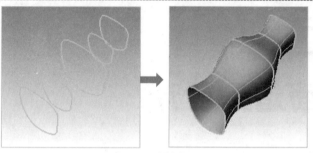

图 5-1 放样曲面

动手操作——创建放样曲面

① 新建 Rhino 文件。

② 利用【椭圆：从中心点】命令，在 Front 视窗中绘制如图 5-2 所示的椭圆。

③ 在菜单栏中执行【变动】|【缩放】|【二轴缩放】命令，选择椭圆曲线进行缩放，缩放时在命令行中设置【复制=是】，如图 5-3 所示。

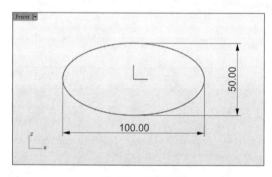

图 5-2 绘制椭圆

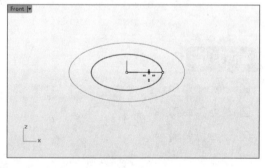

图 5-3 缩放并复制椭圆

④ 利用【复制】命令，在 Top 视窗中对大椭圆进行复制，复制起点为世界坐标系原点，第一次复制终点距离为 100，第二次复制终点距离为 200，如图 5-4 所示。

⑤ 同理，复制小椭圆，第一次复制终点距离为 50，第二次复制终点距离为 150，如图 5-5 所示。完成后删除原先作为复制参考的小椭圆，而大椭圆则保留。

第 5 章 高级曲面造型设计

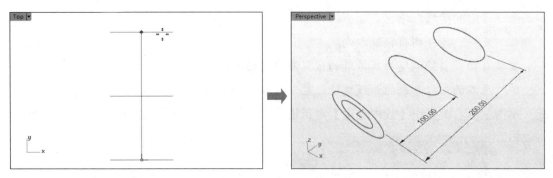

图 5-4 复制椭圆

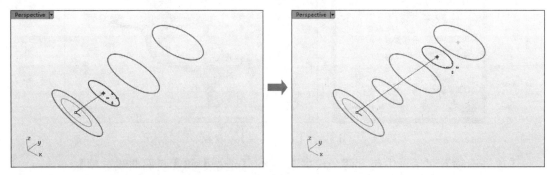

图 5-5 复制小椭圆

⑥ 在菜单栏中执行【曲面】|【放样】命令，或者在【曲面工具】选项卡的左边栏中单击【放样】按钮，命令行中显示如下提示：

```
指令: _Loft
选取要放样的曲线（点(P)）:
```

工程点拨：
数条开放的断面曲线需要点选于同一侧，数条封闭的断面曲线可以调整曲线接缝。

⑦ 依次选取要放样的曲线，然后单击鼠标右键，命令行显示如下提示。并且所选的曲线上均显示曲线接缝点与方向，如图 5-6 所示。

```
移动曲线接缝点，按 Enter 完成（反转(F) 自动(A) 原本的(N)）:
```

⑧ 移动接缝点，使各曲线的接缝点在椭圆象限点上，如图 5-7 所示。

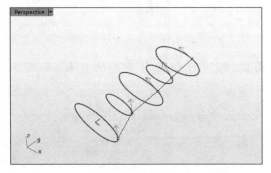

图 5-6 选取要放样的曲线

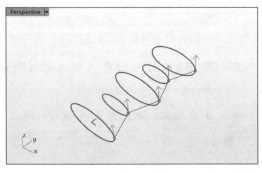

图 5-7 移动接缝点

命令行中的接缝选项含义如下：
- 反转：反转曲线接缝方向。
- 自动：自动调整曲线接缝的位置及曲线的方向。
- 原本的：以原来的曲线接缝位置及曲线方向运行。

⑨ 单击鼠标右键弹出【放样选项】对话框，视窗中会显示放样曲面预览，如图5-8所示。

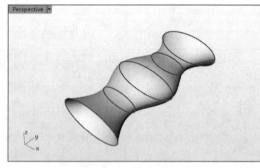

图5-8 【放样选项】对话框

【放样选项】对话框中包含两个设置选项区：【造型】和【断面曲线选项】。

【造型】选项区用来设置放样曲面的节点及控制点的形状与结构，共包含六种造型。

- 标准：断面曲线之间的曲面以"标准"量延展，当你想建立的曲面是比较平缓或断面曲线之间的距离比较大时可以使用这个选项，如图5-9所示。
- 松弛：放样曲面的控制点会放置于断面曲线的控制点上，这个选项可以建立比较平滑的放样曲面，但放样曲面并不会通过所有的断面曲线，如图5-10所示。

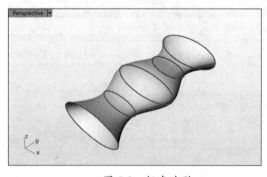
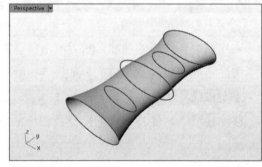

图5-9 标准造型　　　　　　　　　图5-10 松弛造型

- 紧绷：放样曲面更紧绷地通过断面曲线，适用于建立转角处的曲面，如图5-11所示。
- 平直区段：放样曲面在断面曲线之间是平直的曲面，如图5-12所示。

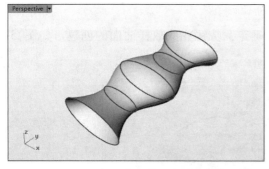
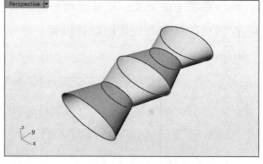

图 5-11　紧绷造型　　　　　　　　图 5-12　平直区段造型

- 可展开的：如果有断面的端点相接时，可从每一对断面曲线单独建立可展开的曲面或多重曲面，如图 5-13 所示。
- 均匀：建立的曲面的控制点对曲面都有相同的影响力，该选项可以用来建立数个结构相同的曲面，如图 5-14 所示。

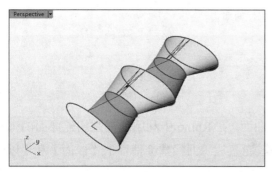
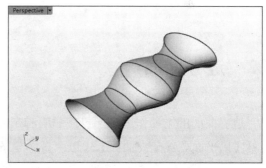

图 5-13　可展开的　　　　　　　　图 5-14　均匀造型

【造型】选项区中其他选项含义如下：

- 封闭放样：建立封闭的曲面，曲面在通过最后一条断面曲线后会再回到第一条断面曲线。这个选项必须要有三条或三条以上的断面曲线才可以使用。
- 与起始端边缘相切：如果第一条断面曲线是曲面的边缘，放样曲面可以与该边缘所属的曲面相切。这个选项必须要有三条或三条以上的断面曲线才可以使用。
- 与结束端边缘相切：如果最后一条断面曲线是曲面的边缘，放样曲面可以与该边缘所属的曲面相切。这个选项必须要有三条或三条以上的断面曲线才可以使用。
- 在正切点分割：当输入的曲线为多重曲线时，设定是否在线段与线段正切的顶点将建立的曲面分割成为多重曲面。

【断面曲线选项】选项区中各选项含义如下：

- 对齐曲线：当放样曲面发生扭转时，点选断面曲线靠近端点处可以反转曲线的对齐方向。
- 不要简化：不重建断面曲线。
- 重建点数：在放样前以指定的控制点数重建断面曲线。

- 重建逼近公差：以设置的公差整修断面曲线。

⑩ 保留对话框中各选项的默认设置，单击【确定】按钮完成放样曲面的创建，如图 5-15 所示。

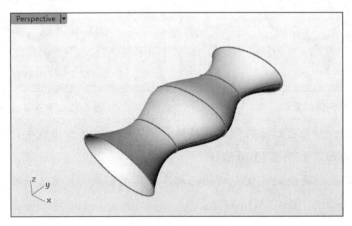

图 5-15　放样曲面

5.2　边界曲面

边界曲面的主要作用在于封闭曲面和延伸曲面。在 Rhino 中利用边界来构建曲面的工具包括【以平面曲线建立曲面】、【以两条、三条或四条边缘曲线建立曲面】、【嵌面】和【以网线建立曲面】。下面逐一介绍这些工具的命令含义及应用。

5.2.1　以平面曲线建立曲面

形成方式：在同一平面上的闭合曲线，形成同一平面上的曲面。此命令其实等同于填充，也就是在曲线内填充曲面。

工程点拨：
如果某些曲面部分重叠，会产生意外的结果。

如果某条曲线完全包含在另一条曲线中，这条曲线将会被视为一个洞的边界，如图 5-16 所示。

工程点拨：
需要注意，使用该命令的前提是曲线必须是闭合的，并且在同一平面内。当选取开放或空间曲线来执行此命令时，命令行中会提示创建曲面出错的原因。

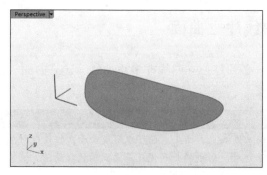 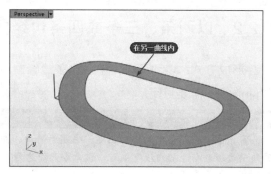

图 5-16　曲线边界

动手操作——以平面曲线建立曲面

① 新建 Rhino 文件。
② 利用【矩形：角对角】命令，在 Top 视窗中绘制尺寸为 20×17 的矩形，如图 5-17 所示。
③ 再利用【多边形：中心点、半径】命令绘制一个小三角形，如图 5-18 所示。

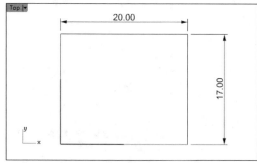

图 5-17　绘制矩形　　　　　　　　　图 5-18　绘制三角形

④ 利用【复制】命令，复制出多个三角形，如图 5-19 所示。
⑤ 单击【以平面曲线建立曲面】按钮 ，依次选择三角形和矩形边缘，最后按 Enter 键即可得到如图 5-20 所示的曲面。

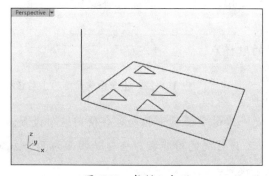 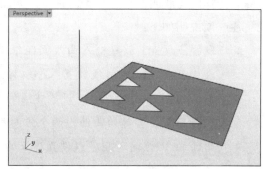

图 5-19　复制三角形　　　　　　　　　图 5-20　建立曲面

5.2.2 以两条、三条或四条边缘曲线建立曲面

形成方式：以两条、三条或四条边缘曲线（必须是独立曲线非多重曲线）建立曲面。选取的曲线不需要封闭。

> **工程点拨：**
> 常用于大块而简单的曲面创建，也用于补面。即使曲线端点不相接，也可以形成曲面，但是这时生成的曲面边缘会与原始曲线有偏差。该命令只能达到 G0 连续，形成的曲面优点是曲面结构线简洁。通常使用该命令来建立大块简单的曲面。

以两条、三条、四条边缘线为边界而建立曲面的范例如图 5-21 所示。

两条边缘线

三条边缘线

四条边缘线

图 5-21 以两条、三条、四条边缘曲线建立曲面

5.2.3 嵌面

形成方式：建立逼近选取的曲线和点物件的曲面。主要作用是修复有破孔的空间曲面。当然也可以用来建立逼近曲线、点云及网格的曲面。【嵌面】命令可以修补平面上的孔，也可以修补复杂曲面上的孔，而前面介绍的【以平面曲线建立曲面】命令只能修补平面上的孔。

单击【嵌面】按钮，在选取要逼近的曲线、点云或网格后会弹出【嵌面曲面选项】对话框，如图 5-22 所示。

各选项说明如下：

- 取样点间距：放置输入曲线间距很小的取样点，最少数量为一条曲线放置八个取样点。

图 5-22 【嵌面曲面选项】对话框

- 曲面的 U 方向跨距数：设置建立的曲面 U 方向的跨距数。当起始曲面为两个方向都是一阶的平面时，指令也会使用这个设置。
- 曲面的 V 方向跨距数：设置建立的曲面 V 方向的跨距数。当起始曲面为两个方向都是一阶的平面时，指令也会使用这个设置。
- 硬度：Rhino 在建立嵌面的第一个阶段会找出与选取的点和曲线的取样点最符合的平面，然后再将平面变形逼近选取的点和取样点。该选项用来设置平面的变形程度，

第5章 高级曲面造型设计

数值越大，得到的曲面越接近平面。可以使用非常小或非常大（>1000）的数值测试这个设置，并预览效果。

- 调整切线：如果输入的曲线为曲面的边缘，建立的曲面会与周围的曲面相切。
- 自动修剪：试着找到封闭的边界曲线，并修剪边界以外的曲面。
- 选取起始曲面：选取一个参考曲面，修补的曲面将与参考曲面保持形状相似且曲率连续性强。
- 起始曲面拉力：与硬度设定类似，但是作用于起始曲面。设定的值越大，起始曲面的抗拒力越大，得到的曲面形状越接近起始曲面。
- 维持边缘：固定起始曲面的边缘，这个选项适用于以现有的曲面逼近选取的点或曲线，但不会移动起始曲面的边缘。
- 删除输入物件：删除作为参考的起始曲面。

动手操作——建立逼近曲面

① 新建 Rhino 文件。打开本例源文件"逼近曲线.3dm"，如图 5-23 所示。

② 单击【嵌面】按钮，选取视窗中的三条曲线，单击鼠标右键确认，如图 5-24 所示。

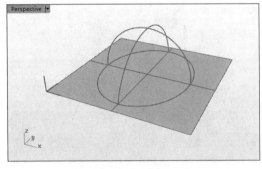
图 5-23　打开的源文件

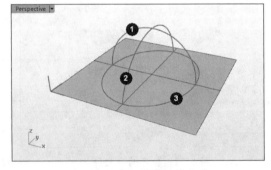
图 5-24　选取要逼近的曲线

③ 随后弹出【嵌面曲面选项】对话框并显示预览，如图 5-25 所示。

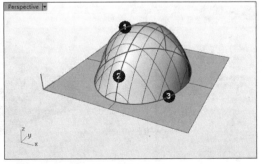

图 5-25　显示嵌面预览

④ 单击【选取起始曲面】按钮，然后选择平面作为起始曲面，设置【硬度】为 0.1、【起始

曲面拉力】为 1000，取消勾选【维持边缘】复选框，预览效果如图 5-26 所示。

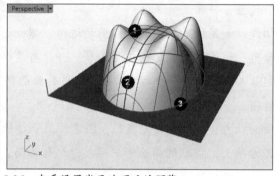

图 5-26　查看设置嵌面选项后的预览

⑤ 最后单击【确定】按钮完成曲面的建立。

动手操作——建立修补曲面

① 新建 Rhino 文件。打开本例源文件"修补孔.3dm"，如图 5-27 所示。
② 单击【嵌面】按钮，选取曲面中的椭圆形破孔边缘，单击鼠标右键确认，如图 5-28 所示。

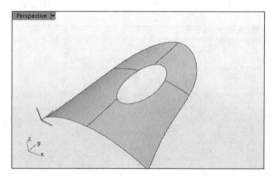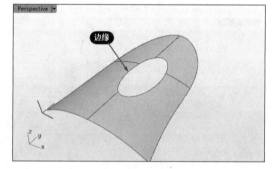

图 5-27　打开的源文件　　　　　　　　图 5-28　选取要修补的孔边缘

③ 随后弹出【嵌面曲面选项】对话框，选取曲面作为起始曲面，然后设置其他嵌面选项，预览效果如图 5-29 所示。

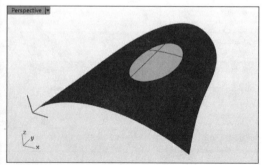

图 5-29　修补孔预览

④ 最后单击对话框中的【确定】按钮完成修补。

5.2.4 以网线建立曲面

形成方式：以网线建立曲面。所有在同一方向的曲线必须和另一方向上所有的曲线交错，不能和同一方向的曲线交错，如图 5-30 所示。

单击【以网线建立曲面】按钮，命令行中显示如下提示：

选取网线中的曲线（不自动排序(N)）：

- 不自动排序：关闭自动排序，对第一方向和第二方向的曲线进行选取。

选取网线中的曲线后，单击鼠标右键会弹出【以网线建立曲面】对话框，如图 5-31 所示。

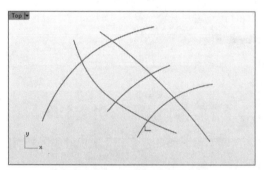

图 5-30　网线示意图　　　　图 5-31　【以网线建立曲面】对话框

> **工程点拨：**
> 　　一个方向的曲线必须跨越另一个方向的曲线，而且同一方向的曲线不可以相互跨越。如图 5-32 所示为从网线建立曲面的范例。

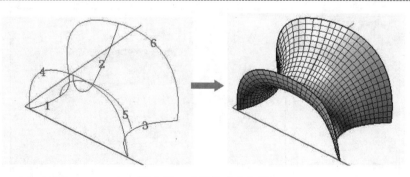

图 5-32　从网线建立曲面

对话框中各选项的含义如下：

- 边缘曲线：设置逼近边缘曲线的公差，建立的曲面边缘和边缘曲线之间的距离会小于这个设置值，预设值为系统公差。
- 内部曲线：设置逼近内部曲线的公差，建立的曲面和内部曲线之间的距离会小于这个设置值，预设值为系统公差乘以 10。如果输入的曲线之间的距离远大于公差设置值，这个指令会建立最适当的曲面。
- 角度：如果输入的边缘曲线是曲面的边缘，而且让建立的曲面和相邻的曲面以相切或曲率连续相接时，两个曲面在相接边缘的法线方向的角度误差会小于这个设置值。
- 边缘设置：设置曲面或曲线的连续性。
- 松弛：建立的曲面的边缘以较宽松的精确度逼近输入的边缘曲线。
- 位置/相切/曲率：三种曲面连续性。

动手操作——以网线建立曲面

① 新建 Rhino 文件。打开本例源文件"网线.3dm"，如图 5-33 所示。

② 单击【以网线建立曲面】按钮，然后框选所有曲线，并单击鼠标右键确认，如图 5-34 所示。

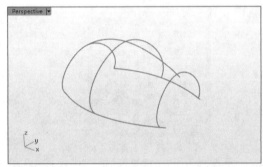

图 5-33 打开的源文件

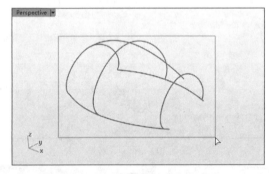

图 5-34 选取网线中的曲线

③ 自动完成网线的排序并弹出【以网线建立曲面】对话框，如图 5-35 所示。

 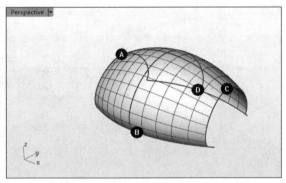

图 5-35 完成排序并打开【以网线建立曲面】对话框

④ 通过预览确认曲面正确无误后，单击对话框中的【确定】按钮，完成曲面的建立，结果如图 5-36 所示。

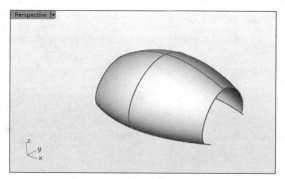

图 5-36　建立曲面

5.3　扫掠曲面

Rhino 6.0 中有两种扫掠曲面命令：单轨扫掠和双规扫掠。

5.3.1　单轨扫掠

形成方式：一系列的截面曲线沿着路径曲线扫掠而成，截面曲线和路径曲线在空间位置上交错，截面曲线之间不能交错。

> **工程点拨：**
> 截面曲线的数量没有限制，路径曲线只有一条。

单击【单轨扫掠】按钮 ![icon]，弹出【单轨扫掠选项】对话框，如图 5-37 所示。

对话框的【造型】选项区中各选项含义如下：

- 自由扭转：扫掠建立的曲面会随着路径曲线扭转，如图 5-38 所示。

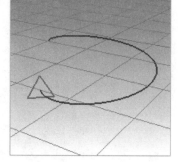
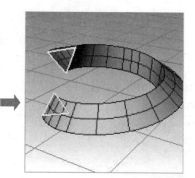

图 5-37　【单轨扫掠选项】对话框　　　图 5-38　自由扭转

- 走向 Top：断面曲线在扫掠时与 Top 视窗工作平面的角度维持不变，如图 5-39 所示。
- 走向 Right：断面曲线在扫掠时与 Right 视窗工作平面的角度维持不变。

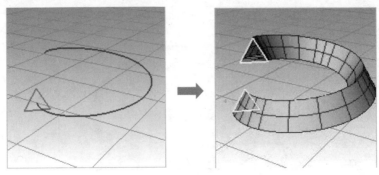

图 5-39　走向 Top

- 走向 Front：断面曲线在扫掠时与 Front 视窗工作平面的角度维持不变。
- 封闭扫掠：当路径为封闭曲线时，曲面扫掠过最后一条断面曲线后会再回到第一条断面曲线，至少需要选取两条断面曲线才能使用这个选项。
- 整体渐变：曲面断面的形状以线性渐变的方式从起点的断面曲线扫掠至终点的端面曲线。未使用这个选项时，曲面的断面形状在起点和终点处的形状变化较小，在路径中段的变化较大，如图 5-40 所示。

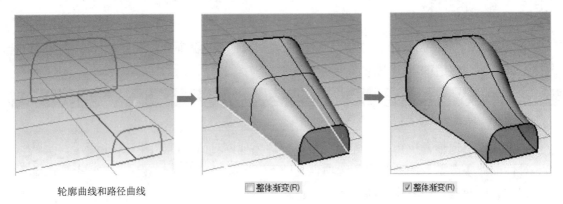

图 5-40　整体渐变与非整体渐变的效果

- 未修剪斜接：如果建立的曲面是多重曲面（路径是多重曲线），多重曲面中的个别曲面都是未修剪的曲面，如图 5-41 所示。

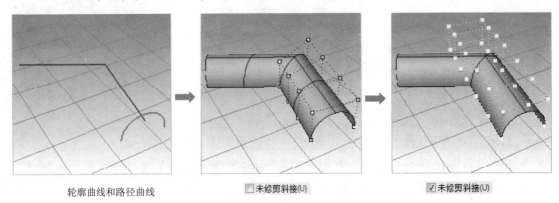

图 5-41　修剪斜接与未修剪斜接的效果

对话框的【断面曲线选项】选项区中各选项含义如下：

- 对齐断面：反转曲面扫掠过断面曲线的方向。
- 不要简化：建立曲面之前不对断面曲线做简化。
- 重建点数：建立曲面之前以指定的控制点数重建所有的断面曲线。
- 重新逼近公差：建立曲面之前先重新逼近断面曲线，预设值为【文件属性】对话框的单位页面中的绝对公差。
- 最简扫掠：当所有的断面曲线都放在路径曲线的编辑点上时可以使用这个选项建立结构最简单的曲面，曲面在路径方向的结构与路径曲线完全一致。
- 正切点不分割：将路径曲线重新逼近。

动手操作——利用【单轨扫掠】创建锥形弹簧

① 新建 Rhino 文件。

② 在菜单栏中执行【曲线】|【螺旋线】命令，在命令行中输入轴的起点（0,0,0）和轴的终点（0,0,50），单击鼠标右键后再输入第一半径值 50，指定起点在 X 轴上，如图 5-42 所示。

③ 输入第二半径值 25，再设置圈数为 10，其他选项保持默认设置，单击鼠标右键或按 Enter 键完成锥形螺旋线的创建，如图 5-43 所示。

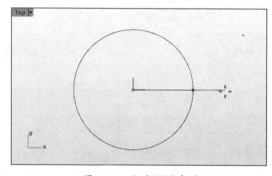
图 5-42 指定螺旋起点

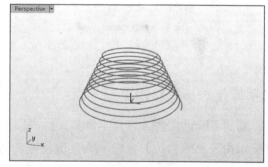
图 5-43 创建锥形螺旋线

④ 利用【圆：中心点、半径】命令，在 Front 视窗中螺旋线起点位置绘制半径为 3.5 的圆，如图 5-44 所示。

⑤ 单击【单轨扫掠】按钮，选取螺旋线为路径，选取圆为断面曲线，如图 5-45 所示。

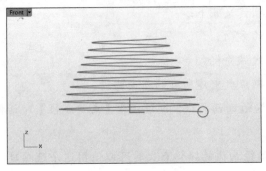

图 5-44 绘制圆

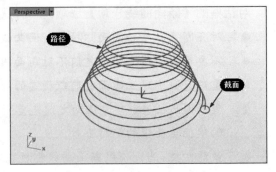

图 5-45 选取路径和断面曲线

⑥ 单击鼠标右键后弹出【单轨扫掠选项】对话框,保留对话框中各选项的默认设置,单击【确定】按钮完成弹簧的创建,如图 5-46 所示。

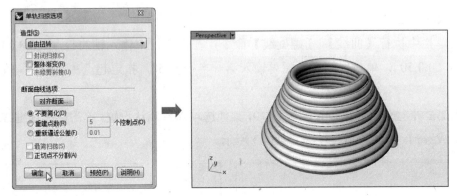

图 5-46 完成弹簧的创建

动手操作——单轨扫掠到一点

① 新建 Rhino 文件。打开本例源文件 "扫掠到点曲线.3dm",如图 5-47 所示。
② 单击【单轨扫掠】按钮 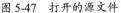,选取路径和断面曲线,如图 5-48 所示。

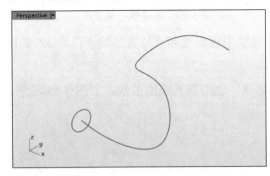

图 5-47 打开的源文件

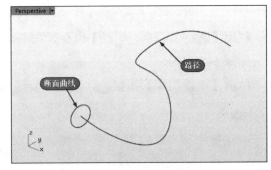

图 5-48 选取路径和断面曲线

③ 在命令行中单击【点】选项,然后指定要扫掠的终点,如图 5-49 所示。

第 5 章 高级曲面造型设计

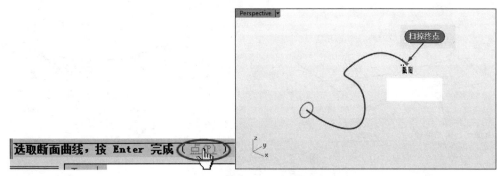

图 5-49 指定扫掠终点

④ 单击鼠标右键后弹出【单轨扫掠选项】对话框，保留对话框中各选项的默认设置，单击【确定】按钮完成扫掠曲面的建立，如图 5-50 所示。

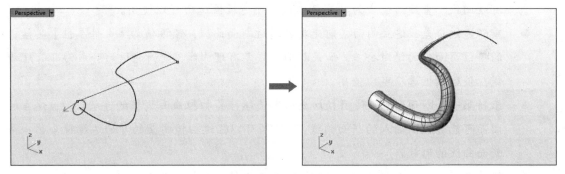

图 5-50 建立扫掠到点的曲面

5.3.2 双轨扫掠

形成方式：沿着两条路径扫掠通过数条定义曲面形状的断面曲线建立曲面。

单击【双轨扫掠】按钮，选取第一条路径、第二条路径及断面曲线后弹出【双轨扫掠选项】对话框，如图 5-51 所示。

图 5-51 【双轨扫掠选项】对话框

如图 5-52 所示为双轨扫掠的示意图。

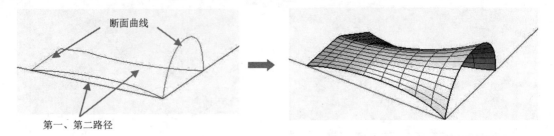

图 5-52 双轨扫掠示意图

【断面曲线选项】选项区中的选项含义如下：

- 不要简化：建立曲面之前不对断面曲线做简化。
- 重建点数：建立曲面之前以指定的控制点数重建所有的断面曲线。如果断面曲线是有理曲线，重建后会成为非有理曲线，使连续性选项可以使用。
- 重新逼近公差：建立曲面之前先重新逼近断面曲线，预设值为【文件属性】对话框的单位页面中的绝对公差。如果断面曲线是有理曲线，重新逼近后会成为非有理曲线，使连续性选项可以使用。
- 维持第一个断面形状：使用相切或曲率连续计算扫掠曲面边缘的连续性时，建立的曲面可能会脱离输入的断面曲线。该选项可以强迫扫掠曲面的开始边缘符合第一条断面曲线的形状。
- 维持最后一个断面形状：使用相切或曲率连续计算扫掠曲面边缘的连续性时，建立的曲面可能会脱离输入的断面曲线。该选项可以强迫扫掠曲面的开始边缘符合最后一条断面曲线的形状，如图 5-53 所示。

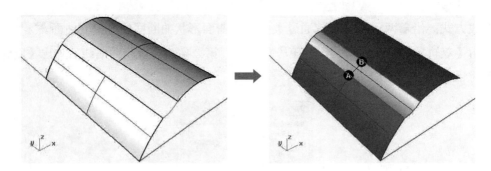

图 5-53 维持断面形状

- 保持高度：预设的情形下，扫掠曲面的断面会随着两条路径曲线的间距缩放宽度和高度。该选项可以固定扫掠曲面的断面高度，而不随着两条路径曲线的间距缩放，如图 5-54 所示。

第 5 章 高级曲面造型设计

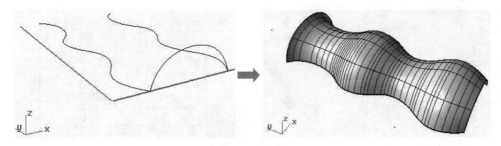

图 5-54 保持高度

【路径曲线选项】选项区中的选项含义与前面【单轨扫掠】中介绍的选项含义相同，这里不再赘述。

动手操作——利用【双轨扫掠】建立曲面

① 新建 Rhino 文件。打开本例源文件"双轨扫掠曲线.3dm"。

② 单击【双轨扫掠】按钮，选取第一、第二路径和断面曲线，如图 5-55 所示。

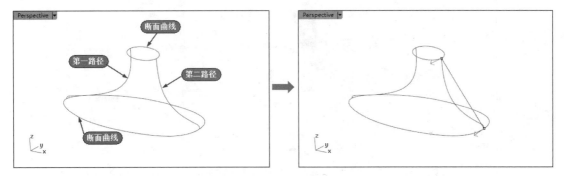

图 5-55 选取路径和断面曲线

③ 单击鼠标右键后弹出【双轨扫掠选项】对话框，保留对话框中各选项的默认设置，单击【确定】按钮完成扫掠曲面的建立，如图 5-56 所示。

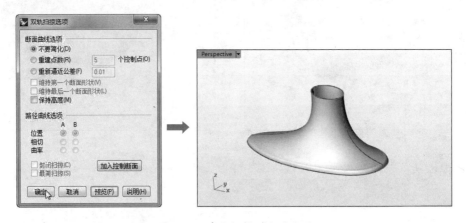

图 5-56 建立扫掠到点的曲面

④ 显示【Housing Surface】、【Housing Curves】与【Mirror】图层，如图 5-57 所示。

171

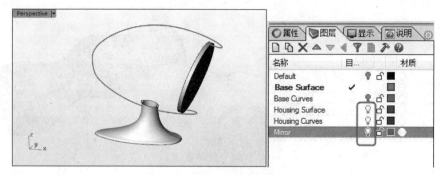

图 5-57 显示其他图层中的对象

⑤ 将【Housing Surface】图层设为当前图层，单击【双轨扫掠】按钮，选取第一、第二路径和断面曲线，单击鼠标右键后弹出【双轨扫掠选项】对话框，如图 5-58 所示。

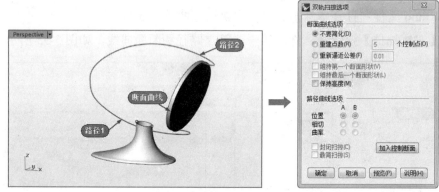

图 5-58 选取路径和断面曲线

⑥ 保留对话框中各选项的默认设置，单击【确定】按钮完成扫掠曲面的建立，如图 5-59 所示。

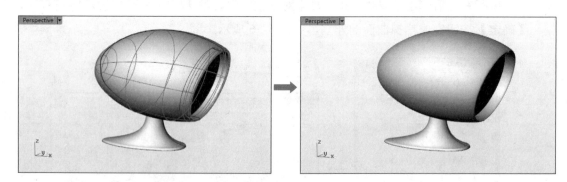

图 5-59 建立扫掠曲面

⑦ 最后保存结果文件。

5.4 在物件表面产生布帘曲面

将矩形的点阵列沿工作平面的法线方向往物件上投影,以投影到物件上的点作为曲面的控制点建立曲面。

打个比方,好比自己出行了,家里没有人,然后就用布把家具遮盖起来,遮盖起来后布就会形成一个形状,这个形状就是本节所介绍的"布帘"。

如图 5-60 所示为建立布帘曲面的范例。

布帘曲面的范围跟框选的边框大小直接相关。

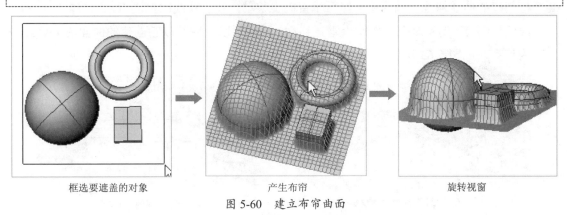

图 5-60　建立布帘曲面

5.5 实战案例——刨皮刀曲面造型

刨皮刀模型曲面的变化比较丰富,需要首先分析面片的划分方式,以及曲面建模流程,对于圆角的处理也需要分步完成。刨皮刀模型如图 5-61 所示。

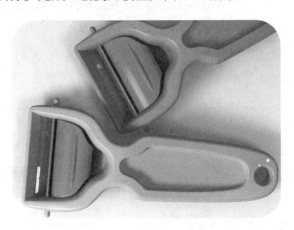

图 5-61　刨皮刀模型

整个刨皮刀的建模过程：

- 创建刨皮刀主体部件
- 创建刨皮刀刀头部分
- 圆角处理
- 构建其他部件，完成模型的创建

1. 创建刨皮刀主体部件

① 新建一个名为【曲线】的图层，并设置为当前图层（这个图层用来放置曲线对象）。在 Front 视图中，执行菜单栏中的【曲线】|【自由造型】|【控制点】命令，建立一条描述刨皮刀侧面的曲线，如图 5-62 所示。

② 将创建的曲线原地复制一份，然后垂直向上移动，开启曲线的控制点，调整复制后的曲线的控制点。调整时保证控制点垂直移动，这样可以使后面以它创建的曲面的 ISO 线较为整齐，如图 5-63 所示。

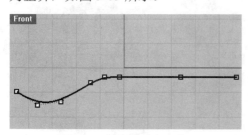 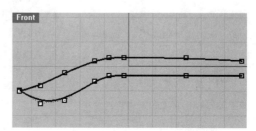

图 5-62　创建控制点曲线　　　　　　　图 5-63　复制调整曲线

③ 在 Top 视图中，绘制刨皮刀顶面的曲线，确保端点处的控制点水平对齐或垂直对齐（如下面右侧图中显示的白色控制点），如图 5-64 所示。

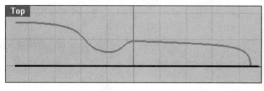 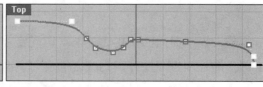

图 5-64　创建刨皮刀顶面曲线

④ 将上一步绘制好的曲线原位复制一份，再垂直向上调节图 5-65 中显示的三个白色控制点，其他的控制点保持不变。

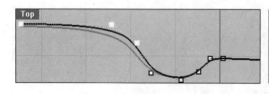 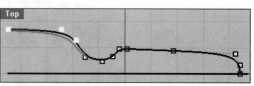

图 5-65　调整控制点

⑤ 执行菜单栏中的【变动】|【镜像】命令，选取刚刚创建的两条曲线，在 Top 视图中以

水平坐标轴为镜像轴，镜像复制这两条曲线，如图 5-66 所示。

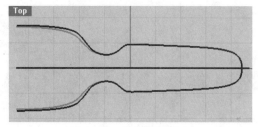

图 5-66　创建镜像副本

⑥ 执行菜单栏中的【曲线】|【直线】|【单一直线】命令，在 Top 视图中创建两条直线，如图 5-67 所示。

⑦ 执行菜单栏中的【编辑】|【修剪】命令，对图中的曲线进行相互剪切，剪切为闭合的轮廓，如图 5-68 所示。

⑧ 执行菜单栏中的【曲线】|【曲线圆角】命令，在命令提示行中输入圆角半径值 0.8，在曲线之间的锐角处创建圆角。然后执行菜单栏中的【编辑】|【组合】命令，将这些曲线组合为两条闭合曲线，如图 5-69 所示。

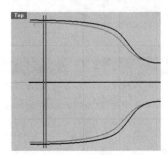 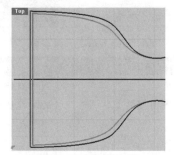 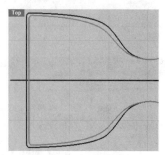

图 5-67　创建两条直线　　　　图 5-68　修剪曲线　　　　图 5-69　组合曲线

⑨ 选取前面创建的两条侧面轮廓曲线，执行菜单栏中的【曲面】|【挤出曲线】|【直线】命令，在 Top 视图中将这两条曲线挤出创建曲面，确保挤出的长度超出顶面曲线，效果如图 5-70 所示。

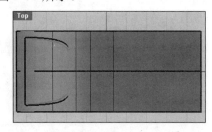 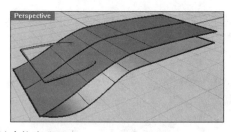

图 5-70　创建挤出曲面

⑩ 执行菜单栏中的【编辑】|【修剪】命令，在 Top 视图中，使用步骤 8 中编辑好的两条曲线修剪拉伸曲面（其中较长的曲线用来修剪上侧的曲面，较短的曲线修剪下侧的曲面），如图 5-71 所示。

⑪ 新建一个名为【曲面】的图层，并将其设置为当前图层，该图层用来放置曲面对象。将

修剪后的曲面移动到该图层，并隐藏【曲线】图层，如图 5-72 所示。

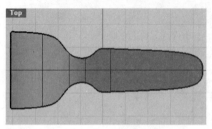 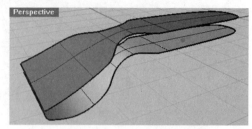

图 5-71 修剪曲面　　　　　　　　　　图 5-72 分配并隐藏图层

⑫ 执行菜单栏中的【曲面】|【混接曲面】命令，分别选取两个修剪后曲面的边缘。调整混接曲面的接缝，创建混接曲面，如图 5-73 所示。

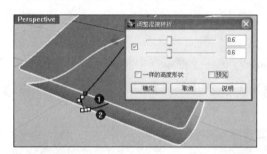 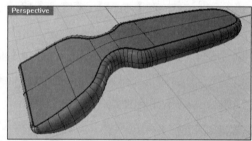

图 5-73 创建混接曲面

工程点拨：

混接曲面的接缝不在对象的中点处时，应将其手动调整到中点处。若找不到中点，可以在对称中心线处画一条直线后投影到曲面上，然后利用捕捉工具调整混接的接缝位置，这是因为混接起点在中点时生成的混接曲面的 ISO 才不会产生扭曲。

⑬ 执行菜单栏中的【曲线】|【从物件建立曲线】|【抽离结构线】命令，捕捉边缘线的终点，分别提取图中的两条结构线，并将抽离的结构线调整到【曲线】图层，如图 5-74 所示。

⑭ 执行菜单栏中的【曲线】|【自由造型】|【控制点】命令，在 Top 视图中创建一条新的曲线，如图 5-75 所示。

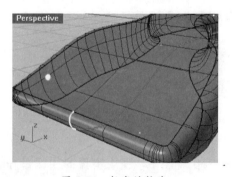 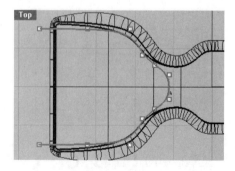

图 5-74 抽离结构线　　　　　　　　　图 5-75 创建曲线

⑮ 将新创建的曲线原位复制一份，然后在 Front 视图中调整原始曲线与复制后的曲线的位置，如图 5-76 所示。

⑯ 切换到 Top 视图，显示复制后曲线的控制点。开启状态栏上的【正交】捕捉模式，将图 5-77 中显示的白色控制点水平向左移动一小段距离。

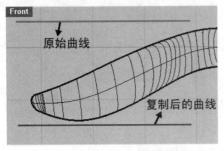
图 5-76 复制、移动曲线

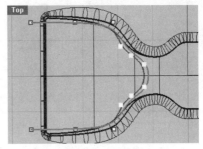
图 5-77 调整控制点

⑰ 执行菜单栏中的【曲面】|【放样】命令，用上一步骤所创建的两条曲线（原始曲线和复制曲线）来创建放样曲面，效果如图 5-78 所示。

⑱ 在 Front 视图中，执行菜单栏中的【曲线】|【直线】|【线段】命令，创建一条多重直线，如图 5-79 所示。

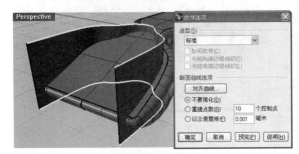
图 5-78 创建放样曲面

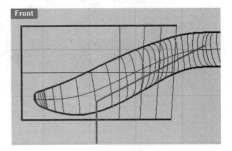
图 5-79 创建多重曲线

⑲ 执行菜单栏中的【曲面】|【挤出曲线】|【直线】命令，将上面创建的多重直线沿直线挤出创建一块曲面，效果如图 5-80 所示。

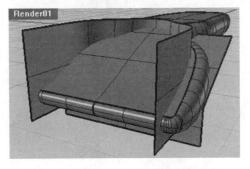
图 5-80 创建挤出曲面

⑳ 执行菜单栏中的【编辑】|【修剪】命令，选取如图 5-81（左）所示的曲面对象，然后单击鼠标右键确认。再选择刨皮刀主体对象进行修剪处理。

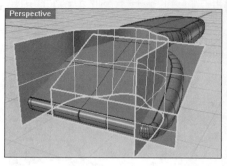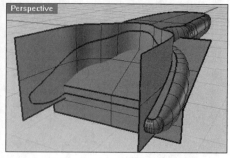

图 5-81 修剪曲面

㉑ 再次执行菜单栏中的【编辑】|【修剪】命令,选取如图 5-82(左)所示的另一块曲面,然后单击鼠标右键确认,对多余的曲面进行剪切。最后执行菜单栏中的【编辑】|【组合】命令,将所有曲面组合到一起,如图 5-82 所示。

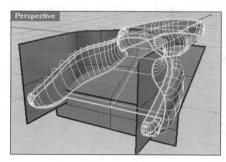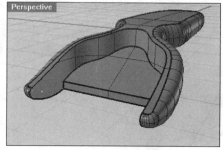

图 5-82 组合曲面

2. 创建刨皮刀刀头部分

① 单独显示前面步骤 13 中抽离的两条结构线,然后在 Front 视图中,以复制的方式创建四条曲线,如图 5-83 所示。

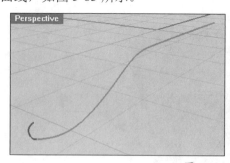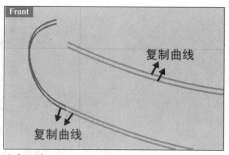

图 5-83 创建曲线

② 选择复制后的蓝色曲线,调整以亮白色显示的三个控制点。再绘制两条直线,并利用捕捉工具在曲线上创建两个点物件,如图 5-84 所示。

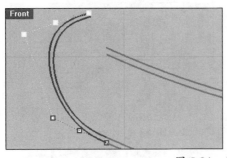 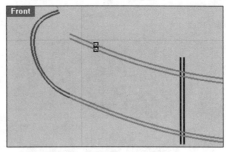

图 5-84 创建点物件

③ 执行菜单栏中的【编辑】|【修剪】命令,以点物件及创建的两条直线修剪曲线,如图 5-85 所示。

④ 删除点物件,执行菜单栏中的【曲线】|【混接曲线】命令,创建一条如图 5-86 所示的混接曲线。

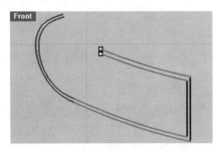 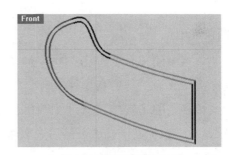

图 5-85 修剪曲线　　　　　　　　　图 5-86 创建混接曲线

⑤ 执行菜单栏中的【编辑】|【组合】命令,将图中的曲线组合为两个闭合的多重曲线,如图 5-87 所示。

⑥ 显示其余的曲面,执行菜单栏中的【实体】|【挤出平面曲线】|【直线】命令,在 Top 视图中以刚刚创建的闭合曲线中较短的那条创建挤出曲面,如图 5-88 所示。

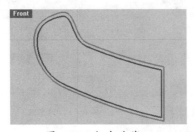 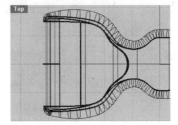

图 5-87 组合曲线　　　　　　　　　图 5-88 创建挤出实体

⑦ 再次执行菜单栏中的【实体】|【挤出平面曲线】|【直线】命令,选取较长的闭合曲线创建新的挤出曲面,挤出的长度要比刚才的那条稍长,如图 5-89 所示。

⑧ 将【曲面】图层设为当前图层,将挤出后的两个曲面调整到该图层中,并隐藏【曲线】图层。执行菜单栏中的【实体】|【差集】命令,选取刨皮刀主体对象后单击鼠标右键,再选取新创建的挤出曲面后单击鼠标右键,布尔差集运算完成,如图 5-90 所示。

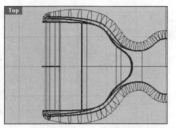
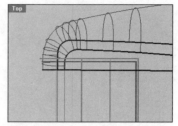

图 5-89　再次创建挤出实体

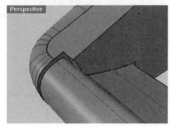
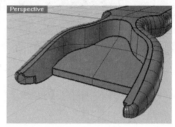

图 5-90　布尔差集运算

3. 圆角处理

① 执行菜单栏中的【曲线】|【点物件】|【单点】命令，在图 5-91 中的曲面边缘曲线上创建两个关于 X 轴对称的点物件。

② 执行菜单栏中的【实体】|【边缘圆角】|【不等距边缘圆角】命令，在命令提示行中输入 0.5，单击鼠标右键确认，然后选取边缘曲线，单击鼠标右键确认，如图 5-92 所示。

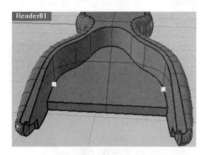
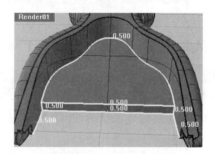

图 5-91　创建点物件　　　　　　图 5-92　选取边缘曲线

③ 在命令提示行中单击【新增控制杆】选项，然后使用捕捉工具，在图 5-93 中的位置新增三个控制杆，单击鼠标右键确认。

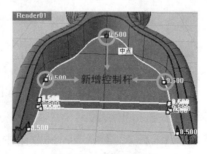

图 5-93　新增控制杆

④ 选择中点处的控制杆，然后在命令提示行中将圆角半径值修改为 3，最后单击鼠标右键确认，创建圆角曲面，如图 5-94 所示。

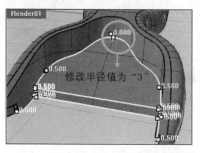 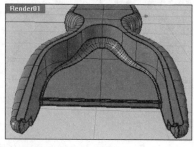

图 5-94　创建边缘圆角

⑤ 采用类似的方法在需要控制圆角半径大小的边缘处创建特殊的点物件，然后执行菜单栏中的【实体】|【边缘圆角】|【不等距边缘圆角】命令，添加控制杆，调整中心处圆角大小为 2，最后单击鼠标右键确认，完成圆角曲面的创建，如图 5-95 所示。

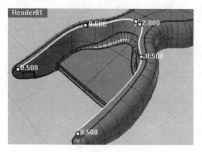 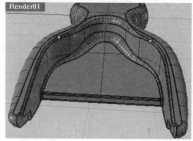

图 5-95　继续创建边缘圆角

⑥ 再次执行菜单栏中的【实体】|【边缘圆角】|【不等距边缘圆角】命令，将圆角大小设置为 0.2，再选取边缘曲线。连续单击鼠标右键确认，完成圆角曲面的创建，如图 5-96 所示。

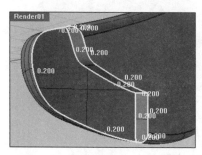 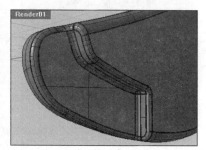

图 5-96　创建圆角曲面

⑦ 采用同样的方法对另一侧的棱边曲面执行同样的操作，保持圆角大小不变，最终显示所有的曲面，观察圆角处理后的刨皮刀头部效果，如图 5-97 所示。

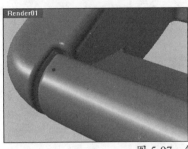 

图 5-97　刨皮刀头部效果

4. 构建其他部件

① 新建一个名为【曲线 02】的图层，并将其设置为当前图层。在 Front 视图中执行菜单栏中的【曲线】|【自由造型】|【控制点】命令，创建一条控制点曲线，通过移动控制点的位置调整曲线的形状，如图 5-98 所示。

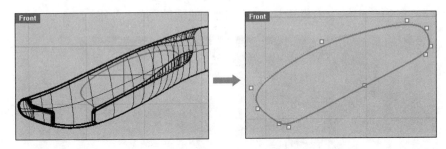

图 5-98　创建曲线

② 执行菜单栏中的【曲线】|【自由造型】|【控制点】命令，在 Top 视图中创建一条曲线，并调整它的控制点（该曲线可以通过复制前面步骤中创建的曲线得到），如图 5-99 所示。

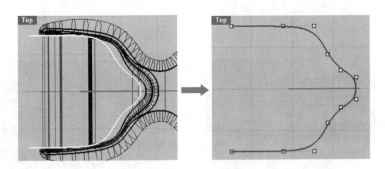

图 5-99　创建控制点曲线

③ 执行菜单栏中的【曲面】|【挤出曲线】|【直线】命令，将两条曲线分别挤出创建曲面，确保创建的两个挤出曲面完全相交。然后执行菜单栏中的【编辑】|【修剪】命令，对两个曲面进行互相剪切，如图 5-100 所示。

第 5 章 高级曲面造型设计

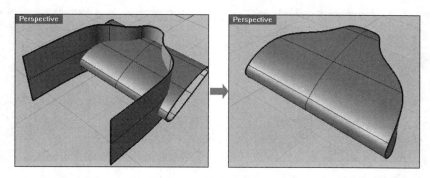

图 5-100 创建并修剪曲面

④ 执行菜单栏中的【编辑】|【组合】命令，将剪切后的两个曲面组合到一起。然后执行菜单栏中的【实体】|【边缘圆角】|【不等距边缘圆角】命令，设置圆角大小为 0.3，再选取图中的边缘曲线，新增控制杆，并修改中点处控制杆的圆角半径值为 1。连续单击鼠标右键确认，完成圆角曲面的创建，如图 5-101 所示。

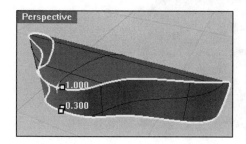 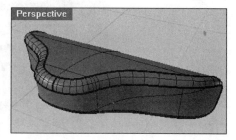

图 5-101 创建边缘圆角

⑤ 执行菜单栏中的【曲线】|【自由造型】|【控制点】命令，在 Front 视图中创建一条新的闭合曲线，如图 5-102 所示。

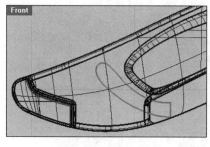 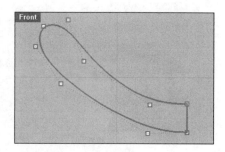

图 5-102 创建曲线

⑥ 执行菜单栏中的【实体】|【挤出平面曲线】|【直线】命令，以新创建的闭合曲线创建挤出曲面，如图 5-103 所示。

⑦ 执行菜单栏中的【实体】|【椭圆体】|【从中心点】命令，创建一个椭圆体，如图 5-104 所示。

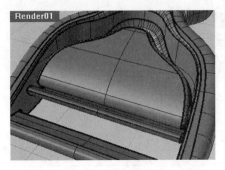
图 5-103 创建挤出曲面

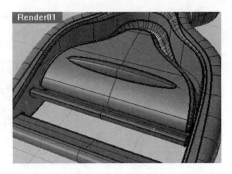
图 5-104 创建椭圆体

⑧ 执行菜单栏中的【编辑】|【修剪】命令，对椭圆体及与其相交的曲面进行修剪。然后执行菜单栏中的【曲面】|【曲面圆角】命令，为相交处创建圆角曲面，如图 5-105 所示。

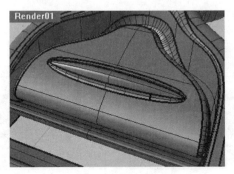
图 5-105 创建圆角曲面

⑨ 其他部件的创建都较为简单，可以参考书中附赠的视频教程自行添加，创建完成的刨皮刀模型如图 5-106 所示。

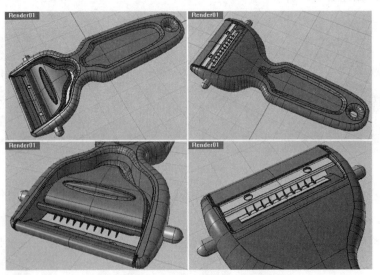
图 5-106 创建完成的刨皮刀模型

⑩ 最后保存效果文件。

第 6 章
曲面操作与编辑

本章内容

曲面操作也是构建模型过程的重要组成部分，在 Rhino 中有多种曲面操作与编辑工具，可以根据需要进行调整，建立更加精确的高质量曲面。

本章主要介绍如何在 Rhino 中进行曲面的各种操作与编辑。这部分内容比较重要，直接关系到构建模型的质量，希望读者认真学习、实践。

知识要点

- ☑ 延伸曲面
- ☑ 曲面倒角
- ☑ 曲面的连接
- ☑ 曲面偏移
- ☑ 其他曲面编辑工具

6.1 延伸曲面

在 Rhino 中，曲面并不是固定不变的，也可以像曲线一样进行延伸。

上机操作——延伸曲面

在 Rhino 中，根据输入的延伸参数，延伸未修剪曲面。

① 新建 Rhino 文件。打开本例源文件"曲面延伸.3dm"。

② 在【曲面工具】选项卡中单击【延伸曲面】按钮，命令行中显示如下提示：

```
指令:_ExtendSrf
选取要延伸的曲面边缘（型式(T)=直线）:
```

有两种延伸型式:【直线】和【平滑】，如图 6-1 所示。

- 直线：延伸时呈直线延伸，与原曲面之间位置连续。
- 平滑：延伸后与原曲面之间呈曲率连续。

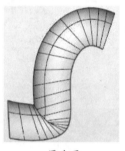 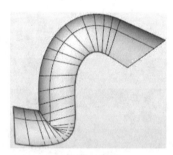 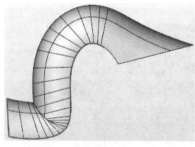

原曲面　　　　　　　直线延伸　　　　　　　平滑延伸

图 6-1　延伸型式

③ 以【直线】型式，选取要延伸的曲面边缘，如图 6-2 所示。

④ 指定延伸起点和终点，如图 6-3 所示。

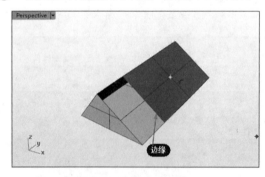 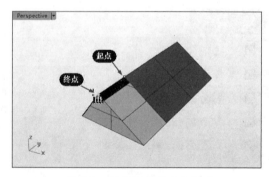

图 6-2　选取曲面边缘　　　　　　图 6-3　指定延伸起点与终点

⑤ 随后自动完成延伸操作，建立的延伸曲面如图 6-4 所示。

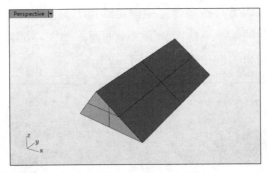

图 6-4　延伸曲面

6.2　曲面倒角

在工程中，为了便于加工制造，零件或产品中的尖锐边需要进行倒角处理，包括倒圆角和倒斜角。在 Rhino 中，曲面倒角是作用在两个曲面之间的，并非作用在实体边缘的倒角。

6.2.1　曲面圆角

曲面圆角是将两个曲面边缘相接之处或是相交之处倒成一个圆角。

上机操作——曲面圆角

① 新建 Rhino 文件。

② 利用【矩形平面：角对角】命令，分别在 Top 视窗和 Front 视窗中绘制两个矩形平面，如图 6-5 所示。

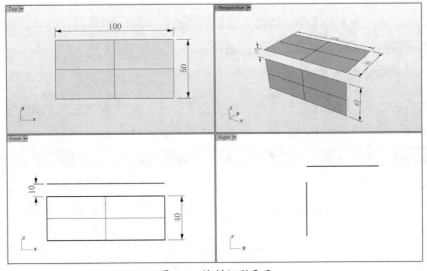

图 6-5　绘制矩形平面

③ 单击【曲面圆角】按钮，在命令行中设定圆角半径值为 15。
④ 然后选取要建立圆角的第一个曲面和第二个曲面，如图 6-6 所示。
⑤ 随后自动完成曲面圆角的倒角操作，如图 6-7 所示。

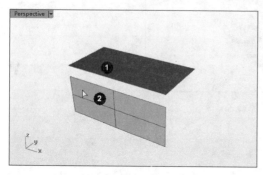
图 6-6 选取要倒圆角的曲面

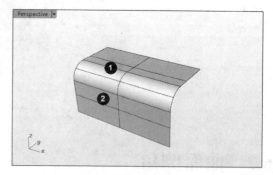
图 6-7 曲面圆角效果

工程点拨：
若两曲面呈相交状态，则要在命令行中设置【修剪=是】选项，选取需要保留的部分，曲面倒角就会将不需要的部分修剪掉。选择分割，最终所有曲面被分割成小曲面，如图 6-8 所示。

选择修剪结果

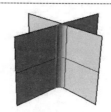
选择不修剪结果

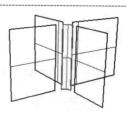
选择分割效果

图 6-8 是否修剪或分割效果

6.2.2 不等距曲面圆角

【不等距曲面圆角】与【曲面圆角】工具都是对曲面间的圆角进行倒角。通过调节控制点，可以改变圆角的大小，倒出不等距的圆角。

上机操作——不等距曲面圆角

① 新建 Rhino 文件。利用【矩形平面：角对角】命令，在 Top 视窗和 Front 视窗中绘制两个边缘相接或是内部相交的曲面，如图 6-9 所示。

工程点拨：
两曲面必须要有交集。

② 单击【不等距曲面圆角】按钮，在命令行中输入圆角半径值 10，按 Enter 键或单击鼠标右键确认。
③ 选取要做不等距圆角的第一个曲面和第二个曲面。
④ 两曲面之间出现控制杆，如图 6-10 所示。命令行中显示如下提示：

第 6 章 曲面操作与编辑

选取要做不等距圆角的第二个曲面（半径(R)=10）:
选取要编辑的圆角控制杆，按 Enter 完成（新增控制杆(A) 复制控制杆(C) 设置全部(S) 连结控制杆(L)=否 路径造型(R)=滚球 修剪并组合(T)=否 预览(P)=否）

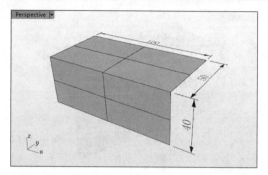
图 6-9 绘制相交曲面

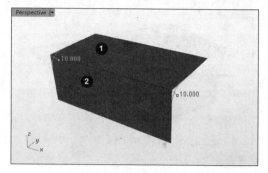
图 6-10 选取曲面后显示圆角半径及控制点

用户可以选择所需选项，输入相应字母进行设置。各选项功能说明如下：

- 新增控制杆：沿着边缘新增控制杆，如图 6-11 所示。

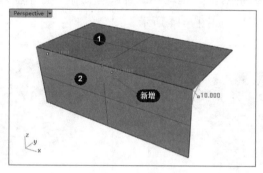
图 6-11 新增控制杆

- 复制控制杆：以选取的控制杆的半径建立另一个控制杆。
- 移除控制杆：这个选项只有在新增控制杆以后才会出现。
- 设置全部：设置全部控制杆的半径。
- 连结控制杆：调整控制杆时，其他控制杆会以同样的比例调整。
- 路径造型：有三种不同的路径造型可以选择，如图 6-12 所示。
  - ➢ 与边缘距离：以建立圆角的边缘至圆角曲面边缘的距离决定曲面修剪路径。
  - ➢ 滚球：以滚球的半径决定曲面修剪路径。
  - ➢ 路径间距：以圆角曲面两侧边缘的间距决定曲面修剪路径。

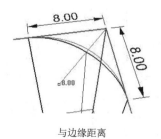
与边缘距离

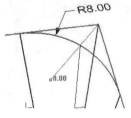
滚球

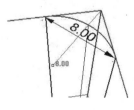
路径间距

图 6-12 不同的路径造型效果

- 修剪并组合：选择是否修剪倒角后的多余部分，如图 6-13 所示。

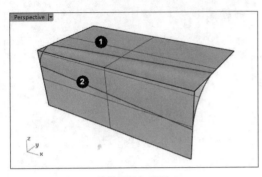 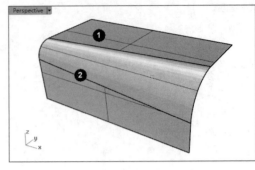

修剪并组合（否）　　　　　　　　　修剪并组合（是）

图 6-13　是否修剪与组合

- 预览：可以预览最终的倒角效果是否满意。

⑤ 单击右侧控制杆的控制点，然后拖动控制杆或者在命令行中输入新的半径值 20，按 Enter 键或单击鼠标右键确认，如图 6-14 所示。

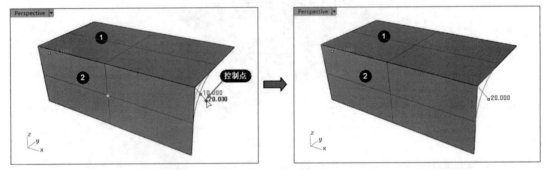

图 6-14　设置控制杆改变半径

⑥ 在命令行中设置【修剪并组合=是】选项，最后单击鼠标右键完成不等距曲面圆角的建立，结果如图 6-15 所示。

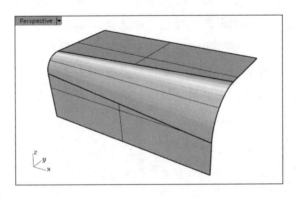

图 6-15　不等距曲面圆角

6.2.3 曲面斜角

同【曲面圆角】工具的作用、性质一样,只是曲面斜角所倒出的角是平面切角,而非圆角。

上机操作——曲面倒斜角

① 新建 Rhino 文件。利用【矩形平面:角对角】命令,在 Top 视窗和 Front 视窗中绘制两个边缘相接或是内部相交的曲面,如图 6-16 所示。

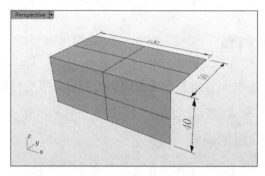

图 6-16 绘制两个平面

② 单击【曲面斜角】按钮,在命令行中设置两个倒斜角距离为(10,10),按 Enter 键或单击鼠标右键确认,如图 6-17 所示。

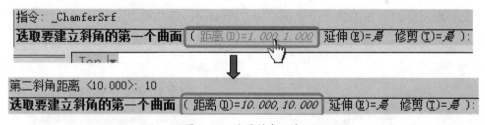

图 6-17 设置斜角距离

③ 选取要建立斜角的第一个曲面和第二个曲面,随后自动完成倒斜角操作,结果如图 6-18 所示。

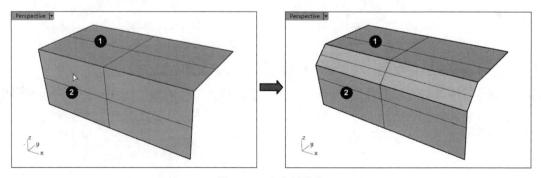

图 6-18 曲面倒斜角

> **工程点拨：**
> 　　同【曲面圆角】一样，要在命令行中设置【修剪=是】选项，选取需要保留的部分，曲面倒角就会将不需要的部分修剪掉。选择分割，最终所有曲面被分割成小曲面，如图 6-19 所示。

 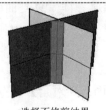 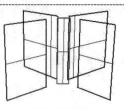

　　选择修剪结果　　　　　　选择不修剪结果　　　　　选择分割结果

图 6-19　是否修剪或分割效果

6.2.4　不等距曲面斜角

　　在 Rhino 中，【不等距曲面斜角】与【曲面斜角】工具都是对曲面间的斜角进行倒角操作。通过调节控制点，可以改变斜角的大小，倒出不等距的斜角。

上机操作——不等距曲面倒斜角

① 新建 Rhino 文件。利用【矩形平面：角对角】命令，在 Top 视窗和 Front 视窗中绘制两个边缘相接或是内部相交的曲面，如图 6-20 所示。

② 单击【不等距曲面斜角】按钮，在命令行中设置斜角距离为 10，按 Enter 键或单击鼠标右键确认。

③ 选取要做不等距斜角的第一个曲面与第二个曲面，两曲面之间显示控制杆，如图 6-21 所示。

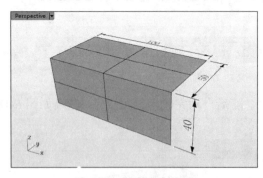 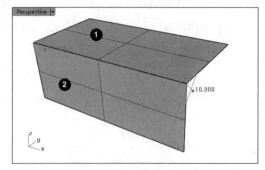

图 6-20　绘制两个平面　　　　　　图 6-21　选取要建立斜角的曲面

④ 单击控制杆上的控制点，设置新的斜角距离为 20，如图 6-22 所示。

⑤ 在命令行中设置【修剪并组合=是】选项，最后单击鼠标右键或按 Enter 键完成倒斜角操作，如图 6-23 所示。

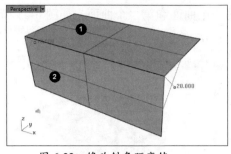
图 6-22 修改斜角距离值

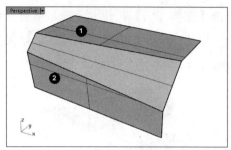
图 6-23 完成倒斜角操作

6.3 曲面的连接

简单来说，两个曲面之间可以通过一系列的操作连接起来，生成新的曲面或连接成完整曲面。前面所介绍的曲面倒角工具也是曲面连接中最简单的操作工具。下面介绍其他连接曲面的工具。

6.3.1 连接曲面

在 Rhino 中，连接曲面是曲面间连接方式的一种。但是值得注意的是，【连接曲面】工具连接两曲面间的部分是以直线延伸的，不是有弧度的曲面。

上机操作——连接曲面

① 新建 Rhino 文件。利用【矩形平面：角对角】命令，在 Top 视窗和 Front 视窗中绘制两个边缘相接或是内部相交的曲面，如图 6-24 所示。

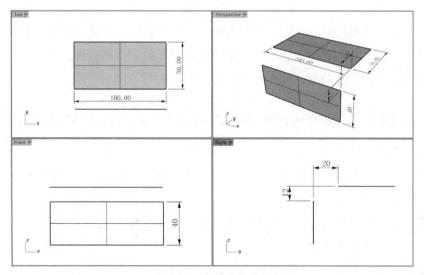
图 6-24 绘制两个平面

② 单击【连接曲面】按钮，选取要连接的第一个曲面和第二个曲面，如图 6-25 所示。
③ 随后自动完成两曲面之间的连接，结果如图 6-26 所示。

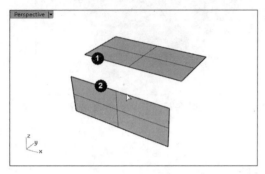

图 6-25　选取要连接的曲面边缘

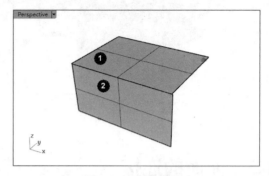

图 6-26　连接曲面

工程点拨：
如果某一曲面的边缘超出了另一曲面的延伸范围，那么将自动修剪超出的那部分曲面，如图 6-27 所示。

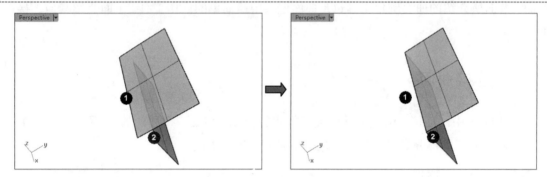

图 6-27　修剪超出延伸范围的曲面

6.3.2　混接曲面

在 Rhino 中，若想使两个曲面之间的连接更加符合自己的要求，可通过【混接曲面】工具来进行两个曲面之间的混接，使两个曲面之间建立平滑的混接曲面。

单击【混接曲面】按钮，命令行显示如下提示：

```
指令: _BlendSrf
选取第一个边缘的第一段 ( 自动连锁(A)=否  连锁连续性(C)=相切  方向(D)=两方向  接缝公差(G)=0.001  角度公差(N)=1 ):
```

选项含义如下：

- 自动连锁：选取一条曲线或曲面边缘可以自动选取所有与它以【连锁连续性】选项设定的连续性相接的线段。
- 连锁连续性：设定【自动连锁】选项使用的连续性。
- 方向：延伸的正负方向。
- 接缝公差：曲面相接时的缝合公差。

- 角度公差：曲面相接时的角度公差。

如果第一个边缘由多段边组合，那么请继续选取，如果仅有一段，则按 Enter 键确认，再选取第二个边缘。两个要混接的边缘选取完成后，会弹出如图 6-28 所示的【调整曲面混接】对话框。

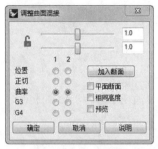

图 6-28　【调整曲面混接】对话框

对话框中各选项含义如下：

- 解开锁定：此图标为解开锁定标志，解开锁定后可以单独拖动滑杆来调节单侧曲面的转折大小。
- 锁定：单击图标，将其改变为。此图标为锁定标志，锁定后拖动滑杆将同时更改两侧曲面的转折大小。
- ：用来改变曲面转折大小的、可拖动的滑杆，如图 6-29 所示。

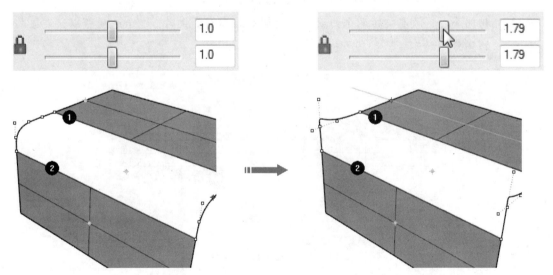

图 6-29　拖动滑杆改变转折大小

- 位置/正切/曲率/G3/G4：可以单选单侧的连续性选项，也可以同时选择两侧的连续性选项。
- 加入断面：加入额外的断面控制混接曲面的形状。当混接曲面过于扭曲时，可以使用这项功能控制混接曲面更多位置的形状。例如，在混接曲面的两侧边缘上各指定一个点加入控制断面，如图 6-30 所示。

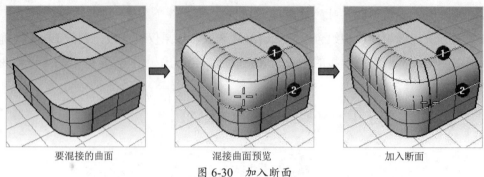

要混接的曲面　　　　　　混接曲面预览　　　　　　加入断面

图 6-30　加入断面

- 平面断面：将混接曲面的所有断面均设为平面，并与指定的方向平行，如图 6-31 所示。

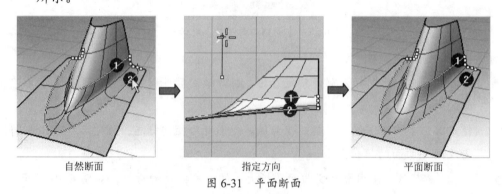

自然断面　　　　　　　　指定方向　　　　　　　　平面断面

图 6-31　平面断面

- 相同高度：做混接的两个曲面边缘之间的距离有变化时，这个选项可以让混接曲面的高度维持不变，如图 6-32 所示。

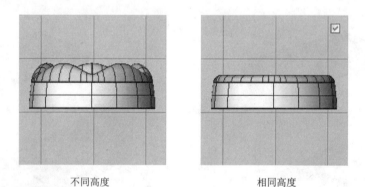

不同高度　　　　　　　　　　　相同高度

图 6-32　混接曲面的高度

上机操作——混接曲面

① 新建 Rhino 文件。打开本例源文件"混接.3dm"。

② 单击【混接曲面】按钮，选取第一个边缘的第一段，选取后要单击命令行中的【下一个】或者【全部】选项，才可继续选择第一个边缘的第二段，如图 6-33 所示。

第 6 章 曲面操作与编辑

> **工程点拨：**
> 并不是多重曲面左侧的整个边缘都会被选取，而是只有选取的一小段边缘会被选取。【全部】选项可以选取所有与已选边缘"以相同或高于连锁连续性选项设定的连续性相连"的边缘，而【下一个】选项只会选取下一个与之相连的边缘。

③ 选取第二个边缘的第一段，如图 6-34 所示。

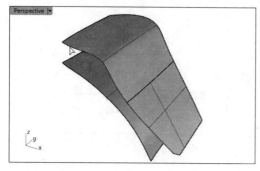
图 6-33　选取第一个边缘

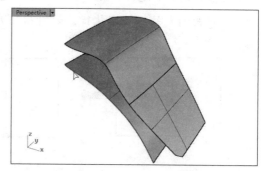
图 6-34　选取第二个边缘

④ 保留对话框中各选项的默认设置，单击【确定】按钮完成混接曲面的建立，如图 6-35 所示。

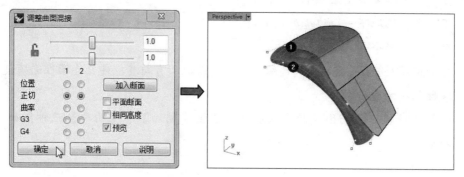
图 6-35　建立混接曲面

6.3.3　不等距曲面混接

【不等距曲面混接】命令在两个曲面之间建立不等距的混接曲面，修剪原来的曲面，并将曲面组合在一起。【不等距曲面混接】命令按钮与【不等距曲面圆角】命令按钮是同一个。也就是说两个命令产生的结果是一样的，只是【不等距曲面混接】命令是建立混接曲面并修剪原来的曲面，而【不等距曲面圆角】是建立不等距的圆角曲面。

6.3.4　衔接曲面

【衔接曲面】命令用来调整曲面的边缘与其他曲面形成位置、正切或曲率连续。【衔接曲面】并非在两曲面之间对接，这也是它与【混接曲面】和【连接曲面】的不同之处。

单击【衔接曲面】按钮，命令行显示如下提示：

指令：_MatchSrf
选取要改变的未修剪曲面边缘（多重衔接(M)）：

- 选取要改变的未修剪曲面边缘：意思是作为衔接参考的曲面，此曲面不被修剪。
- 多重衔接：选择该选项可以同时衔接一个以上的边缘，也可以用鼠标右键单击【衔接曲面】按钮来执行，如图 6-36 所示。

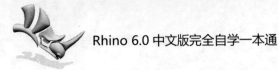

图 6-36　多重衔接

选取要改变的未修剪曲面边缘与要进行衔接的边缘后，命令行显示如下提示：

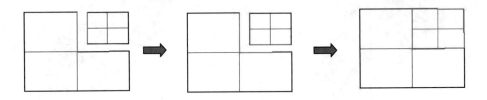

- 复原：选择复原至上一个步骤。
- 下一个：选取下一个边缘加入衔接。
- 全部：选择全部的衔接边缘。
- 自动连锁：选择一个曲面的边缘可以自动选取所有与其以连锁连续性选项设置的连续性相接的线段。
- 连锁连续性：曲面衔接的方式有【位置】、【相切】和【曲率】三种，如图 6-37 所示。

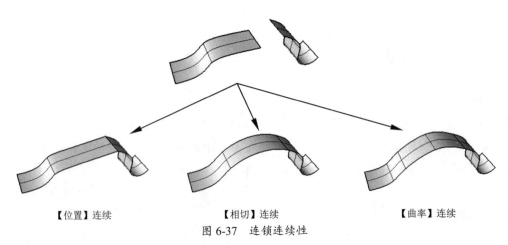

图 6-37　连锁连续性

按 Enter 键后，弹出【衔接曲面】对话框，如图 6-38 所示。

第 6 章 曲面操作与编辑

图 6-38 【衔接曲面】对话框

对话框中各选项含义如下：

- 连续性：衔接曲面的连续性设置。
- 维持另一端：作为衔接参考的一端。
- 互相衔接：勾选此复选框，两端同时衔接。如图 6-39 所示为一端衔接和两端相互衔接示意图。

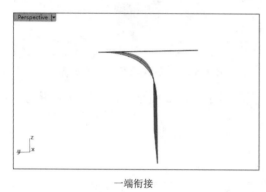

一端衔接　　　　　　　　　　　　　　两端相互衔接

图 6-39 衔接示意图

- 以最接近点衔接边缘：此选项对于两曲面边缘长短不一的情况较为有用。正常的衔接是短边两个端点与长边两个端点对齐衔接，而勾选此复选框后，是将短边直接拉出至长边进行投影衔接，如图 6-40 所示。

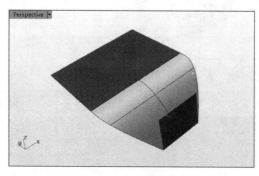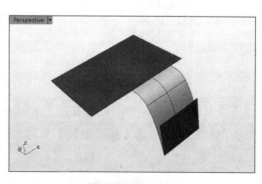

图 6-40 以最接近点衔接边缘

199

- 精确衔接：检查两个曲面衔接后边缘的误差是否小于设定的公差，必要时会在变更的曲面上加入更多的结构线（节点），使两个曲面衔接边缘的误差小于设定的公差。
- 结构线方向调整：设定衔接时曲面结构线的方向如何变化。

上机操作——衔接曲面

① 新建 Rhino 文件。打开本例源文件"衔接.3dm"，如图 6-41 所示。

② 单击【衔接曲面】按钮，然后选取未修剪一端的曲面边缘 1 和要衔接的曲面边缘 2，如图 6-42 所示。

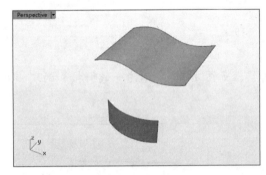
图 6-41　打开的文件

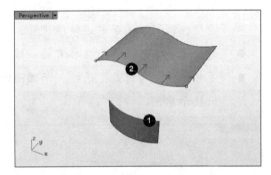
图 6-42　选取要进行衔接的边缘

③ 单击鼠标右键后弹出【衔接曲面】对话框，同时显示衔接曲面预览，如图 6-43 所示。

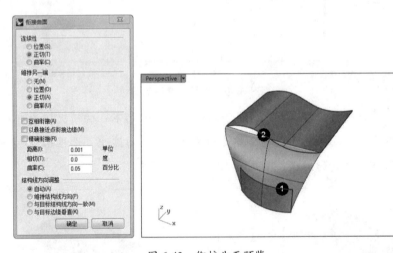
图 6-43　衔接曲面预览

④ 从预览图中可以看出，默认生成的衔接曲面无法同时满足两侧曲面的连接条件，此时需要在对话框中勾选【精确衔接】复选框，并设置【距离】、【相切】和【曲率】参数，得到如图 6-44 所示的预览效果。

第 6 章　曲面操作与编辑

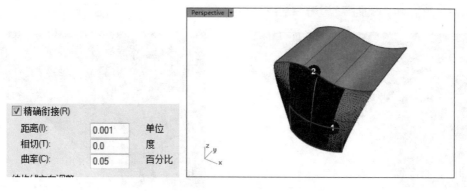

图 6-44　设置精确衔接

⑤ 最后单击【确定】按钮完成衔接曲面的建立，如图 6-45 所示。

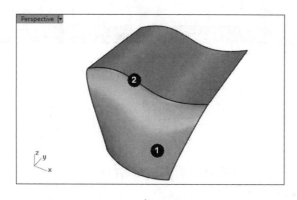

图 6-45　建立衔接曲面

6.3.5　合并曲面

在 Rhino 中，通常使用合并曲面工具可以将两个或两个以上的边缘相接的曲面合并成一个完整的曲面。但必须注意的是，要进行合并的曲面相接的边缘必须是未经修剪的边缘。

单击【合并曲面】按钮，命令行中显示如下提示：

选取一对要合并的曲面（平滑(S)=是　公差(T)=0.001　圆度(R)=1）:

- 平滑：平滑地合并两个曲面，合并以后的曲面比较适合以控制点调整，但曲面会有较大的变形。
- 公差：合并的公差，适当调整公差可以合并看起来有缝隙的曲面。比如，两曲面间有 0.1 的缝隙，如果按默认的公差进行合并，命令行会提示"边缘距离太远无法合并"，如图 6-46 所示。如果将【公差】设置为 0.1，那么就成功合并了，如图 6-47 所示。

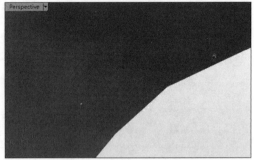

图 6-46　公差小不能合并有缝隙的曲面　　　　图 6-47　调整公差后能合并有缝隙的曲面

- 圆度：合并后会自动在曲面间形成圆弧过渡，圆度越大越光顺。圆度值在 0.1~1.0 之间。

> **工程点拨：**
> 进行合并的两个曲面不仅要曲面相接，并且边缘必须对齐。

6.4　曲面偏移

在 Rhino 中，通过设置偏移距离以及偏移方向可以对曲面进行偏移，其中包含【偏移曲面】和【不等距偏移曲面】两种工具。

6.4.1　偏移曲面

【偏移曲面】命令是等距离进行偏移、复制曲面。偏移曲面可以得到曲面，还可以得到实体。单击【偏移曲面】按钮，选取要偏移的曲面或多重曲面，按 Enter 键或单击鼠标右键确认。此时命令行中显示如下提示：

选取要反转方向的物体，按 Enter 完成（距离(D)=5 角(C)=圆角 实体(S)=否 松弛(L)=否 公差(T)=0.001 两侧(B)=否 删除输入物件(I)=否 全部反转(F)）：

用户可以选择自己所需的选项，输入相应字母进行设置。

- 距离：设置偏移的距离。
- 角：进行角度偏移时，偏移产生的缝隙是以"圆角"还是"锐角"显示。
- 实体：以原来的曲面和偏移后的曲面边缘放样并组合成封闭的实体，如图 6-48 所示。

第 6 章 曲面操作与编辑

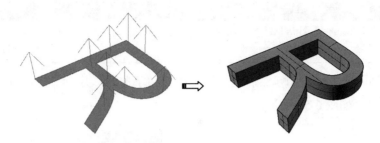

图 6-48 实体偏移曲面

- 松弛：偏移后的曲面的结构和原来的曲面相同。
- 公差：设置偏移曲面的公差，输入 0 为使用预设公差。
- 两侧：曲面向两侧同时偏移复制，视窗中将出现三个曲面。
- 全部反转：反转所有选取的曲面的偏移方向，如图 6-49 所示。

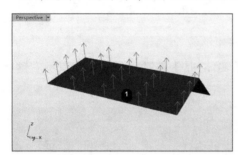 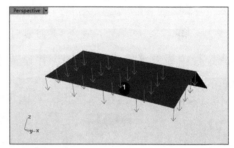

图 6-49 全部反转偏移方向

上机操作——偏移曲面

① 新建 Rhino 文件。

② 在菜单栏中执行【实体】|【文字】命令，打开【文本物件】对话框。在对话框中输入【Rhino6.0】字样，然后设置文字样式，选择【曲面】单选按钮，单击【确定】按钮即可在 Front 视窗中放置文字，如图 6-50 所示。

 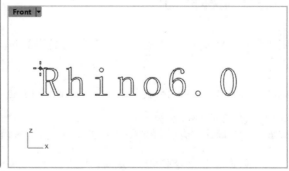

图 6-50 建立文字曲面

> **工程点拨：**
> 第一次打开【文本物件】对话框时，要将对话框向下拖动变长，使文本框完全显示出来。否则无法输入文字。

③ 单击【偏移曲面】按钮，然后选择视窗中的文字曲面，并单击鼠标右键确认，可以预览偏移效果，如图6-51所示。

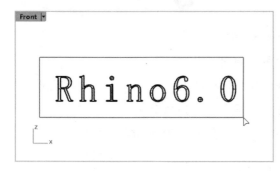 

图6-51 偏移效果

④ 在命令行中设置【距离】为10，并设置【实体=是】选项，最后单击鼠标右键完成偏移曲面的建立，如图6-52所示。

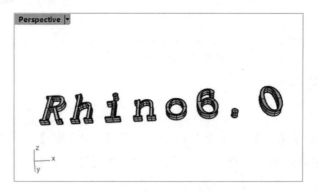

图6-52 建立偏移曲面

6.4.2 不等距偏移曲面

以不同的距离偏移复制一个曲面，与【等距偏移】的区别在于该命令能够通过控制杆调节两曲面间的距离。

单击【不等距偏移曲面】按钮，选取要偏移的曲面，命令行中会出现如下提示：

选取要做不等距偏移的曲面（公差(T)=0.1）：
选取要移动的点，按 Enter 完成（公差(T)=0.1 反转(F) 设置全部(S)=1 连结控制杆(L) 新增控制杆(A) 边相切(I)）：

- 公差：设置这个命令使用的公差。
- 反转：反转曲面的偏移方向，使曲面往反方向偏移。

- 设置全部：将全部控制杆设置为相同距离，效果等同于等距离曲面偏移，如图 6-53 所示。

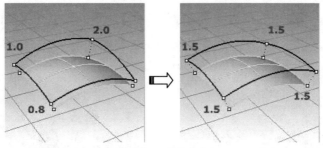

图 6-53　设置全部

- 连结控制杆：以同样的比例调整所有控制杆的距离，如图 6-54 所示。

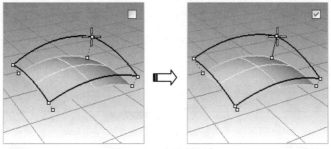

图 6-54　连结控制杆

- 新增控制杆：加入一个调整偏移距离的控制杆，如图 6-55 所示。

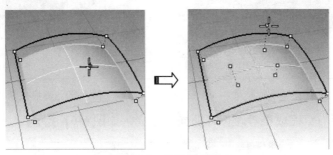

图 6-55　新增控制杆

- 边相切：维持偏移曲面边缘的相切方向和原来的曲面一致，如图 6-56 所示。

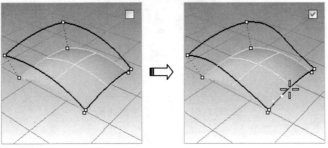

图 6-56　边相切

上机操作——不等距偏移曲面

① 新建 Rhino 文件。打开本例源文件"不等距偏移.3dm",如图 6-57 所示。
② 利用【以两条、三条或四条边缘曲线建立曲面】命令,建立边缘曲面,如图 6-58 所示。

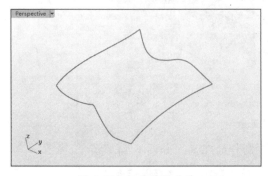

图 6-57 打开的源文件

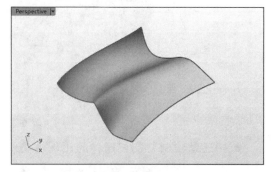

图 6-58 建立边缘曲面

③ 单击【不等距偏移曲面】按钮,选取要不等距偏移的曲面(边缘曲面),视窗中显示预览效果,如图 6-59 所示。
④ 选取要移动的控制点,如图 6-60 所示。

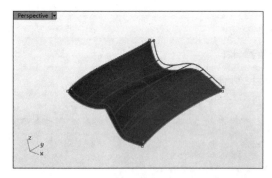

图 6-59 选取要偏移的曲面

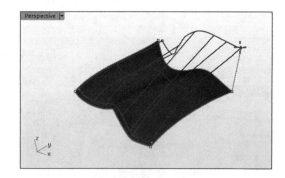

图 6-60 选取要移动的控制点

⑤ 最后单击鼠标右键完成不等距偏移曲面的建立,如图 6-61 所示。

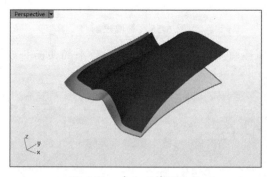

图 6-61 建立不等距曲面

6.5 其他曲面编辑工具

【曲面工具】选项卡中还有几个曲面编辑工具，可以帮助你快速建模。

6.5.1 设置曲面的正切方向

【设置曲面的正切方向】用来修改曲面未修剪边缘的正切方向。

上机操作——设置曲面的正切方向

① 新建 Rhino 文件。打开本例源文件"修改正切方向.3dm"，如图 6-62 所示。
② 单击【设置曲面的正切方向】按钮，然后选取未修剪的外露边缘，如图 6-63 所示。

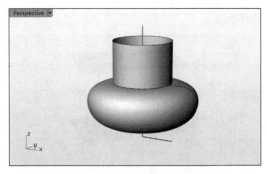
图 6-62　打开的源文件

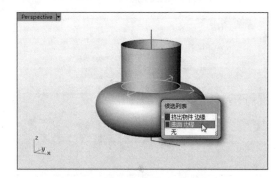
图 6-63　选取未修剪的外露边缘

③ 再选取正切方向的基准点和该方向上的第二点，如图 6-64 所示。
④ 随后完成修改，结果如图 6-65 所示。

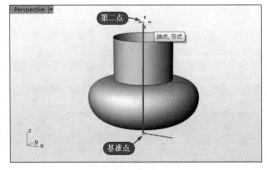
图 6-64　选取点

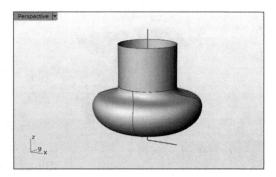
图 6-65　修改曲面的正切方向

6.5.2 对称

【对称】命令跟【曲线工具】选项卡中的【对称】命令相同，可以镜像曲线或曲面，使两侧的曲线或曲面正切。当编辑一侧的物件时，另一侧的物件会做对称性的改变。

执行此命令时必须在窗口底部的状态栏中开启【建构历史设定】功能。

6.5.3 在两个曲面之间建立均分曲面

【在两个曲面之间建立均分曲面】命令跟【曲线工具】选项卡中的【在两条曲线之间建立均分曲线】命令类似，操作方法也相同。

上机操作——在两个曲面之间建立均分曲面

① 新建 Rhino 文件。
② 利用【矩形平面：角对角】命令建立两个平面曲面，如图 6-66 所示。
③ 单击【在两个曲面之间建立均分曲面】按钮，然后选取起点曲面和终点曲面，随后显示默认的曲面预览效果，如图 6-67 所示。

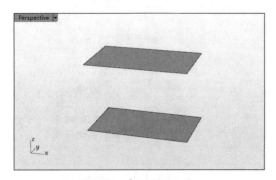

图 6-66　建立平面曲面

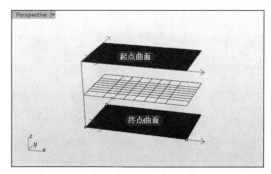

图 6-67　选取起点曲面和终点曲面

④ 在命令行中设置曲面的数目为 3，最后单击鼠标右键完成均分曲面操作，如图 6-68 所示。

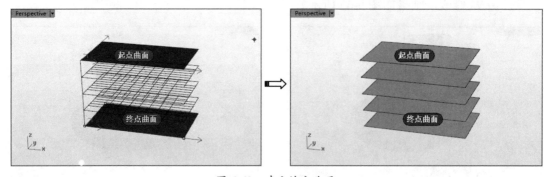

图 6-68　建立均分曲面

6.6 实战案例——太阳能手电筒造型设计

太阳能手电筒的结构比较简洁，但是涉及许多曲面的细节处理，需要较高的精确度，并且恰当选择建模方式也可以达到事半功倍的效果。

太阳能手电筒的最终效果与平面多视图效果如图 6-69 和图 6-70 所示。

图 6-69　效果图

图 6-70　多视图效果

为方便读者理解和操作，将太阳能手电筒的建模流程大致分为三个步骤，如图 6-71 所示。

（1）构建灯头部分

（2）构建手柄壳体

（3）完成尾勾部分

图 6-71　建模流程

6.6.1　构建灯头部分

灯头部分的构建是该产品建模的关键，这部分的曲面变化较多。

1. 放置背景图

① 启动 Rhino 软件。

② 在菜单栏中执行【查看】|【背景图】|【放置】命令，弹出【打开位图】对话框。打开本例源文件 "top.jpg"、"back.jpg"、"right.jpg"、"bottom.jpg" 和 "front.jpg"，导入相应视图中。

③ 由于仅有四个默认的工作视图，还需要在【工作视图配置】选项卡中单击【新增工作视图】按钮，新增 Front 工作视图用于放置 "front.jpg" 图片。最后使用【背景图】选项卡中的【移动】、【对齐】和【缩放】等命令将图片调整至合适大小及位置，如图 6-72 所示。

工程点拨：
　　放置图片时，统一比例为 1:1。为保证各图片比例相等，以其中一张图片为基准参考，做辅助线，以此观察此辅助线在其他工作视图中与图片是否相符，相符则说明比例相等，不相符则需要采用【缩放背景图】工具来缩放比例不一致的图片。详细步骤请参阅本例操作视频。

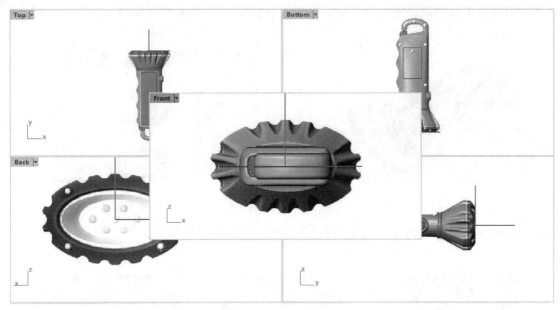

图 6-72 导入图片

④ 在【图层】面板中新建四个图层，分别为【line】、【灯头】、【手柄】和【尾勾】图层，以便于管理各个部分的建模。

2. 构建头部曲面

① 首先在 Back 视图中参考图片绘制两个椭圆，利用左边栏中的【椭圆：从中心点】命令进行绘制，如图 6-73 所示。

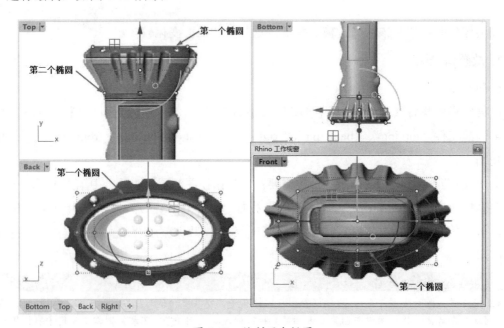

图 6-73 绘制两个椭圆

② 接着利用左边栏中的【多重直线】命令 ⚆，在 Top 视图中参考产品的外形来绘制多段直线，如图 6-74 所示。

③ 然后利用【变动】选项卡中的【镜像】命令 ⚆，将绘制的直线段镜像至另一侧，如图 6-75 所示。

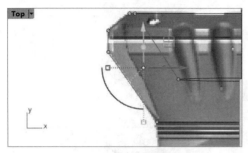
图 6-74 绘制多段直线

图 6-75 镜像多段直线

④ 同理，在 Right 视图中也绘制外形轮廓线，并镜像至另一侧，如图 6-76 所示。

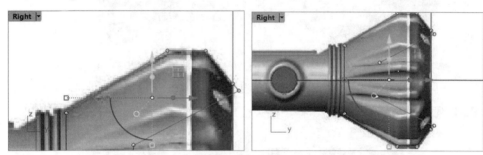
图 6-76 绘制外形轮廓线

⑤ 在 Back 视图中利用【椭圆：直径】命令 ⚆ 绘制一个椭圆，此椭圆通过四条外形轮廓的内部端点，如图 6-77 所示。

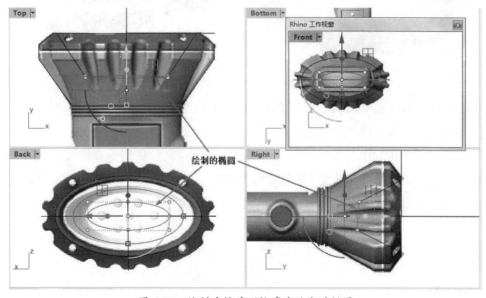
图 6-77 绘制连接外形轮廓线端点的椭圆

⑥ 在【曲面工具】选项卡的左边栏中单击【从网线建立曲面】按钮，在某一个视图中框选所有曲线，系统自动建立曲面并弹出【以网线建立曲面】对话框，保留对话框中的默认设置，单击【确定】按钮完成网格曲面的创建，如图 6-78 所示。

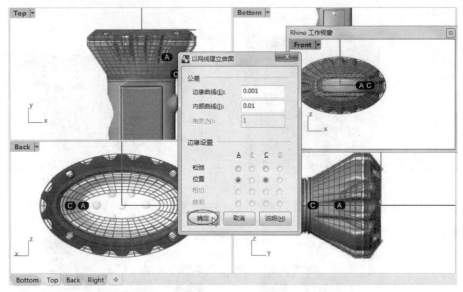

图 6-78　创建网格曲面

⑦ 在 Back 视图中绘制两个椭圆，将小椭圆往下移动一定距离，如图 6-79 所示。

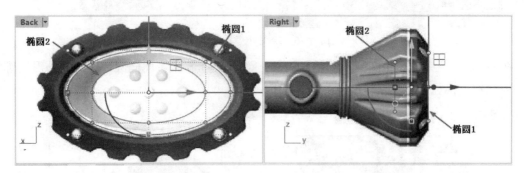

图 6-79　绘制两个椭圆

⑧ 接着利用【曲线工具】选项卡中的【偏移曲线】命令，将上一步骤绘制的较大椭圆向外偏移 0.1 的距离，得到反射镜面的外轮廓线，如图 6-80 所示。

⑨ 在【曲面工具】选项卡的左边栏中单击【放样】按钮，选取三个椭圆后按 Enter 键弹出【放样选项】对话框，设置【平直区段】样式，其余参数保持默认设置，单击【确定】按钮完成放样曲面的创建，如图 6-81 所示。

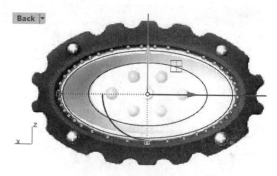
图 6-80 创建偏移曲线

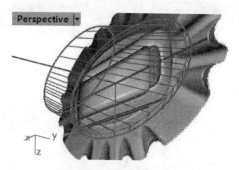
图 6-81 创建放样曲面

⑩ 创建灯泡。利用【实体工具】选项卡中的【球体：中心点，半径】命令，在 Back 视图中参考灯泡轮廓创建球体，在其他视图中将球体移动到反射镜面上，如图 6-82 所示。

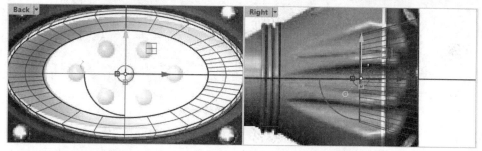
图 6-82 创建球体

⑪ 利用【变动】选项卡中的【复制】命令，将球体复制到反射镜面的其他位置上，如图 6-83 所示。

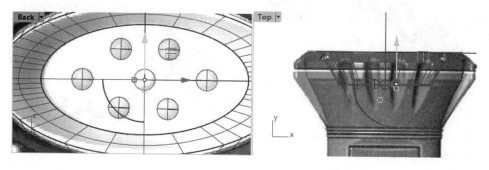
图 6-83 复制球体

3. 细节设计

① 利用【椭圆：从中心点】命令，在 Back 视图中参考图像绘制一个椭圆，如图 6-84 所示。

② 利用【曲面工具】选项卡的左边栏中的【挤出曲线成锥状】命令，将椭圆挤出成曲面，拔模角度为 2，如图 6-85 所示。

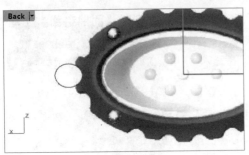
图 6-84 绘制椭圆

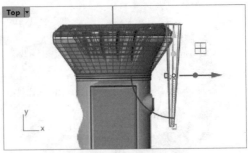
图 6-85 挤出曲面成锥状

③ 通过 Top 视图、Back 视图调整挤出曲面的位置与角度，如图 6-86 所示。

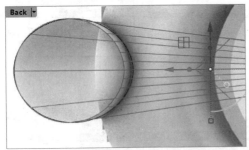
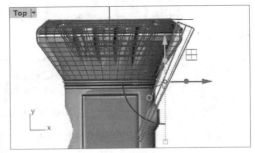
图 6-86 旋转、平移挤出曲面

④ 利用【变动】选项卡中的【2D 旋转】命令，将挤出曲面以坐标系原点进行旋转复制（旋转角度为 15°），如图 6-87 所示。然后将旋转复制的挤出曲面进行镜像，镜像至 X 轴的另一侧，如图 6-88 所示。

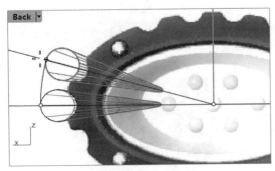
图 6-87 旋转复制挤出曲面

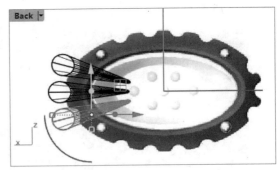
图 6-88 镜像挤出曲面

⑤ 将左侧的三个挤出曲面镜像到右侧，如图 6-89 所示。

⑥ 以同样的做法创建其余的锥状挤出曲面，并执行旋转复制、镜像等操作，完成结果如图 6-90 所示。

⑦ 利用左边栏中的【分割】命令，以头部外壳曲面作为分割对象，以所有的锥状挤出曲面为分割工具，完成第一次分割。反过来，以所有锥状曲面为分割对象，再以外壳曲面为分割对象，完成分割。分割后将多余曲面删除，就得到手电筒的头部形状，如图 6-91 所示。

⑧ 利用左边栏中的【组合】命令，将视图中的所有曲面进行组合，形成一个整体曲面，

便于进行倒圆角处理。组合曲面后利用【实体工具】选项卡中的【边缘圆角】命令，选取边缘创建半径为 0.05 的圆角，效果如图 6-92 所示。

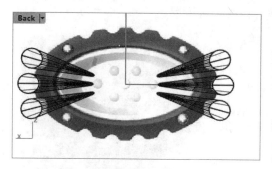

图 6-89 镜像挤出曲面　　　　　　　图 6-90 创建其余的挤出曲面

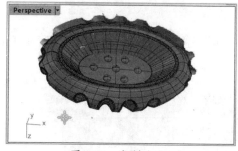 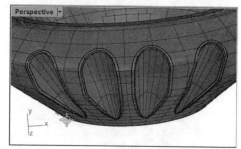

图 6-91 分割曲面　　　　　　　　　图 6-92 创建圆角

⑨ 在 Top 视图中绘制多段直线，然后以头部底部的椭圆作为扫描路径，创建单轨扫掠曲面，如图 6-93 所示。此扫掠曲面为头部与手柄之间的连接部分。

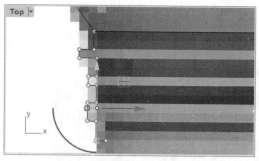 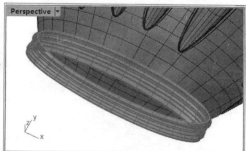

图 6-93 创建单轨扫掠曲面

6.6.2 构建手柄和尾勾部分

中间手柄部分是一个具有渐变效果的实体，接近灯头部位的一端为椭圆形，而灯尾一端则类似矩形。另外，采用【布尔运算差集】命令对手电筒一侧的起伏状曲面的构建，也比较好地体现了这一命令的优势所在。

1. 创建手柄主体

① 使用【挤出曲线成锥状】命令 ，选择连接部的曲面边缘，创建拔模角度为 35 的挤出曲面，如图 6-94 所示。此曲面暂时作为参考使用，可删除。

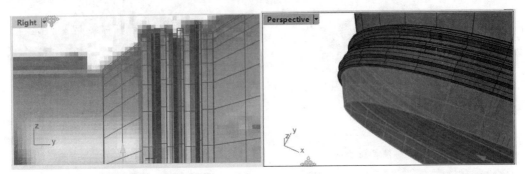

图 6-94 创建锥状曲面

② 在 Front 视图中绘制直线和控制点曲线，并组合成整体，如图 6-95 所示。然后在 Top 视图中将此曲线移动到新的位置。

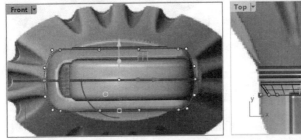

图 6-95 创建曲线并移动曲线

③ 将前面作为参考的锥状曲面删除。利用【放样】命令 ，选取连接部曲面边缘和上一步骤绘制的曲线来创建如图 6-96 所示的放样曲面。

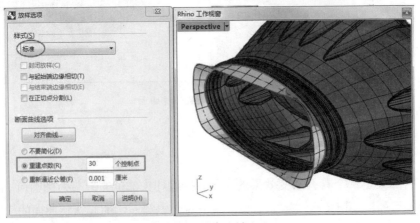

图 6-96 创建放样曲面

④ 利用左边栏中的【直线挤出】命令 ，以放样曲面的边缘作为要挤出的曲线，以 Top

视图中的图像作为长度参考创建如图 6-97 所示的挤出实体。

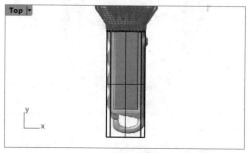 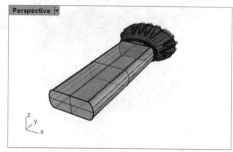

图 6-97　创建挤出实体

⑤ 接下来在 Right 视图中绘制曲线，然后创建挤出实体，如图 6-98 所示。再利用【实体工具】选项卡中的【布尔运算差集】命令 ⊙，将此挤出实体从上一步骤创建的手柄主体中减去，如图 6-99 所示。

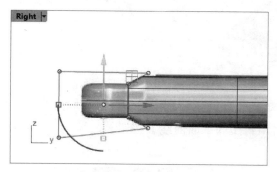 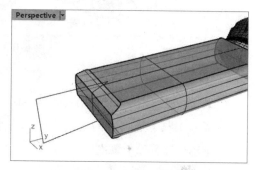

图 6-98　绘制曲线　　　　　　　图 6-99　创建挤出实体并进行布尔差集运算

⑥ 在 Top 视图中绘制封闭曲线，然后创建挤出实体，如图 6-100 所示。再利用【布尔运算差集】命令 ⊙ 从手柄主体中减去，如图 6-101 所示。

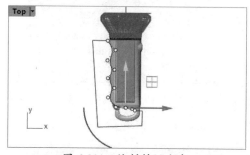 

图 6-100　绘制封闭曲线　　　　　图 6-101　创建挤出实体并进行布尔差集运算

2. 构件尾勾曲面

① 绘制尾勾曲线，然后将其偏移复制，如图 6-102 所示。
② 利用【双轨扫掠】命令创建扫掠曲面，然后创建封闭曲面完成尾勾形状的绘制，如图 6-103 所示。

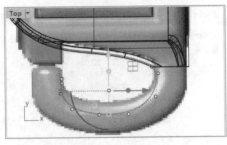
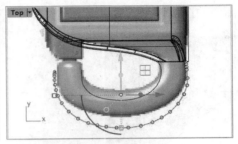

图 6-102 绘制尾勾曲线

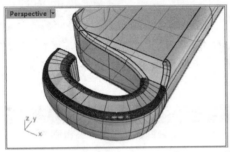
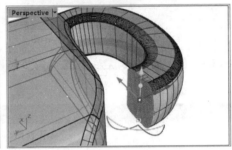

图 6-103 绘制尾勾形状

3. 完成尾勾部分细节

① 在 Front 视图中绘制曲线，如图 6-104 所示。将曲线调整到适当的位置，选择曲线，在【实体工具】选项卡的左边栏中单击【挤出封闭的平面曲线】按钮，参照 Top 视图，挤压出一定距离，如图 6-105 所示。

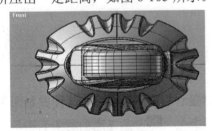
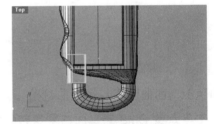

图 6-104 绘制曲线　　　　　　　　　图 6-105 挤出实体

② 选择刚挤压的实体，原地复制，并将其隐藏。单击【布尔运算差集】按钮，先选取手电壳体的多重曲面，单击鼠标右键确认，再选取刚才挤压的实体，单击鼠标右键确认，如图 6-106 所示。对两实体边缘进行圆角处理，如图 6-107 所示。

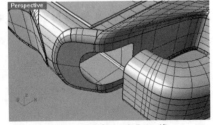
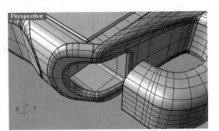

图 6-106 布尔差集运算　　　　　　　图 6-107 边缘圆角处理

③ 在 Top 视图中绘制曲线，如图 6-108 所示。选择曲线，挤出实体，如图 6-109 所示。

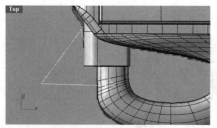

图 6-108 绘制曲线

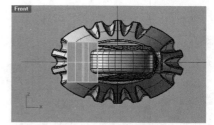

图 6-109 挤出实体

④ 单击【布尔运算差集】按钮，先选取挂钩的实体部分，单击鼠标右键确认，再选取挤压的实体，单击鼠标右键确认，完成布尔运算。对其边缘进行圆角处理，效果如图 6-110 所示。

⑤ 在 Front 视图中创建球体，分别进行复制、粘贴及移动等操作，最后的效果如图 6-111 所示。

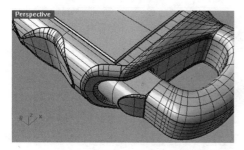

图 6-110 边缘圆角处理

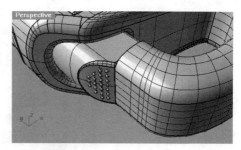

图 6-111 复制、移动球体

⑥ 在 Top 视图中绘制直线，对多重曲面进行修剪，如图 6-112 所示。

⑦ 在【曲线工具】选项卡中单击【混接曲线】按钮，分别单击两条边线，生成混接曲线，如图 6-113 所示。

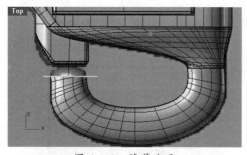

图 6-112 修剪曲面

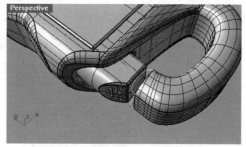

图 6-113 混接曲线

⑧ 勾选【物件锁点】|【中点】复选项，在【曲线工具】选项卡的左边栏中单击【控制点曲线】按钮，捕捉混接曲线及尾勾上边缘线的中点，绘制曲线。按 F10 键显示刚绘制曲线的 CV 点，调整曲线，如图 6-114 所示。勾选【物件锁点】|【端点】复选项，在左边栏中单击【点】按钮，在混接曲线的两端点处创建点。

⑨ 在【曲面工具】选项卡的左边栏中单击【双轨扫掠】按钮，选取混接曲线和尾勾上边缘线为路径，依次选取上一步骤中绘制的曲线和点，完成双轨扫掠后的效果如图 6-115

所示。

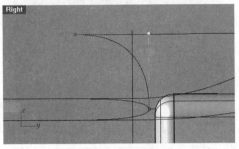

图 6-114 调整曲线

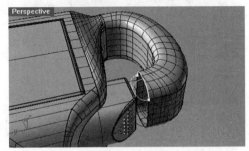

图 6-115 双轨扫掠

⑩ 同理，在下方绘制相同的曲线。最后在【曲面工具】选项卡的左边栏中单击【以两条、三条或四条边缘曲线建立曲面】按钮，生成曲面完成尾勾的制作，如图 6-116（显示生成的面）所示。

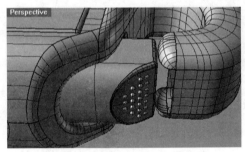

图 6-116 以边缘曲线建立曲面

4. 构件手柄上的按钮

① 将经过边缘圆角处理后的实体隐藏。参考 Right 视图的底图绘制两个圆按钮，如图 6-117 所示。参照 Top 视图，将圆调整到适当位置。

② 在【曲面工具】选项卡的左边栏中单击【放样】按钮，分别单击上一步骤绘制的两个圆，单击鼠标右键确认。再在左边栏中单击【直线挤出】按钮，选择内侧小的圆曲线，向手电筒内侧挤压生成曲面，如图 6-118 所示。

图 6-117 绘制圆

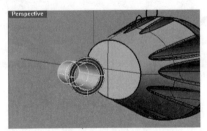

图 6-118 挤压生成曲面

③ 在【曲面工具】选项卡中单击【曲面圆角】按钮，选择导角曲面，在命令行中输入 1，分别单击圆环面及圆柱面，完成曲面圆角的建立。

④ 选择内侧小圆，向里偏移 1 个单位。按住 Shift 键，将小圆向外垂直移动一段距离，如

图 6-119 所示。

⑤ 选择曲线圆，在【实体工具】选项卡的左边栏中单击【挤出封闭的平面曲线】按钮，在 Top 视图中向左拖动一段距离，生成圆柱实体，并对其边缘进行圆角处理，如图 6-120 所示。

⑥ 用鼠标右键单击【隐藏物件】按钮，将壳体显示出来。选择外侧大圆，向外偏移两个单位。选择曲线，将修剪面删除，结果如图 6-121 所示。

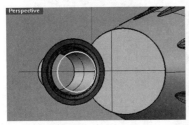
图 6-119 偏移曲线

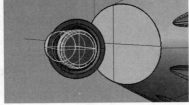
图 6-120 挤出实体

图 6-121 修剪曲面

⑦ 在【曲线工具】选项卡中单击【投影曲线】|【抽离结构线】按钮，开启【四分点】捕捉选项，在两曲面上抽取两条与 Y 轴平行且在一条直线上的结构线，如图 6-122 所示。

⑧ 在【确定工具】选项卡中单击【可调式混接曲线】按钮，分别单击提取出的两条结构线，进行适当调整，生成如图 6-123 所示的混接曲线。

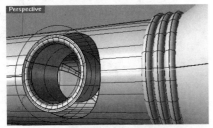
图 6-122 抽离结构线

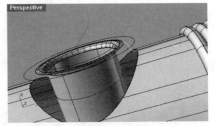
图 6-123 混接曲线

⑨ 在【曲面工具】选项卡的左边栏中单击【双轨扫掠】按钮，依次选择两边界线及混接曲线。单击鼠标右键确认，在弹出的【双轨扫掠选项】对话框中设置参数，如图 6-124 所示。单击【确定】按钮，生成的效果如图 6-125 所示。

图 6-124 【双轨扫掠选项】对话框

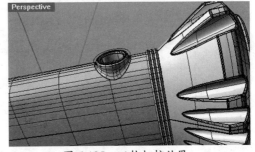
图 6-125 双轨扫掠效果

5. 创建太阳能电池及电池盖

① 将 Right 视图切换为 Bottom 视图。导入"bottom.jpg"图片文件并将其调整到合适位置，如图 6-126 所示。

② 选择曲线，在【实体工具】选项卡的左边栏中单击【挤出封闭的平面曲线】按钮，在 Front 视图中将其向下挤出一定距离，如图 6-127 所示。

图 6-126 绘制曲线

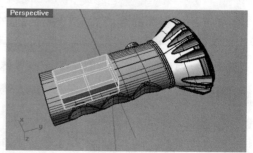
图 6-127 挤压生成实体

③ 将壳体与挤压的实体原地复制。在【实体工具】选项卡中单击【布尔运算差集】按钮，先选取挤压的实体，单击鼠标右键确认，再选取壳体，单击鼠标右键确认，完成布尔运算。

④ 在【实体工具】标签下单击【布尔运算联集】按钮，先选取壳体，单击鼠标右键确认，再选取挤压的实体，单击鼠标右键确认，完成布尔运算，如图 6-128 所示。

⑤ 在【实体工具】选项卡中单击【不等距边缘圆角】按钮，对实体边缘进行圆角处理，如图 6-129 所示。

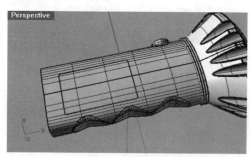
图 6-128 布尔联集运算

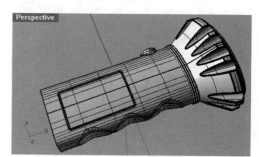
图 6-129 实体边缘圆角处理

⑥ 在 Bottom 视图中绘制矩形，如图 6-130 所示，然后创建挤出并进行布尔差集运算，得到太阳能电池槽效果，如图 6-131 所示。

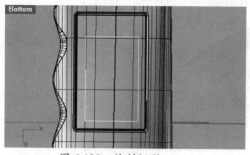
图 6-130 绘制矩形

图 6-131 挤出实体并进行布尔差集运算

⑦ 至此，完成了太阳能手电筒的造型设计，最后保存结果文件。

第 7 章
实体工具造型设计

本章内容

Rhino 中的 3D 实体与 CAD 和 3ds Max 中的 3D 实体不同。在 CAD 和 3ds Max 中,实体是由封闭的多边形表面构成的集合体;而在 Rhino 中,实体是由封闭的 NURBS 曲面构成的。本章主要介绍在 Rhino 中绘制由 NURBS 曲面构成的基本实体的建模操作方法。

知识要点

- ☑ 实体概述
- ☑ 立方体
- ☑ 球体
- ☑ 椭圆体
- ☑ 锥形体
- ☑ 柱形体
- ☑ 环形体
- ☑ 挤出实体

7.1 实体概述

Rhino 中的实体都是由封闭的 NURBS 曲面构成的，用于创建实体的工具命令在【实体工具】选项卡左侧的【实体边栏】中，如图 7-1 所示。

图 7-1　实体边栏

下面将通过一个实例来说明如何创建实体并编辑实体形状。

上机操作——创建并编辑实体

① 在 Rhino 中，新建一个文档。

② 在左边栏中单击【球体：中心点、半径】按钮 ⬤，在视窗中坐标系中心点创建一个半径为 50 的球体，如图 7-2 所示。

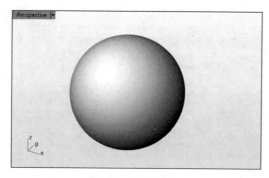

图 7-2　生成球体

③ 选中球体，然后单击【曲线工具】选项卡中的【打开点】按钮 ，通过编辑物体的 CV 点来改变球体的形状，如图 7-3 所示。

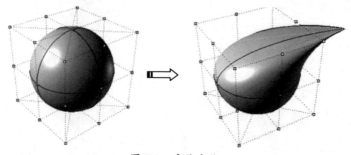

图 7-3　实体变化

④ 如果操作提示不能打开该实体的 CV 点，还可通过单击【爆炸】按钮 ，将实体爆炸。

然后选择爆炸后的曲面，重复步骤 3，曲面上的 CV 点就可显示出来。
⑤ 查看爆炸开的实体的物体信息也可发现，爆炸开的组成物体是 NURBS 曲面。

> **工程点拨：**
> 并不是所有的实体都可以通过编辑物体的 CV 点来改变物体的形状。

7.2 立方体

基本几何体包括立方体、球体、圆柱体等，是物理世界中最基础的形体。

本节介绍立方体的建模方法。长按左侧的【实体】按钮 ，会弹出【立方体】工具面板，如图 7-4 所示。下面分别介绍该工具面板中各按钮的功能。

图 7-4 【立方体】工具面板

7.2.1 立方体：角对角、高度

首先根据命令行提示确定立方体底面的大小，然后确定立方体的高度，依此来绘制立方体。

上机操作——以【角对角、高度】创建立方体

① 新建 Rhino 文件。
② 单击【立方体：角对角、高度】按钮 ，命令行中显示如下提示：

```
指令: _Box
底面的第一角 ( 对角线(D) 三点(P) 垂直(V) 中心点(C) ):
```

这些选项其实就是后面即将介绍的其他四个立方体命令。各选项功能如下：

- 对角线：通过指定底面的对角线长度和方向来绘制矩形，如图 7-5 所示。

图 7-5 以【对角线】方式绘制矩形

- 三点：先绘制两点确定一边的长度，然后绘制第三点确定另一边的长度，如图 7-6 所示。

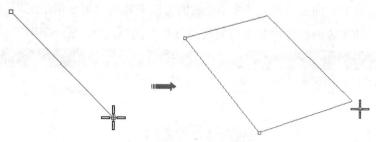

图 7-6 以【三点】方式绘制矩形

- 垂直：先确定一条边，根据该边绘制一个与底面垂直的面，然后指定高度及宽度来绘制立方体。此方法不再是底面的绘制，如图 7-7、图 7-8 所示。

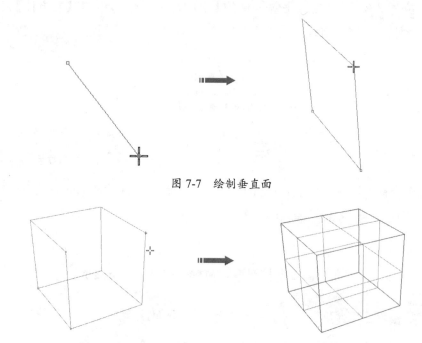

图 7-7 绘制垂直面

图 7-8 绘制立方体

- 中心点：通过先指定四边形的中心点，拖动确定边长来绘制矩形，如图 7-9 所示。

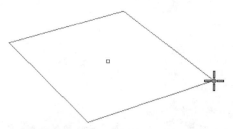

图 7-9 以【中心点】方式绘制矩形

③ 指定底面的第一角，可以输入坐标值，也可以选取其他参考点，这里输入（0,0,0）。单击鼠标右键后输入底面的另一角坐标或长度，这里输入坐标（100,50,0），并单击鼠标右键，随后输入高度值 25，最后单击鼠标右键完成立方体的创建，如图 7-10 所示。

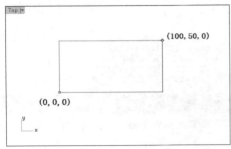
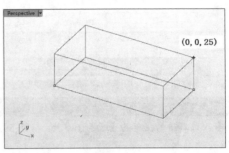

图 7-10 输入角点坐标

④ 创建的立方体如图 7-11 所示。

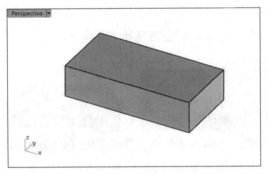

图 7-11 创建的立方体

7.2.2 立方体：对角线

单击第一点作为第一角、第二点作为第二角，通过确定立方体的对角线来确定立方体的大小。

上机操作——以【对角线】创建立方体

① 新建 Rhino 文件。
② 单击【立方体：对角线】按钮，命令行中显示如下提示：

第一角（正立方体(C)）：

③ 指定底面的第一角，可以输入坐标值，也可以选取其他参考点，这里输入（0,0,0）。单击鼠标右键后输入第二角坐标（100,50,25），单击鼠标右键即可创建立方体，如图 7-12 所示。

第一角（正立方体(C)）：0,0,0
第二角：100,50,25

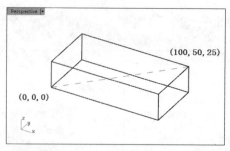

图 7-12 创建的立方体

工程点拨：

如果输入第二角的坐标为平面坐标，如（100,50,0），那么就跟以【角对角、高度】来创建立方体的方法相同了。

7.2.3 立方体：三点、高度

【立方体：三点、高度】命令利用三点（确定矩形的三点）、高度绘制立方体。

上机操作——以【三点、高度】创建立方体

① 新建 Rhino 文件。

② 单击【三点、高度】按钮，然后按命令行中的提示设置边缘起点，这里输入（0,0,0），单击鼠标右键确认后按提示输入边缘终点的坐标（100,0,0），接着按提示输入宽度值 50。

③ 此时命令行中提示【选择矩形】，意思就是确定矩形的第三点将要放置在哪个视窗。本例我们选择在 Top 视窗中放置矩形，只需在 Top 视窗中单击即可，如图 7-13 所示。

④ 再按信息提示输入高度值 25，单击鼠标右键随即自动创建立方体，如图 7-14 所示。

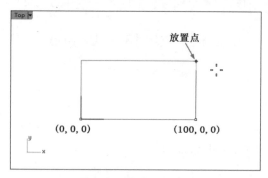

图 7-13 设置三点

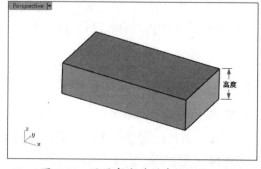

图 7-14 设置高度并创建立方体

工程点拨：

如果对尺寸的精度没有要求，可以在高度方向上拖动矩形自由运动，任意放置即可。

7.2.4 立方体：底面中心点、角、高度

【立方体：底面中心点、角、高度】命令利用底面中心点、角、高度来绘制立方体。中心点就是整个矩形的中心点，角就是矩形的一个角点。此命令的按钮与【立方体：三点、高度】按钮 相同，只需用鼠标右键单击此按钮。

上机操作——以【底面中心点、角、高度】创建立方体

① 新建 Rhino 文件。
② 用鼠标右键单击【立方体：底面中心点、角、高度】按钮 ，然后按命令行中的提示输入底面中心点的坐标（0,0,0），单击鼠标右键确认后按提示输入底面的另一角坐标（50,25,0），如图 7-15 所示。
③ 再按信息提示输入高度值 25，单击鼠标右键随即自动创建立方体，如图 7-16 所示。

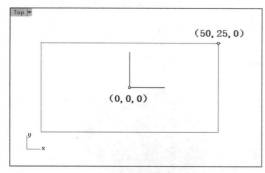 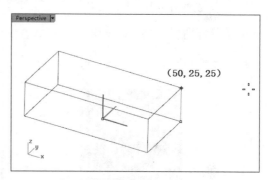

图 7-15　设置中心点和角点　　　　　图 7-16　设置高度并创建立方体

工程点拨：
在确定高度的时候，也可以输入坐标（50,25,25）。

7.2.5 边框方块

选取要用方框框起来的物体，按 Enter 键或者单击鼠标右键，则将会出现根据所选物体的大小刚好将物体包裹起来的立方体，如图 7-17 所示。

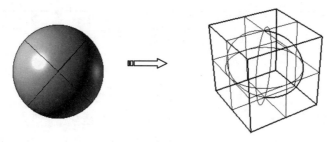

图 7-17　边框方块

上机操作——以【边框方块】创建立方体

① 打开本例源文件"边框方块.3dm",如图 7-18 所示。
② 单击【边框方块】按钮，然后按命令行中的提示选取要被边框框住的物体,如图 7-19 所示。

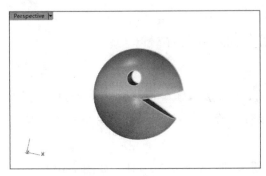

图 7-18 打开的源文件

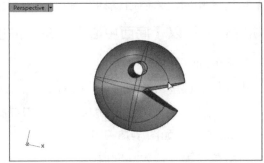

图 7-19 选取要框住的物体

③ 单击鼠标右键或按 Enter 键完成边框方块的创建,如图 7-20 所示。

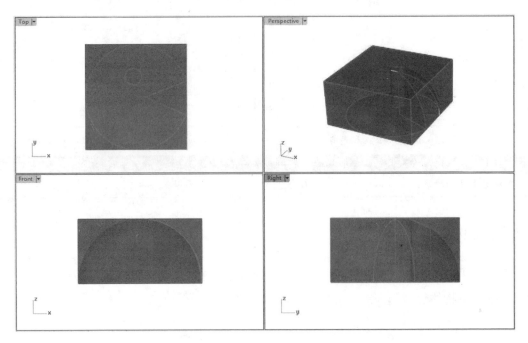

图 7-20 创建边框方块

7.3 球体

在左边栏中长按【球体：中心点、半径】按钮，会弹出【球体】工具面板,如图 7-21 所示。

第 7 章 实体工具造型设计

图 7-21 【球体】工具面板

7.3.1 球体：中心点、半径

根据设定球体的半径来创建球体。

上机操作——以【中心点、半径】创建球体

① 新建 Rhino 文件。

② 单击【球体：中心点、半径】按钮 ●，然后按命令行中的提示输入球体中心点的坐标（0,0,0），单击鼠标右键确认后按提示输入半径值 25，单击鼠标右键后自动创建球体，如图 7-22 所示。

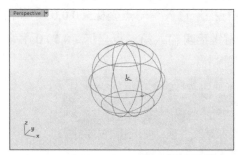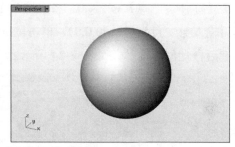

图 7-22 设置中心点和半径创建球体

工程点拨：
命令行中的选项也就是后面即将讲解的其他球体创建命令。

7.3.2 球体：直径

根据设定两点确定球体的直径来创建球体。

上机操作——以【直径】创建球体

① 新建 Rhino 文件。

② 单击【球体：直径】按钮 ●，然后按命令行中的提示输入直径起点的坐标（0,0,0），单击鼠标右键后按提示输入直径终点的坐标（50,50,0），单击鼠标右键后自动创建球体，如图 7-23 所示。

231

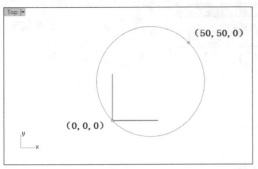
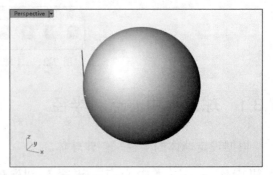

图 7-23 设置直径起点和终点创建球体

7.3.3 球体：三点

依次确定基圆上三个点的位置来创建球体，基圆形状决定球体的位置及大小。

上机操作——以【三点】创建球体

① 新建 Rhino 文件。

② 单击【球体：三点】按钮，然后按命令行提示输入第一点坐标（0,0,0），单击鼠标右键后输入第二点坐标（50,0,0），单击鼠标右键后再输入第三点坐标（0,50,0），单击鼠标右键后自动创建球体，如图 7-24 所示。

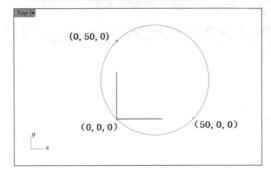
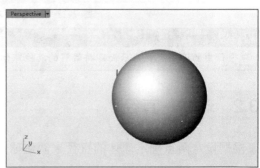

图 7-24 设置三点创建球体

7.3.4 球体：四点

通过前三个点确定基圆形状，以第四个点决定球体的大小，如图 7-25、图 7-26 所示。

第 7 章 实体工具造型设计

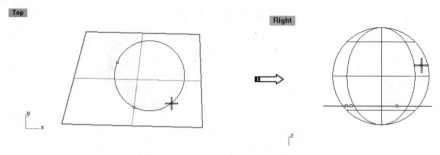

图 7-25 设置四点绘制球体

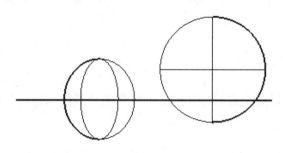

图 7-26 以三点法与四点法绘制的区别

> **工程点拨：**
> 关于绘制球体的四点法与三点法的区别在于，三点法确定的基圆是圆心刚好是球心的圆，而四点法确定的基圆是通过球的任意横截面的圆。

上机操作——以【四点】创建球体

① 新建 Rhino 文件。

② 单击【球体：四点】按钮，然后按命令行提示输入第一点坐标（0,0,0），单击鼠标右键后输入第二点坐标（25,0,0），单击鼠标右键后再输入第三点坐标（0,25,0），单击鼠标右键后输入第四点坐标（0,25,0），如图 7-27 所示。

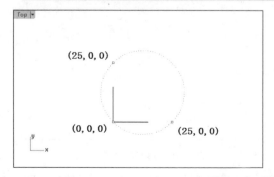
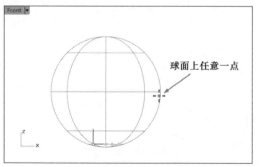

图 7-27 设置四点坐标

③ 单击鼠标右键随即创建球体，如图 7-28 所示。

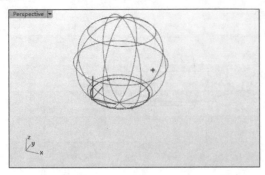 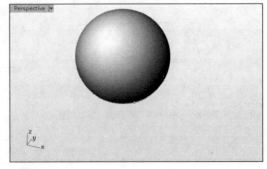

图 7-28　创建球体

7.3.5　球体：环绕曲线

选取曲线上的点，以这个点为球体中心创建包裹曲线的球体，如图 7-29 所示。

图 7-29　环绕曲线创建球体

上机操作——以【环绕曲线】创建球体

① 新建 Rhino 文件。

② 单击【内插点曲线】按钮，任意绘制一条曲线，如图 7-30 所示。

③ 单击【球体：环绕曲线】按钮，然后选取曲线，随后在曲线上指定一点作为球体的中心点，如图 7-31 所示。

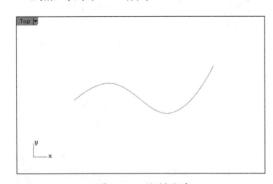 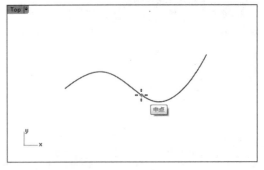

图 7-30　绘制曲线　　　　　　　图 7-31　指定球体中心点

④ 指定一点作为半径终点，或者输入直径值 50，单击鼠标右键即可创建球体，如图 7-32 所示。

第 7 章 实体工具造型设计

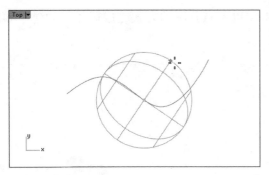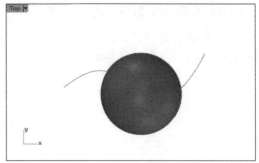

图 7-32 指定半径终点并创建球体

7.3.6 球体：从与曲线正切的圆

根据三个与原曲线相切的切点创建球体，如图 7-33 所示，球体表面与曲线部分相切。

图 7-33 与曲线相切的球体

上机操作——以【从与曲线正切的圆】创建球体

① 新建 Rhino 文件。
② 单击【内插点曲线】按钮，任意绘制一条曲线，如图 7-34 所示。
③ 单击【球体：从与曲线正切的圆】按钮，然后选取相切曲线，切点也是球体直径的起点，如图 7-35 所示。

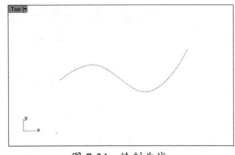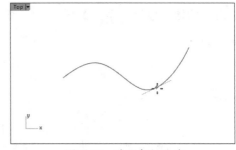

图 7-34 绘制曲线　　　　　　　　图 7-35 选取相切曲线

④ 如果没有第二条相切曲线，那么就输入半径值或者指定一个点（直径终点）来确定球体的基圆，如图 7-36 所示。

235

⑤ 如果没有第三条相切曲线，单击鼠标右键将以两点画圆的方式完成球体的创建，如图 7-37 所示。

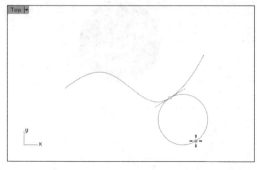

图 7-36　指定直径终点

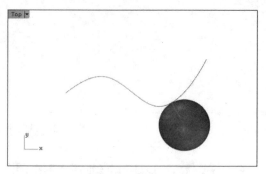

图 7-37　创建球体

7.3.7　球体：逼近数个点

根据多个点绘制球体，使该球体最大限度地配合已知点，如图 7-38 所示。

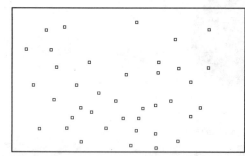
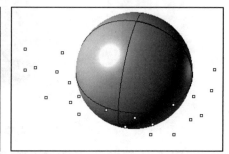

图 7-38　球体配合已知点

上机操作——以【逼近数个点】创建球体

① 新建 Rhino 文件。

② 在菜单栏中执行【曲线】|【点物件】|【多点】命令，然后在视窗中绘制如图 7-39 所示的点云。

③ 单击【球体：逼近数个点】按钮，然后框选上一步骤绘制的点云，如图 7-40 所示。

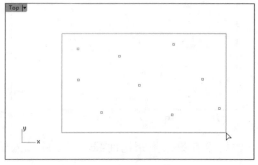

图 7-39　绘制点云　　　　　　　　　　　图 7-40　框选点云

④ 单击鼠标右键随即创建如图 7-41 所示的球体。

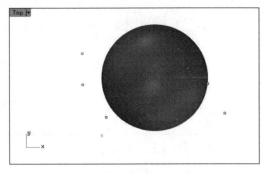

图 7-41　创建球体

7.4　椭圆体

在左边栏中长按【椭圆体：从中心点】按钮◎，会弹出【椭球体】工具面板，如图 7-42 所示。

图 7-42　【椭圆体】工具面板

7.4.1　椭圆体：从中心点

从中心点出发，根据轴半径创建椭圆截面，然后再确定椭圆体的第三轴点。

上机操作——以【从中心点】创建椭圆体

① 新建 Rhino 文件。

② 单击【椭圆体：从中心点】按钮◎，然后在命令行中输入椭圆体中心点坐标（0,0,0），输入第一轴终点坐标（100,0,0），输入第二轴终点坐标（0,50,0），输入第三轴终点坐标（0,0,200），如图 7-43 所示。

```
指令: _Delete
指令: _Ellipsoid
椭圆体中心点（角(C) 直径(D) 从焦点(F) 环绕曲线(A)）: 0,0,0
第一轴终点（角(C)）: 100,0,0
第二轴终点: 0,50,0
第三轴终点: 0,0,200
正在建立网格... 按 Esc 取消
```

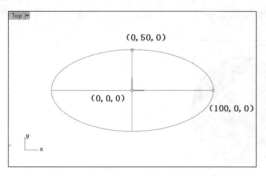 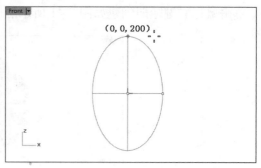

图 7-43 输入坐标

③ 单击鼠标右键随即创建如图 7-44 所示的椭圆体。

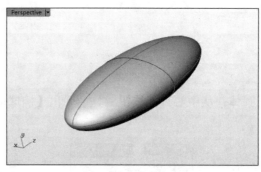

图 7-44 创建椭圆体

7.4.2 椭圆体：直径

通过确定轴向直径来创建椭圆体。

在视窗中，依次选择第一点和第二点作为第一轴向直径，然后选择第三点确定第二轴向直径长度，选择第四点确立第三轴向半径长度。

上机操作——以【直径】创建椭圆体

① 新建 Rhino 文件。

② 单击【椭圆体：直径】按钮，然后在命令行中输入第一轴起点坐标（0,0,0），输入第一轴终点坐标（100,0,0），输入第二轴终点坐标（100,25,0），输入第三轴终点坐标（100,0,25），如图 7-45 所示。

```
指令: _Ellipsoid
椭圆体中心点 ( 角(C)  直径(D)  从焦点(F)  环绕曲线(A) ): _Diameter
第一轴起点 ( 垂直(V) ): 0,0,0
第一轴终点: 100,0,0
第二轴终点: 100,25,0
第三轴终点: 100,0,25
正在建立网格... 按 Esc 取消
```

第 7 章　实体工具造型设计

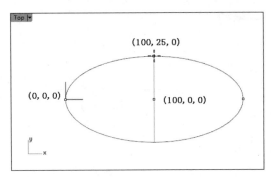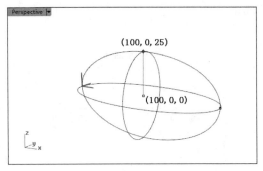

图 7-45　输入坐标

③ 单击鼠标右键随即创建如图 7-46 所示的椭圆体。

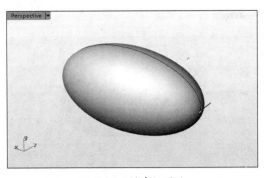

图 7-46　创建椭圆体

7.4.3　椭圆体：从焦点

根据两焦点的距离创建椭圆体。

在视窗中依次选择两点确定两焦点之间的距离，然后选择第三点为椭圆体上的点，来确定所创建椭圆体的大小。

上机操作——以"从焦点"创建椭圆体

① 新建 Rhino 文件。

② 单击【椭圆体：从焦点】按钮，然后在命令行中输入第一焦点坐标（0,0,0），输入第二焦点坐标（100,0,0），输入第三轴终点坐标（50,25,0），如图 7-47 所示。

```
指令: _Ellipsoid
椭圆体中心点 ( 角(C)　直径(D)　从焦点(F)　环绕曲线(A) ): _FromFoci
第一焦点 ( 标示焦点(M)=否 ): 0,0,0
第二焦点 ( 标示焦点(M)=否 ): 100,0,0
椭圆体上的点 ( 标示焦点(M)=否 ): 50,25,0
离心率 = 0.894427
正在建立网格... 按 Esc 取消
```

239

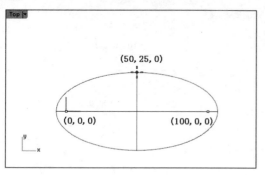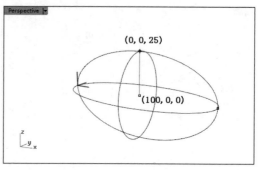

图 7-47 输入坐标

③ 单击鼠标右键随即创建如图 7-48 所示的椭圆体。

图 7-48 创建椭圆体

7.4.4 椭圆体：角

根据矩形的对角线长度创建椭圆体。椭圆体的边与矩形的四条边相切。

在视窗中依次选择第一点和第二点，互为对角点（或输入点坐标），确定第一轴向长度和第二轴向长度，然后选择第三点确定第三轴向长度来创建椭圆体。

> **工程点拨：**
> 第一点也是矩形对角起点。

上机操作——以【角】创建椭圆体

① 新建 Rhino 文件。

② 单击【椭圆体：角】按钮，然后在命令行中输入第一角点坐标（0,0,0），输入第二角点坐标（100,50,0），输入第三轴终点坐标（50,25,25），如图 7-49 所示。

```
指令：_Ellipsoid
椭圆体中心点（角(C) 直径(D) 从焦点(F) 环绕曲线(A)）：_Corner
椭圆体的角：0, 0, 0
对角：100, 50, 0
第三轴终点：50, 25, 25
正在建立网格... 按 Esc 取消
```

第 7 章　实体工具造型设计

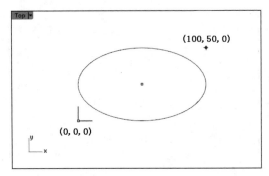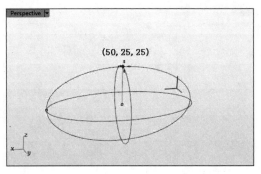

图 7-49　输入坐标

③　单击鼠标右键随即创建如图 7-50 所示的椭圆体。

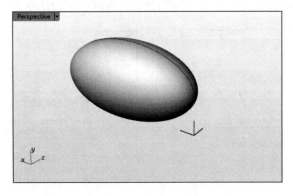

图 7-50　创建椭圆体

7.4.5　椭圆体：环绕曲线

选取曲线上的点，以该点作为椭圆体的中心创建环绕曲线的椭圆体。

在曲线上任选一点，依次选择两点确定第一轴向长度和第二轴向长度，然后确定第三轴向长度，创建环绕曲线的椭圆体。

上机操作——以【环绕曲线】创建椭圆体

①　新建 Rhino 文件。

②　单击【内插点曲线】按钮 ，任意绘制一条曲线，如图 7-51 所示。

③　单击【椭圆体：环绕曲线】按钮 ，选取曲线，然后在曲线上放置椭圆体的中心点，如图 7-52 所示。

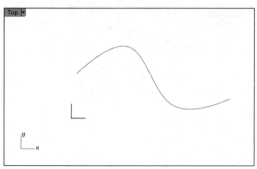

图 7-51　绘制曲线

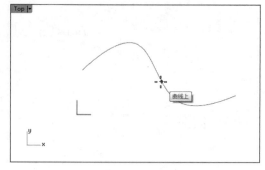

图 7-52　在曲线上放置椭圆体中心点

④ 然后在该点的垂直方向上指定一点作为第一轴的终点，如图 7-53 所示。

⑤ 确定第一轴的终点后，再指定第二轴的终点，如图 7-54 所示。

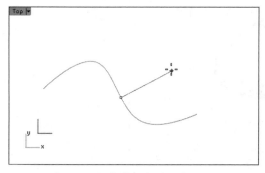

图 7-53　指定第一轴的终点

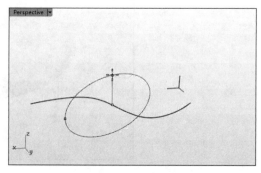

图 7-54　指定第二轴的终点

⑥ 继续指定第三轴的终点，如图 7-55 所示。

⑦ 单击鼠标右键随即创建如图 7-56 所示的椭圆体。

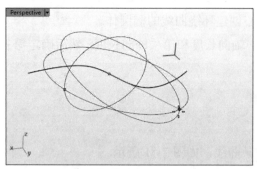

图 7-55　指定第三轴的终点

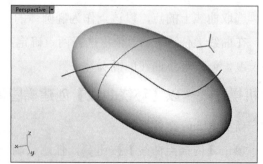

图 7-56　创建椭圆体

7.5　锥形体

　　锥形体就是我们常见的抛物面锥体、圆锥、棱锥（金字塔）、圆锥台（平顶锥体）、棱台（平顶金字塔）等形状的物体。

7.5.1 抛物面锥体

用于创建纵切面边界曲线为抛物线的锥体。

在视窗中单击一点作为抛物面锥体焦点，然后单击一点确定抛物面锥体方向，最后单击一点确定抛物面锥体端点位置，完成抛物面锥体的绘制，如图 7-57 所示。

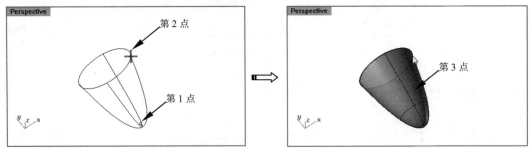

图 7-57　绘制抛物面锥体

上机操作——创建抛物面锥体

① 新建 Rhino 文件。

② 在【实体工具】选项卡的左边栏中单击【抛物面锥体】按钮，命令行中显示如下提示：

```
指令: _Paraboloid
抛物面锥体焦点（顶点(V) 标示焦点(M)=是 实体(S)=否）:
```

- 抛物面锥体焦点：也是抛物体截面（抛物线）的角点。
- 顶点：抛物线的顶点。
- 标示焦点：是否标示出角点。
- 实体：确定输出的类型是实体还是曲面。

③ 选择【顶点】选项，然后输入顶点坐标（0,0,0），然后在命令行中选择【方向】选项，并指定方向，如图 7-58 所示。

④ 接着再指定抛物面锥体端点，如图 7-59 所示。

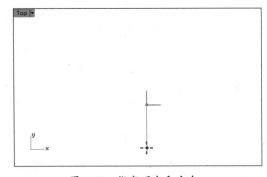

图 7-58　指定顶点和方向

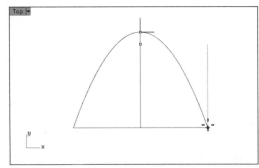

图 7-59　指定抛物面锥体端点

⑤ 随后自动创建如图 7-60 所示的抛物面锥体。

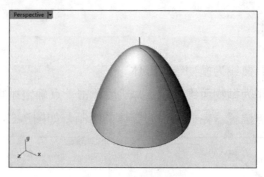

图 7-60 抛物面锥体

7.5.2 圆锥体

单击【圆锥体】按钮，命令行中显示如下提示：

```
指令：_Cone
圆锥体底面 ( 方向限制(D)=垂直 实体(S)=是 两点(P) 三点(O) 正切(T) 逼近数个点(F) )：
```

圆锥体的底面由于是圆，因此命令行中列出的几个选项与前面创建球体的选项基本相同。默认选项是以圆中心点和半径来确定底面。圆锥体的顶点在底面中心点的垂直线上。

上机操作——创建圆锥体

① 新建 Rhino 文件。
② 在【实体工具】选项卡的左边栏中单击【圆锥体】按钮，然后输入底面中心点坐标（0,0,0），单击鼠标右键后再输入半径值 50，如图 7-61 所示。
③ 输入顶点坐标或者直接输入圆锥体高度值，这里输入 100，如图 7-62 所示。

> **工程点拨：**
> 在命令行中设置【方向限制=无】选项，就可以创建任意方向的圆锥体了。

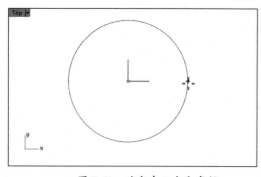

图 7-61 确定中心点和半径

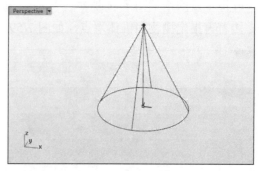

图 7-62 确定圆锥高度

④ 单击鼠标右键后自动创建如图 7-63 所示的圆锥体。

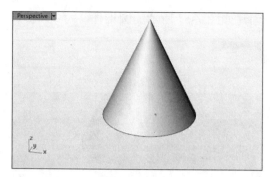

图 7-63 圆锥体

7.5.3 平顶锥体（圆台）

平顶锥体也就是圆台，就是圆锥体被一平面横向截断后得到的实体。如图 7-64 所示为圆锥与圆台。

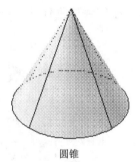

圆锥　　　　　　　　　　　圆台

图 7-64 圆锥与圆台

上机操作——创建平顶锥体

① 新建 Rhino 文件。

② 在【实体工具】选项卡的左边栏中单击【平顶锥体】按钮，然后输入底面中心点坐标（0,0,0），单击鼠标右键后再输入半径值 50，如图 7-65 所示。

③ 单击鼠标右键后输入顶面中心点坐标（0,0,50）（也就确定了高度），单击鼠标右键后输入顶面半径值 25，如图 7-66 所示。

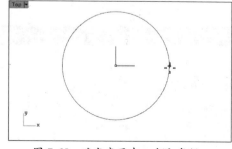
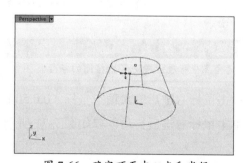

图 7-65 确定底面中心点和半径　　　　图 7-66 确定顶面中心点和半径

④ 单击鼠标右键后自动创建如图 7-67 所示的圆锥体。

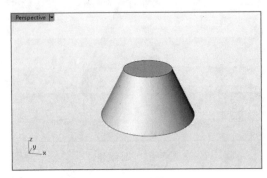

图 7-67　圆锥体

7.5.4　金字塔（棱锥）

【金字塔】命令用于绘制各种边数的棱锥体。

使用【金字塔】命令，可以创建三维实体棱锥体。在创建棱锥体的过程中，可以定义棱锥体的侧面数（介于 3 到 32 之间），如图 7-68 所示。

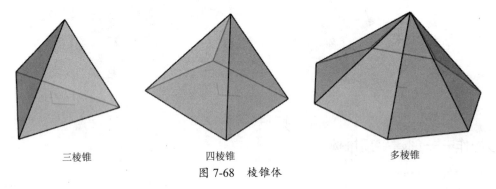

三棱锥　　　　　　　四棱锥　　　　　　　多棱锥

图 7-68　棱锥体

上机操作——创建五棱锥

① 新建 Rhino 文件。
② 在【实体工具】选项卡的左边栏中单击【金字塔】按钮▲，然后输入内接棱锥中心点坐标（0,0,0），设置边数为 5，然后指定棱锥的起始角度与角点坐标（50,0,0），如图 7-69 所示。

> **工程点拨：**
> 确定角点坐标也就确定了内接圆的半径。

③ 单击鼠标右键后输入顶点坐标（0,0,50），如图 7-70 所示。
④ 单击鼠标右键后自动创建如图 7-71 所示的棱锥体。

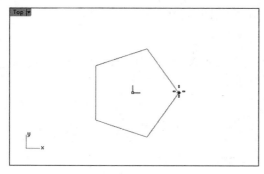 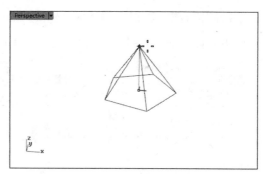

图 7-69　确定中心点和半径　　　　　图 7-70　确定顶点（高度）

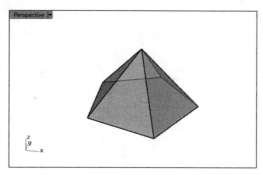

图 7-71　棱锥体

7.5.5　平顶金字塔（棱台）

【平顶金字塔】命令用于绘制平顶棱锥体，也就是我们常说的棱台。

上机操作——创建平顶金字塔

① 新建 Rhino 文件。

② 在【实体工具】选项卡的左边栏中单击【平顶金字塔】按钮，然后输入内接平顶棱锥中心点坐标（0,0,0），设置边数为 5，然后指定起始角度与角点坐标（50,0,0），如图 7-72 所示。

③ 单击鼠标右键后输入顶面内接平顶棱锥中心点坐标（0,0,50）（也就是平顶高度），如图 7-73 所示。

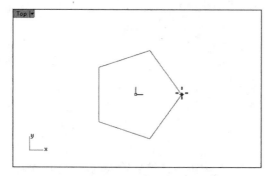 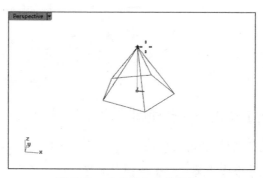

图 7-72　确定中心点和半径　　　　　图 7-73　确定顶点（高度）

④ 单击鼠标右键后输入顶面角点坐标（25,0,50），如图 7-74 所示。

⑤ 单击鼠标右键后自动创建如图 7-75 所示的平顶金字塔。

```
指令: _TruncatedPyramid
内接平顶金字塔中心点 ( 边数(N)=5  外切(C)  边(D)  星形(S)  方向限制(I)=垂直  实体(O)=是 ): 0,0,0
平顶金字塔的角 ( 边数(N)=5 ): 50,0,0
指定点: 0,0,50
指定点: 25,0,50
正在建立网格... 按 Esc 取消
```

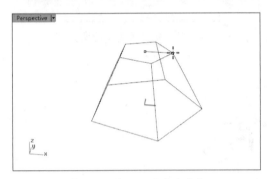

图 7-74 输入顶面角点坐标

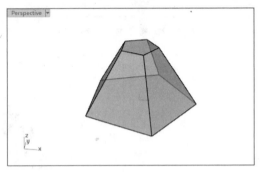

图 7-75 平顶金字塔

7.6 柱形体

柱形体就是常见的圆柱体和圆柱形管道。

7.6.1 圆柱体

【圆柱体】命令用于绘制圆柱体。创建圆柱体的基本方法就是指定圆心、圆柱体半径和圆柱体高度，如图 7-76 所示。

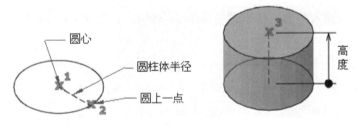

图 7-76 圆柱体

上机操作——创建圆柱体

① 新建 Rhino 文件。

② 在【实体工具】选项卡的左边栏中单击【圆柱体】按钮，然后输入圆柱底面圆心点坐

标(0,0,0),单击鼠标右键后输入半径值或圆上一点的坐标,这里输入半径值50,如图7-77所示。

③ 单击鼠标右键后输入圆柱体端点坐标(0,0,50),或者直接输入高度值50,如图7-78所示。

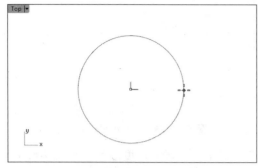

图 7-77　确定中心点和半径　　　　　图 7-78　确定顶点(高度)

④ 单击鼠标右键后自动创建如图7-79所示的圆柱体。

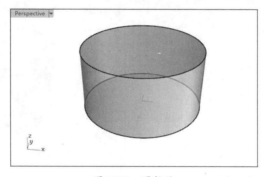

图 7-79　圆柱体

7.6.2　圆柱管

【圆柱管】命令用于绘制圆柱形管状物体。

单击一点作为圆柱底面圆圆心,然后根据底面内圆和外圆半径(可以手动输入,也可拖动光标)确定底面内圆和外圆的大小,最后单击一点确定圆柱管的高度。

上机操作——创建圆柱管

① 新建 Rhino 文件。

② 在【实体工具】选项卡的左边栏中单击【圆柱管】按钮,然后输入圆柱管底面圆心点坐标(0,0,0),单击鼠标右键后输入半径值或圆上一点的坐标,这里输入半径值50,如图 7-80 所示。

③ 单击鼠标右键再输入内圆半径值 40（管壁厚度：50-40=10），如图 7-81 所示。

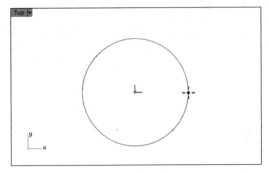
图 7-80　确定中心点和半径

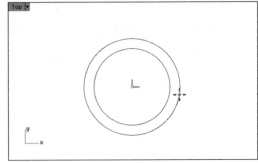
图 7-81　确定内圆半径（管厚）

④ 单击鼠标右键后输入圆柱管端点坐标（0,0,50），或者直接输入高度值 50，如图 7-82 所示。
⑤ 单击鼠标右键后自动创建如图 7-83 所示的圆柱管。

```
指令: _Tube
圆柱管底面（方向限制(D)=垂直　实体(S)=是　两点(P)　三点(O)　正切(T)　逼近数个点(F)）: 0,0,0
半径 <50.000>（直径(D)　周长(C)　面积(A)）: 50
半径 <1.000>（管壁厚度(A)=1）: 40
圆柱管的端点 <0.000>（两侧(B)=否）: 50
正在建立网格... 按 Esc 取消
```

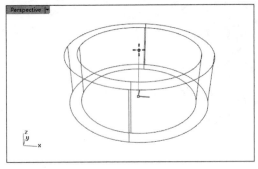
图 7-82　指定圆柱管高度

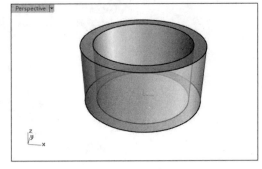
图 7-83　圆柱管

7.7　环形体

环形体就是圆环体，也叫环状体。Rhino 中的环形体包括环状体和环状圆管。

7.7.1　环状体

用于绘制环形的封闭管状体。

先单击一点作为环状体的中心点，然后确定环状体内径和外径长度（可以手动输入，也可拖动光标）。

上机操作——创建环状体

① 新建 Rhino 文件。
② 在【实体工具】选项卡的左边栏中单击【环状体】按钮◉，然后输入环状体中心点坐标（0,0,0），单击鼠标右键后输入环状体中心线的半径值或中心线圆上一点的坐标，这里输入半径值 50，如图 7-84 所示。
③ 单击鼠标右键后输入第二半径（环状体截面圆的半径）值 10，如图 7-85 所示。

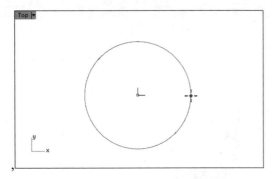
图 7-84 确定环状体中心线半径

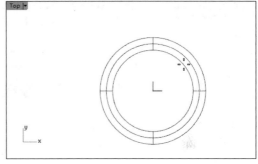
图 7-85 确定截面圆的半径

④ 单击鼠标右键后自动创建如图 7-86 所示的环状体。

```
指令: _Torus
环状体中心点 ( 垂直(V) 两点(P) 三点(O) 正切(T) 环绕曲线(A) 逼近数个点(F) ): 0,0,0
半径 <50.000> ( 直径(D) 定位(O) 周长(C) 面积(A) ): 50
第二半径 <1.000> ( 直径(D) 固定内圈半径(F)=否 ): 10
正在建立网格... 按 Esc 取消
```

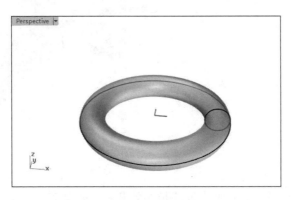
图 7-86 环状体

7.7.2 环状圆管（平头盖）

用于绘制沿曲线方向均匀变化的圆管，该圆管两端封口为平面。
点选已知曲线，单击该按钮，命令行中出现如下提示：

起点直径 <500.000> (半径(R) 有厚度(T)=否 加盖(C)=平头 渐变形式(S)=500

- 半径：输入圆管一端的半径值。
- 有厚度：是否让圆管有一定的厚度。如果选择有厚度，在输入半径值的时候，会要求输入两次，一次内径一次外径。
- 加盖：是否给圆管封口。
- 渐变形式：选择整体渐变还是局部渐变。

工程点拨：

当改变默认选项，设置【有厚度=是】、【加盖=否】和【渐变形式=局部】选项后，绘制的圆管如图 7-87 所示。

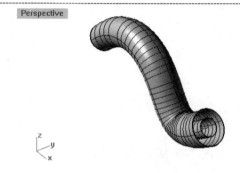

图 7-87 特殊圆管绘制

这是提示用户输入圆管一端的圆半径，此时可以手动输入 500。同理，曲线的另一端也可如此操作。用鼠标右键单击或者按 Enter 键完成绘制，如图 7-88 所示。

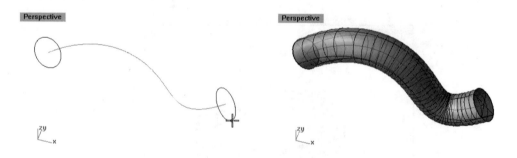

图 7-88 均匀圆管的绘制

如果两端的圆管半径相等，则出现的是均匀圆管，如果前后半径不等，或者连续使用该命令在曲线任何位置设定圆管半径，那么可以绘制出不均匀的圆管，如图 7-89 所示。

第 7 章　实体工具造型设计

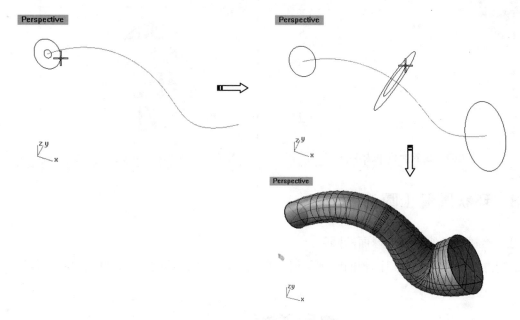

图 7-89　不均匀圆管的绘制

上机操作——创建环状圆管（平头盖）

① 新建 Rhino 文件。

② 单击【内插点曲线】按钮![]，任意绘制一条曲线，如图 7-90 所示。

③ 单击【环状圆管（平头盖）】按钮![]，选取要创建圆管的曲线，然后输入起点的半径值 4，单击鼠标右键后再输入终点的半径值 6，如图 7-91 所示。

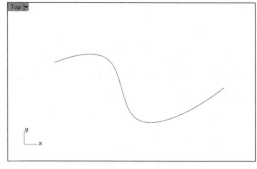

图 7-90　绘制曲线

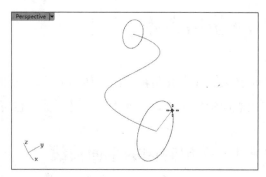

图 7-91　输入起点和终点的半径值

④ 在曲线的中点设置半径为 8，然后单击鼠标右键，不再设置曲线上的点半径，如图 7-92 所示。

⑤ 单击鼠标右键随即创建如图 7-93 所示的环状圆管（平头盖）。

253

图 7-92　设置曲线中点半径　　　　　图 7-93　创建环状圆管（平头盖）

7.7.3　环状圆管（圆头盖）

用于绘制封口处为圆滑球面的圆管。

绘制方法和技巧与平口圆管的绘制类似，在此不多叙述。绘制效果，如图 7-94 所示。

图 7-94　圆头盖圆管绘制

7.8　挤出实体

在 Rhino 中有两种挤出实体的方法，一种是通过挤压封闭曲线形成实体，另一种是通过挤出表面形成实体。表面不一定是平面，也可以是不平坦的。

7.8.1　挤出封闭的平面曲线

通过沿着一条轨迹挤压封闭的曲线创建实体。

> **工程点拨：**
> 此命令其实就是【曲线工具】选项卡的左边栏中的【直线挤出】命令。截面曲线是开放的，将挤出为曲面；截面曲线为封闭的，则挤出为实体。

选择已知曲线，单击该按钮后，命令行中出现如下提示：

挤出长度 < 7.4759 > （方向(D) 两侧(B)=否 实体(S)=否 删除输入物件(L)=是 至边界(T) 分割正切点(P)=否 设定基准点(A)）

- 挤出长度：拉伸曲线的长度。

第 7 章 实体工具造型设计

- 方向:指定挤出实体的挤出方向,如图 7-95 所示。

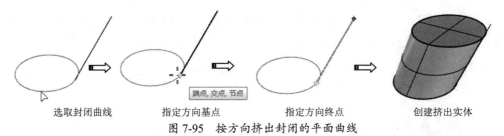

图 7-95 按方向挤出封闭的平面曲线

- 两侧:绘制实体时,选择【是】将会向两个方向同时延展,形成实体;选择【否】将会单向延展形成实体。
- 实体:绘制实体时,选择【是】将会形成封闭式的实体;选择【否】将会形成曲面。
- 删除输入物体:确定绘制实体时是否保存输入的封闭曲线。
- 至边界:以曲线挤压出的实体延伸至已知曲面边界,形成实体。
- 分割正切点:输入的曲线为多重曲线时,设定是否在线段与线段正切的顶点将创建的曲面分割为多重曲面。
- 设定基准点:设定拉伸的起点。

1. 将【两侧】、【实体】选项设为【是】来绘制实体

单击【挤出封闭的平面曲线】按钮,选中封闭曲线。单击鼠标右键或按 Enter 键,命令行中的【两侧】和【实体】选项选择【是】,完成实体绘制,如图 7-96 所示。

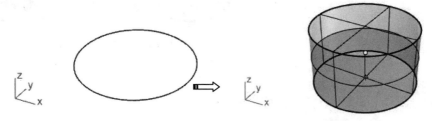

图 7-96 选择【两侧】和【实体】选项后创建的实体

2. 将【两侧】、【实体】选项设为【否】来绘制曲面

可以在命令行中将【两侧】、【实体】选项设为【否】来绘制曲面,如图 7-97 所示。

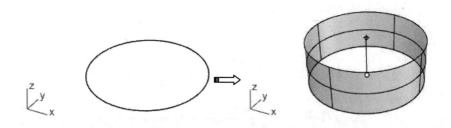

图 7-97 绘制曲面

3. 选择【删除输入物体】选项

命令行中的【删除输入物体=否】选项，表示不删除封闭曲线，如图 7-98 所示。如果将其修改为【删除输入物体=是】，封闭曲线将被删除，如图 7-99 所示。

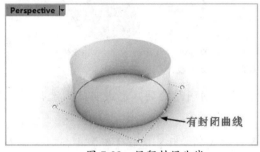

图 7-98　保留封闭曲线

图 7-99　删除封闭曲线

4. 选择【至边界】选项

选择【至边界】选项，将封闭曲线挤出到所选曲面，曲面形状为自由形状，如图 7-100 所示。

图 7-100　选择【至边界】选项绘制实体

7.8.2　挤出建立实体

主要通过挤出表面形成实体，在左边栏中长按【挤出曲面】按钮，将弹出【挤出建立实体】工具面板，如图 7-101 所示。

图 7-101　【挤出建立实体】工具面板

1. 挤出曲面

作用主要是将曲面笔直地挤出实体。单击【挤出曲面】按钮并在视窗中选择曲面后，命令行中将会出现如下提示：

挤出距离 <12> (方向(D) 两侧(B)=否 加盖(C)=是 删除输入物体(E)=否 至边

绘制方法如下：单击【挤出曲面】按钮，选取要挤出的曲面，按 Enter 键确认后创建挤出实体，如图 7-102 所示。

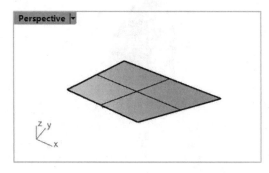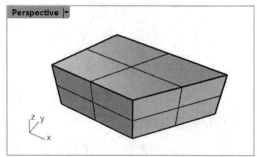

图 7-102　利用【挤出曲面】形成的实体

如果表面不平整，同样可以创建挤出曲面，如图 7-103 所示。

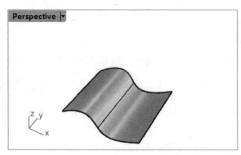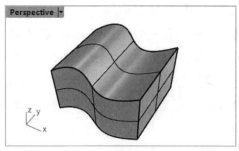

图 7-103　不平整表面形成的实体

2. 挤出曲面至点

作用是挤出曲面至一点创建锥形实体。

绘制方法如下：单击【挤出曲面至点】按钮，选取曲面，按 Enter 键确认，选取一点作为实体的挤出高度，如图 7-104 所示。

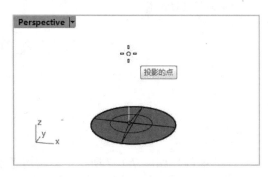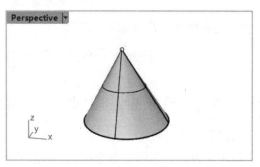

图 7-104　挤出曲面至一点形成的实体

使用此方法形成的实体的输入曲面也可以是不平整的，如图 7-105 所示。

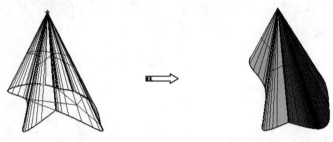

图 7-105　不平整表面挤出至一点形成的实体

3. 挤出曲面呈锥状

作用主要是挤出曲面创建锥状的多重曲面。

命令行中出现的【拔模角度】是指当曲面与工作平面垂直时，拔模角度为 0；曲面与工作平面平行时，拔模角度为 90，改变它可以调节锥体的坡度大小。当拔模角度设置为 10 时，创建的锥体如图 7-106 所示。

【角】选项有三个选择：锐角、圆角和平滑。

以一条矩形多重直线往外侧偏移为例进行介绍：选择锐角时，将偏移线段以直线延伸至和其他偏移线段交集；选择圆角时，在相邻的偏移线段之间创建半径为偏移距离的圆角；选择平滑时，在相邻的偏移线段之间创建连续性为 G1 的混接曲线。这些设置将影响实体表面的平滑度。

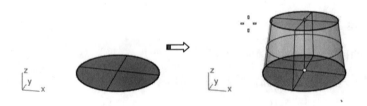

图 7-106　拔模角度=10 时挤出曲面创建的锥体

4. 沿着曲线挤出曲面形成实体

作用是将曲面按照路径曲线挤出创建实体。

上机操作——沿着曲线挤出曲面形成实体

① 新建 Rhino 文件。

② 利用【内插点曲线】命令在 Top 视窗中绘制封闭的曲线，如图 7-107 所示。再利用【以平面曲线建立曲面】命令创建曲面，如图 7-108 所示。

③ 利用【内插点曲线】命令在 Front 视窗中曲面边缘上绘制路径曲线，如图 7-109 所示。

④ 单击【沿着曲线挤出曲面】按钮，选取要挤出的曲面，单击鼠标右键后再选取靠近起点处的路径曲线，如图 7-110 所示。

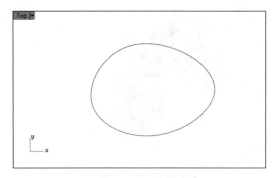

图 7-107　绘制曲线

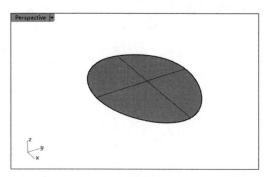

图 7-108　创建曲面

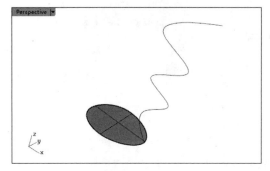

图 7-109　绘制路径曲线

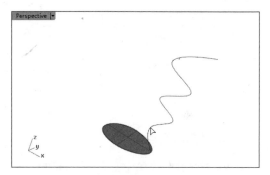

图 7-110　选取挤出曲面和路径曲线

⑤ 随后自动形成实体，如图 7-111 所示。

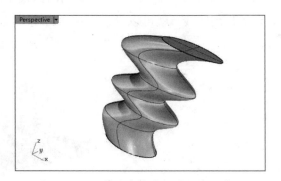

图 7-111　沿着曲线挤出曲面形成的实体

5. 挤出封闭的平面曲线

这个命令的功能同【曲面工具】选项卡中的【直线挤出】完全相同。

操作方式同上面介绍的基本一样，效果如图 7-112～图 7-114 所示。

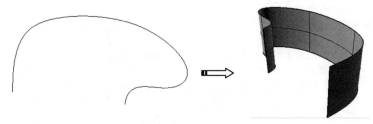

图 7-112　挤出非封闭的平面曲线

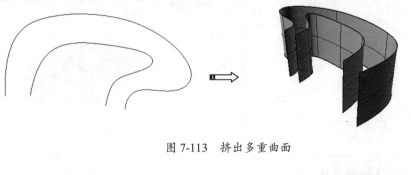

图 7-113　挤出多重曲面

图 7-114　挤出非平面曲线

6. 挤出曲线至点

作用是挤出直线至一点，形成曲面、实体或多重曲面。

操作方式同【曲面工具】选项卡中的【挤出至点】相同。当目标曲线为开放曲线时，命令行中的【加盖】选项将自动设置为【否】，由于不是封闭的曲线不能形成实体，因此不能进行加盖操作；相反，如果是封闭曲线，就可以进行操作。曲线可以不在同一平面上，效果如图 7-115～图 7-118 所示。

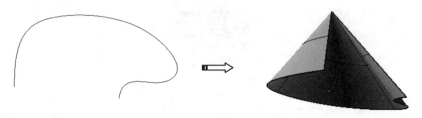

图 7-115　挤出非闭合曲线至一点形成的面

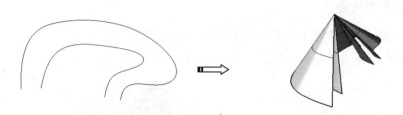

图 7-116　挤出多条曲线至一点形成的多重曲面

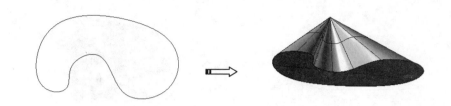

图 7-117 挤出封闭的曲线至一点形成的实体

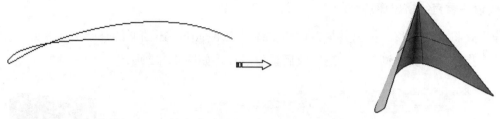

图 7-118 挤出非封闭的不在同一平面上的曲线至一点

7. 挤出曲线成锥状

作用是挤出曲线创建锥状的曲面、实体、多重曲面。

操作方式同【曲线工具】选项卡中的【挤出曲线成锥状】完全相同。

8. 沿着曲线挤出曲线

作用是将曲线沿着路径曲线创建曲面、实体、多重曲面。

操作方式同【曲线工具】选项卡中的【沿着曲线挤出】完全相同。输入的曲线可以是封闭的平面曲线，可以是非封闭的平面曲线，也可以是不在一个平面上的曲线，如图 7-119～图 7-121 所示。

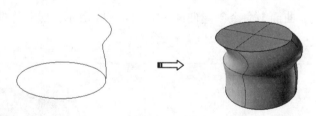

图 7-119 沿着路径挤出封闭的平面曲线

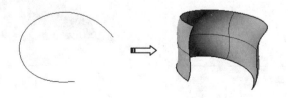

图 7-120 沿着路径挤出非封闭的曲线

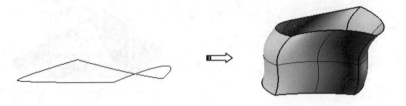

图 7-121 沿着路径挤出不在同一平面上的曲线

9. 以多重直线挤出厚片

作用是将曲线偏移、挤出并加盖创建实体（也就是在挤出曲面的基础上加厚）。选取多重曲线，指定偏移侧并输入挤出高度值后重建厚片，如图 7-122 所示。

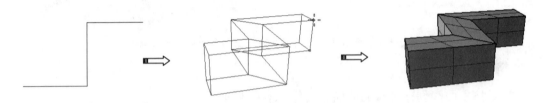

图 7-122 将曲线偏移、挤出实体的过程

10. 凸毂

作用是挤出平面曲线与曲面边缘形成一个凸起实体。

上机操作——创建凸毂

① 新建 Rhino 文件。

② 利用【椭圆：直径】命令在 Top 视窗中绘制椭圆曲线，如图 7-123 所示。再利用【指定三个或四个角建立曲面】命令创建曲面，如图 7-124 所示。然后将曲面向 Z 轴移动一定距离，如图 7-125 所示。

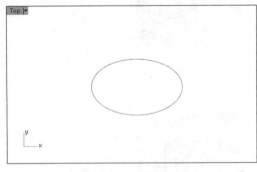

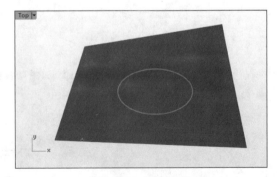

图 7-123 绘制曲线　　　　　　　　　图 7-124 创建曲面

③ 单击【凸毂】按钮 ，选取椭圆曲线作为要创建凸缘的平面封闭曲线，并设置模式为【锥状】、拔模角度为 15，单击鼠标右键确认，再选取下面的曲面作为边界，如图 7-126 所示。

第 7 章 实体工具造型设计

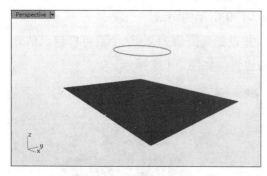

图 7-125 移动曲面

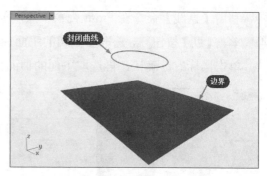

图 7-126 选取封闭曲线和边界

④ 随后自动创建带有拔模角度的凸毂实体，如图 7-127 所示。

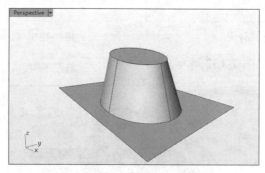

图 7-127 创建凸毂

11．肋

【肋】工具的作用是偏移、挤压平面曲线作为曲面的柱状体，相当于支撑物。在机械设计中肋也称为"筋"，也可以称为"加强筋"，薄壳产品中一般都要设计加强筋来增强其强度，延长使用寿命。

上机操作——创建肋

① 新建 Rhino 文件。
② 利用【指定三个或四个角建立曲面】命令在 Top 视窗中创建曲面，如图 7-128 所示。然后利用【圆柱管】命令，在曲面上创建圆柱管，如图 7-129 所示。

图 7-128 创建曲面

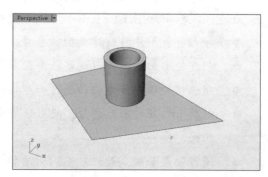

图 7-129 创建圆柱管

③ 利用【直线】命令在 Front 视窗中绘制如图 7-130 所示的斜线。
④ 单击【肋】按钮，选取要做肋的平面曲线，并设置距离值为 2（这个值可以自己估计），单击鼠标右键确认，再选取下面的曲面作为边界，如图 7-131 所示。

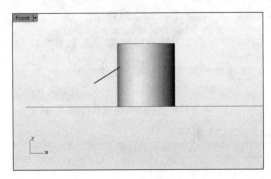

图 7-130　绘制斜线

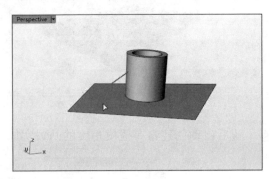

图 7-131　选取曲线和边界

⑤ 随后自动创建肋，如图 7-132 所示。

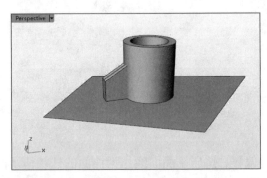

图 7-132　创建肋

7.9　实战案例——苹果电脑机箱造型

这款苹果电脑的机箱，整个造型可由几个不同的立方体按照不同的组合剪切得来。在创建过程中，需要注意的是整个模型的连贯性、流畅性。

在建模过程中采用了以下基本方法和要点：
- 导入背景图片为创建模型做参考。
- 创建轮廓曲线，并以这些轮廓曲线通过挤出工具，创建实体。
- 将创建的各个实体曲面进行布尔操作，保留或剪去各部分的曲面。
- 对整个机箱的前后部分，使用分割命令，将一些特殊的位置分割出来，形成单独的曲面。
- 通过图层管理，最终对不同材质的曲面进行分组。

7.9.1 前期准备

在创建模型之初,需要对 Rhino 的系统进行一些相关的设置,以满足不同建模对象的不同要求。

操作步骤

① 执行菜单栏中的【工具】|【选项】命令,打开【Rhino 选项】对话框,对【文件属性】|【格线】选项卡中的选项进行如图 7-133 所示的设置。

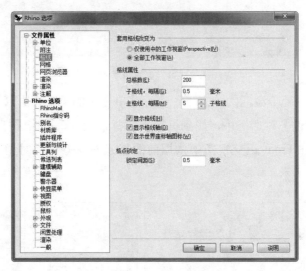

图 7-133 Rhino 选项设置

② 在【文件属性】|【网格】选项卡中,将【渲染网格品质】选项设置为【平滑、较慢】,这样可以使模型在进行着色显示的时候,表面更为平滑。

③ 执行菜单栏中的【实体】|【立方体】|【角对角、高度】命令,在 Front 视窗中任意位置单击。待命令行中出现"底面的另一角或长度"提示时输入 R20,50,单击鼠标右键确认。然后在命令行中出现"高度、按 Enter 键套用宽度"时输入 48,再次单击鼠标右键确认,完成立方体的创建。

> **工程点拨:**
> 上面的 R20,50 中的 R 表示的是"相对"的意思,表示相对于第一个角的位置。如果直接输入 20,50,则会在坐标轴绝对位置处创建一个点,作为第二个角的位置。

④ 开启【中心点】捕捉选项,在不同视图中选取立方体,将其拖动到视图中心位置,最终使立方体的中心落在各视图的原点处,如图 7-134 所示。

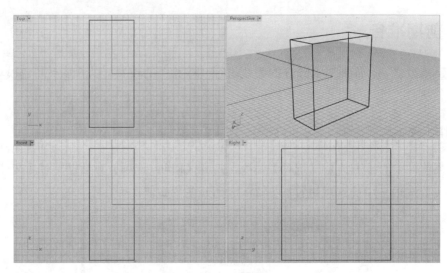

图 7-134 创建立方体

⑤ 在 Front 正交视图处于激活的状态下，执行菜单栏中的【查看】|【背景图】|【放置】命令。在【打开文件】对话框中，找到机箱正面背景图片，单击【打开】按钮。然后开启【锁定格点】，在 Front 正交视图中依据前面创建的立方体两对角的位置，放置背景图片，如图 7-135 所示。

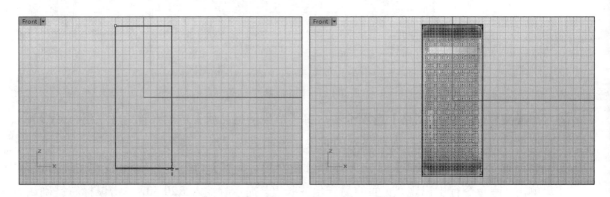

图 7-135 放置背景图片

⑥ 依照上面类似的方法，在 Right 视图中放置机箱侧面的背景图片，在背景图片导入完成后，删除前面创建的立方体。按 F7 键，可以隐藏当前视图中的格线，如图 7-136 所示。

图 7-136　在其他视图中放置背景图片

7.9.2　创建机箱模型

导入背景图片后,接下来就将以这两张背景图片来创建机箱的主体部分。在创建模型过程中,为了方便用户的学习,将采用临时的尺寸比例。

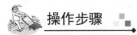

① 执行菜单栏中的【曲线】|【矩形】|【角对角】命令,然后在提示行中单击【圆角(R)】选项,在 Front 视图中,参照背景图片的左下角单击确定第一个角点,然后在提示行中输入 R20,50,单击鼠标右键确认。紧接着在提示行中输入 2 作为圆角半径值,再次单击鼠标右键确认,圆角矩形创建完成,如图 7-137 所示。

② 在 Front 视图处于激活状态下,执行菜单栏中的【查看】|【背景图】|【隐藏】命令,背景图片将会被隐藏。选取矩形曲线,开启【锁定格点】,稍稍移动矩形曲线,使它的中心同样位于原点处,如图 7-138 所示。

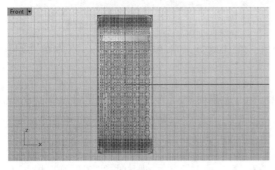 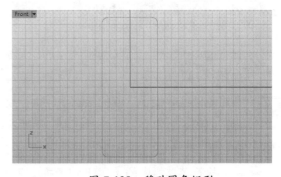

图 7-137　创建圆角矩形　　　　　　　图 7-138　移动圆角矩形

③ 执行菜单栏中的【曲线】|【偏移】|【偏移曲线】命令,选取曲线 1,在提示行中输入 0.3 作为曲线要偏移的距离,在 Front 视图中确定偏移的方向向内,单击创建偏移曲线 2,如图 7-139 所示。

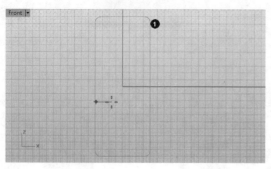
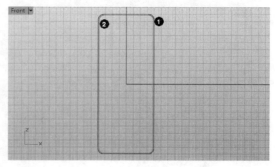

图 7-139　偏移曲线

④ 执行菜单栏中的【实体】|【挤出平面曲线】|【直线】命令，选取曲线 1 和曲线 2，单击鼠标右键确认。在提示行中选择【两侧（B）】选项，以曲线的两侧创建实体，然后输入 25，作为挤出的长度，再次单击鼠标右键确认，创建挤出曲面，如图 7-140 所示。

⑤ 执行菜单栏中的【曲线】|【矩形】|【角对角】命令，然后在提示行中选择【圆角（R）】选项。在 Right 视图中，在任意处单击确定第一个角点，然后在提示行中输入 R48,58，单击鼠标右键确认。紧接着在提示行中输入 2 作为圆角半径值，再次单击鼠标右键确认，矩形曲线创建完成，如图 7-141 所示。

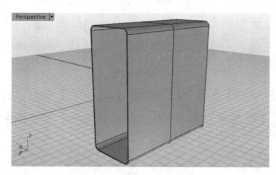
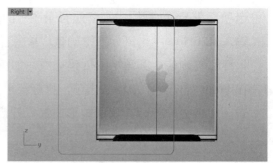

图 7-140　创建挤出曲面　　　　　　　　　图 7-141　创建圆角矩形曲线

⑥ 在 Right 视图中，选取刚刚创建的矩形曲线 3，将其移动到矩形曲线中心与原点重合处，如图 7-142 所示。

⑦ 在矩形曲线 3 处于选取的状态下，执行菜单栏中的【编辑】|【控制点】|【开启控制点】命令，曲线 3 上将显示它的控制点，移动这些控制点从而改变曲线的形状，如图 7-143 所示。

⑧ 执行菜单栏中的【编辑】|【控制点】|【关闭控制点】命令，曲线上的控制点将不再显示。然后执行菜单栏中的【实体】|【挤出平面曲线】|【直线】命令，选取曲线 3，单击鼠标右键，在提示行中输入 12，单击鼠标右键确认，创建挤出曲面，如图 7-144 所示。

⑨ 执行菜单栏中的【实体】|【交集】命令，选取刚刚创建的挤出曲面，单击鼠标右键确认。选取前面创建的挤出曲面，单击鼠标右键确认。该命令将保留两曲面相交的部分，删除其余的部分，如图 7-145 所示。

第 7 章　实体工具造型设计

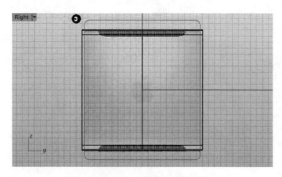

图 7-142　移动圆角矩形曲线

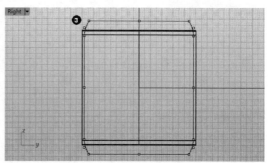

图 7-143　调整圆角矩形曲线

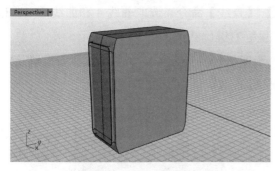

图 7-144　挤出平面曲线

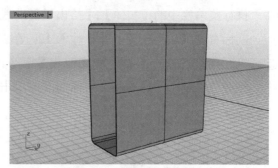

图 7-145　布尔交集运算

⑩ 执行菜单栏中的【曲线】|【矩形】|【角对角】命令，继续在 Right 视图中单击确定第一个角点，然后在提示行中输入 R37,6，单击鼠标右键确认。然后将矩形曲线 4 依据背景图片移动到机箱的上侧，如图 7-146 所示。

⑪ 执行菜单栏中的【曲线】|【曲线圆角】命令，在提示行中输入 3，单击鼠标右键确认，在曲线 4 下部的两个角点处创建圆角曲线，如图 7-147 所示。

图 7-146　创建矩形曲线

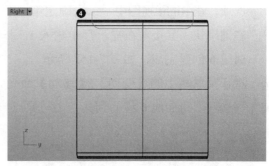

图 7-147　创建圆角曲线

⑫ 执行菜单栏中的【变动】|【镜像】命令，选取曲线 4，单击鼠标右键，以水平坐标轴为镜像轴，创建曲线 5，如图 7-148 所示。

⑬ 参照背景图片，稍稍移动这两条轮廓曲线，使其与背景图片相吻合（如有必要可开启曲线的控制点，并通过移动控制点修改曲线），如图 7-149 所示。

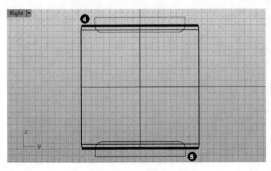

图 7-148 创建镜像副本　　　　　图 7-149 调整曲线位置

⑭ 执行菜单栏中的【实体】|【挤出平面曲线】|【直线】命令，选取曲线 4 和曲线 5，单击鼠标右键确认。在提示行中输入 12，单击鼠标右键确认，如图 7-150 所示。

⑮ 执行菜单栏中的【实体】|【差集】命令，选取机箱外壳曲面 A，单击鼠标右键确认，然后选取刚刚创建的两个拉伸曲面，单击鼠标右键确认，如图 7-151 所示。

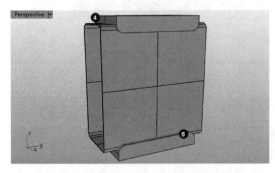

图 7-150 创建挤出曲面　　　　　图 7-151 布尔差集运算

⑯ 执行菜单栏中的【曲线】|【矩形】|【角对角】命令，然后在提示行中单击【圆角（R）】选项。在 Right 视图中，单击确定第一个角点，然后在提示行中输入 R46,42，单击鼠标右键确认。紧接着在提示行中输入 1.5 作为圆角半径值，再次单击鼠标右键确认，矩形曲线 6 创建完成，如图 7-152 所示。

⑰ 执行菜单栏中的【变动】|【移动】命令，开启【正交】、【锁定格点】和【物件锁点】等选项，将曲线 6 移动到其中心与原点重合处，如图 7-153 所示。

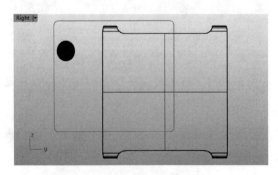

图 7-152 创建圆角矩形曲线　　　图 7-153 移动圆角矩形曲线

⑱ 执行菜单栏中的【实体】|【挤出平面曲线】|【直线】命令，选取曲线 6，单击鼠标右键，在提示行中输入 9.7，再次单击鼠标右键确认，创建挤出曲面（创建过程中确保【两侧（B）=是】），如图 7-154 所示。

⑲ 至此，机箱的整体模型创建完成，如图 7-155 所示。接下来的工作是在整体模型的基础上在机箱前后面分割曲面，在侧面创建 Logo 等。

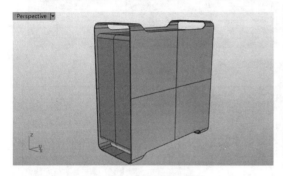 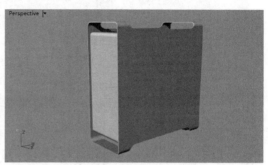

图 7-154　挤出平面曲线　　　　　　　　　图 7-155　完成机箱大体模型

7.9.3　创建机箱细节

操作步骤

① 执行菜单栏中的【查看】|【工作视窗配置】|【新增工作视窗】命令，视图中将出现一个新的工作窗口。默认情况下，这个工作窗口为新增的 Top 视窗，如图 7-156 所示。

② 在新增的工作视窗处于激活的状态下，执行菜单栏中的【查看】|【设置视图】|【Back】命令，当前工作视图将变为 Back 正交视图，如图 7-157 所示。

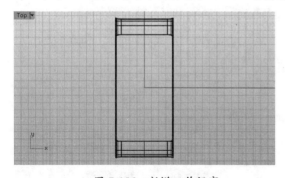 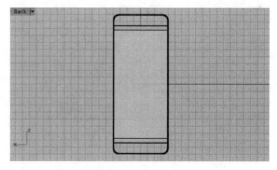

图 7-156　新增工作视窗　　　　　　　　　图 7-157　设置视图

③ 在 Back 正交视图处于激活状态下，执行菜单栏中的【查看】|【背景图】|【放置】命令，将机箱背部参考图片导入 Back 正交视图中，如图 7-158 所示。

④ 依据 Front 视窗、Back 视窗中的背景参考图片，执行菜单栏中的【曲线】|【矩形】|【角对角】命令，创建几条矩形曲线——曲线 1（圆角矩形）、曲线 2（一般矩形）、曲线 3（圆角矩形），如图 7-159 所示。

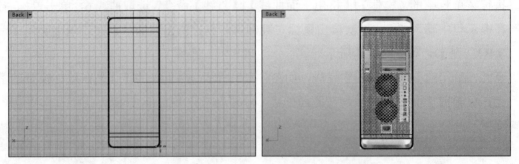

图 7-158 放置背景图片

图 7-159 创建几条矩形曲线

⑤ 在 Top 视窗中将曲线 1 移动到机箱曲面的下侧位置，将曲线 2、曲线 3 移动到机箱曲面的上侧位置，如图 7-160 所示。

⑥ 执行菜单栏中的【实体】|【挤出平面曲线】|【直线】命令，选取三条曲线，单击鼠标右键确认。在提示行中输入 2.5，再次单击鼠标右键确认，以这三条曲线创建三个挤出曲面（确保【两侧（B）选项=是】），如图 7-161 所示。

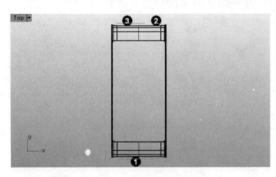

图 7-160 移动曲线位置

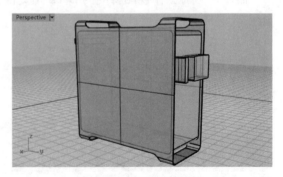

图 7-161 创建挤出曲面

⑦ 选取箱体曲面，然后执行菜单栏中的【实体】|【差集】命令，选取三个刚刚创建的挤出曲面，单击鼠标右键确认，如图 7-162 所示。

⑧ 执行菜单栏中的【实体】|【边缘圆角】|【不等距边缘圆角】命令，然后在提示行中输入 0.6，单击鼠标右键确认。选取机箱后部边缘，连续单击鼠标右键确认，圆角曲面完成创建，如图 7-163 所示。

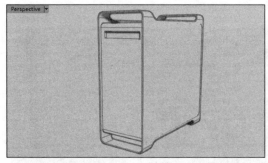 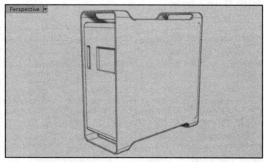

图 7-162　布尔差集运算

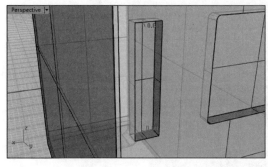 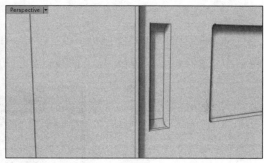

图 7-163　创建不等距边缘圆角

⑨ 执行菜单栏中的【曲线】|【从物件建立曲线】|【复制边缘】命令，选取图中的四条边缘线，单击鼠标右键确认，这四条边缘线将被复制出来，如图 7-164 所示。

⑩ 执行菜单栏中的【编辑】|【组合】命令，依次选取刚刚创建的四条曲线，单击鼠标右键确认，四条曲线被组合到一起。执行菜单栏中的【编辑】|【控制点】|【开启控制点】命令，将这条组合曲线的控制点显示出来，如图 7-165 所示。

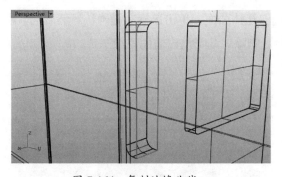 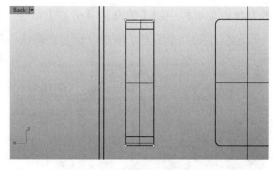

图 7-164　复制边缘曲线　　　　　　　　图 7-165　开启控制点显示

⑪ 在 Back 视窗中，将这条组合曲线下部的两个控制点垂直向上平移 1.5，如图 7-166 所示。

⑫ 执行菜单栏中的【编辑】|【控制点】|【关闭控制点】命令。然后选取这条多重曲线，执行菜单栏中的【实体】|【挤出平面曲线】|【直线】命令。在提示行中单击【两侧（B）=是】使其更改为【两侧（B）=否】，并输入-0.3，单击鼠标右键确认，创建挤出曲面，

如图 7-167 所示。

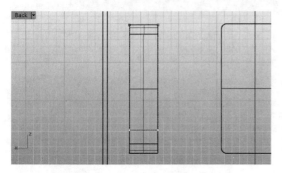

图 7-166　移动控制点

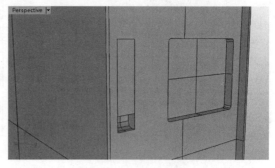

图 7-167　创建挤出曲面

⑬ 执行菜单栏中的【曲线】|【矩形】|【角对角】和【圆】|【中心点、半径】命令，在 Back 视窗中依据参考图片创建几条曲线，如图 7-168 所示。

图 7-168　创建圆形曲线

⑭ 执行菜单栏中的【曲面】|【挤出曲线】|【直线】命令，以刚刚创建的几条曲线创建挤出曲面，挤出距离设定为 30，如图 7-169 所示。

⑮ 执行菜单栏中的【编辑】|【分割】命令，选取箱体曲面，单击鼠标右键确认。然后选取刚刚创建的几个曲面，单击鼠标右键确认，最后删除这几个挤出曲面，如图 7-170 所示。

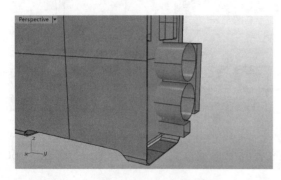

图 7-169　创建挤出曲面

图 7-170　分割曲面

⑯ 以同样的方法，在 Front 视窗中依据参考图片创建一条曲线，并以它创建挤压曲面，对箱体前侧曲面进行分割，如图 7-171 所示。

⑰ 执行菜单栏中的【曲线】|【自由造型】|【控制点】命令，在 Right 视窗中，依据参考图片上的 Logo 图标，创建几条曲线。并通过开启控制点、移动控制点，修改曲线，效果如图 7-172 所示。

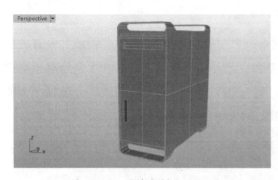

图 7-171　继续分割曲面

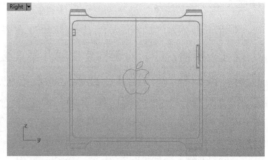

图 7-172　创建 Logo 曲线

⑱ 执行菜单栏中的【变动】|【镜像】命令，在 Right 视窗中选取曲线 1、曲线 2，以垂直坐标轴为镜像轴，创建它们的镜像副本，如图 7-173 所示。

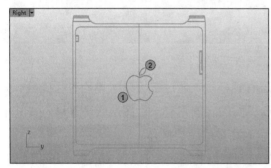

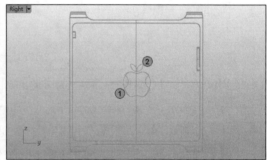

图 7-173　创建镜像副本

⑲ 执行菜单栏中的【曲面】|【挤出曲线】|【直线】命令，在 Top 视窗中将这两组 Logo 曲线一组向左挤出，一组向右挤出，创建挤出曲面，如图 7-174 所示。

⑳ 执行菜单栏中的【编辑】|【分割】命令，以刚刚创建的挤出曲面对机箱外壳曲面进行分割，分割出两侧的 Logo 曲面，如图 7-175 所示。

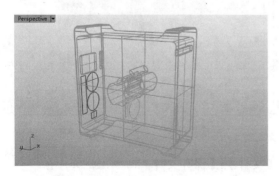

图 7-174　创建挤出曲面

图 7-175　分割曲面

7.9.4 分层管理

操作步骤

① 在前面操作步骤的很多图片中，并没有看到一些之前创建的曲线，这些曲线并没有被删除（一般情况下，对于构建曲线并不直接删除，而是将其隐藏，这有利于之后对模型进行修改调整），而是在创建模型的过程中，将一些不再继续使用的曲线，分配到一个特定的图层中，然后将该图层进行隐藏，如图 7-176 所示。

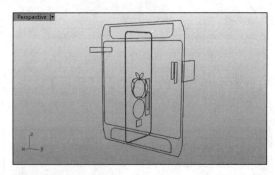

图 7-176　隐藏曲线图层

② 在 Rhino 界面状态栏上，有一个快捷的图层管理模块，通过它可以对模型进行隐藏、分配图层、锁定、更改颜色等操作。在 Rhino 界面的右侧则有一栏图层管理区域，在其中可以进行新建图层、重命名图层等一系列较为高级的图层操作。

③ 在模型创建完成之后，将不同材质的曲面分配到不同的图层，可以为渲染省下不少时间。对于刚刚创建的机箱模型，需要执行菜单栏中的【编辑】|【炸开】命令，然后选择那些单一的曲面将它们分配到不同的图层，如图 7-177 所示。

图 7-177　分配图层

④ 最后对分配完图层的模型执行菜单栏中的【文件】|【保存文件】命令，将其保存。

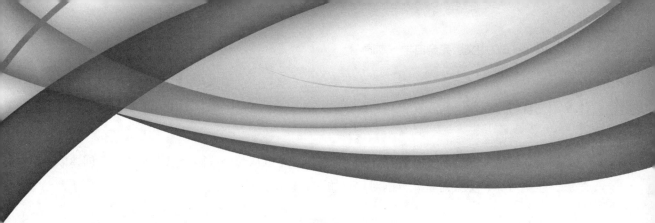

第 8 章
实体编辑与操作

本章内容

实体的编辑与操作是在基本实体上进行的。很多产品中的构造特征必须通过编辑与操作指令来完成,希望读者牢记并全面掌握本章的知识。

知识要点

- ☑ 布尔运算工具
- ☑ 工程实体工具
- ☑ 成形实体工具
- ☑ 曲面与实体转换工具
- ☑ 操作与编辑实体工具

8.1 布尔运算工具

在 Rhino 中，使用程序提供的布尔运算工具，可以从两个或两个以上实体对象创建联集对象、差集对象、交集对象和分割对象，如图 8-1 所示。

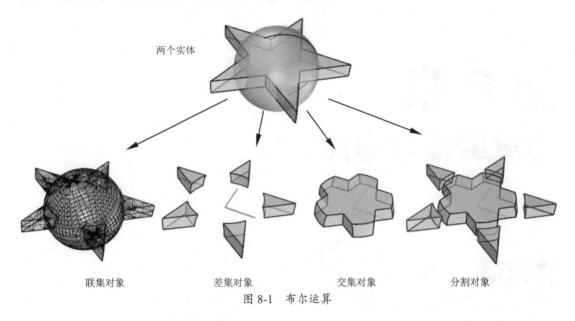

图 8-1 布尔运算

8.1.1 布尔运算联集

联集运算通过加法操作来合并选定的曲面或曲面组合。前面我们已经说过，Rhino 中的实体就是一个封闭的曲面组合，里面是没有质量的，所以很容易让人误解。重申一下：在【实体工具】选项卡中所说的曲面，就是完全封闭且经过【组合】后的曲面组合（实体）。而在【曲面工具】选项卡中所指的曲面，就是单个曲面或多个独立曲面。实体可以利用【炸开】命令拆解成独立的曲面，而封闭曲面（每个曲面是独立的）则可通过【组合】命令组合成实体。

联集运算操作很简单，在【实体工具】选项卡中单击【布尔运算联集】按钮，选取要求和的多个曲面（实体），单击鼠标右键或按 Enter 键后即可自动完成组合，如图 8-2 所示。

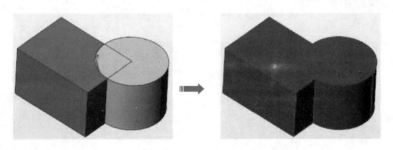

图 8-2 联集运算

工程点拨：
注意，左边栏中的【组合】命令与【布尔运算联集】命令有相同之处，也有不同之处。相同的是都可以求和组合曲面。不同的是，【组合】命令主要针对曲线组合和曲面组合，但不能组合实体。【布尔运算联集】命令可以组合实体和单独曲面，但不能组合曲线。

8.1.2 布尔运算差集

差集运算通过减法操作来合并选定的曲面或曲面组合。单击【布尔运算差集】按钮，先选取要被减去的对象，单击鼠标右键后再选取要减去的其他对象，单击鼠标右键完成差集运算，如图8-3所示。

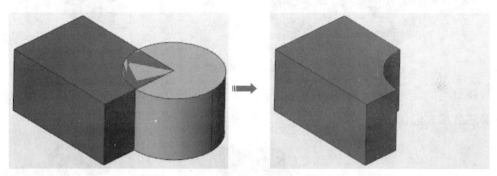

图8-3 差集运算

工程点拨：
在创建差集对象时，必须先选择要保留的对象。

例如，从第一个选择集中的对象减去第二个选择集中的对象，然后创建一个新的实体或曲面，如图8-4所示。

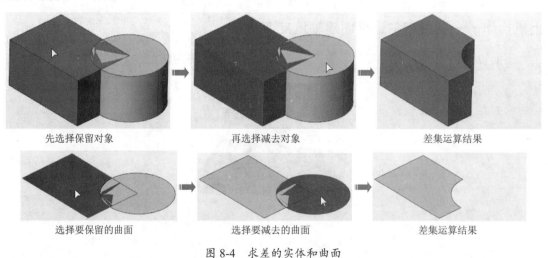

先选择保留对象　　　再选择减去对象　　　差集运算结果

选择要保留的曲面　　选择要减去的曲面　　差集运算结果

图8-4 求差的实体和曲面

8.1.3 布尔运算交集

交集运算从重叠部分或区域创建体或曲面。单击【布尔运算交集】按钮，先选取第一个对象，单击鼠标右键后再选取第二个对象，最后单击鼠标右键完成交集运算，如图 8-5 所示。

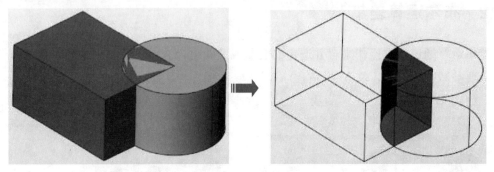

图 8-5 交集运算

与联集类似，交集的选择集可包含位于任意多个不同平面中的曲面或实体。通过拉伸二维轮廓然后使它们相交，可以快速创建复杂的模型，如图 8-6 所示。

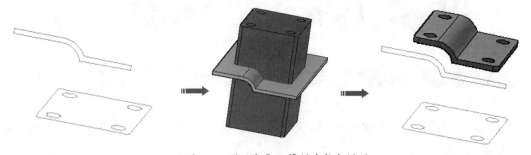

图 8-6 利用交集运算创建复杂模型

上机操作——利用布尔运算创建轴承支架

下面以实例来说明使用布尔运算工具来创建零件模型的操作过程，如图 8-7 所示。

图 8-7 零件模型

① 新建 Rhino 文件。
② 利用【长方体：对角线】命令创建长、宽、高分别为 138×270×20 的长方体，如图 8-8 所示。

③ 再利用【长方体：对角线】命令在如图 8-9 所示的相同位置上创建一个小长方体，长、宽、高为 28×50×15。

```
指令: _Box
底面的第一角 ( 对角线(D)  三点(P)  垂直(V)  中心点(C) ): _Diagonal
第一角 ( 正立方体(C) ): 0,0,0
第二角: 138,270,20
正在建立网格... 按 Esc 取消
```

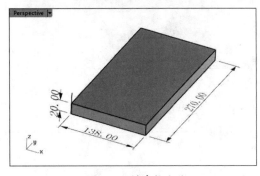

图 8-8 创建长方体　　　　　　　　图 8-9 创建小长方体

④ 利用左边栏中的【移动】命令，移动小长方体，结果如图 8-10 所示。

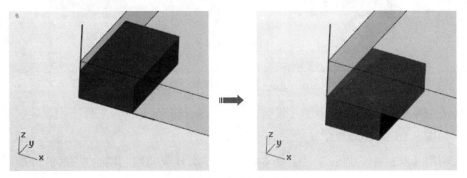

图 8-10 移动小长方体

⑤ 利用【复制】命令，复制小长方体，结果如图 8-11 所示。

⑥ 利用【长方体：对角线】命令创建长方体 A，其长、宽、高为 138×20×120，如图 8-12 所示。

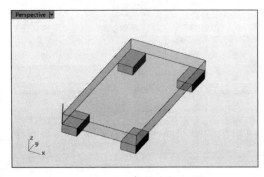 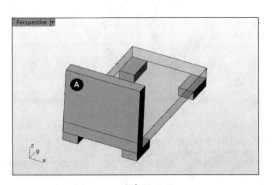

图 8-11 复制小长方体　　　　　　　图 8-12 创建长方体 A

⑦ 移动长方体 A，结果如图 8-13 所示。

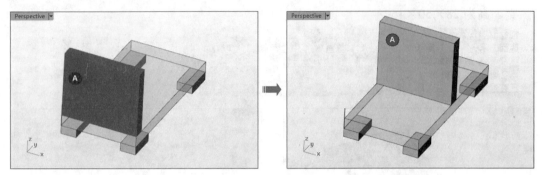

图 8-13　移动长方体 A

⑧ 同理，创建长方体 B（138×120×20），并移动它，结果如图 8-14 所示。

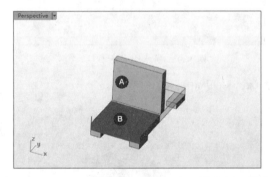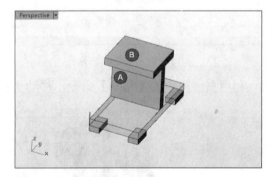

图 8-14　创建并移动长方体 B

⑨ 利用【工作平面】选项卡中的【设定工作平面原点】命令，将工作平面设定在长方体 B 上，如图 8-15 所示。

⑩ 然后利用【圆：中心点、半径】命令，在长方体 B 表面绘制四个直径为 30 的圆，如图 8-16 所示。

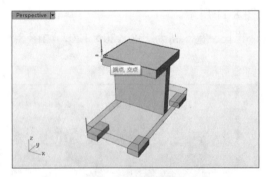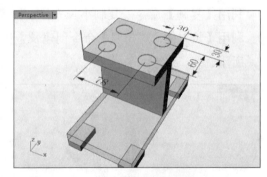

图 8-15　设定工作平面　　　　　　　　　图 8-16　绘制圆

⑪ 利用【实体工具】选项卡的左边栏中的【挤出封闭的平面曲线】命令，选取四个圆作为截面曲线，创建如图 8-17 所示的挤出实体。

⑫ 单击【布尔运算差集】按钮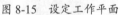，选取长方体 B 作为要被减去的对象，单击鼠标右键后

再选取四个挤出实体作为要减去的对象,单击鼠标右键后完成差集运算,结果如图 8-18 所示。差集运算后删除或者隐藏四个挤出实体。

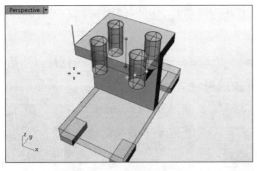

图 8-17　创建挤出实体

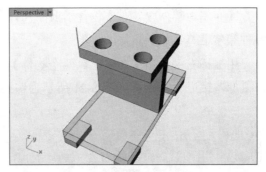

图 8-18　布尔差集运算

⑬ 最后使用【布尔运算联集】命令对所有的实体求和,结果如图 8-19 所示。

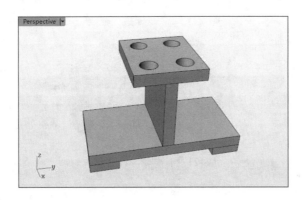

图 8-19　联集运算

8.1.4　布尔运算分割

布尔运算分割是求差运算与求交运算的综合结果,既保存差集结果,也保存交集的部分。单击【布尔运算分割】按钮 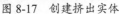,选取要分割的对象,单击鼠标右键后再选取切割用的对象,再次单击鼠标右键后完成分割运算,如图 8-20 所示。

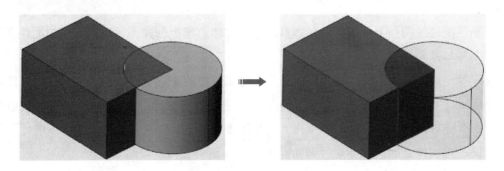

图 8-20　布尔运算分割

8.1.5 布尔运算两个物件

【布尔运算两个物件】包含了前面几种布尔运算的可能性，可以使用鼠标左键轮流切换各种布尔运算结果。

用鼠标右键单击【布尔运算两个物件】按钮，选取两个要做布尔运算的物件，然后单击鼠标左键进行切换，如图 8-21 所示为切换的各种结果。

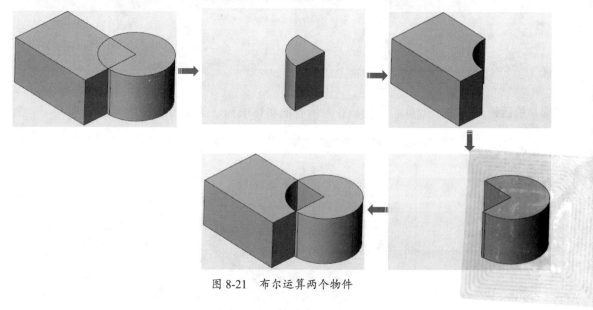

图 8-21　布尔运算两个物件

8.2　工程实体工具

工程特征是不能单独创建的特征，必须依附于基础实体。只有基础实体存在时，才可以创建。

8.2.1　不等距边缘圆角

【不等距边缘圆角】命令可以在多重曲面或实体边缘上创建不等距的圆角曲面，修剪原来的曲面并与圆角曲面组合在一起。

【不等距边缘圆角】命令与【曲面工具】选项卡中的【不等距曲面圆角】命令有共同点也有不同点。共同点就是都能对多重曲面和实体进行圆角处理。不同的是，【不等距边缘圆角】命令不能对独立曲面进行圆角操作。而利用【不等距曲面圆角】命令对实体进行圆角操作，仅仅是对实体上的两个面进行圆角操作，并非整个实体，如图 8-22 所示。

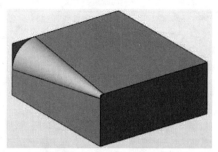
利用【不等距曲面圆角】命令倒圆角

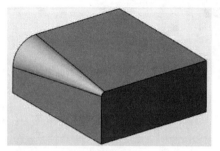
利用【不等距边缘圆角】命令倒圆角

图 8-22　两种圆角命令对于实体倒圆角的对比

上机操作——利用【不等距边缘圆角】创建轴承支架

轴承支架零件二维图形及实体模型如图 8-23 所示。

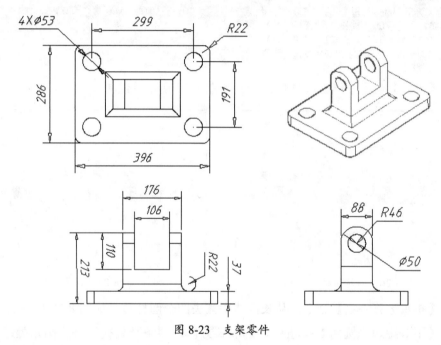

图 8-23　支架零件

① 新建 Rhino 文件。

② 利用【直线】命令，在 Top 视窗中绘制两条相互垂直的直线，并利用【出图】选项卡中的【设定线型】命令 将其转换成虚线，如图 8-24 所示。

③ 执行菜单栏中的【实体】|【立方体】|【底面中心点、角、高度】命令，创建长、宽、高分别为 396×286×237 的长方体，如图 8-25 所示。

```
指令: _Box
底面的第一角（对角线(D)　三点(P)　垂直(V)　中心点(C)）: _Center
底面中心点:
底面的另一角或长度（三点(P)）: 198,143,0
高度，按 Enter 套用宽度: 37
正在建立网格... 按 Esc 取消
```

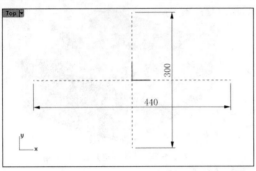

图 8-24 绘制直线

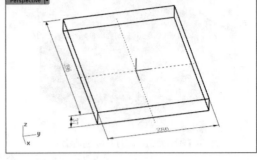

图 8-25 创建长方体

④ 利用【圆柱体】命令,创建直径为 53 的圆柱体,如图 8-26 所示。

```
指令: _Cylinder
圆柱体底面 ( 方向限制(D)=垂直  实体(S)=是  两点(P)  三点(O)  正切(T)  逼近数个点(F) ): 149.5,95.5,0
半径 <18.446> ( 直径(D)  周长(C)  面积(A) ): 直径
直径 <36.891> ( 半径(R)  周长(C)  面积(A) ): 53
圆柱体端点 <12.586> ( 方向限制(D)=垂直  两侧(A)=否 ): 40
```

⑤ 利用【镜像】命令,镜像圆柱体,得到如图 8-27 所示的结果。

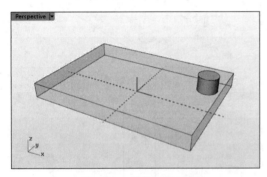

图 8-26 创建圆柱体

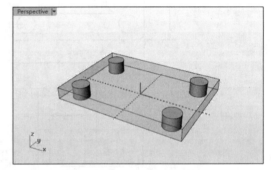

图 8-27 镜像圆柱体

⑥ 利用【布尔运算差集】命令,从长方体中减去四个圆柱体,如图 8-28 所示。

⑦ 单击【不等距边缘圆角】按钮 ,选取长方体的四条竖直棱边进行圆角处理,半径为 22,创建的圆角如图 8-29 所示。

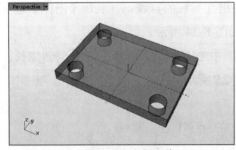

图 8-28 差集运算

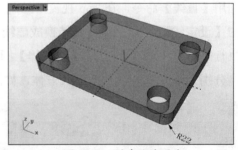

图 8-29 创建边缘圆角

⑧ 执行菜单栏中的【实体】|【立方体】|【底面中心点、角、高度】命令,创建长、宽、高分别为 176×88×213 的长方体,如图 8-30 所示。

```
指令：_Box
底面的第一角（对角线(D) 三点(P) 垂直(V) 中心点(C)）：_Center
底面中心点：
底面的另一角或长度（三点(P)）：176
宽度，按 Enter 套用长度（三点(P)）：88
高度，按 Enter 套用宽度：213
正在建立网格... 按 Esc 取消
```

⑨ 利用【圆：中心点、半径】、【多重直线】和【修剪】命令，在 Right 视窗中绘制如图 8-31 所示的曲线。

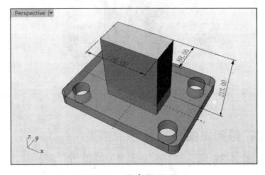

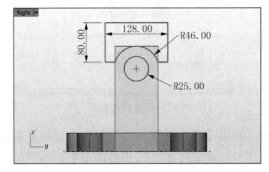

图 8-30　创建长方体　　　　　　　　　　　图 8-31　绘制曲线

⑩ 利用【挤出封闭的平面曲线】命令，选取上一步骤绘制的曲线创建挤出实体，如图 8-32 所示。

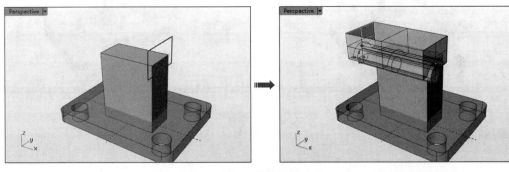

图 8-32　创建挤出实体

⑪ 利用【布尔运算差集】命令，进行差集运算，得到如图 8-33 所示的结果。

⑫ 利用【布尔运算联集】命令，将两个实体求和，得到如图 8-34 所示的结果。

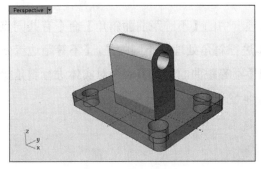

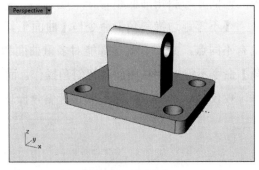

图 8-33　差集运算　　　　　　　　　　　图 8-34　联集运算

⑬ 利用【多重直线】命令，在 Front 视窗中绘制如图 8-35 所示的曲线。
⑭ 利用【挤出封闭的平面曲线】命令，选取上一步骤绘制的曲线创建挤出实体，如图 8-36 所示。

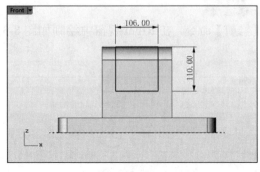
图 8-35 绘制曲线

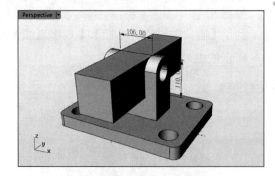
图 8-36 创建挤出实体

⑮ 利用【布尔运算差集】命令，进行差集运算，得到如图 8-37 所示的结果。
⑯ 最后利用【不等距边缘圆角】命令，创建如图 8-38 所示的半径为 22 的圆角。

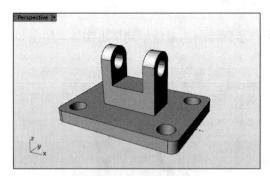
图 8-37 差集运算

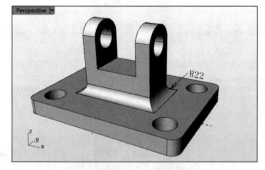
图 8-38 创建不等距边缘圆角

⑰ 最后将结果保存。

8.2.2　不等距边缘斜角

【不等距边缘斜角】命令可以在多重曲面或实体边缘上创建不等距的斜角曲面，修剪原来的曲面并与斜角曲面组合在一起。

【不等距边缘斜角】命令与【曲面工具】选项卡中的【不等距曲面斜角】命令有共同点也有不同点。共同点就是都能对多重曲面和实体进行斜角处理。不同的是，【不等距边缘斜角】命令不能对独立曲面进行斜角操作。而利用【不等距曲面斜角】命令对实体进行斜角操作，仅仅是对实体上的两个面进行斜角操作，并非整个实体，如图 8-39 所示。

第 8 章 实体编辑与操作

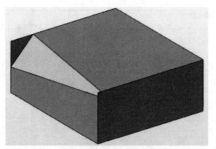
利用【不等距曲面斜角】命令倒斜实体

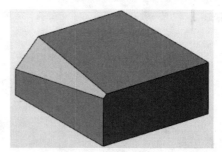
利用【不等距边缘斜角】命令倒斜实体

图 8-39 两种斜角命令对于实体倒斜角的对比

同理，两个斜角命令的操作方法相同，也不重复叙述了。

8.2.3 封闭的多重曲面薄壳

【封闭的多重曲面薄壳】命令可以对实体进行抽壳，也就是删除所选的面，余下的部分则偏移创建有一定厚度的壳体。

下面我们通过一个挤压瓶的设计，全面掌握【封闭的多重曲面薄壳】命令的应用。

上机操作——创建挤压瓶

① 新建 Rhino 文件。
② 在 Top 视窗中绘制一个椭圆和圆，如图 8-40 所示。
③ 利用【移动】命令将圆向 Z 轴正方向移动 200，如图 8-41 所示。

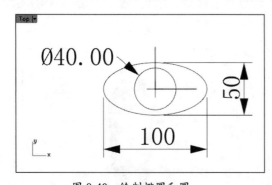

图 8-40 绘制椭圆和圆

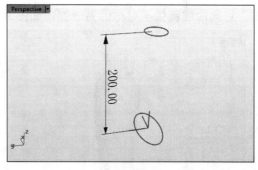

图 8-41 移动圆

④ 利用【内插点曲线】命令在 Front 视窗中绘制样条曲线，如图 8-42 所示。
⑤ 利用【双轨扫掠】命令，选取椭圆和圆作为路径，以样条曲线为截面曲线，创建如图 8-43 所示的曲面。

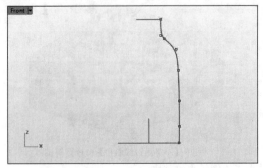

图 8-42 绘制样条曲线

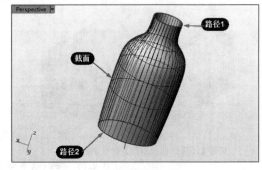

图 8-43 创建扫掠曲面

⑥ 单击【实体工具】选项卡中的【将平面洞加盖】按钮,选取瓶身来创建瓶口和瓶底的曲面。加盖后的封闭曲面自动生成实体,如图 8-44 所示。

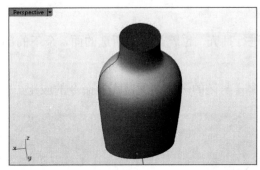

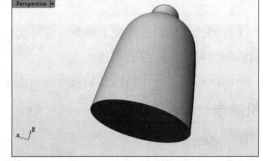

图 8-44 加盖并生成实体

⑦ 在 Right 视窗中利用【圆弧：起点、终点、通过点】命令,绘制圆弧,如图 8-45 所示。

⑧ 将此曲线镜像至对称的另一侧,如图 8-46 所示。

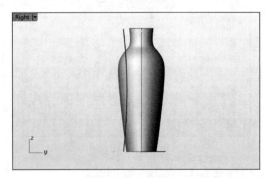

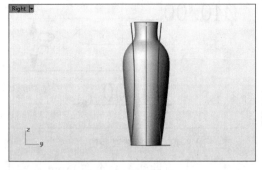

图 8-45 绘制圆弧

图 8-46 镜像曲线

⑨ 利用【直线挤出】命令,创建如图 8-47 所示的与瓶身产生交集的挤出曲面。

⑩ 在菜单栏中执行【分析】|【方向】命令,选取两个曲面检查其方向。必须使紫色的方向箭头都指向相对的内侧,如果方向不正确,可以选取曲面来改变其方向,如图 8-48 所示。

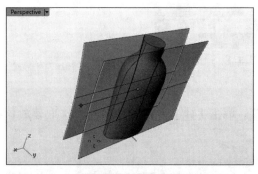
图 8-47 创建挤出曲面

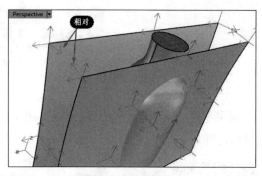
图 8-48 检测方向

⑪ 利用【布尔运算差集】命令，选取瓶身作为要减去的对象，选取两个曲面作为减除的对象，结果如图 8-49 所示。

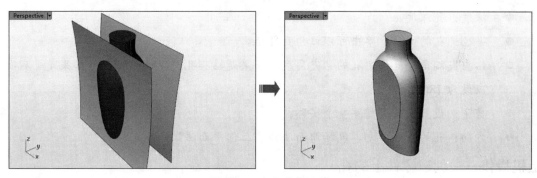
图 8-49 布尔差集运算

⑫ 利用【不等距边缘圆角】命令，创建圆角，如图 8-50 所示。

⑬ 最后单击【封闭的多重曲面薄壳】按钮 ，选取瓶口曲面作为要移除的面，设定厚度为 2.5，单击鼠标右键完成抽壳操作，也完成了挤压瓶的建模操作，如图 8-51 所示。

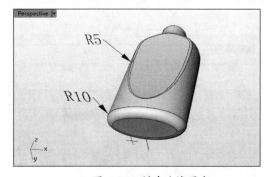
图 8-50 创建边缘圆角

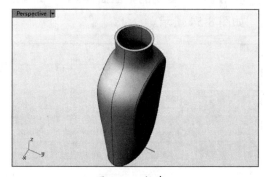
图 8-51 抽壳

8.2.4 洞

Rhino 中的"洞"就是工程中常见的孔。孔工具在【实体工具】选项卡中，如图 8-52 所示。

图 8-52　孔工具

1. 建立圆洞

利用【建立圆洞】命令可以建立自定义的孔。单击【建立圆洞】按钮，选取要放置孔的目标曲面后，命令行中显示如下提示：

```
选取目标曲面
中心点（深度(D)=1 半径(R)=10 钻头尖端角度(I)=180 贯穿(T)=否 方向(C)=工作平面法线）：
```

提示中的选项含义如下：

- 中心点：孔的中心点。
- 深度：孔深度。
- 半径：孔的半径。单击可以设为直径值。
- 钻头尖端角度：设定孔的钻尖角度。如果是钻头孔，应设为 118°；如果是平底孔，应设为 180°。
- 贯穿：设置孔是否贯穿整个实体。
- 方向：孔的生成方向。包括曲面法线、工作平面法线和指定。

上机操作——创建零件上的孔

① 新建 Rhino 文件。
② 使用【直线】、【圆弧】、【修剪】、【圆】和【曲线圆角】等命令，绘制出如图 8-53 所示的图形。
③ 利用【挤出封闭的平面曲线】命令选取图形中所有实线轮廓创建厚度为 50 的挤出实体，如图 8-54 所示。

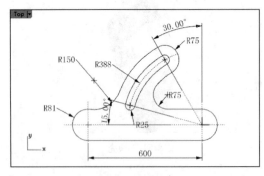

图 8-53　绘制轮廓

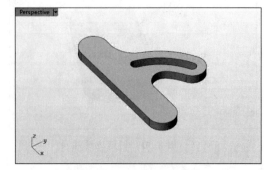

图 8-54　创建挤出实体

④ 单击【建立圆洞】按钮，选取要放置孔的目标曲面（上表面），利用【物件锁点】功能选取圆弧中心点作为孔中心点，如图 8-55 所示。

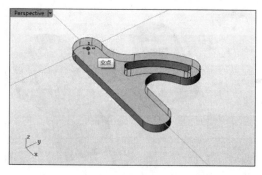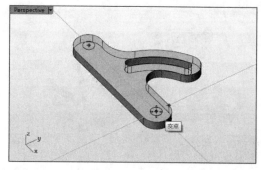

图 8-55　选取圆弧中心点

⑤ 在命令行中设置半径为 63，设置【贯穿=是】选项，其余选项保持默认设置，单击鼠标右键完成孔的创建，如图 8-56 所示。

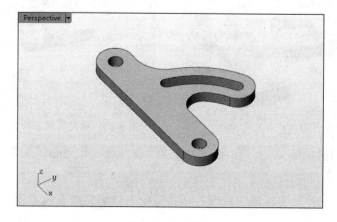

图 8-56　创建孔

2. 建立洞/放置洞

【建立洞】命令（用鼠标左键单击）是将封闭曲线以平面曲线挤出，在实体或多重曲面上挖出一个洞（孔）。

【放置洞】命令（用鼠标右键单击）是将已有的封闭曲线或者孔边缘放置到新的曲面位置上来重建孔。

上机操作——建立洞/放置洞

① 打开本例源文件"建立洞-放置洞.3dm"。
② 利用【圆】、【矩形】和【修剪】等命令，在模型上绘制图形，如图 8-57 所示。
③ 单击【建立洞】按钮，选取圆和矩形，单击鼠标右键后再选取放置曲面（上表面），然后单击鼠标右键完成圆孔的创建，如图 8-58 所示。
④ 用鼠标右键单击【放置洞】按钮，选取圆孔边缘或圆曲线，然后选取孔的基准点，如图 8-59 所示。
⑤ 单击鼠标右键保留默认的孔朝上的方向，然后选择目标曲面（放置曲面），如图 8-60 所示。

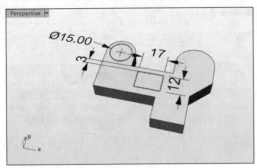

图 8-57 绘制图形

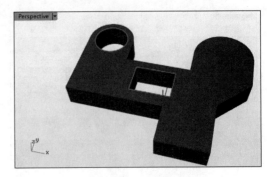

图 8-58 创建孔

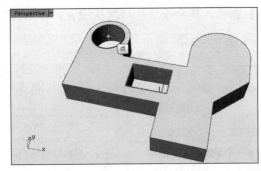

图 8-59 选取封闭曲线和孔基准点

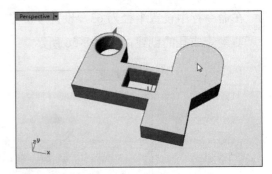

图 8-60 确定孔朝上的方向并选择放置面

⑥ 将光标移动到模型圆弧处,会自动拾取其圆心,选取此圆心作为放置面上的点,如图 8-61 所示。

⑦ 输入深度值或者拖动光标确定深度,单击鼠标右键后完成孔的放置,如图 8-62 所示。

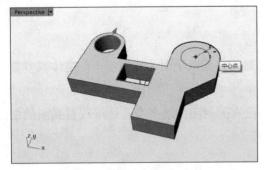

图 8-61 选取孔放置点

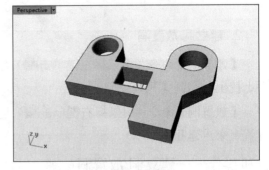

图 8-62 设定深度并放置孔

3. 旋转成洞

【旋转成洞】命令可用于异形孔的创建,也可以理解为对对象进行旋转切除操作,旋转截面曲线为开放的曲线或者封闭的曲线。

上机操作——旋转成洞

① 打开本例源文件"旋转成洞.3dm"。

② 单击【旋转成洞】按钮,选取轮廓 1 作为要旋转成孔的轮廓曲线,如图 8-63 所示。

> 工程点拨：
> 轮廓曲线必须是多重曲线，也就是单一曲线或者将多条曲线进行组合。

③ 然后选取轮廓曲线的一个端点作为曲线基准点，如图 8-64 所示。

> 工程点拨：
> 曲线基准点确定了孔的形状，不同的基准点会产生不同的效果。

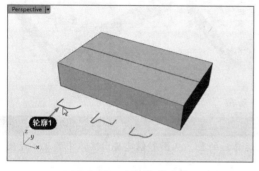

图 8-63 选取轮廓曲线

图 8-64 选取曲线基准点

④ 随后按提示选取目标面（模型上表面），并指定孔的中心点，如图 8-65 所示。
⑤ 单击鼠标右键完成此孔的创建，如图 8-66 所示。

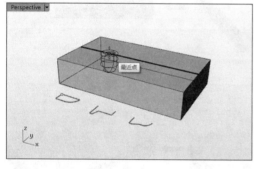

图 8-65 指定孔的中心点

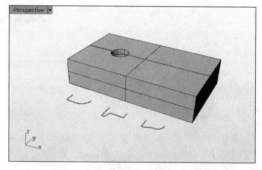

图 8-66 创建孔

⑥ 同理，再创建其余两个旋转成形孔，如图 8-67 所示。剖开的示意图如图 8-68 所示。

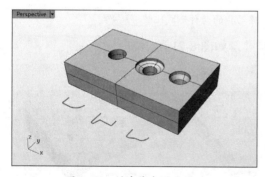

图 8-67 创建其余两个孔

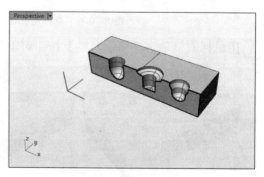

图 8-68 剖开示意图

4. 将洞移动/将洞复制

使用【将洞移动】命令可以将创建的孔移动到曲面的新位置上，如图 8-69 所示。

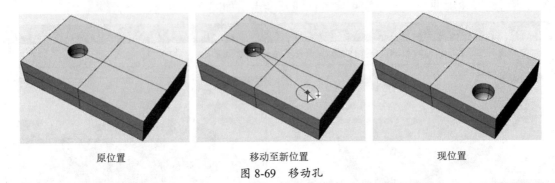

原位置　　　　　　　移动至新位置　　　　　　　现位置

图 8-69　移动孔

> **工程点拨：**
> 此命令适用于利用孔工具创建的孔及经过布尔差集运算后的孔，从图形创建挤出实体中的孔不能使用此命令，如图 8-70 所示。

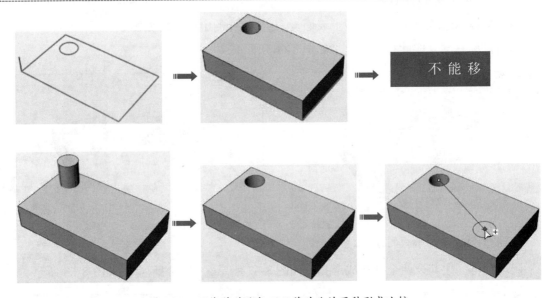

图 8-70　不能移动孔与可以移动孔的两种形式比较

用鼠标右键单击【将洞复制】按钮可以复制孔，如图 8-71 所示。

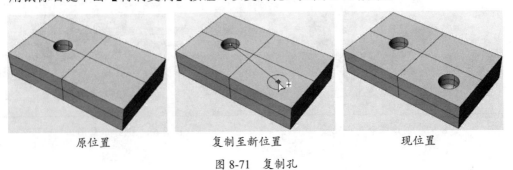

原位置　　　　　　　复制至新位置　　　　　　　现位置

图 8-71　复制孔

第 8 章 实体编辑与操作

5. 将洞旋转

单击【将洞旋转】按钮，可以将平面上的洞绕着指定的中心点旋转。旋转时可以设置是否复制孔，如图 8-72 所示。

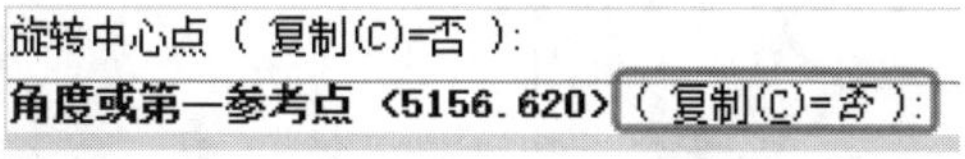

图 8-72 旋转洞时设置是否复制

上机操作——将洞旋转

① 新建 Rhino 文件。
② 利用【圆柱体】命令在坐标系原点位置创建直径为 50、高为 10 的圆柱体，如图 8-73 所示。
③ 利用【建立圆洞】命令，在圆柱体上创建直径为 40、深度为 5 的大圆孔，如图 8-74 所示。

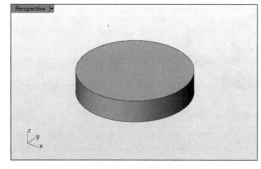

图 8-73 创建圆柱体

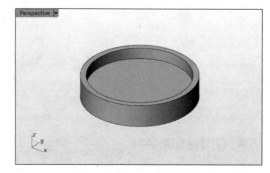

图 8-74 创建大圆孔

④ 利用【圆柱体】命令在坐标系原点创建直径为 20、高为 7 的小圆柱体，如图 8-75 所示。利用【布尔运算联集】命令组合所有实体。
⑤ 利用【建立圆洞】命令，在小圆柱体上创建直径为 15 的贯穿孔，如图 8-76 所示。

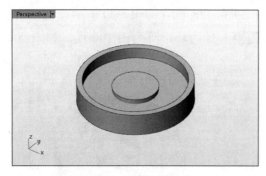

图 8-75 创建小圆柱体

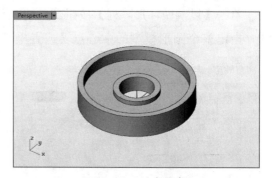

图 8-76 创建贯穿孔

⑥ 再利用【建立圆洞】命令，创建直径为 7.5 的贯穿孔，如图 8-77 所示。
⑦ 单击【将洞旋转】按钮，选取要旋转的孔（直径为 7.5 的贯穿孔），然后选取旋转中心点，如图 8-78 所示。

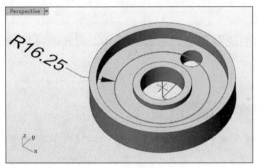

图 8-77 创建贯穿孔

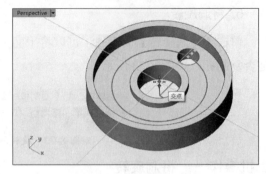

图 8-78 选取旋转中心点

⑧ 在命令行中输入旋转角度-90，并设置【复制=是】选项，单击鼠标右键后完成孔的旋转复制，如图 8-79 所示。

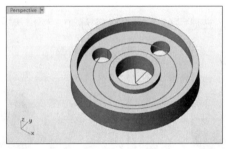

图 8-79 旋转复制孔

6．以洞做环形阵列

使用【以洞做环形阵列】命令可以绕阵列中心点进行旋转复制，生成多个副本。此命令旋转复制的副本数仅仅是一个。

上机操作——以洞做环形阵列

① 打开本例源文件"以洞做环形阵列.3dm"。

② 单击【以洞做环形阵列】按钮，选取平面上要阵列的孔，如图 8-80 所示。

③ 指定整个圆形模型的中心点（或者坐标系原点）作为环形阵列的中心点，如图 8-81 所示。

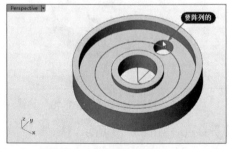

图 8-80 选取要阵列的孔

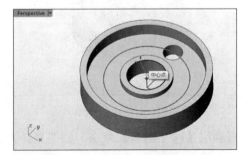

图 8-81 指定环形阵列中心点

④ 在命令行中输入阵列的数目为 4，单击鼠标右键后输入旋转角度总和为 360，再单击鼠

标右键完成孔的环形阵列，结果如图 8-82 所示。

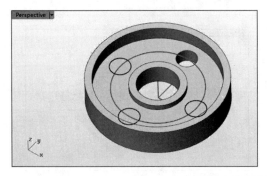 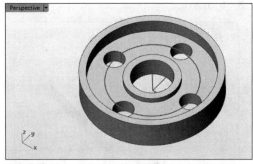

图 8-82 完成环形阵列

7．以洞做阵列

【以洞做阵列】命令是将孔做矩形或平行四边形阵列。

上机操作——以洞做矩形阵列

① 打开本例源文件"以洞做阵列.3dm"。
② 单击【以洞做阵列】按钮，选取平面上要阵列的孔，如图 8-83 所示。
③ 在命令行中输入 A 方向数目为 3，单击鼠标右键，输入 B 方向数目为 3，选取阵列基点，如图 8-84 所示。

 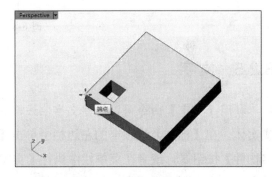

图 8-83 选取要阵列的孔　　　　　　图 8-84 指定阵列基点

④ 指定 A 方向和 B 方向上的参考点，如图 8-85 所示。

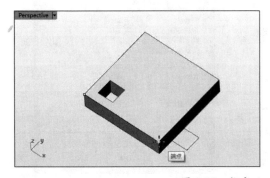 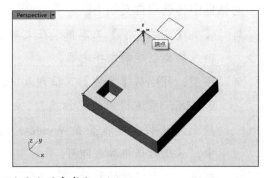

图 8-85 指定 A、B 方向上的参考点

⑤ 在命令行中设置 A 间距值和 B 间距值均为 15，单击鼠标右键完成孔的矩形阵列，如图 8-86 所示。

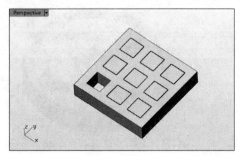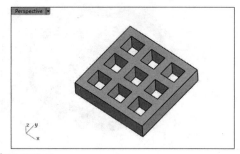

图 8-86 创建矩形阵列

8. 将洞删除

【将洞删除】命令用来删除不需要的孔，如图 8-87 所示。

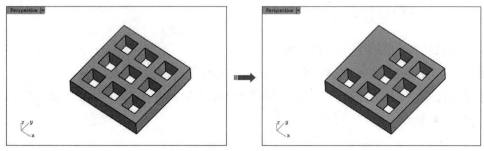

图 8-87 删除孔

8.2.5 文字

利用【文字】命令可以创建文字曲线、曲面或实体。在【标准】选项卡的左边栏中单击【文字物件】按钮，或者在菜单栏中执行【实体】|【文字】命令，弹出【文字物件】对话框，如图 8-88 所示。

对话框中各选项含义如下：

- 【要建立的文字】文本框：在文本框中输入你要创建的文字内容。
- 字型：可以从【名称】下拉列表中选择 Windows 系统提供的字体类型。也可以将自定义的字型放置在 Windows 系统中，从此对话框加载即可。
- 粗体：设置字体的粗细。

图 8-88 【文字物件】对话框

- 斜体：设置字体的倾斜度。
- 建立：要建立的对象类型。包括【曲线】、【曲面】和【实体】。
- 群组物件：由群组建立的物件。
- 文字大小：设定文字的高度与厚度。
- 小型大写：以小型大写的方式显示英文小写字母。
- 间距：字体之间的间距。

前面章节中已经应用过【文字物件】工具创建文字了，此处不再重新举例赘述。

8.3 成形实体工具

成形实体是基于原有实体而进行的重建形状特征操作。

8.3.1 线切割

使用开放或封闭的曲线切割实体。

上机操作——线切割

① 打开本例源文件"线切割.3dm"。
② 单击【线切割】按钮，选取切割用的曲线和要切割的实体对象，如图 8-89 所示。
③ 单击鼠标右键后输入切割深度或者指定第一切割点，如图 8-90 所示。

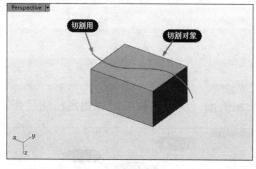

图 8-89　选取切割用曲线和要切割的对象

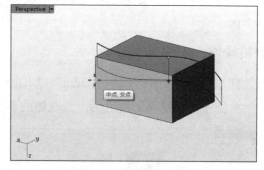

图 8-90　指定第一切割点

④ 将第二切割点拖动到模型外并单击放置，如图 8-91 所示。

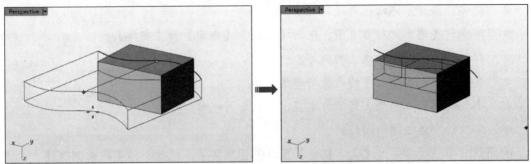

图 8-91　指定第二切割点

⑤ 最后单击鼠标右键即可完成切割,如图 8-92 所示。

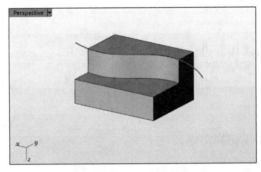

图 8-92　创建矩形阵列

8.3.2 将面移动

【将面移动】命令通过移动面来修改实体或曲面。如果是曲面,仅仅移动曲面,不会生成实体。

上机操作——将面移动

① 打开本例源文件"线切割.3dm",如图 8-93 所示。

② 单击【将面移动】按钮，选取如图 8-94 所示的面,单击鼠标右键后指定移动起点。

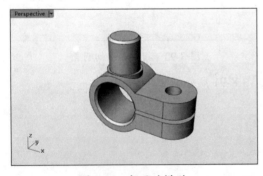

图 8-93　打开的模型

图 8-94　指定移动起点

③ 设置【方向限制=法线】选项,再输入移动距离值 5,单击鼠标右键后完成面的移动,

结果如图 8-95 所示。

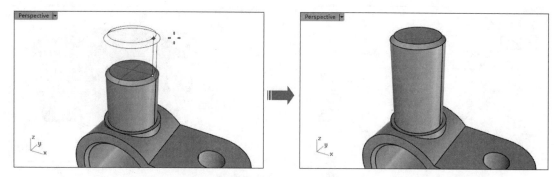

图 8-95　指定移动方向并输入移动距离

④　再执行此命令，选取如图 8-96 所示的面进行移动操作。

⑤　设置【方向限制=法向】选项，输入终点距离值 2，单击鼠标右键后完成面的移动，如图 8-97 所示。

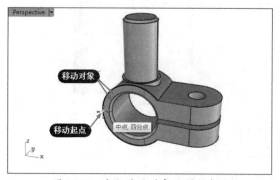

图 8-96　选取移动对象和移动起点

图 8-97　设置移动终点并完成移动操作

⑥　同理，在相反的另一侧也执行相同的移动面操作。

8.4　曲面与实体转换工具

Rhino 实体工具还提供了由曲面生成实体、由实体分离成曲面的功能。

8.4.1　自动建立实体

【自动建立实体】命令以选取的曲面或多重曲面所包围的封闭空间建立实体。

上机操作——自动建立实体

①　新建 Rhino 文件。

②　利用【矩形】、【炸开】、【曲线圆角】和【直线挤出】等命令，建立如图 8-98 所示的

曲面。

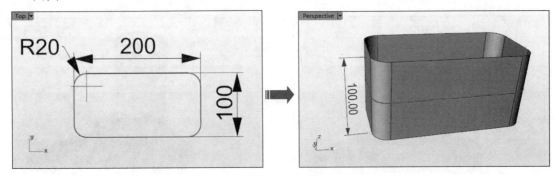

图 8-98　建立挤出曲面

③ 利用【圆弧】命令，在 Front 视窗和 Right 视窗中绘制曲线，如图 8-99 所示。

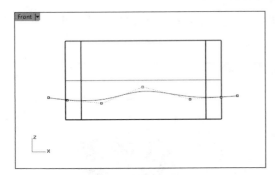
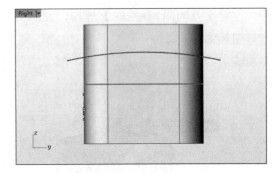

图 8-99　绘制曲线

④ 利用【直线挤出】命令建立挤出曲面，如图 8-100 所示。
⑤ 单击【自动建立实体】按钮，框选所有曲面，单击鼠标右键后自动相互修剪并建立实体，如图 8-101 所示。

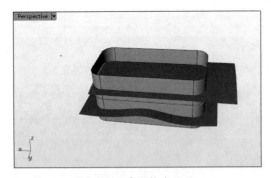
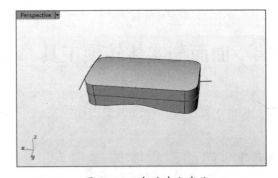

图 8-100　建立挤出曲面　　　　　　　　　图 8-101　自动建立实体

工程点拨：
两两相互修剪的曲面必须完全相交，否则将不能建立实体。

8.4.2 将平面洞加盖

只要曲面上的孔边缘在平面上,都可以利用【将平面洞加盖】命令自动修补平面孔,并自动组合成实体,如图 8-102 所示。

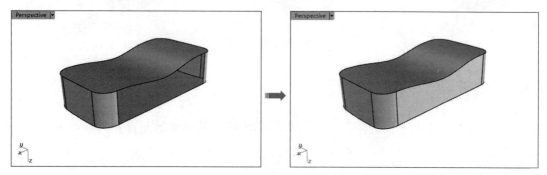

图 8-102 将平面洞加盖

如果不是平面上的洞,将不能加盖,在命令行中会有相关失败提示,如图 8-103 所示。

无法替 1 个物件加盖,边缘没有封闭或不是平面的缺口无法加盖。

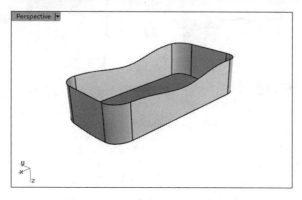

图 8-103 不是平面的洞不能加盖

8.4.3 抽离曲面

【抽离曲面】是将实体中选中的面剥离开,实体则转变为曲面。抽离的曲面可以删除,也可以进行复制。

单击【抽离曲面】按钮 ,选取实体中要抽离的曲面,单击鼠标右键即可完成抽离操作,如图 8-104 所示。

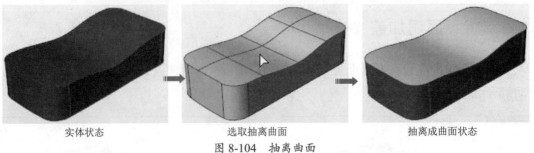

图 8-104 抽离曲面

8.4.4 合并两个共平面的面

使用【合并两个共平面的面】命令可将相邻的两个共平面的面合并为单一平面,如图 8-105 所示。

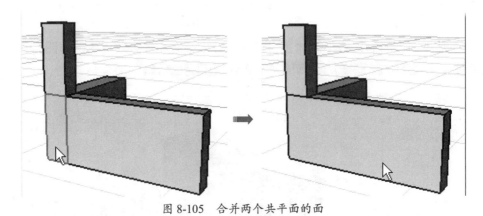

图 8-105 合并两个共平面的面

8.4.5 取消边缘的组合状态

【取消边缘的组合状态】功能近似于【炸开】功能,都可以将实体拆解成曲面。不同的是,前者可以选取单个面的边缘进行拆解,也就是可以拆解出一个或多个曲面,如图 8-106 所示。

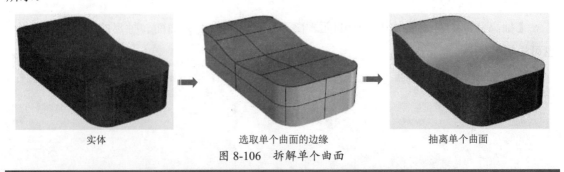

图 8-106 拆解单个曲面

工程点拨:
如果选取实体中所有边缘,将拆解所有曲面。

8.5 操作与编辑实体工具

通过操作或编辑实体对象，可以创建一些造型比较复杂的模型，下面我们来了解一下这些工具。

8.5.1 打开实体物件的控制点

在【曲线工具】或【曲面工具】选项卡中，利用【打开点】功能可以编辑曲线或曲面的形状。同样在【实体工具】选项卡中，利用【打开实体物件的控制点】命令可以编辑实体的形状。

【打开实体物件的控制点】命令打开的是实体边缘的端点，每个点都具有六个自由度，表示可以往任意方向变动位置，达到编辑实体形状的目的，如图8-107所示。

显示控制点　　　　　　拖动控制点　　　　　　改变形状

图8-107　打开实体物件的控制点

在前一章中所介绍的基本实体，除了球体和椭圆球体不能使用【打开实体物件的控制点】命令进行编辑，其他命令都可以。

要想编辑球体和椭圆球体，可以利用【曲线工具】选项卡中的【打开点】命令，或者在菜单栏中执行【编辑】|【控制点】|【开启控制点】命令来进行编辑，如图8-108所示。

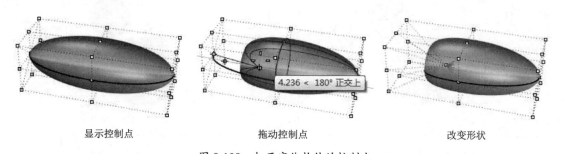

显示控制点　　　　　　拖动控制点　　　　　　改变形状

图8-108　打开实体物件的控制点

下面我们用一个案例来说明如何编辑实体进行造型。

上机操作——小鸭造型

① 新建 Rhino 文件。

② 利用【球体：中心点、半径】命令，创建半径为 30 和 18 的两个球体，如图 8-109 所示。

③ 为了使球体拥有更多的控制点，需要对球体进行重建。选中两个球体，然后执行菜单栏中的【编辑】|【重建】命令，打开【重建曲面】对话框。在对话框中设置 U、V 点数均为 8，阶数都为 3，勾选【删除输入物件】和【重新修剪】复选框，最后单击【确定】按钮完成重建操作，如图 8-110 所示。

> **工程点拨：**
> 两个球体现在已经重建成可塑形的球体了，更多的控制点对球体的形状有更强的控制能力，三阶曲面比原来的球体更能平滑地变形。

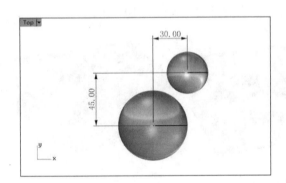
图 8-109 创建两个球体

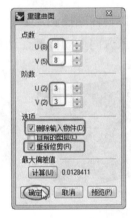
图 8-110 重建球体

④ 选中直径较大的球体，然后利用【打开点】命令，显示球体的控制点，如图 8-111 所示。

⑤ 框选部分控制点，然后执行菜单栏中的【变动】|【设置 XYZ 坐标】命令，如图 8-112 所示。

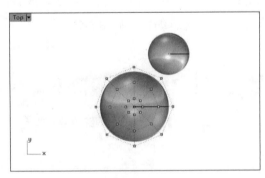
图 8-111 显示控制点

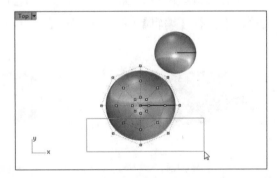
图 8-112 框选部分控制点

⑥ 随后打开【设置点】对话框。在对话框中仅勾选【设置 Y】复选框，再单击【确定】按钮完成设置，如图 8-113 所示。

⑦ 将选取的控制点往上拖曳。所有选取的控制点会在世界 Y 坐标上对齐（Top 视窗垂直的

方向），使球体底部平面化，如图 8-114 所示。

图 8-113 设置点的坐标

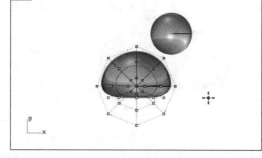

图 8-114 拖动控制点

⑧ 关闭控制点。选中身体部分的球体，执行菜单栏中的【变动】|【缩放】|【单轴缩放】命令，同时打开底部状态栏中的【正交】模式。选择原球体中心点为基点，再指定第一参考点和第二参考点，如图 8-115 所示。

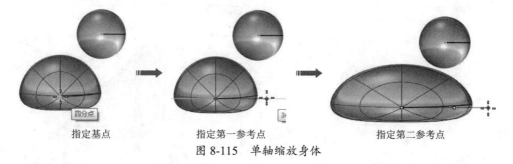

图 8-115 单轴缩放身体

⑨ 确定第二参考点后单击即可完成变动操作。在身体部分处于激活状态下（被选中），打开其控制点。然后再选中右上方的两个控制点，向右拖动，使身体部分隆起，随后单击完成变形操作，如图 8-116 所示。

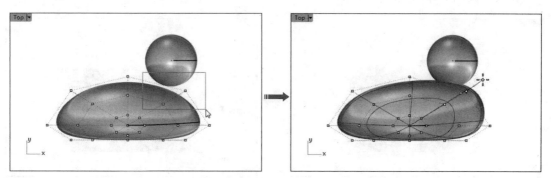

图 8-116 拖动右上方控制点改变胸部形状

⑩ 框选左上方的一个控制点，然后向上拖动，拉出尾部形状，如图 8-117 所示。

工程点拨：

虽然在 Top 视窗中看起来只有一个控制点被选取，但是在 Front 视窗中可以看到共有两个控制点被选取。这是因为第二个控制点在 TOP 视窗中位于你所看到的控制点的正后方。

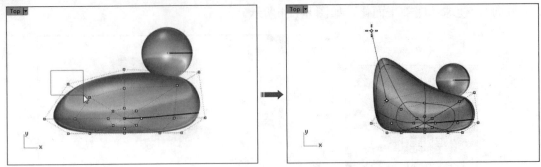

图 8-117 拖动左上方控制点改变尾部形状

⑪ 但是尾部形状看起来还不是很满意，需要继续编辑。编辑之前需要插入一排控制点。在菜单栏中执行【编辑】|【控制点】|【插入控制点】命令，然后选取身体部分，在命令行中更改方向为 V，再选取控制点的放置位置，单击鼠标右键完成插入操作，如图 8-118 所示。

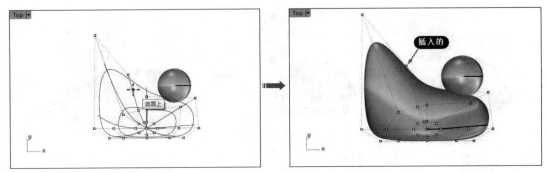

图 8-118 插入控制点

⑫ 框选插入的控制点，然后将其向下拖动，使尾部形状看起来更逼真，如图 8-119 所示。完成后关闭身体的控制点显示。

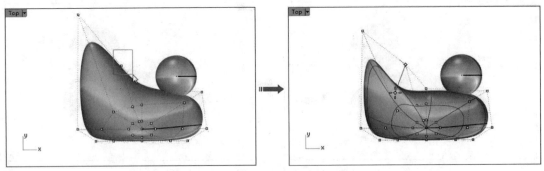

图 8-119 拖动控制点改变身体

⑬ 选取较小的球体，并显示其控制点。框选右侧的控制点然后设置点的坐标方式为【设置 X、设置 Y】，并进行拖动，拉出嘴部的形状，如图 8-120 所示。

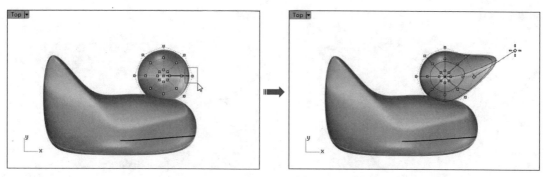

图 8-120 拉出嘴部形状

⑭ 框选如图 8-121 所示的控制点,在 Front 视窗中向右拖动,完善嘴部的形状。

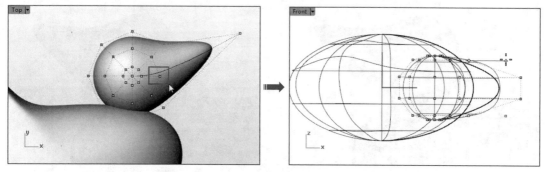

图 8-121 调整嘴部形状

⑮ 再框选顶部的控制点,向下少许拖动微调头部形状,如图 8-122 所示。

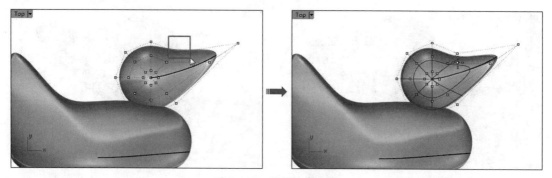

图 8-122 微调头部形状

⑯ 按 Esc 键关闭控制点。利用【内插点曲线】命令绘制一条样条曲线,用来分割出嘴部与头部,分割后可以对嘴部进行颜色渲染以示区别,如图 8-123 所示。

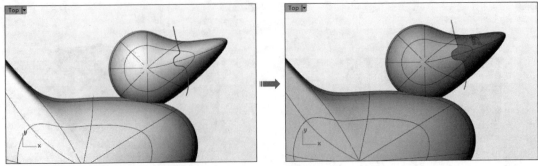

图 8-123 绘制曲线并分割头部

⑰ 利用【直线】命令绘制直线,然后利用直线来修剪头部底端,如图 8-124 所示。

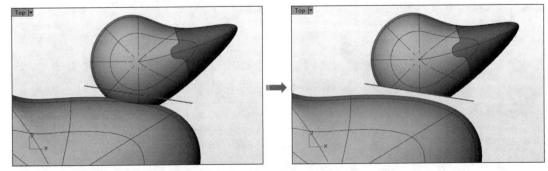

图 8-124 绘制直线再修剪头部

⑱ 在修剪后的缺口边缘上创建挤出曲面,如图 8-125 所示。

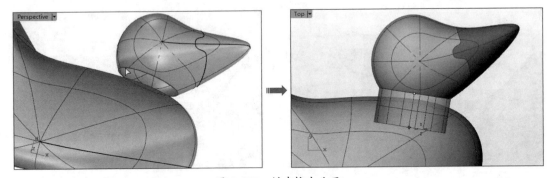

图 8-125 创建挤出曲面

⑲ 利用【修剪】命令,用挤出曲面去修剪身体,得到与头部切口对应的身体缺口,如图 8-126 所示。

工程点拨:
选取要修剪的物件时,要选取挤出曲面范围以内的身体。

⑳ 利用【混接曲面】命令选取头部缺口边缘和身体缺口边缘,创建如图 8-127 所示的混接曲面。

㉑ 至此,小鸭的基本造型创建完成。

第 8 章 实体编辑与操作

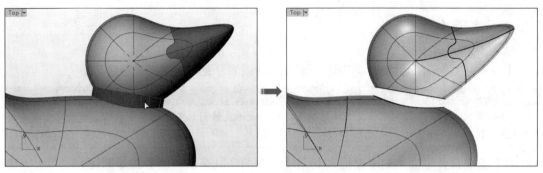

图 8-126 修剪身体

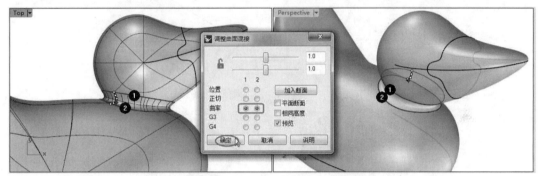

图 8-127 创建混接曲面

8.5.2 移动边缘

【移动边缘】命令通过移动实体的边缘来编辑形状。选取要移动的边缘，边缘所在的曲面将随之改变，如图 8-128 所示。

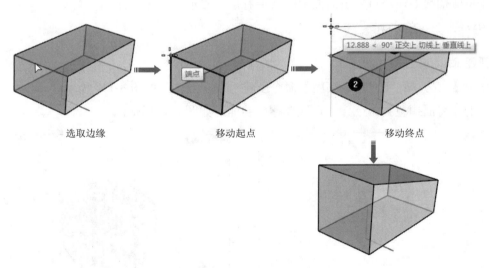

图 8-128 移动边缘编辑实体

8.5.3 将面分割

【将面分割】命令用来分割实体上平直的面或者平面,如图 8-129 所示。

> **工程点拨:**
> 实体的面被分割了,其实体性质却没有改变。曲面是不能使用此命令进行分割的,曲面可使用左边栏中的【分割】命令进行分割。

如果需要合并平面上的多个面,利用【合并两个共平面的面】命令即可。

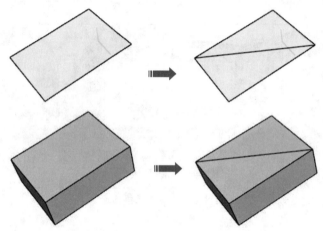

图 8-129 将面分割

8.5.4 将面摺叠

【将面摺叠】命令将多重曲面中的面沿着指定的轴切割并旋转。

上机操作——将面摺叠

① 新建 Rhino 文件。

② 使用【立方体:角对角、高度】命令创建一个立方体,如图 8-130 所示。

③ 单击【将面摺叠】命令,选取要摺叠的面,如图 8-131 所示。

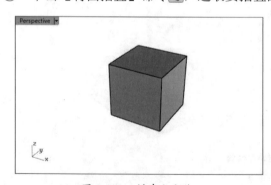

图 8-130 创建立方体

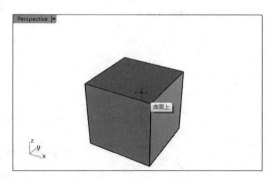

图 8-131 选取要摺叠的面

④ 选取摺叠轴的起点和终点，如图 8-132 所示。

> 工程点拨：
> 确定摺叠轴后，整个面被摺叠轴一分为二。接下来可以摺叠单面，也可以摺叠双面。

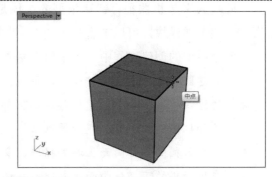

图 8-132　选取摺叠轴的起点与终点

⑤ 接着再指定摺叠的第一参考点和第二参考点，如图 8-133 所示。

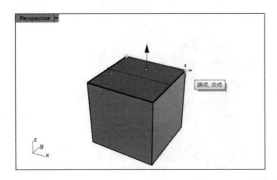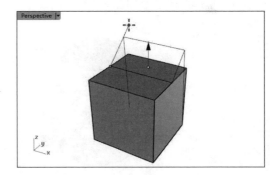

图 8-133　指定摺叠的两个参考点

⑥ 单击鼠标右键完成摺叠，如图 8-134 所示。

> 工程点拨：
> 默认情况下，只设置单个面的摺叠，将生成对称的摺叠。如果不需要对称，可以继续指定另一面的摺叠。

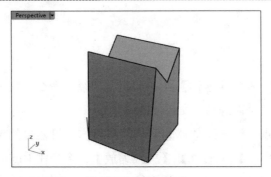

图 8-134　完成摺叠

8.6 实战案例——"哆啦A梦"存钱罐造型

"哆啦A梦"机器猫存钱罐模型的主体是由几块曲面组合而成的。在主体面之上,通过添加一些卡通模块,可以丰富整个造型,从而使整体模型更为生动。

在整个模型的创建过程中采用了以下基本方法和要点:
- 创建圆球体并通过调整曲面的形状,创建机器猫头部曲面;
- 通过双轨扫掠命令创建机器猫的下部分主体曲面;
- 添加机器猫的手臂、腿部等细节;
- 在机器猫的头部曲面上添加眼睛、鼻子、嘴部等细节;
- 在机器猫的下部分曲面上创建凸起曲面,为存钱罐创建存钱口,最终完成整个模型的创建。

完成的机器猫造型如图8-135所示。

图8-135 "哆啦A梦"存钱罐造型

8.6.1 创建主体曲面

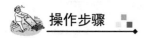

① 新建Rhino文件。
② 执行菜单栏中的【实体】|【球体】|【中心点、半径】命令,在Right视窗中,以坐标轴原点为球心,创建一个圆球体,如图8-136所示。
③ 显示圆球体的控制点,调整圆球体的形状,它将作为机器猫的头部,如图8-137所示。
④ 执行菜单栏中的【变动】|【缩放】|【三轴缩放】命令,在Right视窗中,以坐标原点为基点,缩放图中的圆球体,在提示行中设置【复制=是】选项,通过缩放创建另外两个圆球体。最大的圆球体为球1,中间的球体为球2,原始的球体定为球3,如图8-138所示。

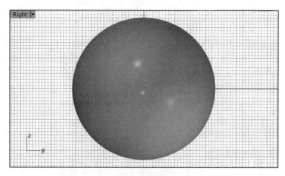
图 8-136　创建圆球体

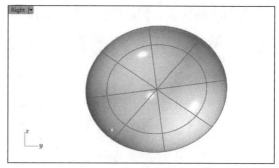
图 8-137　调整圆球体的形状

⑤ 执行菜单栏中的【曲线】|【自由造型】|【控制点】命令,在 Front 视窗中圆球体的下方创建一条曲线,如图 8-139 所示。

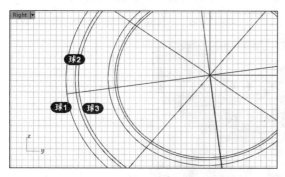

图 8-138　通过缩放创建圆球体　　　　　图 8-139　创建控制点曲线

⑥ 执行菜单栏中的【变动】|【镜像】命令,将新创建的曲线在 Front 视窗中以垂直坐标轴为镜像轴,创建一条镜像副本曲线,如图 8-140 所示。

⑦ 执行菜单栏中的【曲线】|【圆】|【中心点、半径】命令,在 Top 视窗中,以坐标原点为圆心,调整半径值,创建一条圆形曲线,如图 8-141 所示(为了方便观察,图中隐藏了球 1 和球 2)。

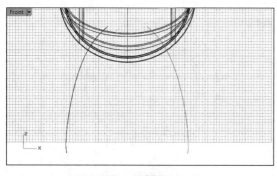
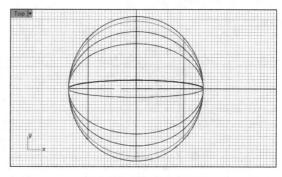

图 8-140　创建镜像副本　　　　　　　　图 8-141　创建圆形曲线

⑧ 在 Front 视窗中,将圆形曲线垂直向下移动以便接下来的选取,并给图中的几条曲线编号,如图 8-142 所示。

⑨ 执行菜单栏中的【曲面】|【双轨扫掠】命令,依次选取曲线 1、曲线 2、曲线 3,单击

317

鼠标右键确认,创建扫掠曲面,如图 8-143 所示。

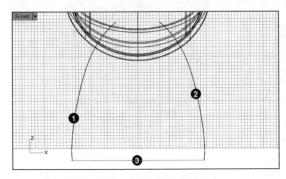
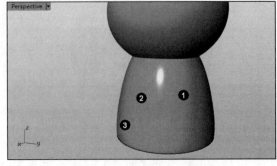

图 8-142　移动圆形曲线　　　　　　　　图 8-143　创建扫掠曲面

⑩ 隐藏图中的曲线,执行菜单栏中的【曲线】|【从物件建立曲线】|【交集】命令,选取图中的曲面,单击鼠标右键确认,在曲面间的相交处创建三条曲线,如图 8-144 所示。

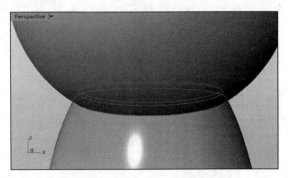

图 8-144　创建曲面间交集曲线

⑪ 执行菜单栏中的【编辑】|【修剪】命令,使用刚刚创建的交集曲线修剪曲面,剪切掉曲面间相交的部分,如图 8-145 所示。

⑫ 执行菜单栏中的【曲线】|【自由造型】|【控制点】命令,在 Right 视窗中创建一条曲线,如图 8-146 所示。

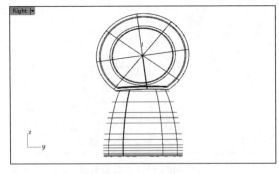
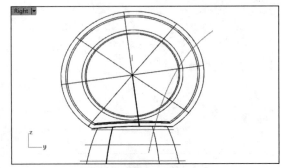

图 8-145　修剪曲面　　　　　　　　　图 8-146　创建一条曲线

⑬ 执行菜单栏中的【编辑】|【分割】命令,以新创建的曲线,在 Right 正交视图中对球 1、球 2 和球 3 进行分割,随后隐藏曲线,如图 8-147 所示。

⑭ 在 Right 视窗中,删除分割后的球 1 的左侧、球 3 的右侧,结果如图 8-148 所示。

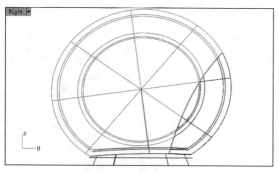
图 8-147 分割曲面

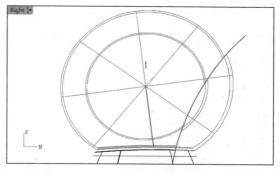
图 8-148 删除分割后的部分曲面

⑮ 执行菜单栏中的【曲面】|【混接曲面】命令，在球 3 与球 2 右侧部分的缝隙处创建混接曲面，随后执行菜单栏中的【编辑】|【组合】命令，将它们组合到一起，如图 8-149 所示。

⑯ 以同样的方法，在球 2、球 3 左侧部分的缝隙处执行菜单栏中的【曲面】|【混接曲面】命令，创建混接曲面，随后将它们组合在一起，如图 8-150 所示。

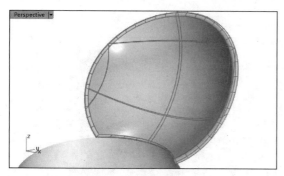
图 8-149 混接并组合曲面

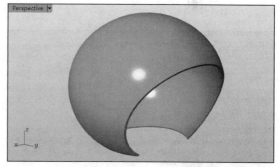
图 8-150 组合球 2、球 3 的左侧部分

⑰ 执行菜单栏中的【曲线】|【自由造型】|【控制点】命令，在 Top 视窗的右侧，创建一条曲线。执行菜单栏中的【变动】|【旋转】命令，在 Front 视窗中将其旋转一定的角度，如图 8-151 所示。

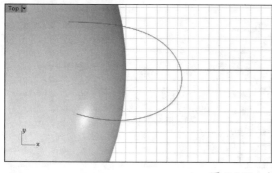
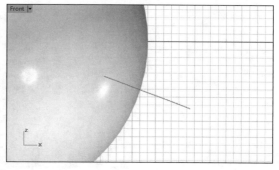
图 8-151 创建并旋转曲线

⑱ 再次执行菜单栏中的【曲线】|【自由造型】|【控制点】命令，在 Front 视窗中创建一条曲线，如图 8-152 所示。

⑲ 执行菜单栏中的【曲面】|【单轨扫掠】命令，选取图中的曲线 1 和曲线 2，单击鼠标右

键确认，创建扫掠曲面，如图 8-153 所示。

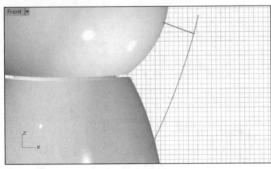
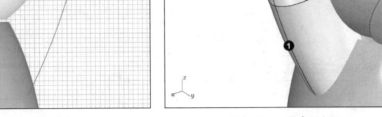

图 8-152　创建曲线　　　　　　图 8-153　创建扫掠曲面

⑳ 隐藏（或删除）图中的曲线。执行菜单栏中的【实体】|【球体】命令，在 Top 视窗中创建一个圆球体，如图 8-154 所示。

㉑ 显示圆球体的控制点，调整圆球体的形状，使其与扫掠曲面以及机器猫头部曲面相交，如图 8-155 所示。

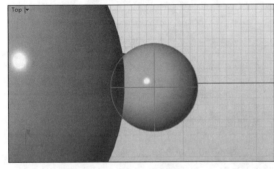
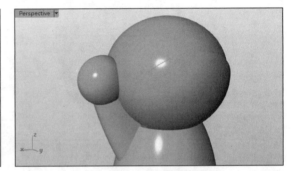

图 8-154　创建圆球体　　　　　　图 8-155　调整圆球体

㉒ 执行菜单栏中的【变动】|【镜像】命令，选取小圆球体以及扫掠曲面，单击鼠标右键确认。在 Front 视窗中，以垂直坐标轴为镜像轴，创建它们的镜像副本，如图 8-156 所示。

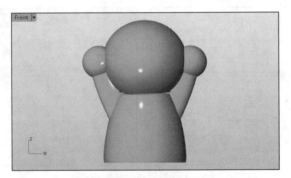

图 8-156　创建镜像副本

㉓ 执行菜单栏中的【实体】|【圆管】命令，选取图中的边缘 A，单击鼠标右键确认。在 Perspective 视窗中通过移动光标调整圆管半径的大小并单击鼠标左键确认。最后按 Enter

键完成圆管曲面的创建,以便封闭上下两曲面间的缝隙,如图 8-157 所示。

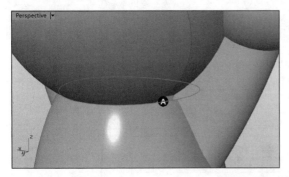 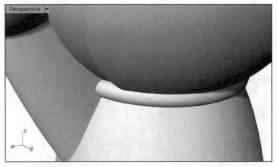

图 8-157 创建圆管曲面

㉔ 执行菜单栏中的【曲线】|【自由造型】|【控制点】命令,在 Top 视窗中创建一条曲线,如图 8-158 所示。

㉕ 单击鼠标右键重复执行【控制点】命令。在 Front 视窗中创建另一条曲线,如图 8-159 所示。

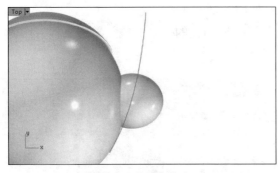 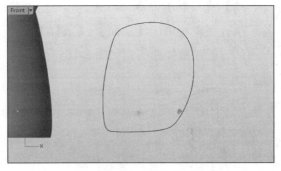

图 8-158 创建路径曲线　　　　　　　　图 8-159 创建断面曲线

㉖ 在 Top 视窗中调整(移动和旋转)断面曲线的位置,并将其旋转一定的角度,结果如图 8-160 所示。

㉗ 执行菜单栏中的【曲面】|【单轨扫掠】命令,在 Perspective 视窗中依次选取路径曲线、断面曲线,单击鼠标右键确认,创建扫掠曲面,如图 8-161 所示。

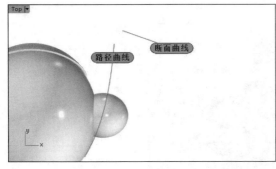 

图 8-160 调整断面曲线的位置　　　　　　图 8-161 创建扫掠曲面

㉘ 在 Top 及 Front 视窗中调整扫掠曲面的位置，使其与机器猫的身体相交，如图 8-162 所示。

㉙ 执行菜单栏中的【曲线】|【自由造型】|【控制点】命令，在 Right 视窗中创建一条曲线，如图 8-163 所示。

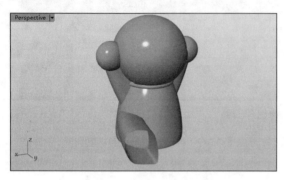

图 8-162　调整曲面的位置　　　　　图 8-163　创建控制点曲线

㉚ 在 Top 视窗中，将新创建的曲线复制两份，并移动到不同位置。执行菜单栏中的【变动】|【旋转】命令，将其旋转一定的角度，如图 8-164 所示。

㉛ 执行菜单栏中的【曲面】|【放样】命令，依次选取创建的三条曲线，单击鼠标右键确认，创建放样曲面，如图 8-165 所示。

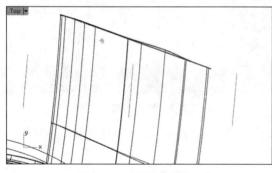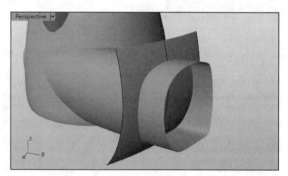

图 8-164　复制并旋转曲线　　　　　图 8-165　创建放样曲面

㉜ 执行菜单栏中的【编辑】|【修剪】命令，将放样曲面与扫掠曲面互相剪切，效果如图 8-166 所示。

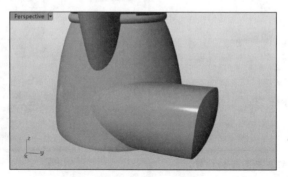

图 8-166　剪切曲面

㉝ 执行菜单栏中的【曲线】|【自由造型】|【控制点】命令，在 Top 视窗中创建一条曲线，如图 8-167 所示。

㉞ 执行菜单栏中的【曲线】|【从物件建立曲线】|【投影】命令，在 Top 视窗中将新创建的曲线投影到腿部曲面（扫掠曲面）上，如图 8-168 所示。

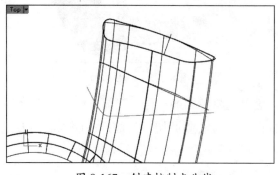

图 8-167 创建控制点曲线

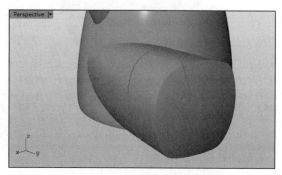

图 8-168 创建投影曲线

㉟ 执行菜单栏中的【编辑】|【重建】命令，重建投影曲线，从而减少投影曲线上的控制点，然后开启控制点显示，调整投影曲线的形状，效果如图 8-169 所示。

㊱ 执行菜单栏中的【曲线】|【从物件建立曲线】|【拉回】命令，将修改后的投影曲线拉回至腿部曲面上，如图 8-170 所示。

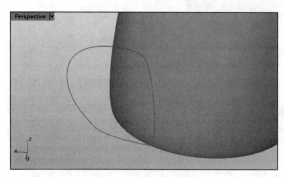

图 8-169 调整曲线的形状

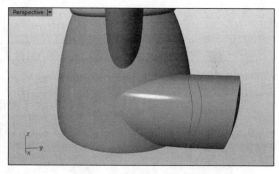

图 8-170 通过【拉回】命令创建曲线

㊲ 执行菜单栏中的【编辑】|【分割】命令，以拉回曲线将腿部曲面分割为两部分，如图 8-171 所示。

㊳ 执行菜单栏中的【曲面】|【偏移曲面】命令，选取分割后的腿部曲面的右侧部分，单击鼠标右键确认，在提示行中调整偏移的距离，向外创建偏移曲面，如图 8-172 所示。

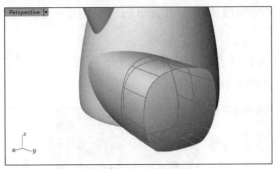

图 8-171 分割曲面

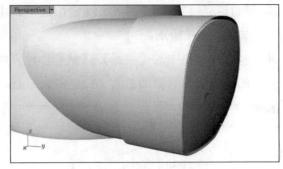

图 8-172 偏移曲面

㊴ 由于接下来的操作较为烦琐,为方便叙述,这里先将各曲面编号,腿部曲面左侧部分为曲面 A,右侧部分为曲面 B,偏移曲面为曲面 C,最右侧剪切后的放样曲面为曲面 D,如图 8-173 所示。

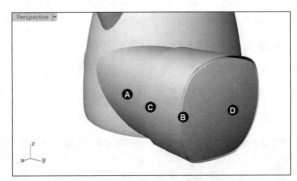

图 8-173 为曲面编号

㊵ 在 Top 视窗中,将曲面 C 沿着曲面的走向向上稍稍移动一段距离,并暂时隐藏曲面 D,如图 8-174 所示。执行菜单栏中的【曲面】|【混接曲面】命令,选取曲面 C、曲面 B 的右侧边缘,单击鼠标右键确认。将【连续类型】设置为【相切】,创建混接曲面,如图 8-175 所示。

图 8-174 移动曲面

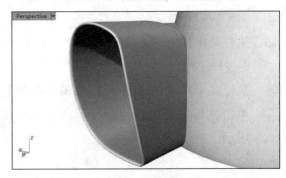

图 8-175 创建混接曲面

㊶ 删除曲面 B,执行菜单栏中的【曲面】|【混接曲面】命令,在曲面 A 的右侧边缘、曲面 C 的左侧边缘处创建混接曲面,如图 8-176 所示。

㊷ 显示隐藏的曲面 D,执行菜单栏中的【编辑】|【组合】命令,将曲面 A、曲面 C、曲面

D 以及两块混接曲面组合到一起，如图 8-177 所示。

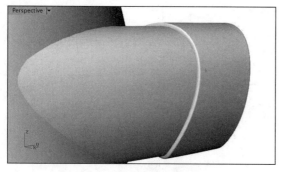
图 8-176 再次创建混接曲面

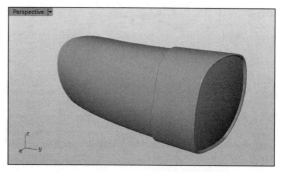
图 8-177 组合曲面

�43 执行菜单栏中的【变动】|【镜像】命令，在 Top 视窗中将组合后的腿部曲面以垂直坐标轴为镜像轴创建一个副本，如图 8-178 所示。

�44 执行菜单栏中的【编辑】|【修剪】命令，修剪掉腿部曲面与机器猫身体曲面交叉的部分。至此整个模型的主体曲面创建完成，在 Perspective 视窗中进行旋转查看，如图 8-179 所示。

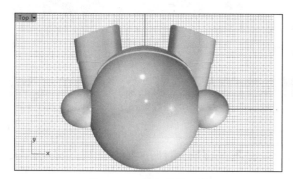
图 8-178 创建镜像副本

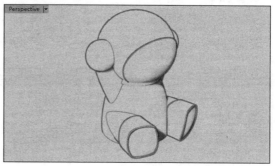
图 8-179 主体曲面创建完成

8.6.2 添加上部分细节

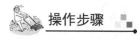
操作步骤

① 执行菜单栏中的【实体】|【椭圆体】|【从中心点】命令，在 Right 视窗中创建一个椭圆体，如图 8-180 所示。

② 执行菜单栏中的【曲线】|【椭圆】|【从中心点】命令，在 Front 视窗中创建一条椭圆曲线，如图 8-181 所示。

③ 执行菜单栏中的【曲线】|【从物件建立曲线】命令，在 Front 视窗中将椭圆曲线投影到椭圆体上，如图 8-182 所示。

④ 执行菜单栏中的【编辑】|【修剪】命令，以投影曲线剪切掉椭圆体上多余的曲面，保

留一小块用来作为机器猫眼睛的曲面，如图 8-183 所示。

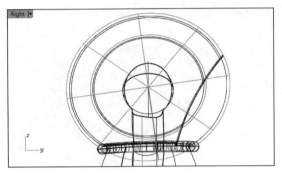

图 8-180　创建一个椭圆体

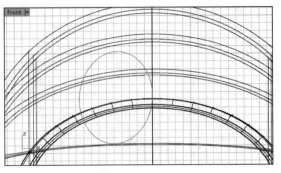

图 8-181　创建椭圆曲线

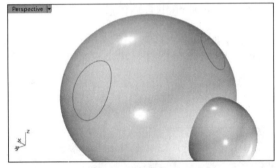

图 8-182　创建投影曲线

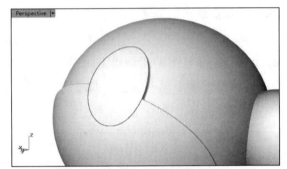

图 8-183　剪切曲面

> **工程点拨：**
> 　　也可以不创建投影曲线，而直接在 Front 视窗中使用椭圆曲线对椭圆体进行剪切，但那样不够直观，而且容易出错。

⑤ 执行菜单栏中的【曲面】|【偏移曲面】命令，将图 8-184 中的曲面偏移一段距离，创建偏移曲面。

⑥ 执行菜单栏中的【曲面】|【混接曲面】命令，以原始曲面与偏移曲面的边缘创建混接曲面，结果如图 8-185 所示。

图 8-184　创建偏移曲面

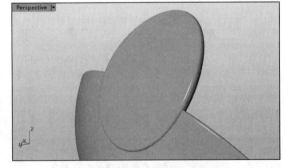

图 8-185　创建混接曲面

⑦ 执行菜单栏中的【曲线】|【圆】|【中心点、半径】命令，在 Front 视窗中创建一条圆形曲线，如图 8-186 所示。

⑧ 执行菜单栏中的【编辑】|【分割】命令,在 Front 视窗中以圆形曲线对眼睛曲面进行分割,结果如图 8-187 所示。

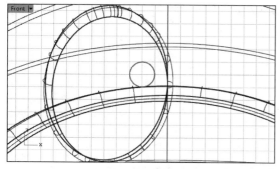

图 8-186 创建圆形曲线

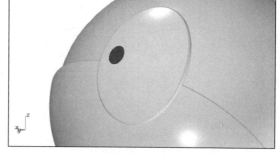

图 8-187 分割曲面

⑨ 选取整个眼睛部分的曲面,在 Front 视窗中执行菜单栏中的【变动】|【镜像】命令,创建出机器猫的另一只眼睛,结果如图 8-188 所示。

⑩ 执行菜单栏中的【曲线】|【自由造型】|【控制点】命令,在 Right 视窗中创建一条机器猫嘴部轮廓曲线,如图 8-189 所示。

图 8-188 眼睛部分细节创建完成

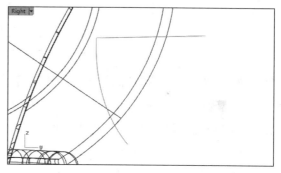

图 8-189 创建嘴部轮廓曲线

⑪ 执行菜单栏中的【曲面】|【挤出曲线】|【直线】命令,以嘴部轮廓曲线创建挤出曲面,如图 8-190 所示。

⑫ 执行菜单栏中的【编辑】|【修剪】命令,对机器猫脸部曲面以及刚刚创建的挤出曲面进行相互剪切,最终结果如图 8-191 所示。

图 8-190 创建挤出曲面

图 8-191 剪切曲面

⑬ 接下来创建舌头曲面，隐藏图中所有的曲面，在各个视图中创建几条曲线，如图 8-192 所示。

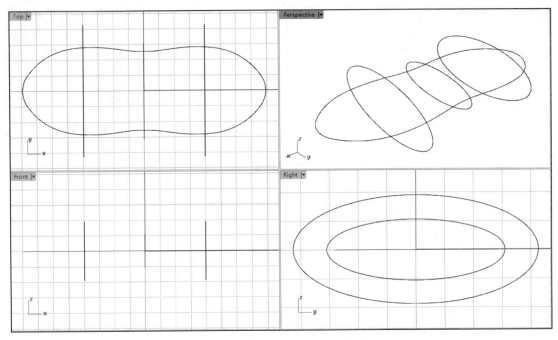

图 8-192　在各个视图中创建舌头轮廓曲线

⑭ 执行菜单栏中的【曲面】|【双轨扫掠】命令，选取曲线 1、曲线 2、曲线 3，单击鼠标右键确认，创建扫掠曲面 A，如图 8-193 所示。

⑮ 以同样的方法，选取曲线 1、曲线 2、曲线 5，创建右侧的扫掠曲面 B，如图 8-194 所示。

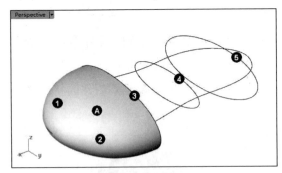 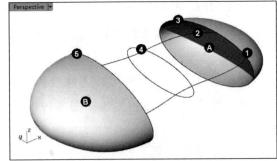

图 8-193　创建扫掠曲面 A　　　　　　图 8-194　创建扫掠曲面 B

⑯ 执行菜单栏中的【曲面】|【放样】命令，依次选取曲面 A 的边缘、曲线 4、曲面 B 的边缘，单击鼠标右键确认，创建放样曲面 C，如图 8-195 所示。

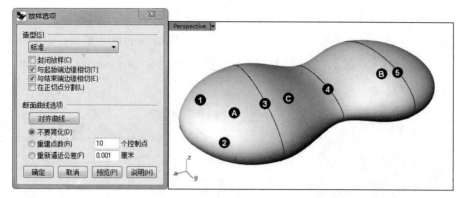

图 8-195 创建放样曲面 C

⑰ 执行菜单栏中的【编辑】|【组合】命令，将这几块曲面组合到一起，然后将它们移动到远离机器猫主体曲面的位置，并隐藏图中的曲线，如图 8-196 所示。

⑱ 执行菜单栏中的【变动】|【定位】|【曲面上】命令，选取舌头曲面作为要定位的对象并单击鼠标右键确认。在 Top 视窗中的舌头曲面上指定基准点（确定移动起点），然后选取嘴部曲面为放置参考面，在弹出的【定位至曲面】对话框中设置缩放比为合适的大小并单击【确定】按钮，最后在嘴部曲面上放置舌头曲面（确定移动终点），如图 8-197 所示。

图 8-196 组合并移动曲面

图 8-197 定位物件到曲面

⑲ 执行菜单栏中的【曲线】|【自由造型】|【控制点】命令，在 Right 视窗的右侧创建一条曲线，如图 8-198 所示。

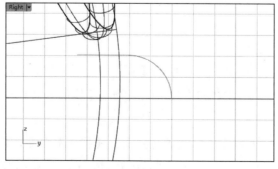

图 8-198 创建控制点曲线

⑳ 选取刚刚创建的曲线，执行菜单栏中的【曲面】|【旋转】命令，在 Right 视窗中以水平坐标轴为旋转轴，创建旋转曲面。这个曲面将作为机器猫的鼻子部件，如图 8-199 所示。

㉑ 执行菜单栏中的【曲线】|【直线】|【单一直线】命令，在 Front 视窗中创建六条直线，如图 8-200 所示。

图 8-199　创建旋转曲面

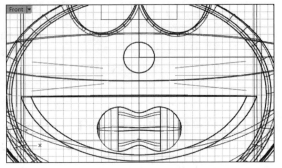

图 8-200　创建直线

㉒ 执行菜单栏中的【曲线】|【从物件建立曲线】|【投影】命令，在 Front 正交视图中，将六条直线投影到机器猫脸部曲面上，从而创建出几条投影曲线，如图 8-201 所示。

㉓ 执行菜单栏中的【实体】|【圆管】命令，以脸部曲面上的六条投影曲线创建几个圆管曲面（圆管半径不宜过大），作为机器猫的胡须部分，如图 8-202 所示。

图 8-201　创建投影曲线

图 8-202　胡须部分创建完成

8.6.3　添加下部分细节

① 利用【曲线工具】选项卡的左边栏中的【圆：中心点、半径】命令 和【单一直线】命令 ，在 Front 视图中创建圆和直线，随后利用【修剪】命令 对它们互相修剪，结果如图 8-203 所示。

② 执行菜单栏中的【曲线】|【从物件建立曲线】|【投影】命令，在 Front 视窗中将刚刚创建的曲线投影到机器猫身体曲面上，随后在 Perspective 视窗中删除位于机器猫身体后侧

的那条投影曲线，如图 8-204 所示。

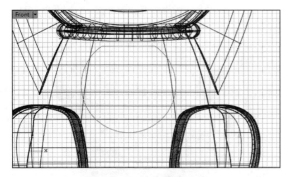

图 8-203　创建轮廓曲线

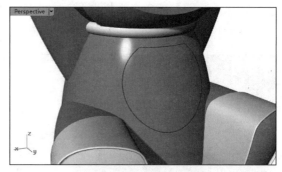

图 8-204　创建投影曲线

③ 将机器猫的下部主体曲面复制一份，然后执行菜单栏中的【编辑】|【修剪】命令，以投影曲线修剪主体曲面的副本，仅保留一小块曲面，如图 8-205 所示。

④ 执行菜单栏中的【曲面】|【偏移曲面】命令，将修剪的小块曲面向外偏移一段距离，并删除原始曲面，如图 8-206 所示。

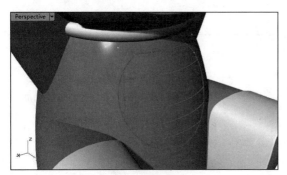

图 8-205　复制并修剪曲面

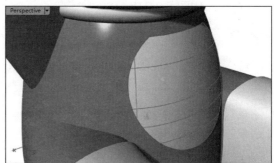

图 8-206　偏移曲面

⑤ 执行菜单栏中的【挤出曲线】|【往曲面法线】命令，以偏移曲面的边缘曲线创建两个挤出曲面，随后将它们组合到一起，如图 8-207 所示。

⑥ 执行菜单栏中的【实体】|【边缘圆角】|【不等距边缘圆角】命令，为挤出曲面与偏移曲面的边缘创建圆角曲面，如图 8-208 所示。

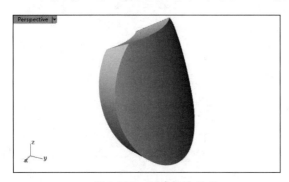

图 8-207　创建挤出曲面

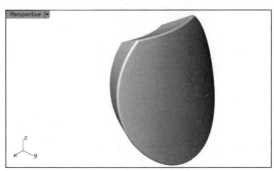

图 8-208　创建边缘圆角

⑦ 采用类似的方法，再在偏移曲面上创建一个凸起曲面，如图8-209所示。

⑧ 使用【椭圆】等命令为机器猫添加一个铃铛挂坠，并在机器猫的后部创建一个小的圆球体，作为它的尾巴，如图8-210所示。

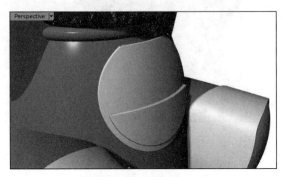 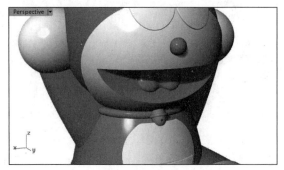

图8-209 添加凸起细节曲面　　　　　　　图8-210 丰富机器猫的细节

⑨ 最后在Front视窗中创建一条矩形曲线，并使用这条矩形曲线对机器猫的后脑壳曲面进行修剪，创建一个缝隙。至此整个机器猫模型创建完成，在Perspective视窗中进行旋转查看，如图8-211所示。

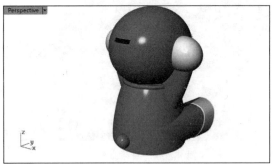 

图8-211 模型创建完成

第 9 章
Rhino 基本渲染

本章内容

本章主要介绍 Rhino 渲染器的基本渲染功能,掌握初步的渲染设计,为以后应用其他高级渲染工具打下良好的基础。

知识要点

- ☑ Rhino 渲染概述
- ☑ 显示模式
- ☑ 材质与颜色
- ☑ 赋予渲染物件
- ☑ 贴图与印花
- ☑ 环境与地板
- ☑ 光源

9.1 Rhino 渲染概述

渲染是三维制作中的收尾阶段，在建模、设计材质、添加灯光或制作一段动画后，需要进行渲染，才能生成丰富多彩的图像或动画。

9.1.1 渲染类型

渲染的应用领域有：视频游戏、电影、产品表现（包含建筑表现）、模拟仿真等。针对各个领域的应用特点，各种不同的渲染工具被开发出来，有的是集成到建模和动画工具包中，有的则作为独立的软件。

从外部使用来看，我们一般把渲染分为预渲染和实时渲染。预渲染用于电影制作、工业表现等，根据字面意思就是图像被预先渲染好再加以呈现出来；实时渲染常用于三维视频游戏，通常依靠三维硬件加速器图形卡（显卡）来实现每秒几十帧的高效渲染。

实时渲染基于一套预先设置好的着色方案，通常称为"引擎"，来对场景进行纹理、阴影表达和灯光处理。但这一切都是被预先配置好的，目前的硬件速度远远不够支持实时反馈场景中的反射、折射等光线跟踪效果。

9.1.2 渲染前的准备

在渲染前，需要做一些模型的检查准备，或者将其他格式文件导入 Rhino 中，检查模型是否有破裂。

在渲染前为了防止模型有缝隙，一定要将相连的曲面连接起来。但很多时候，仅凭视觉无法判断曲面的边界是否相连，需要先检查该连接起来的曲面边缘是否外露，要用到曲面分析中的检查边缘工具（ShowEdges）。

例如，下面这个模型使用了【在物件上产生布帘曲面】工具与【椭圆体】工具快速创建一个装鸡蛋的蛋托和若干个鸡蛋，如图 9-1 所示。

在蛋托边缘部分利用【不等距边缘圆角】和【混接曲面】等多个命令，曲面边缘看似已经完美结合。在菜单栏中执行【分析】|【检测】|【检查】命令，选取蛋托作为检查对象，如图 9-2 所示。

不难发现模型中有些边缘是外露的，也就是说存在多余的边界，在模型内部存在边缘，说明有缝隙，或者曲面重叠、交叉。为何会出现外露边缘，在 Rhino 中使用【衔接】和【倒角】等命令时都会影响到整个面的 CV 点分布，因此就可能出现外露边界。

图 9-1　蛋托与鸡蛋

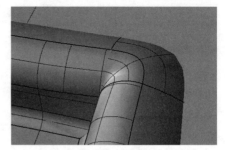
图 9-2　检查边缘

可以使用菜单栏中的【分析】|【边缘工具】|【组合两个外露边缘】命令将两个差距很小的外露边缘连接起来，如图 9-3 所示。

技术要点：
【组合两个外露边缘】命令仅在渲染时使用，它不会更改模型原始数据。

图 9-3　组合外露边缘

9.1.3　Rhino 渲染工具

Rhino 渲染工具在【渲染工具】选项卡中，如图 9-4 所示。

图 9-4　【渲染工具】选项卡

9.1.4　渲染设置

在菜单栏中执行【工具】|【选项】命令，打开【Rhino 选项】对话框。在左侧的选项列表中选择【Rhino 渲染】选项，右侧选项区中会显示渲染设置面板，如图 9-5 所示。

技术要点：
要想使渲染设置的选项生效，需要在菜单栏中执行【渲染】|【目前的渲染器】|【Rhino 渲染】命令，如图 9-6 所示。

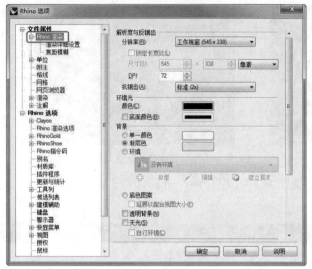

图 9-5 【Rhino 渲染】选项

图 9-6 选择当前渲染器

【Rhino 渲染】选项包括【渲染详细设置】和【焦距模糊】子选项，如图 9-7 和图 9-8 所示。

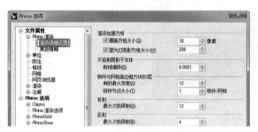

图 9-7 渲染详细设置

图 9-8 焦距模糊

9.2 显示模式

Rhino 的显示模式管理工作视窗显示模式的外观，下面简单介绍一下几种常见的显示模式。

1. 框架模式

设定工作视窗以没有着色网格的框架显示物件，如图 9-9 所示。

2. 着色模式

设定工作视窗以着色网格显示曲面与网格，物件预设以图层的颜色着色，如图 9-10 所示。

3. 渲染模式

设定工作视窗以模拟渲染影像的方式显示物件，如图 9-11 所示。

4. 半透明模式

设定工作视窗以半透明的方式着色曲面与网格,如图 9-12 所示。

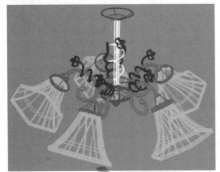

图 9-9　框架模式

图 9-10　着色模式

图 9-11　渲染模式

图 9-12　半透明模式

5. 工程图模式

设定工作视窗以即时轮廓线与交线显示物件,如图 9-13 所示。

6. 艺术风格模式

设定工作视窗以铅笔线条与纸张纹理背景显示,如图 9-14 所示。

图 9-13　工程图模式

图 9-14　艺术风格模式

7. X 光模式

着色物件,但位于前方的物件不会阻挡后面的物件,如图 9-15 所示。

8. 钢笔模式

设定工作视窗以黑色线条与纸张纹理背景显示,如图 9-16 所示。

图 9-15　X 光模式

图 9-16　钢笔模式

9.3　材质与颜色

在渲染过程中，可以为不同的对象赋予真实的材质，从而获得真实的渲染效果。颜色不是材质，它只是表达对象的颜色渲染效果而已。赋予材质后，可以更改其颜色。

赋予材质是渲染的最为重要的一步，希望大家掌握。下面我们将介绍材质的赋予方式、材质的编辑等。

9.3.1　赋予材质的方式

首先将【显示模式】设置为【渲染模式】。导入要渲染的模型后，先选中要赋予材质的对象（曲面、实体），软件窗口右侧的【属性】面板中有四个选项按钮：【物件】、【材质】、【贴图轴】和【印花】，如图 9-17 所示。

四个选项按钮代表了各自的属性。【物件】属性面板显示了物件（对象）的类型、名称、所在图层、显示颜色、线型、打印颜色、打印线宽、渲染网格设置、渲染阴影设置、结构线密度设置等。

本节介绍的是材质，因此重点讲解【材质】属性面板。在【属性】面板中单击【材质】按钮，即可显示材质属性信息，如图 9-18 所示。

在【材质】属性面板中提供了三种材质赋予方式，如图 9-19 所示。

图 9-17　【属性】面板

1.【图层】方式

以【图层】方式来赋予材质，首先得在【图层】面板的渲染对象所在图层中设置图层材质，如图 9-20 所示。

第 9 章　Rhino 基本渲染

图 9-18　【材质】属性面板　　图 9-19　材质赋予方式　　图 9-20　设置图层材质

随后弹出【图层材质】对话框，如图 9-21 所示。通过该对话框可以进行添加材质、编辑材质等操作。

图 9-21　【图层材质】对话框

设置图层材质后，该图层中的所有单个对象都将统一为相同材质。此种方式可以快速地为数量繁多的模型赋予材质。前提条件是：在进行产品造型时，必须充分利用图层功能，在不同图层中进行建模。

2.【父物件】方式

当前渲染对象的材质将沿用父物件的材质设定。【父物件】就是新材质重新设定之前在图层中设定基本材质的物件。

上机操作——利用【父物件】方式赋予材质

① 打开本例源文件"灯具.3dm"，如图 9-22 所示。

② 下面我们来看看【图层】面板，灯罩所属图层的颜色及材质的情况如图 9-23 所示。

图 9-22 打开的模型　　　　图 9-23 查看【图层】面板

技术要点：
　　灯罩在 L1 图层中，物件的颜色为默认颜色，材质为默认的基本材质。

③ 在【材质】栏中单击 ◯ 图标，打开【图层材质】对话框，设置【发光颜色】为蓝色，如图 9-24 所示。

技术要点：
　　要想看见设置的材质颜色，需要将【显示模式】设置为【渲染模式】。

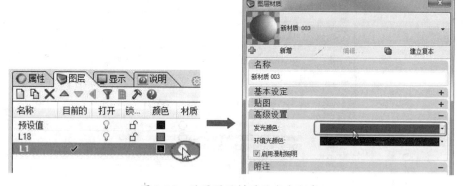

图 9-24 设置图层材质的发光颜色

④ 按快捷键 Ctrl+B 或在菜单栏中执行【编辑】|【图块】|【建立图块定义】命令，选取当前图层下的灯罩作为要定义图块的物件，如图 9-25 所示。

⑤ 单击鼠标右键后再选取图块的基准点（捕捉灯架顶端中心点），如图 9-26 所示。

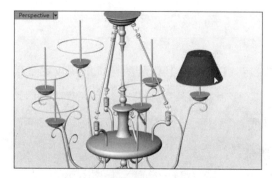

图 9-25 选取要定义图块的物体　　　　图 9-26 指定图块基准点

⑥ 在随后弹出的【图块定义属性】对话框中输入图块名称【灯罩】，其他参数保持默认，单击【确定】按钮完成图块的定义，如图 9-27 所示。

⑦ 在【图层】面板中单击【新图层】按钮新建一个图层，并命名为【L2】。将此图层设为当前图层，设置材质的颜色为绿色，发光颜色也为绿色，如图 9-28 所示。

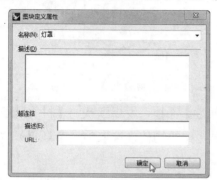

图 9-27　定义图块属性

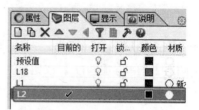

图 9-28　新建图层

⑧ 按快捷键 Ctrl+I 或者在菜单栏中执行【编辑】|【图块】|【插入图块引例】命令，打开【插入】对话框。在【名称】下拉列表中选择【灯罩】图块，选择【个别物件】单选按钮，单击【确定】按钮，然后在 Top 视窗中插入灯罩，如图 9-29 所示。

技术要点：

以【图块引例】插入的图块，其属性将完全继承父物件；【个别物件】仅插入物件本身，而且插入的图层仍然是父物件所在的图层。

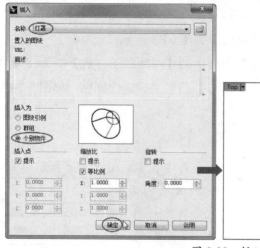
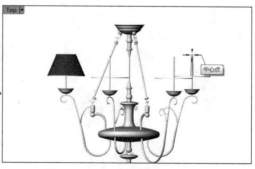

图 9-29　插入图块

⑨ 由于插入的图块自动存储在父物件图层中，需要将新插入的灯罩物件移至新建的图层中。将【L2】图层设为当前图层。选中新插入的灯罩物件，执行菜单栏中的【编辑】|【图层】|【改变物件图层】命令，打开【物体的图层】对话框，选择【L2】图层，单击【确定】按钮，如图 9-30 所示。

⑩ 改变图层后，该灯罩的材质属性为新图层的材质属性，如图 9-31 所示。

图 9-30　改变图层

图 9-31　查看改变图层后的灯罩

⑪ 选中改变图层的灯罩物件，然后查看其【属性】面板，发现默认的【材质赋予方式】为【图层】。单击【匹配】按钮，然后选择要匹配的物件（选取另一个灯罩），如图 9-32 所示。

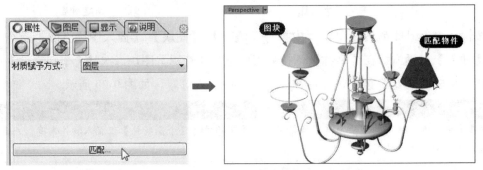

图 9-32　选取要匹配的物件

⑫ 随后插入的图块材质与匹配物件的材质相同，如图 9-33 所示。

⑬ 重新选中插入的图块灯罩，此时【属性】面板中的【材质赋予方式】变为【物件】，重新选择【父物件】方式，颜色又变回了在【L2】图层中设定的颜色，如图 9-34 所示。

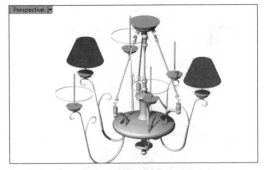

图 9-33　显示匹配后的材质

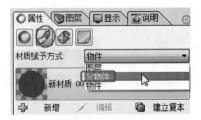

图 9-34　重新设置材质赋予方式

3.【物件】方式

当模型中不同的物件需要不同的材质时，必须使用【物件】方式。【物件】方式也是最重要的材质赋予方式。

9.3.2 赋予物件材质

以【物件】方式赋予材质是本节的重中之重。主要通过三种途径以【物件】方式来赋予材质。

1.【属性】面板

在【属性】面板中选择【物件】材质赋予方式后，随后显示材质面板，如图9-35所示。默认的材质是【预设材质】，它是最基本的材质，也就是模型的本色。在材质面板中可以设定材质名称、颜色、光泽度、反射度、透明度、贴图、发光颜色、环境光颜色等参数与选项。

可以单击面板中的【新增】按钮，打开Rhino 6.0软件自带的材质库，如图9-36所示。

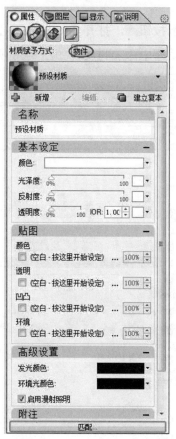

图 9-35　材质面板　　　　　　图 9-36　新增材质

材质库中的材质数量不多，用户可以将自己创建的材质放置到材质库中，也可以将从网络中下载相关的材质资源放置其中，如图9-37所示。

图 9-37 材质库

选定材质后将自动添加到所选中的物件上。

2.【切换材质面板】按钮

在【渲染工具】选项卡中单击【切换材质面板】按钮，打开【Rhinoceros】对话框。从对话框的【材质】面板中单击 ⊞ 图标，可以从材质库中添加材质，如图 9-38 所示。

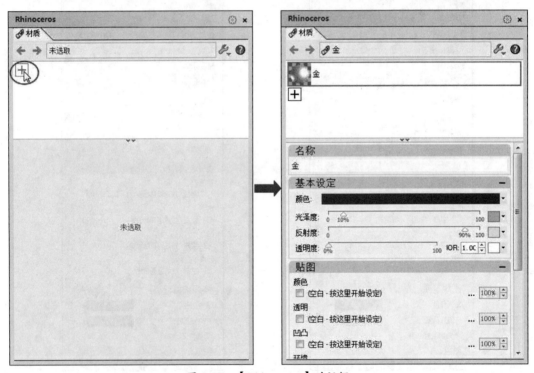

图 9-38 【Rhinoceros】对话框

将材质添加到【Rhinoceros】对话框中后，是怎样给物件赋予材质的呢？在对话框中选中材质，然后将材质拖动到视窗中的物件上释放，即可完成赋予材质操作，如图 9-39 所示。

第 9 章　Rhino 基本渲染

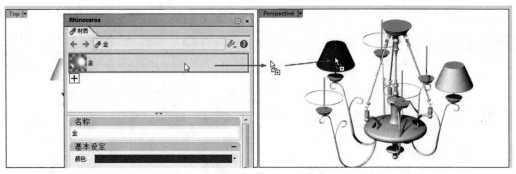

图 9-39　赋予材质给物件

赋予材质后可以在【Rhinoceros】对话框的【材质】面板中编辑材质参数。单击【菜单】按钮，将展开编辑菜单，如图 9-40 所示。

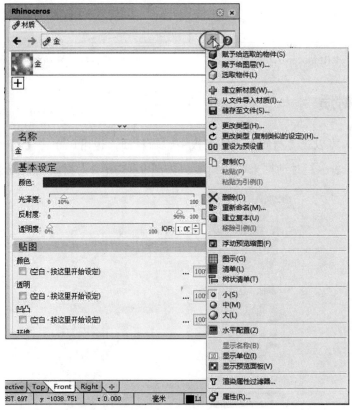

图 9-40　打开编辑菜单

通过编辑菜单，可以完成赋予材质、选取物件、导入材质、复制材质、删除材质等操作。

3.【切换材质库面板】按钮

在【渲染工具】选项卡中单击【切换材质库面板】按钮，打开【Rhinoceros】对话框，如图 9-41 所示。

进入某一材质库文件夹，选中材质并将其拖动到视窗中的物件上释放，即可完成材质的

345

赋予，如图 9-42 所示。

图 9-41 【Rhinoceros】对话框

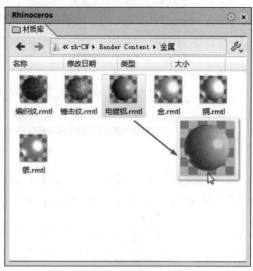

图 9-42 拖动材质赋予物件

9.3.3 编辑材质

赋予材质后，可以在【材质】属性面板中编辑材质，也可以单击【切换材质面板】按钮，打开【Rhinoceros】对话框来编辑材质。如图 9-43 所示为材质的设置选项。

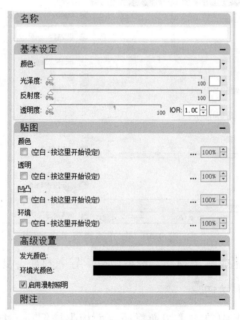

图 9-43 材质设置选项

各选项含义如下：
- 名称：设置材质的名称。

第 9 章　Rhino 基本渲染

- 基本设定：所有的材质都有的基本设定，预设的材质颜色是白色，光泽度、反射度、透明度都为 0。
  - ➢ 颜色：设定材质的基本颜色，也称漫射颜色。主要用于渲染曲面、实体和网格，不会对框线产生影响。框线的颜色只能在图层中或【物件】属性面板中设置。颜色的设定方法有【调色盘】和【取色滴管】两种，可以单击色块右侧的三角按钮展开选项来选择，如图 9-44 所示。

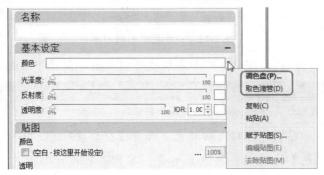

图 9-44　设置颜色的选项

  - ➢ 光泽度：调整材质反光的锐利度（平光至亮光）。向右移动滑杆提高光泽度，如图 9-45 所示。单击右侧的色块，还可以改变光泽度的颜色。

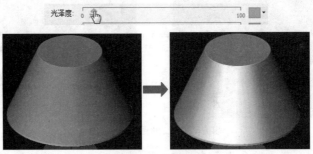

图 9-45　光泽度

  - ➢ 反射度：设定材质的反射灯光的强度。
  - ➢ 透明度：调整物件在渲染影像中的透明度，如图 9-46 所示。IOR (折射率)是设定光线通过透明物件时方向转折的量。如图 9-47 所示为一些材质的折射率。

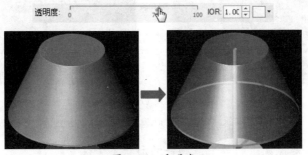

图 9-46　透明度

材质	折射率
真空	1.0
一般空气	1.000 29
冰块	1.309
水	1.33
玻璃	1.52～1.8
绿宝石	1.57
红宝石/蓝宝石	1.77
钻石	2.417

图 9-47　一些材质的折射率

- 贴图：材质的颜色、透明、凹凸与环境可以用图片或程序贴图代入。

> **技术要点：**
> 材质使用的外部图片经过类似 Photoshop 的绘图软件修改后 Rhino 中物件的材质贴图会自动更新。

> 颜色：以贴图作为材质的颜色。选择【空白-按这里开始设定】选项；或者勾选【颜色】复选框；再或者单击…按钮，将打开的图片作为贴图插入 Rhino 中，并且在右侧以百分比数值调整贴图的强度，如图 9-48 所示。

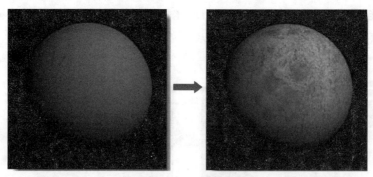

图 9-48　以贴图作为材质

> 透明：以贴图的灰阶深度设定物件的透明度，如图 9-49 所示。

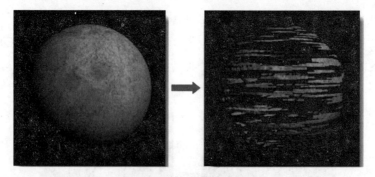

图 9-49　设定物件的透明度

> 凹凸：以贴图的灰阶深度设定物件渲染时的凹凸效果，如图 9-50 所示。凹凸贴图只是视觉上的效果，物件的形状不会改变。

图 9-50 设置凹凸效果

➢ 环境：设定材质假反射使用的环境贴图，非光线追踪的反射计算，如图 9-51 所示。

> **技术要点：**
> 这里使用的贴图必须是全景贴图或金属球反射类型的贴图。

图 9-51 环境贴图

● 高级设置：进一步设置材质，包括发光设置、环境光颜色、漫射照明灯。

➢ 发光颜色：以设定的颜色提高材质的亮度，这里的设定对场景没有照明作用，颜色越浅材质越亮，黑色等于没有发光效果，如图 9-52 所示。

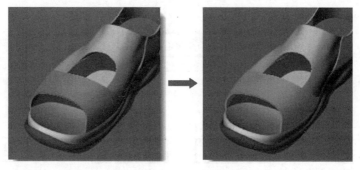

图 9-52 发光颜色设置

➢ 环境光颜色：提高物件背光面与阴影的亮度，预设为黑色。

➢ 启用漫射照明：取消勾选该复选框时物件没有着色的明暗效果，在以【添加一个图像平面】命令创建帧平面所使用的材质时，这个设定是关闭的，如图 9-53 所示。

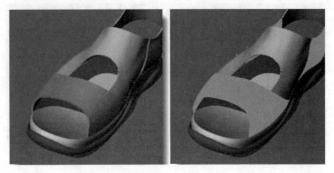

图 9-53　橘色的材质打开（左）与关闭（右）漫射照明

9.3.4　匹配材质属性

【匹配材质属性】命令可以快速地给同类型的物件赋予材质。例如，同一图层中有 20 个物件，有 10 个物件需要相同的材质，这种情况下不能在图层中统一设置材质，逐一赋予材质又比较慢，利用匹配材质属性的方法再适合不过了。

在前面的一个上机操作案例中已经运用了【匹配材质属性】命令匹配过材质，下面就不再重复叙述。

9.3.5　设定渲染颜色

在渲染模式下，颜色的设置无非有两种：一种是设置单个物件的颜色，另一种就是设定图层中所有物件的颜色。

从渲染性质上讲，物件的颜色又分模型颜色和材质颜色。列出关系表以便大家理解，如图 9-54 所示。

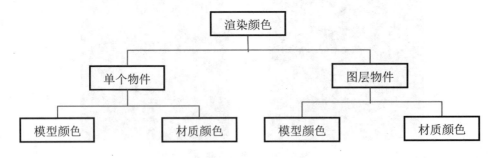

图 9-54　渲染颜色的种类

材质颜色可以通过编辑材质去完成，或者在【图层】面板中编辑图层的材质颜色。

> **技术要点：**
> 在图层中设置的颜色只能在【显示模式】下显示，其他颜色均可在【渲染模式】下显示。

这里主要介绍单个物件的模型颜色设置。在【渲染工具】选项卡中单击【设定渲染颜色】

按钮 ，选中要设置颜色的物件并单击鼠标右键后，弹出【选取颜色】对话框，如图 9-55 所示，在对话框中选择所需的颜色即可。

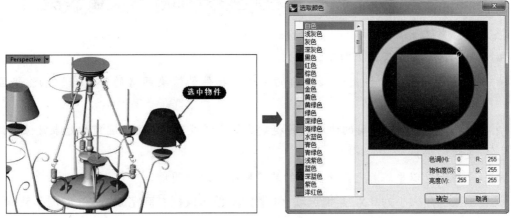

图 9-55　为选取的物件设置模型颜色

9.4　赋予渲染物件

Rhino 6.0 提供了虚拟的渲染对象，也就是为物件提供虚拟的渲染效果。

9.4.1　赋予渲染圆角

利用【赋予渲染圆角】命令可以将圆角赋予要渲染的实体、网格。实质上物件本身并没有倒圆角，仅仅体现的是渲染效果。

上机操作——赋予渲染圆角

① 打开本例源文件"赋予渲染圆角.3dm"，如图 9-56 所示。
② 在【渲染工具】选项卡中单击【赋予渲染圆角】按钮 ，选取要赋予渲染圆角的物件，如图 9-57 所示。

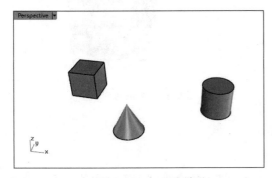

图 9-56　打开的模型

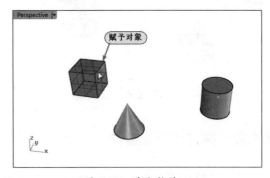

图 9-57　选取物件

随后命令行中显示如下提示:

```
选取要赋予渲染圆角的物件，按 Enter 完成（全部去除(R)）:
渲染圆角设定（启用(O)=是 渲染圆角大小(S)=0.1 斜角(C)=否 平坦面(F)=否）:
```

各选项含义如下:

- 启用：设置是否启用圆角。
- 渲染圆角大小：设定渲染圆角的大小，物件的渲染网格的密度会影响渲染圆角的大小。
- 斜角：不对渲染圆角的边缘进行视觉上的平滑处理，使渲染圆角看起来就像有锐利边缘的斜角。
- 平坦面：以平坦着色显示物件的渲染网格与渲染圆角。

③ 设置渲染圆角大小为 0.5，其他选项保持默认，单击鼠标右键完成渲染，如图 9-58 所示。

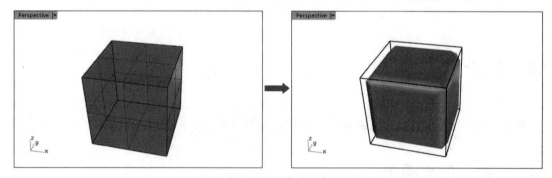

图 9-58　渲染为圆角

④ 重新执行【赋予渲染圆角】命令，选择圆柱体，为其赋予渲染圆角，如图 9-59 所示。

⑤ 在命令行中设置【斜角=是】、【渲染圆角大小=0.5】，单击鼠标右键完成斜角的渲染，如图 9-60 所示。

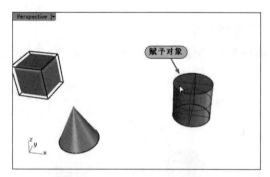

图 9-59　选取赋予渲染对象

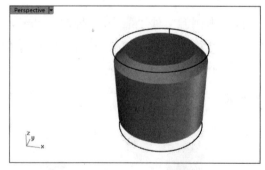

图 9-60　渲染为斜角

9.4.2　赋予渲染圆管

【赋予渲染圆管】命令可以将曲线渲染成圆管。赋予的渲染圆管不是实体也不是曲面，而是假想的渲染效果。

上机操作——赋予渲染圆管

① 打开本例源文件"赋予渲染圆管.3dm",如图 9-61 所示。
② 在【渲染工具】选项卡中单击【赋予渲染圆管】按钮,选取要赋予渲染圆管的曲线,如图 9-62 所示。

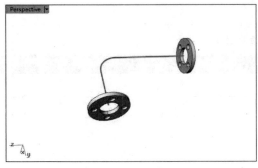
图 9-61 打开的模型

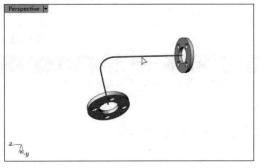
图 9-62 选取曲线

随后命令行中显示如下提示:

选取要赋予渲染圆管的曲线,按 Enter 完成:
半径(启用(D)=是 半径(R)=2.5 分段数(S)=16 平坦面(F)=否 加盖型式(C)=无 精确度(A)=50):

各选项含义如下:

- 启用:设置是否启用圆角。
- 半径:设定圆管的半径。
- 分段数:渲染圆管环绕曲线方向的网格面数。例如:设为 3 时,创建的是断面为正三角形的圆管。设定的数值越大,渲染圆管的断面就越接近圆形。
- 平坦面:选择以平滑着色或平坦着色显示渲染圆管,这个选项只会影响网格面的法线方向。
- 加盖型式:设置圆管两端是否加盖,包括四种选项,如图 9-63 所示。

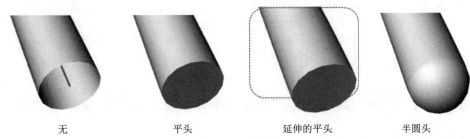

无　　　　　　平头　　　　　延伸的平头　　　　半圆头
图 9-63 加盖型式

③ 在命令行中设置【加盖型式=无】、【半径=2.5】,单击鼠标右键完成渲染,如图 9-64 所示。

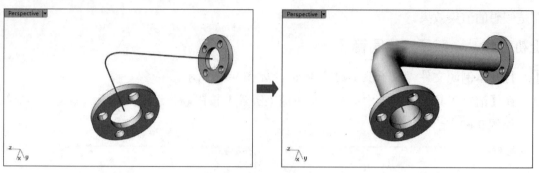

图 9-64 渲染为圆管

> **技术要点:**
> 赋予的渲染物件同样可以赋予材质。

9.4.3 赋予装饰线

【赋予装饰线】命令可以渲染虚拟的装饰线,例如汽车的车门缝(凹线),或者容器上让盖子不容易脱落的密合线(凸线)。

上机操作——赋予装饰线

① 打开本例源文件"赋予装饰线.3dm",如图 9-65 所示。

② 在【渲染工具】选项卡中单击【赋予装饰线】按钮,选取要赋予装饰线的物件,如图 9-66 所示。

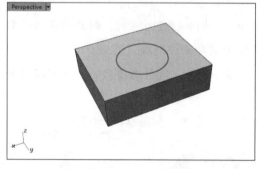

图 9-65 打开的模型

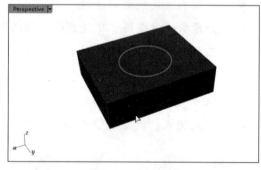

图 9-66 选取物件

随后命令行中显示如下提示:

选取要赋予装饰线的物件,按 Enter 完成:
选取要加入的曲线 (启用曲线(C)=是 半径(R)=2 断面轮廓(P)=人字形 将曲线拉至物件(U)=否 凸出(A)=否)

各选项含义如下:

- 启用曲线:打开或关闭选取的物件的装饰线效果。
- 半径:改变装饰线的粗细,半径是曲线至装饰线一侧边缘的距离。
- 断面轮廓:包括三种断面轮廓,如图 9-67 所示。

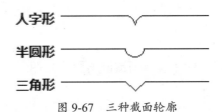

图 9-67 三种截面轮廓

- 将曲线拉至物件：创建装饰线前先将曲线拉至物件上。例如曲线在远离物件时就需要设置此选项，如图 9-68 所示。

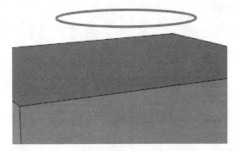

图 9-68 将曲线拉伸至物件

- 凸出：此选项定义凸起的装饰线。设置为【否】时，不需要凸起的装饰线，设置为【是】时，创建凸起的装饰线。

③ 在命令行中设置【断面轮廓=半圆】、【将曲线拉伸至物件=是】、【半径=2】、【凸出=是】，然后选取圆作为要加入的曲线，单击鼠标右键后命令行中显示如下提示：

选取要加入的曲线（启用曲线(C)=是 半径(R)=2 断面轮廓(P)=人字形 将曲线拉至物件(U)=是 凸出(A)=是）：

装饰线设定（启用装饰线(S)=是 平坦面(F)=否 自动更新(A)=是 加入曲线(D) 移除曲线(R)）：

④ 保留默认选项设置，直接单击鼠标右键完成操作，结果如图 9-69 所示。

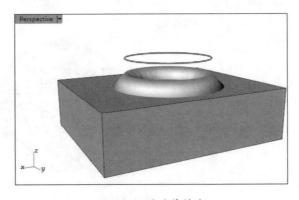

图 9-69 赋予装饰线

9.4.4 赋予置换贴图

【赋予置换贴图】命令可以赋予实体面或网格置换贴图，产生凹凸效果。

上机操作——赋予置换贴图

① 新建球体，如图 9-70 所示。

② 选中球体，然后通过【材质】属性面板中的【物件】方式，为球体添加贴图文件"纹理.jpg"，如图 9-71 所示。

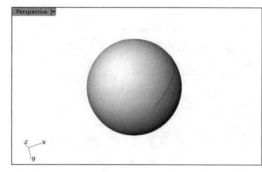

图 9-70　打开的模型　　　　　　图 9-71　选取物件

③ 在【渲染工具】选项卡中单击【赋予置换贴图】按钮，选取要赋予装饰线的物件(球体)，单击鼠标右键弹出【置换设定】对话框。

④ 在对话框中单击【从文件导入】按钮，添加贴图文件"纹理.jpg"，并单击【预览】按钮查看置换效果，如图 9-72 所示。可以看出，凸起的地方太尖锐，需要进行圆滑处理。

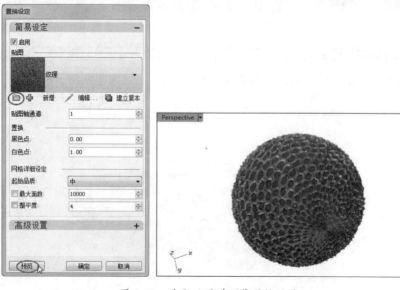

图 9-72　选取贴图并预览置换效果

⑤ 将【白色点】的值更改为 0.3，再次预览，置换效果比较理想了，如图 9-73 所示。

第 9 章 Rhino 基本渲染

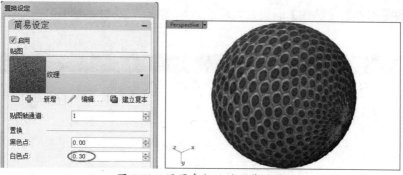

图 9-73 设置参数后的预览效果

⑥ 单击【确定】按钮完成操作。

9.5 贴图与印花

贴图是应用于模型表面的图像，在某些方面类似于赋予物件表面的纹理图像，并可以按照表面类型进行映射。

可以通过【材质】属性面板和【切换贴图面板】进行贴图。前一种方法在前面赋予材质时已经介绍过。

9.5.1 通过【切换贴图面板】贴图

在【渲染工具】选项卡中单击【切换贴图面板】按钮，打开【Rhinoceros】对话框。对话框中显示【贴图】面板，如图 9-74 所示。

从面板中单击 图标，可以从材质库中添加纹理（纹理也叫贴图），如图 9-75 所示。

图 9-74 【贴图】面板

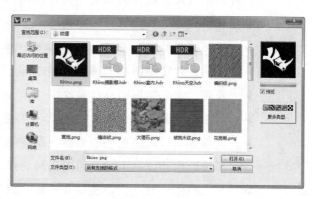

图 9-75 添加纹理贴图

357

将纹理贴图添加到【贴图】面板后，将纹理贴图拖动至物件上即可完成贴图操作，如图9-76所示。

技术要点：
如果编辑了贴图的参数或者设置了选项，须重新赋予贴图才会生效。

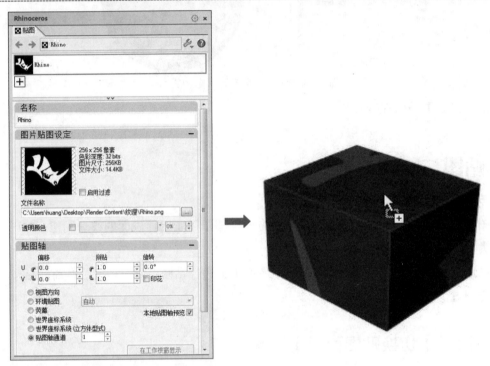

图9-76　添加纹理图片

技术要点：
直接将贴图或图片文件拖放至 Rhino 物件上会自动创建一个新材质。

【贴图】面板中各选项含义如下：

- 名称：贴图的名称。
- 图片贴图设定：图片贴图是以图片文件作为贴图，可以设置透明度。
- 贴图轴：设定选取的物件的贴图轴。
  - 偏移：将贴图在 U 或 V 方向偏移。单击按钮可以解锁或锁定。
  - 拼贴：设定贴图在 U 或 V 方向重复出现的次数。
  - 旋转：设定贴图的旋转角度。
  - 印花：贴图 UV 空间 0~1 以外的部分透明显示。
  - 视图方向：以视图平面为贴图轴将贴图投影至物件上。
  - 环境贴图：以一个球体为贴图轴将贴图投影至物件上。
  - 本地贴图轴预览：勾选该复选框可以预览贴图轴。
  - 贴图轴通道：指定贴图使用物件属性里的贴图轴。

- 图形：以图形显示贴图在 U、V、W 空间的颜色值，如图 9-77 所示。

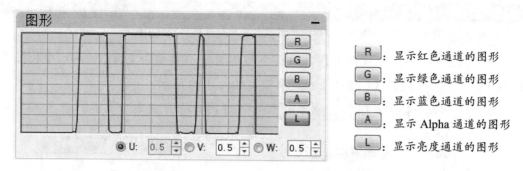

图 9-77　以图形显示贴图在 U、V、W 空间的颜色值

- 输出调整：用以调整贴图输出的颜色，如图 9-78 所示。

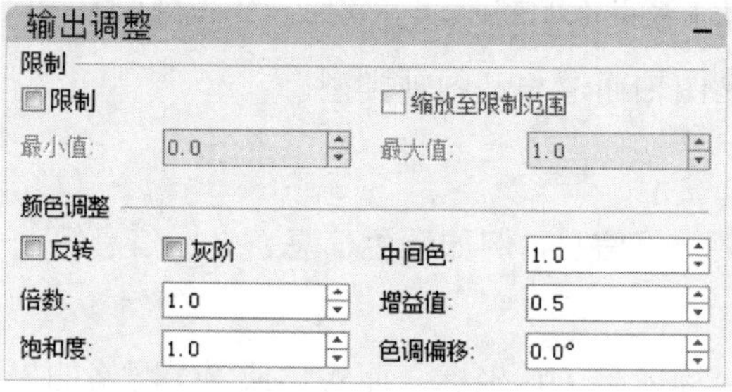

图 9-78　输出调整

- ➢ 限制：打开/关闭颜色限制。
- ➢ 缩放至限制范围：将限制后的颜色值重新对应至整个色彩范围。颜色图形可以观察限制对贴图颜色的作用。
- ➢ 反转：将贴图以补色显示。
- ➢ 灰阶：将贴图以灰阶显示。
- ➢ 中间色：调整渲染影像的中间色，数值大于 1 时亮部的范围会扩大，小于 1 时暗部的范围会扩大。
- ➢ 倍数：将颜色值乘以这个数字。
- ➢ 饱和度：改变贴图颜色的鲜艳度，设为 0 时贴图以灰阶显示。
- ➢ 增益值：加强中间色或极端色(最亮与最暗的颜色)，0.5 以下中间色的范围逐渐扩大，0.5 以上极端色的范围逐渐扩大。
- ➢ 色调偏移：改变贴图的色调。

9.5.2　贴图轴

贴图轴可以控制贴图显示在物件上的位置。将平面的贴图显示在立体的物件上时变形在所难免，就如同将贴纸贴在球体上时，因为贴纸无法服帖地贴在球体表面而产生皱褶。针对物件的形状选择最适合的贴图轴类型。

> **技术要点：**
> 如果一个物件未被赋予贴图轴，贴图会使用曲面贴图轴将贴图对应至物件上。

【属性】面板中的贴图轴工具，如图 9-79 所示。在【渲染工具】选项卡中长按【显示贴图轴】按钮，展开【贴图轴】工具面板，如图 9-80 所示。

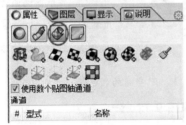

图 9-79 【属性】面板中的贴图轴工具

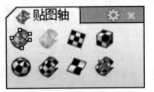

图 9-80 【贴图轴】工具面板

下面我们介绍一下贴图轴通道与贴图轴类型。

1. 贴图轴通道

通道代表图像中的某一组信息，例如颜色信息、坐标信息等。一个贴图轴通道就包含了这样的一组信息。

曲面、网格面贴图坐标就是 UV 坐标，而实体或 3D 网格的坐标是 UVW 坐标。以一个矩形平面为例，U、V 等同于 X、Y，对于立方体，W 就是其高度，如图 9-81 所示。

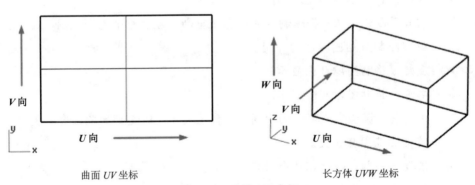

曲面 UV 坐标　　　　　　　　长方体 UVW 坐标

图 9-81 贴图 UV 坐标

贴图轴通道有如下特性：

- 一个贴图轴通道含有一组贴图坐标，贴图轴通道以数字区分。一个物件可以拥有许多贴图轴通道，每个贴图轴通道可以使用不同的贴图轴类型。
- 材质里各种类型的贴图可以设定不同的通道，贴图是将与它编号相同的贴图轴通道对应至物件上，贴图预设的贴图轴通道是 1。

如图 9-82 所示为赋予贴图轴前后的贴图效果对比。

第 9 章　Rhino 基本渲染

无贴图轴贴图

立方体贴图轴贴图

图 9-82　有无贴图轴的贴图效果对比

是否需要使用贴图轴，须根据物件的形状和渲染结果而定。采用贴图轴进行贴图需要在【贴图】面板的【贴图轴】选项区内选择【贴图轴通道】单选选项，如图 9-83 所示。

在【属性】面板中的贴图轴工具比较全面，如图 9-84 所示。

图 9-83　设置贴图轴贴图

图 9-84　贴图轴工具

2. 贴图轴类型

Rhino 中提供了多种贴图轴工具，各种工具的用法介绍如下。

（1）【赋予曲面贴图轴】。

单击【赋予曲面贴图轴】按钮，将赋予曲面一个贴图轴通道。这个贴图轴以曲面或网格顶点的 UV 坐标将贴图对应至物件上。

例如，以这个不等距圆角的多重曲面为例，因为每个曲面都有自己的 UV 坐标，所以使用曲面贴图轴时三个曲面上的贴图无法连续，如图9-85所示。

（2）【赋予平面贴图轴】。

单击【赋予平面贴图轴】按钮，可以新增一个平面贴图轴通道，通道编号可以自动生成，也可以自定义通道编号。如图9-86所示为赋予平面贴图轴后的贴图效果。

图9-85　贴图无法连续的情形

图9-86　赋予平面贴图轴的贴图效果

（3）【赋予立方体贴图轴】。

单击【赋予立方体贴图轴】按钮，新增一个立方体贴图轴通道。与创建立方体的方法相同，如图9-87所示。

（4）【赋予球体贴图轴】

单击【赋予球体贴图轴】按钮，新增一个球体贴图轴通道。与创建球体的方法相同，如图9-88所示。

图9-87　赋予立方体贴图轴

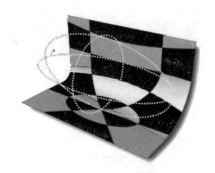

图9-88　赋予球体贴图轴

（5）【赋予圆柱体贴图轴】

单击【赋予圆柱体贴图轴】按钮，新增一个圆柱体贴图轴通道。与创建圆柱体的方法相同，如图9-89所示。

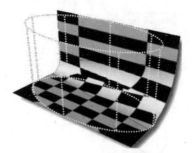

图 9-89　赋予圆柱体贴图轴

（6）【自订贴图轴】 。

【自订贴图轴】就是自定义贴图轴。自定义贴图轴可以将一个物件的贴图坐标投射到另一个物件上。

上机操作——自定义贴图轴

① 新建 Rhino 文件，利用【多重直线】命令绘制如图 9-90 所示的直线。
② 利用【直线挤出】命令创建两个挤出曲面，如图 9-91 所示。

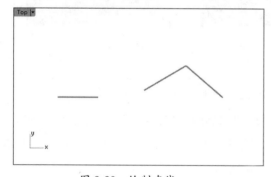
图 9-90　绘制直线

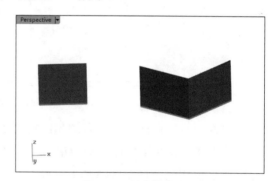
图 9-91　创建挤出曲面

③ 利用【不等距边缘圆角】命令对其中一个曲面创建圆角，如图 9-92 所示。

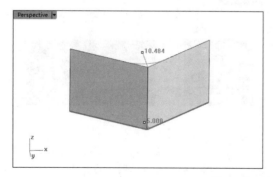

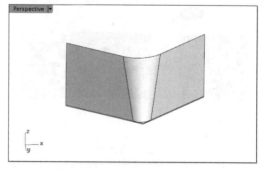

图 9-92　创建不等距圆角

④ 在【渲染工具】选项卡中单击【切换贴图面板】按钮 ，打开【贴图】面板。选择材质库【纹理】文件夹中的"核桃木纹"，将其赋予两个曲面，如图 9-93 所示。

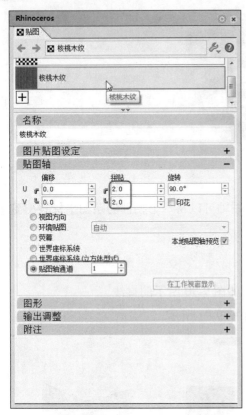
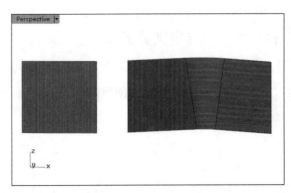

图 9-93　为两个曲面赋予核桃木纹

⑤ 可以看出较大曲面上由于有圆角，得到了不理想的贴图效果。接下来选中较大的曲面，然后在【贴图轴】属性面板中单击【自订贴图轴】按钮，按命令行的信息提示，选取较小曲面作为自订贴图的参考物件，如图 9-94 所示。

⑥ 单击鼠标右键后较大曲面的贴图随之更新，效果如图 9-95 所示。

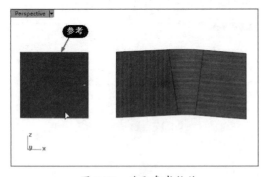
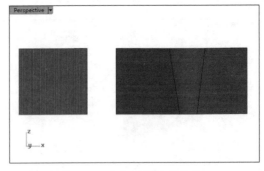

图 9-94　选取参考物件　　　　　　　　图 9-95　自订贴图轴的效果

（7）【拆解 UV】。

【拆解 UV】将物件的渲染网格展开形成平面编辑贴图坐标。如图 9-96 所示，曲面中由于不等距圆角，形成了两个接缝，使用一个贴图轴通道进行渲染，看起来渲染效果不理想，此时就需要拆解 UV。拆解后的贴图效果，如图 9-97 所示。

第 9 章　Rhino 基本渲染

图 9-96　拆解 UV 前

图 9-97　拆解 UV 后

上机操作——拆解 UV

① 新建 Rhino 文件，利用【多重直线】命令绘制如图 9-98 所示的直线。

② 利用【直线挤出】命令创建如图 9-99 所示的挤出曲面。

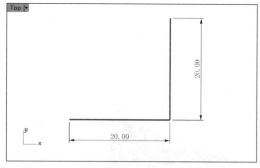
图 9-98　绘制直线

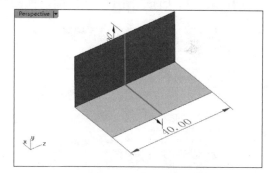
图 9-99　创建挤出曲面

③ 利用【不等距圆角】命令创建如图 9-100 所示的不等距圆角。

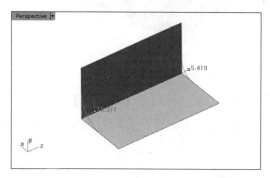

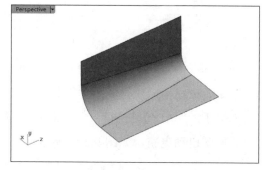

图 9-100　创建不等距圆角

④ 选中曲面，在【贴图轴】属性面板中单击【赋予曲面贴图轴】按钮，保留命令行中默认的通道编号 1，单击鼠标右键完成曲面贴图轴的创建。

⑤ 在【渲染工具】选项卡中单击【切换贴图面板】按钮，打开【贴图】面板。单击 ➕ 图标，在【打开】对话框中单击【更多类型】按钮，然后在【类型】对话框中选择【2D 棋盘格贴图】，如图 9-101 所示。

图 9-101　选择贴图类型

⑥ 在【贴图】面板的【贴图轴】选项区中设置【拼贴】参数均为 5，并选择【贴图轴通道 1】，最后将所选的贴图赋予曲面，如图 9-102 所示。

图 9-102　设置贴图并将贴图赋予曲面

⑦ 贴图效果很不理想，下面进行 UV 拆解。重新选中曲面，然后在【贴图轴】属性面板中单击【拆解 UV】按钮，无须在命令行中设置选项，直接单击鼠标右键即可拆解，随后贴图自动更新，如图 9-103 所示。

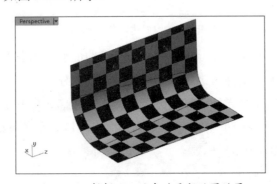

图 9-103　拆解 UV 后自动更新贴图效果

第 9 章　Rhino 基本渲染

（8）【匹配贴图轴】。

【匹配贴图轴】可以套用其他物件的贴图轴。

（9）【删除贴图轴】。

删除贴图轴通道。

（10）【编辑通道】。

可以变更贴图轴使用的通道编号，仅在【使用多个贴图轴通道】选项启用时适用。

（11）【显示贴图轴】。

显示物件被赋予的贴图轴。

（12）【UV 编辑器】。

打开 UV 编辑器，如图 9-104 所示。

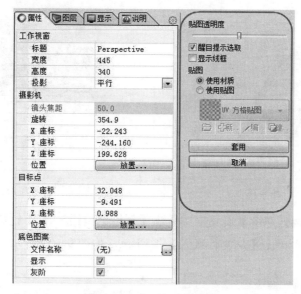

图 9-104　打开 UV 编辑器

9.5.3　程序贴图（印花）

印花是贴图的一种。可以使用不同的投影方式将贴图投影在物件上，它可以将单张图片贴在物件的某个位置上，简单、易用，没有拆解 UV 那么复杂。印花的贴图在物件上只会出现一次，不像一般材质的贴图会重复拼贴。

印花的位置是可以编辑的。下面列举一些常用的印花：

- 墙上的海报。
- 瓶子上的选项卡贴纸或商标。
- 模型上的符号。
- 彩绘玻璃。

- 手机屏幕。

上机操作——印花贴图

① 打开本例源文件"手机.3dm",如图 9-105 所示。

② 选中手机屏幕物件,然后在【属性】面板中单击【印花】按钮 ,展开【印花】属性面板,并单击该属性面板中的【新增】按钮,如图 9-106 所示。

图 9-105　打开手模型　　　　　图 9-106　打开【印花】属性面板

③ 在随后弹出的【选择贴图】对话框中单击【新增】按钮,弹出【类型】对话框。在【重新开始】选项卡中单击【从文件载入】按钮 ,如图 9-107 所示。

图 9-107　选择贴图的过程

④ 随后打开本例源文件"手机.tif",并在【选择贴图】对话框中单击【确定】按钮完成图片的添加,如图 9-108 所示。

第 9 章　Rhino 基本渲染

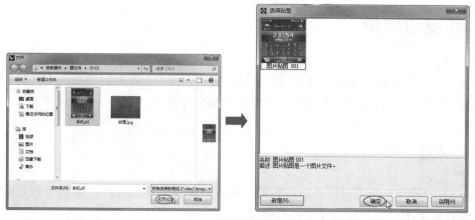

图 9-108　选择贴图

⑤　弹出【印花贴图轴类型】对话框，选择【平面】贴图轴，方向【向前】，单击【确定】按钮，如图 9-109 所示。

⑥　在视窗中放置图片。放置方法是绘制【矩形：三点】矩形曲线的方法，如图 9-110 所示。

技术要点：

捕捉点时应开启【交点】或【端点】捕捉选项进行捕捉。而且选取的点必须在要添加印花贴图的对象上，否则即使添加印花贴图后也不会显示贴图效果。

图 9-109　选择贴图轴

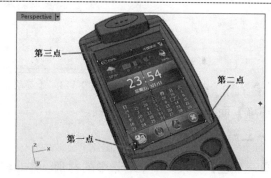

图 9-110　放置贴图

⑦　很明显图片没有铺满屏幕，拖动贴图中的控制点，使其铺满屏幕，如图 9-111 所示。

⑧　最后单击鼠标右键完成印花贴图操作，如图 9-112 所示。

图 9-111　编辑贴图使其铺满屏幕

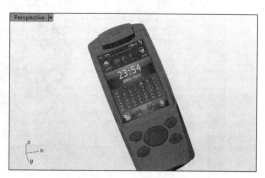

图 9-112　完成印花贴图的效果

9.6 环境与地板

环境与地板组成了渲染的真实场景，环境是真实存在的，每个模型在建成之初都是在环境中进行的。下面我们学习一下环境与地板对渲染的作用。

9.6.1 环境

Rhino 的"环境"是围绕模型而进行的一种渲染设置（也称场景）。环境可以是单一的颜色，也可以是贴图，还可以是某个真实的场景。

在【渲染工具】选项卡中单击【切换环境面板】按钮 ，打开【环境】面板，如图 9-113 所示。

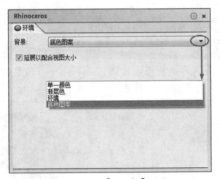

图 9-113 【环境】面板

【环境】面板中提供了四种背景。

1．单一颜色

【单一颜色】背景是渲染场景中的背景，并非软件窗口的背景。【单一颜色】是指整个背景的颜色为单一的颜色，可以单击下方的颜色色块来设置颜色。要想显示渲染环境中的背景，必须先在窗口右侧的【显示】面板中将【背景】选项设置为【使用渲染设置】，如图 9-114 所示。

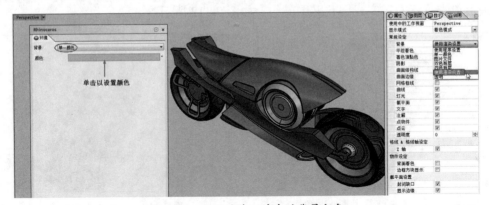

图 9-114 显示渲染环境中的背景颜色

2. 渐层色

渐层色就是渐变颜色，整个背景由两种颜色渐变构成。选择此背景后，需要设置上层颜色和下层颜色，如图 9-115 所示。

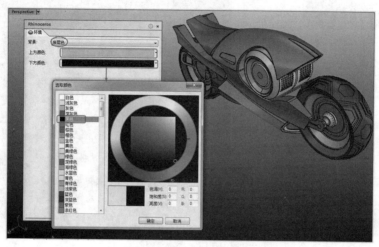

图 9-115　设置渐层色

3. 环境

【环境】背景意味着需要添加 Rhino 软件系统自身的环境文件。将材质库中预设的环境文件加载到当前环境中，如图 9-116 所示。

图 9-116　选择环境文件

如图 9-117 所示为【环境】被添加到当前渲染环境中。

Rhino 6.0 中文版完全自学一本通

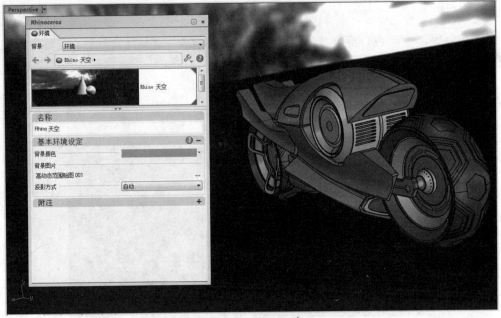

图 9-117　添加环境

添加环境文件后，可以在【环境】面板中编辑该环境贴图的参数及选项设置。

4. 底色图案

【底色图案】背景是以工作视窗的底色图案作为渲染的背景。

9.6.2　地板

Rhino 中的【底平面】称作地板，它的作用就是在渲染环境中代替桌面、地面及其他平面。例如在视窗中创建了一个酒杯模型，立马就会想到酒杯应该在桌面上或者手中。为了单独渲染酒杯的效果，显然不会去创建桌子模型或者人体模型，那么就用底平面代替桌面进行渲染，同样能达到效果。

在【渲染工具】选项卡中单击【切换底平面面板】按钮，打开【底平面】面板，如图 9-118 所示。

在【底平面】面板中，可以设置底平面的基本颜色，也可以用贴图来代替颜色，所做的设置仅仅在最后进行渲染时才会体现。如图 9-119 所示为添加的底平面。

图 9-118　【底平面】面板

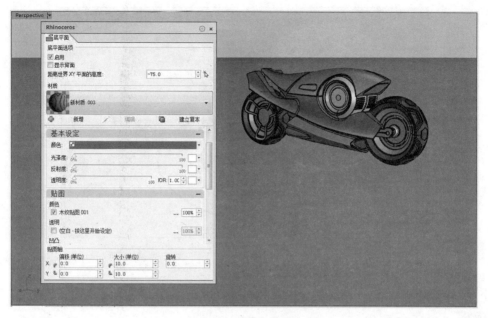

图 9-119 添加底平面

技术要点：
底平面是没有边界的。上图中显示的边界是底平面跟背景的交会处。

9.7 光源

光源是一种能够真实地模拟环境中光线照明、反射和折射等效果的渲染技术。使用灯光渲染技术，不仅可以真实、精确地模拟场景中的光照效果，还提供了现实中灯光的光学单位和光域网文件，从而准确地模拟真实世界中灯光的各种效果。

Rhino 光源包括灯光、天光和太阳。灯光是模拟室内的灯光，太阳则是模拟室外的真实的太阳光。

9.7.1 灯光类型

常见的灯光类型包括聚光灯、点光源、平行光、矩形灯光和管状灯光，不同的灯光类型可以应用到不同的渲染环境或物件中不同的位置。

1. 聚光灯

聚光灯光源将光束限制在一个锥形体内，光源就是锥形体的顶点。聚光灯物件示意图如图 9-120 所示。

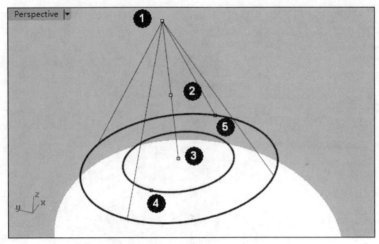

位置点①、推移点②、目标点③、锐利度点④、半径点⑤
图 9-120　聚光灯物件示意图

下面以案例说明聚光灯的添加、设置与编辑等操作技巧。

上机操作——添加聚光灯

① 打开本例源文件"玩具小汽车.3dm",如图 9-121 所示。

② 单击【建立聚光灯】按钮,在 Top 视窗中绘制圆,如图 9-122 所示。

图 9-121　小汽车模型

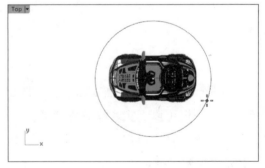

图 9-122　绘制聚光灯的底面圆

③ 在 Right 视窗中确定聚光灯的位置点,单击即可创建聚光灯,如图 9-123 所示。

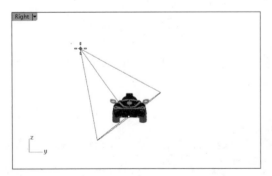

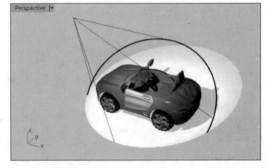

图 9-123　确定聚光灯位置点并创建聚光灯

④ 选中聚光灯，然后在视窗右侧的【灯光】属性面板中设置【强度】、【阴影厚度】及【聚光灯锐利度】等参数，如图 9-124 所示。

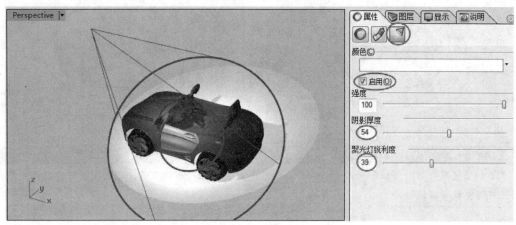

图 9-124　设置聚光灯

【灯光】属性面板中各选项含义如下：
- 颜色：设定灯光的颜色，将灯光的颜色设为较深的颜色可以降低灯光的亮度。
- 启用：打开或关闭灯光。
- 强度：设定灯光的亮度。
- 阴影厚度：设定灯光的阴影浓度。
- 聚光灯锐利度：设定聚光灯照明范围边缘的锐利度。

⑤ 在聚光灯被激活状态下，在【曲线工具】选项卡中单击【打开点】按钮，或者在菜单栏中执行【编辑】|【控制点】|【开启控制点】命令，显示聚光灯的控制点，以便编辑聚光灯物件的形状与大小，如图 9-125 所示。

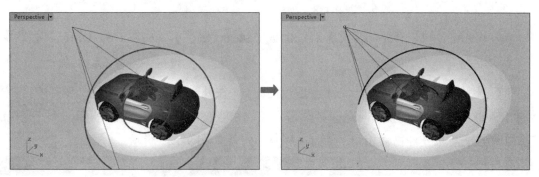

图 9-125　打开聚光灯物件的控制点

⑥ 拖动显示的几个控制点（聚光灯物件示意图中已做出说明），改变聚光灯物件的形状及角度，如图 9-126 所示。
⑦ 按 Esc 键关闭控制点的显示，最终效果如图 9-127 所示。

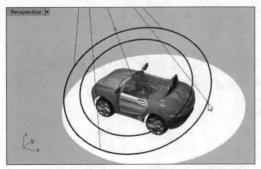
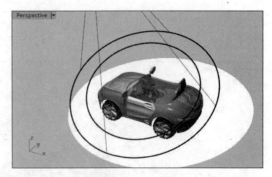

图 9-126　调整聚光灯物件的形状及角度　　　　图 9-127　最终效果

> **技术要点：**
> 　　在添加了聚光灯后，可以删除聚光灯物件，这并不影响最终的渲染效果。删除了物件，只是不能再设置聚光灯的参数及编辑形状了。

2. 点光源

点光源是一个位置光源，它在所有方向上发射光。点光源也是动态光源，用户可以通过旋转动态点来设置光源位置，如图 9-128 所示。

图 9-128　动态移动、旋转点光源

选中点光源，可以在其【灯光】属性面板中设置【强度】、【阴影】和【颜色】等参数。

3. 平行光

平行光光源可以被认为是一个无限遥远的光源，在某一角度发射出来的光线基本上是平行的（例如太阳光源）。平行光是一种动态光源，并能在视图中显示光源图标。平行光控制点的打开方法与聚光灯物件相同，平行光物件示意图如图 9-129 所示。

> **技术要点：**
> 　　①平行光的光线全部朝着同一个方向，所以平行光物件的位置并不重要，平行光物件只是用来显示光线的方向。
> 　　②打开灯光的控制点，移动控制点可以控制灯光的照射方向与位置。
> 　　③移动推移点(位置在中间的控制点)可以在移动灯光时避免改变灯光的方向。

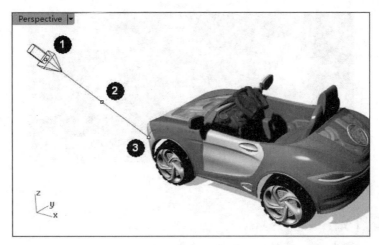

位置点①、推移点②、目标点③

图 9-129　平行光物件示意图

4. 矩形灯光

矩形灯光可以创建一个朝着同一个方向的灯光阵列。我们常见的电视平面、显示器屏幕、灯箱等，都可以用矩形灯光做渲染。如图 9-130 所示为用矩形灯光渲染屏幕。

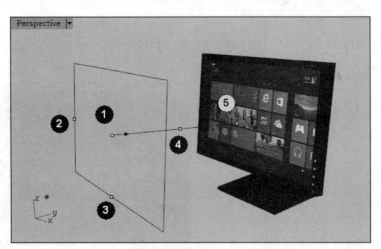

位置点①、长度控制点②、宽度控制点③、推移点④、目标点⑤

图 9-130　矩形灯光

> **技术要点：**
> 必须将目标点指向要渲染的对象。控制点的打开方法与聚光灯一致，也可以改变形状及位置。

5. 管状灯

管状灯用来模拟圆柱形的灯具发光效果，如日光灯、节能灯及其他管状灯等，如图 9-131 所示。

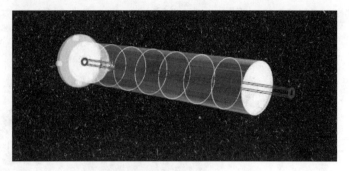

图 9-131　管状灯

9.7.2 编辑灯光

除了添加灯光，还可以通过编辑工具来编辑灯光位置及灯光的属性。

1. 以反光的位置编辑灯光

利用【以反光的位置编辑灯光】工具可以模拟渲染物件上的反光效果。

上机操作——制作反光效果

① 打开本例源文件"读书灯.3dm"。

② 在【渲染工具】选项卡中单击【建立聚光灯】按钮，然后添加如图 9-132 所示的聚光灯。

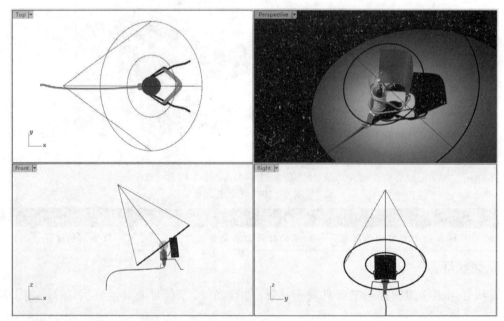

图 9-132　添加聚光灯

技术要点：

灯泡上有一个亮点，这个亮点是基本环境中的天光，无关紧要。待设定反光点后这个亮点将自动消失。

③ 单击【以反光的位置编辑灯光】按钮,选择要编辑的聚光灯,然后再选择曲面以创建反光,选取的位置为反光点,如图 9-133 所示。

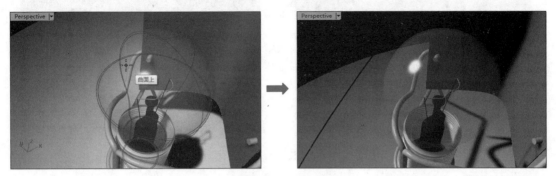

图 9-133　选取曲面及反光点

2. 编辑灯光属性

单击【编辑灯光属性】按钮,选取要编辑的灯光物件,或者直接选中要编辑的灯光物件,会在属性面板中显示【灯光】面板,前面案例中已经介绍过了。

3. 设定聚光灯至视图

【设定聚光灯至视图】命令是将已有聚光灯或创建的新聚光灯的底平面与屏幕平行。值得注意的是,此举并非是切换视图,而是将聚光灯的方向定义为屏幕法向,如图 9-134 所示。

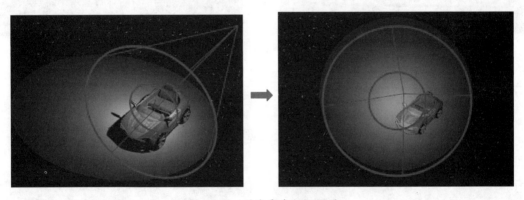

图 9-134　设定聚光灯至视图

4. 设定视图至聚光灯

与【设定聚光灯至视图】命令不同,【设定视图至聚光灯】命令是切换视图至聚光灯方向,如图 9-135 所示。

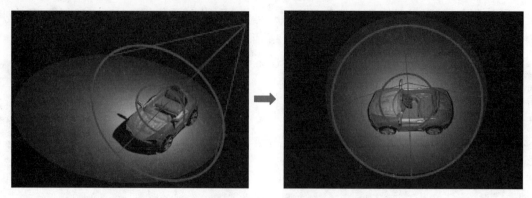

图 9-135 设定视图至聚光灯

5. 以视图编辑灯光

【以视图编辑灯光】命令可以在聚光灯灯光投影视图上来编辑灯光的位置与方向,如图 9-136 所示。

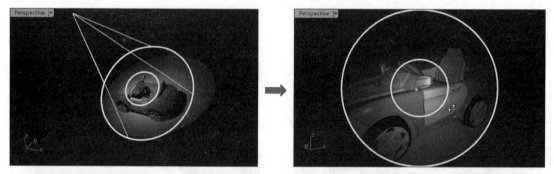

图 9-136 以视图编辑灯光

9.7.3 天光和太阳光

天光是在场景中加入来自四面八方的天空照明,是适用于外景的渲染光源。如图 9-137 所示为打开天光前后的效果对比。

打开天光前

打开天光后

图 9-137 打开天光前后的效果对比

太阳光是室外场景中不可或缺的重要光源。如图 9-138 所示为打开太阳光前后的效果对比。

打开太阳光前　　　　　　　　　　　　　打开太阳光后

图 9-138　打开太阳光前后的效果对比

在【渲染工具】选项卡中单击【切换太阳面板】按钮，弹出【太阳】面板，如图 9-139 所示。通过【太阳】面板可以打开太阳和天光。太阳光源的选项设置可以手动控制，如图 9-140 所示。

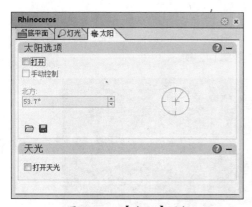 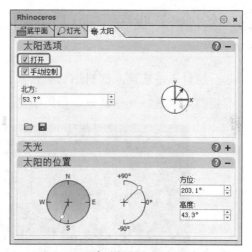

图 9-139　【太阳】面板　　　　　　　图 9-140　手动控制太阳光源的选项

通过太阳在一天中所处的方位和高度，手动调节太阳光源及其投影的效果。如果按照时间、日期和景观所在地理位置来控制太阳光源，可以取消勾选【手动控制】复选框，然后设置【日期与时间】和【位置】选项区中的参数，如图 9-141 所示。

技术要点：
　　地理位置就是地球纬度、经度和时区的综合位置。也可以直接在地球展开图中利用光标标示出具体位置。

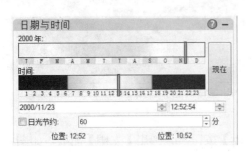
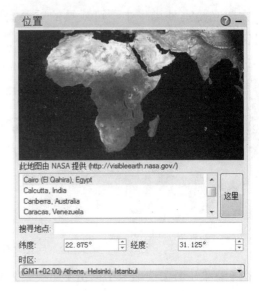

图 9-141 【日期与时间】和【位置】选项区

9.8 综合实战——可口可乐瓶渲染

瓶子的材质是玻璃，饮料的材质是水，标签用贴图。

渲染的难点是灯光和背景，最终渲染效果如图 9-142 所示。

图 9-142 可口可乐饮料渲染效果

第 9 章　Rhino 基本渲染

操作步骤

① 打开本例源文件"可口可乐瓶.3dm",如图 9-143 所示。
② 在【图层】面板中将【瓶子】图层设为当前层,然后选中三个瓶子,如图 9-144 所示。

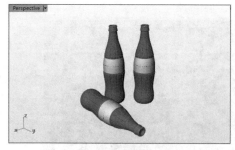 

　　图 9-143　打开的模型　　　　　　　　图 9-144　选中要赋予材质的瓶子

③ 在【材质】属性面板中选择【物件】材质赋予方式,单击【新增】按钮,在材质库的【透明】文件夹中选择【玻璃】材质,如图 9-145 所示。

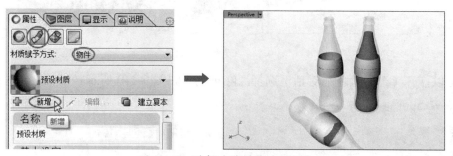

图 9-145　选择玻璃材质赋予瓶子

④ 在【材质】属性面板中设置玻璃材质的【反射度】为 50%,如图 9-146 所示。
⑤ 将【饮料】图层设为当前层,并隐藏其余图层。选中饮料物件,然后从【材质】属性面板中为其赋予材质库【透明】文件夹中的【水】材质,如图 9-147 所示。

 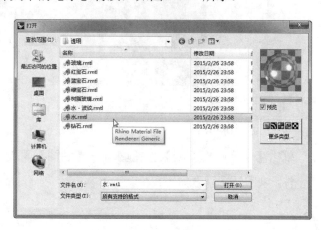

　图 9-146　设置玻璃材质的反射度　　　　　图 9-147　赋予饮料物件材质

383

⑥ 接下来为饮料物件设置颜色。可口可乐的颜色是深咖啡色，如果不知道这个颜色的成分，可以从网页中查找可口可乐饮料的图片，然后在【材质】属性面板中以【取色滴管】方式到网页中取色，如图 9-148 所示。

图 9-148　在图片中取色

⑦ 也可以打开【选取颜色】对话框选择深咖啡色，如图 9-149 所示。设置饮料材质参数，如图 9-150 所示。

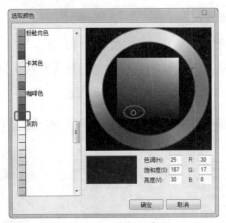 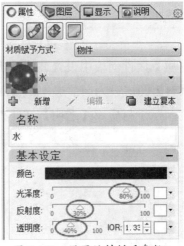

图 9-149　选取颜色　　　　　　图 9-150　设置饮料材质参数

⑧ 单击【切换贴图面板】按钮 打开【贴图】面板，然后打开"可口可乐标签"贴图源文件，如图 9-151 所示。

第 9 章　Rhino 基本渲染

图 9-151　选择贴图文件

⑨　将贴图拖动到三个标签上，如图 9-152 所示。

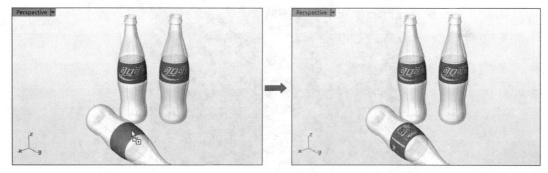

图 9-152　添加贴图给商标选项卡

⑩　单击【切换环境面板】按钮，在材质库的【环境】文件夹中，给整个渲染环境添加【Rhino 摄影棚】场景，如图 9-153 所示。

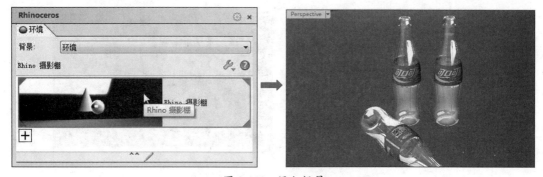

图 9-153　添加场景

⑪　单击【切换底平面面板】按钮，打开【底平面】面板。启用底平面，单击【新增】按钮，选择材质库的【木纹】文件夹中的【原木地板】。然后在【底平面】面板中设置贴图轴的大小，如图 9-154 所示。

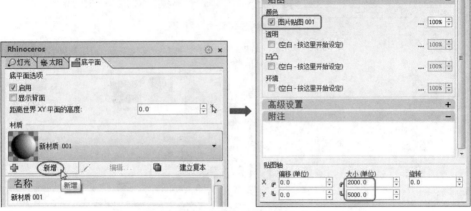

图 9-154 设置贴图轴的大小

⑫ 设置的地板效果如图 9-155 所示。

图 9-155 地板效果

⑬ 添加聚光灯。首先在 Top 视窗中绘制圆锥体底面，然后在 Right 视窗中调整位置点，如图 9-156 所示。

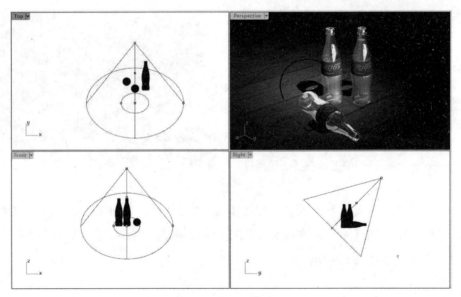

图 9-156 添加聚光灯

⑭ 设置聚光灯的【阴影厚度】和【聚光灯锐利度】,如图 9-157 所示。

⑮ 由于聚光灯的灯光强度还达不到渲染效果,需要额外增加强度,唯一的办法就是增加其他类型光源。这里增加点光源,点光源须与聚光灯的位置完全重合,避免产生多重阴影,如图 9-158 所示。

> 技术要点:
> 分别在 Front 视窗和 Right 视窗中调整点光源的位置。

图 9-157 设置聚光灯参数

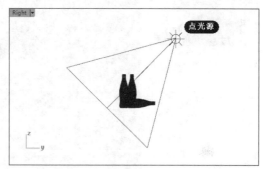

图 9-158 增加点光源

⑯ 同样设置点光源的参数,如图 9-159 所示。

⑰ 最后单击【渲染】按钮,弹出【Rhino 渲染】对话框,同时对模型进行渲染,渲染的结果显示在对话框右侧的预览窗口中,如图 9-160 所示。

图 9-159 设置点光源参数

图 9-160 【Rhino 渲染】对话框

⑱ 为了增强渲染效果,在【Rhino 渲染】对话框中输入【中间色修正】值 0.8,可以看到渲染的效果非常逼真,如图 9-161 所示。

⑲ 单击【Rhino 渲染】对话框中的【将影像另存为】按钮,将渲染效果另存为 JPG、BMP 等格式的图片文件。

图 9-161 设置中间色修正参数后的渲染效果

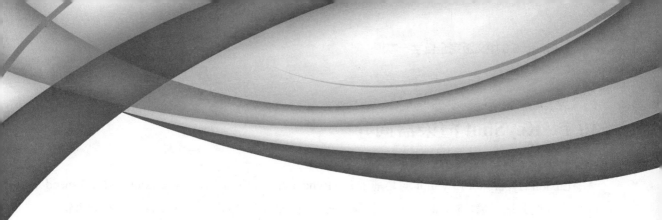

第 10 章
KeyShot for Rhino 渲染技术

本章内容

本章主要介绍 Rhino 的渲染辅助软件 KeyShot 7.0，通过学习 KeyShot 的相关操作命令，进一步对 Rhino 所构建的数字模型进行后期渲染处理，直到最终输出符合设计要求的渲染图。

知识要点

- ☑ KeyShot 渲染器简介
- ☑ KeyShot 7.0 软件安装
- ☑ 认识 KeyShot 7.0 界面
- ☑ 材质库
- ☑ 颜色库
- ☑ 灯光
- ☑ 环境库
- ☑ 背景库和纹理库
- ☑ 渲染

10.1 KeyShot 渲染器简介

　　Luxion HyperShot/KeyShot 均是基于 LuxRender 开发的渲染器，目前 Luxion 与 Bunkspeed 因技术问题分道扬镳，Luxion 不再授权给 Bunkspeed 核心技术，Bunkspeed 也不能再销售 Hypershot，以后将由 Luxion 公司自己销售，并将产品名称更改为 KeyShot，所有原 Hypershot 用户可以免费升级为 KeyShot。其软件图标如图 10-1 所示。

图 10-1　KeyShot 软件图标

　　KeyShot™ 意为"The Key to Amazing Shots"，是一个互动性的光线追踪与全域光渲染程序，无须复杂的设定即可产生相片般真实的 3D 渲染影像。无论渲染效率还是渲染质量均非常优秀，非常适合作为即时方案展示效果渲染，同时 KeyShot 对目前绝大多数主流建模软件支持效果良好，尤其对于犀牛模型文件更是完美支持。KeyShot 所支持的模型文件格式如图 10-2 所示。

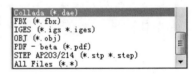

图 10-2　KeyShot 所支持的模型文件格式

　　KeyShot 最惊人的地方就是能够在几秒之内就渲染出令人惊讶的镜头效果。沟通早期理念、尝试设计决策、创建市场和销售图像，无论你想要做什么，KeyShot 都能打破一切复杂限制，帮助你创建照片级的逼真图像。相比从前，更快，更方便，更加惊人。如图 10-3、图 10-4 所示为 KeyShot 渲染的高质量图片。

图 10-3　KeyShot 渲染的高质量图片（一）

第 10 章　KeyShot for Rhino 渲染技术

图 10-4　KeyShot 渲染的高质量图片（二）

10.2　KeyShot 7.0 软件安装

首先登录 KeyShot 官方网站 www.keyshot.com，依据自己的电脑系统来对应下载 KeyShot 软件试用版本，目前官方所提供的最新版本为 KeyShot 7.0。

上机操作——安装 KeyShot 7.0

① 双击 KeyShot 7.0 安装程序图标 ⦿，打开 KeyShot 7.0 欢迎界面，如图 10-5 所示。
② 单击【Next】按钮，弹出授权协议界面，单击【I Agree】按钮，如图 10-6 所示。

图 10-5　欢迎界面　　　　　　　　　　　图 10-6　同意授权协议

③ 随后弹出选择用户的界面，可以选择"Install for anyone using this computer"，也可以选择"Install just for me"，然后单击【Next】按钮，如图 10-7 所示。
④ 在随后弹出的安装路径选择界面中，设置安装 KeyShot 7.0 的计算机硬盘路径，可以保留默认安装路径，再单击【Next】按钮，如图 10-8 所示。

技术要点：

强烈建议修改路径，最好不要安装在 C 盘中。C 盘是系统盘，本身被很多系统文件占据，再加上运行系统时所产生的垃圾文件，会严重拖累 CPU 运行。

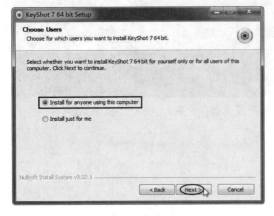 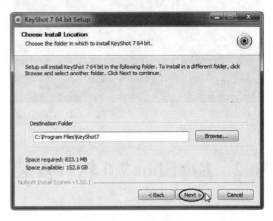

图 10-7　选择使用用户　　　　　　　　　　图 10-8　设置安装路径

⑤ 随后弹出 KeyShot 7.0 的材质库文件存放路径，保持默认设置即可，单击【Install】按钮开始安装，如图 10-9 所示。

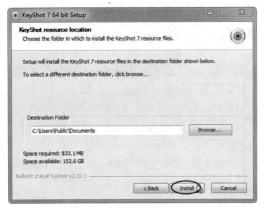 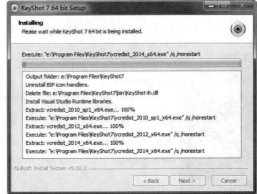

图 10-9　安装 KeyShot 7.0

技术要点：

但是应当注意的是，KeyShot 7.0 所有的安装目录和安装文件路径名称不能为中文，否则软件无法启动，同时文件也打不开。

⑥ 安装完成后会在电脑桌面上生成 KeyShot 7.0 图标与材质库文件夹，如图 10-10 所示。

图 10-10　KeyShot 图标和材质库文件夹

⑦ 第一次启动 KeyShot 7.0，还需要激活许可证，如图 10-11 所示。到官网购买正版软件，

第 10 章　KeyShot for Rhino 渲染技术

会提供一个许可证文件，直接选中许可证文件安装即可。

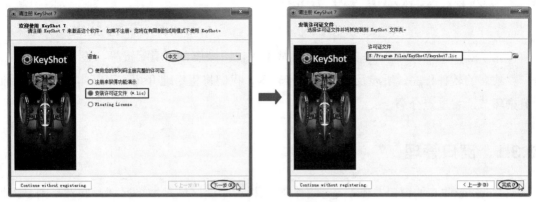

图 10-11　安装许可证

⑧ 双击电脑桌面上的 KeyShot 7.0 图标 ，启动 KeyShot 渲染主程序，如图 10-12 所示。

图 10-12　KeyShot 渲染工作界面

⑨ 渲染窗口如图 10-13 所示。

图 10-13　渲染窗口

10.3 认识 KeyShot 7.0 界面

首先了解一下 KeyShot 7.0 的界面及其常见的视图操作、环境配置等。鉴于 KeyShot 7.0 是一款独立的软件程序，所涉及的知识内容较多，我们将粗略地介绍一下基本操作。在后面的渲染环节，将重点介绍。

10.3.1 窗口管理

在 KeyShot 7.0 的窗口左侧，是渲染材质面板；中间区域是渲染区域；底部是则是人性化的控制按钮。下面介绍底部的窗口控制按钮，如图 10-14 所示。

1. 导入

单击【导入】按钮，打开【导入文件】对话框，从中导入适合 KeyShot 7.0 的格式文件，如图 10-15 所示。

图 10-14　窗口控制按钮

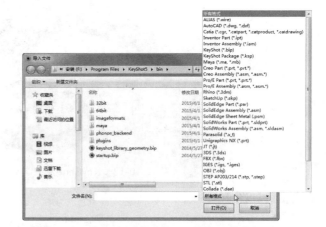

图 10-15　导入要渲染的其他 3D 软件生成的图形文件

也可以通过执行菜单栏的【文件】菜单中的文件操作命令，进行各项文件操作。

2. 库

【库】按钮用来控制左侧材质【库】面板的显示与否，如图 10-16 所示。【库】面板用来设置材质、颜色、环境、背景、纹理等。

3. 项目

【项目】按钮用来控制右侧的各渲染环节的参数与选项设置的控制面板，如图 10-16 所示。

4. 动画

【动画】按钮用来控制【动画】面板的显示，【动画】面板在窗口下方，如图 10-17

第 10 章　KeyShot for Rhino 渲染技术

所示。

图 10-16　【库】面板与【项目】控制面板　　　　图 10-17　【动画】面板

5. 渲染

单击【渲染】按钮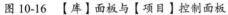，打开【渲染】对话框。设置渲染参数后单击对话框中的【渲染】按钮即可对模型进行渲染，如图 10-18 所示。

图 10-18　【渲染】对话框

10.3.2　视图控制

在 KeyShot 7.0 中，视图的控制是通过相机功能来执行的。

要显示 Rhino 中的原先的视图，可以在 KeyShot 7.0 的菜单栏中执行【相机】|【相机】命令，打开【相机】菜单，如图 10-19 所示。

图 10-19　【相机】菜单

在渲染区域中按鼠标中键可以平行移动摄像机，单击旋转摄像机，达到多个视角查看模型的目的。

> **工程点拨：**
> 这个操作跟旋转模型有区别。也可以在工具列中单击【中间移动手掌移动摄像机】按钮以及【左键旋转摄像机】按钮来完成相同操作。

要旋转模型,将光标移动到模型上,然后单击鼠标右键,在弹出的快捷菜单中选择【移动模型】命令,渲染区域中将显示三轴控制球,如图 10-20 所示。

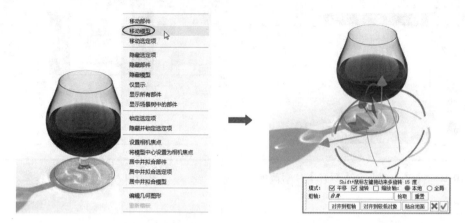

图 10-20　显示三轴控制球

工程点拨：

快捷菜单中的【移动部件】命令,针对的导入模型是装配体模型,可以移动装配体中的单个或多个零部件。

拖动环可以旋转模型,拖动轴可以定向平移模型。

默认情况下,模型的视角是以透视图进行观察的,可以在工具列中设置视角,如图 10-21 所示。

图 10-21　视角设置

可以将视图模式设置为【正交】,正交模式也就是 Rhino 中的平行视图模式。

10.4　材质库

为模型赋予材质是渲染的第一步,这个步骤将直接影响最终的渲染结果。KeyShot 7.0 材质库中的材质以英文显示,若需要中文或者双语显示材质,可安装由热心网友提供的 "KeyShot 6.0 中英文双语版材质.exe" 程序。

工程点拨：

为了便于大家学习,我们会将本章中所提及的插件程序以及汉化程序放置在相关链接中供大家下载。当然也可以下载并安装 KeyShot 5.0 版本的材质库,将安装后的中文材质库复制并粘贴到桌面上的 KeyShot 7 Resources 材质库文件夹中,与 Materials 文件夹合并即可。但还需要在 KeyShot 7.0 中执行菜单栏中的【编辑】|【首选项】命令,打开【首选项】对话框定制各个文件夹,也就是编辑材质库的新路径,如图 10-22 所示。重新启动 KeyShot 7.0,中文材质库生效。

第 10 章 KeyShot for Rhino 渲染技术

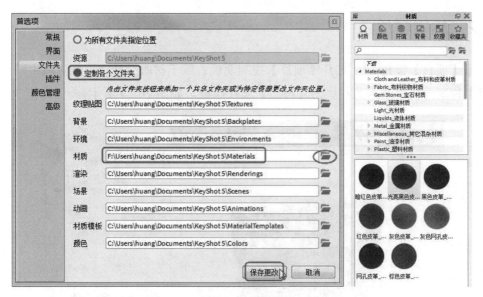

图 10-22 定制文件夹加载中文材质库

为方便大家学习，本章将对中文材质库进行介绍。

10.4.1 赋予材质

KeyShot 7.0 的材质赋予方式与 Rhino 渲染器的材质赋予方式相同，选择好材质后，直接将该材质拖动到模型中的某个面上释放，即可完成赋予材质操作，如图 10-23 所示。

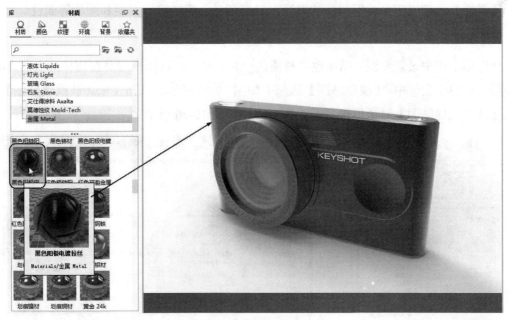

图 10-23 为对象赋予材质

10.4.2 编辑材质

单击【项目】按钮，打开【项目】控制面板。赋予材质后，在渲染区域中双击材质，【项目】控制面板中显示此材质的【材质】属性面板，如图 10-24 所示。

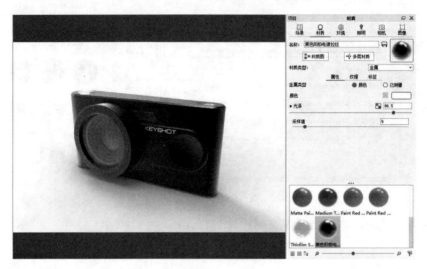

图 10-24 控制面板中的【材质】属性面板

在【材质】属性面板中有三个选项卡：【属性】、【纹理贴图】和【标签】。

1.【属性】选项卡

【属性】选项卡用来编辑材质的属性，包括颜色、粗糙度、高度和缩放等属性。

2.【纹理贴图】选项卡

此选项卡用来设置贴图，贴图也是材质的一种，只不过贴图是附着在物体的表面，而材质是附着在整个实体中。【纹理贴图】选项卡如图 10-25 所示。双击【未加载纹理贴图】，可以从【打开纹理贴图】对话框中打开贴图文件，如图 10-26 所示。

图 10-25 【纹理贴图】选项卡

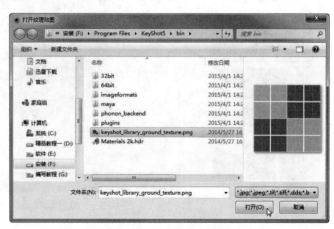

图 10-26 打开纹理贴图

打开贴图文件后,【纹理贴图】选项卡中会显示该贴图的属性设置选项,如图 10-27 所示。

【纹理贴图】选项卡中包含多种纹理贴图类型,见图 10-25 中的【纹理贴图类型】下拉列表。贴图类型主要是定义贴图的纹理、纹路。相同的材质,可以有不同的纹路。如图 10-28 所示为【纤维编织】类型与【蜂窝式】类型的效果对比。

3.【标签】选项卡

KeyShot 7.0 中的【标签】就是指前面两种渲染器中的【印花】,同样也是材质的一种,只不过【标签】与贴图都是附着于物体的表面,【标签】常用于产品的包装、商标、公司徽标等。

【标签】选项卡如图 10-29 所示。单击【未加载标签】,打开【加载标签】对话框,并将其打开可以选择相应的图片,如图 10-30 所示。

图 10-27 贴图属性设置

【纤维编织】类型

【蜂窝式】类型

图 10-28 纹理贴图类型

图 10-29 【标签】选项卡

图 10-30 加载标签

同样可以编辑标签图片，包括投影方式、缩放比例等属性，如图10-31所示。

图10-31　标签属性设置

10.4.3　自定义材质库

当KeyShot材质库中的材质无法满足你的渲染需求时，可以自定义材质。自定义材质的方式有两种：一种是加载网络中其他KeyShot用户自定义的材质，将其放置到KeyShot材质库文件夹中；另一种就是在【材质】属性面板的下方有最基本的材质，选择一种材质并编辑其属性，然后将其保存到材质库中。

下面我们以创建珍珠材质为例，讲述自定义材质库的流程。

上机操作——自定义珍珠材质

① 首先在窗口左侧的材质库中用鼠标右键单击【Materials】，然后选择快捷菜单中的【添加】命令，弹出【添加文件夹】对话框，输入新文件夹的名称后单击【确定】按钮，如图10-32所示。

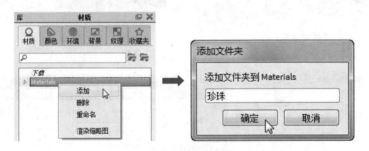

图10-32　新建材质库文件夹

② 随后在【Materials】下增加了一个【珍珠】文件夹，单击使这个文件夹使其处于激活状态。

③ 在菜单栏中执行【编辑】|【添加几何图形】|【球形】命令，创建一个球体。此球体为材质特性的表现球体，非模型球体。在窗口右侧【材质】属性面板下方的基本材质列表中双击要添加的球形材质，如图10-33所示。

④ 将所选的基本材质命名为【珍珠白】，选择材质【类型】为【金属漆】，然后设置【基色】为白色、【金属颜色】为浅蓝色，如图10-34所示。

第 10 章　KeyShot for Rhino 渲染技术

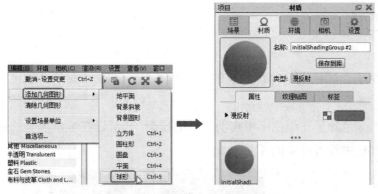

图 10-33　添加基本材质进行编辑

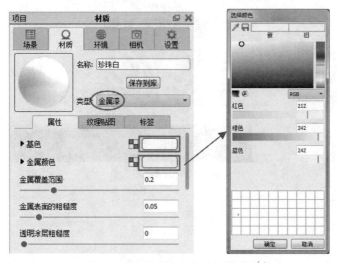

图 10-34　设置材质类型与材质颜色

⑤ 设置其余各项参数，如图 10-35 所示。

⑥ 最后在【材质】属性面板中单击【保存至库】按钮，将设定的珍珠材质保存到材质库中，如图 10-36 所示。

图 10-35　设置其余各项参数

图 10-36　保存材质到材质库

10.5　颜色库

颜色不是材质，颜色只是体现材质的一种基本色彩。KeyShot 7.0 的模型颜色在颜色库中，如图 10-37 所示。

更改模型的颜色除了在颜色库中拖动颜色给模型，还可以在编辑模型材质的时候直接在【材质】属性面板中设置材质的【基色】。

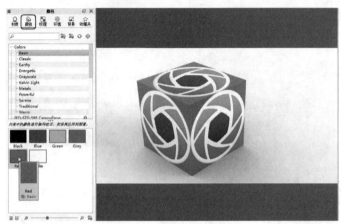

图 10-37　颜色库

10.6　灯光

其实 KeyShot 7.0 中是没有灯光的，但一款功能强大的渲染软件是不可能不涉及灯光渲染的。那么 KeyShot 7.0 又是如何操作灯光的呢？

10.6.1　利用光材质作为光源

在材质库中，光材质如图 10-38 所示。为了便于学习，我们特地将所有灯光材质做了汉化处理。

> **工程点拨**
> 用鼠标右键单击材质，在弹出的快捷菜单中选择【重命名】命令，即可以中文命名材质。

可用的光源包括四种类型：区域光源、发射光、IES 光源和点光源。

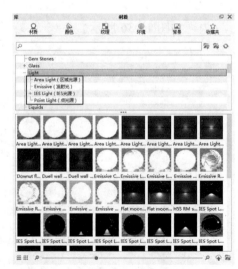

图 10-38　光材质

1. 区域光源

区域光源指的就是局部透射、穿透的光源,比如窗户外照射进来的自然光源、太阳光源,光源材质列表中有四种区域光源材质,如图 10-39 所示。

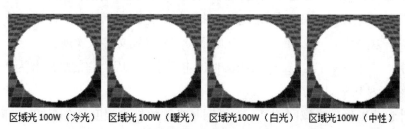

图 10-39　四种区域光源材质

添加区域光源,也就是将区域光源材质赋予窗户中的玻璃等模型。区域光源一般适用于建筑室内渲染。

2. 发射光

发射光材质主要用作车灯、手电筒、电灯、路灯及室内装饰灯的渲染。光源材质列表中的发射光材质如图 10-40 所示。

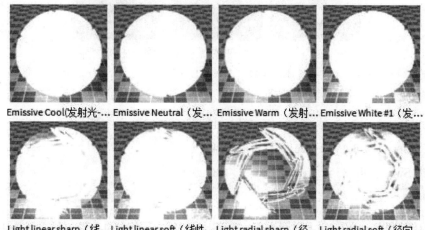

图 10-40　发射光材质

发射光材质中英文对照如下:

- Emissive Cool(发射光-冷)
- Emissive Neutral（发射光-中性）
- Emissive Warm（发射光-暖）
- Emissive White #1（发射光-白色#1）
- Light linear sharp（线性锐利灯光）
- Light linear soft（线性软灯光）
- Light radial sharp（径向锐利灯光）

- Light radial soft(径向软灯光)

3. IES 光源

IES 光源是由美国照明工程学会制订的各种照明设备的光源标准。

在制作建筑效果图时,常会使用一些特殊形状的光源,例如射灯、壁灯等,为了准确、真实地表现这一类光源,可以使用 IES 光源导入 IES 格式文件来实现。

IES 文件就是光源(灯具)配光曲线文件的电子格式。因为它的扩展名为"*.ies",所以,我们就直接称它为 IES 文件了。

IES 文件包含准确的光域网信息。光域网是光源的灯光强度分布在 3D 空间中的表示方式,平行光分布信息以 IES 格式存储在光度学数据文件中。光度学 Web 分布使用光域网定义分布灯光。可以加载各个制造商所提供的光度学数据文件,将其作为 Web 参数。在视窗中,灯光对象会更改为所选光度学 Web 的图形。

KeyShot 7.0 提供了三种 IES 光源材质,如图 10-41 所示。

图 10-41　三种 IES 光源材质

IES 光源对应的中英文材质说明如下:

- IES Spot Light 15 degrees(IES 射灯 15 度)
- IES Spot Light 45 degrees(IES 射灯 45 度)
- IES Spot Light 85 degrees(IES 射灯 85 度)

4. 点光源

点光源从其所在位置向四周发射光线。KeyShot 7.0 材质库中的点光源材质如图 10-42 所示。

图 10-42　点光源材质

点光源对应的中英文材质说明如下:

- Point Light 100W Cool(点光源 100W-冷)
- Point Light 100W Neutral(点光源 100W-中性)

- Point Light 100W Warm（点光源 100W-暖）
- Point Light 100W White（点光源 100W-白色）

10.6.2 编辑光源材质

光源不能凭空添加到渲染环境中，需要创建实体模型。可以通过在菜单栏中执行【编辑】|【添加几何图形】|【立方体】命令，或者其他图形命令，创建用于赋予光源材质的物件。

如果已经有光源材质附着体，就不需要创建几何图形了。把光源材质赋予物体后，随即可在【材质】属性面板中编辑光源属性，如图 10-43 所示。

图 10-43　在【材质】属性面板中编辑光源属性

10.7 环境库

渲染离不开环境，尤其是需要在渲染的模型表面表现发光效果时，更需要加入环境。在窗口左侧的【环境】库中列出了 KeyShot 7.0 全部的环境，如图 10-44 所示。

> **工程点拨：**
> 作者花了一些时间将环境库中的英文环境名称全部做了汉化处理，也会将汉化的环境库一并放置在本书附送的下载资源中。

要设置环境，在环境库中选择一种环境，双击环境缩略图，或者将环境缩略图拖动到渲染区域释放，即可将环境添加到渲染区域，如图 10-45 所示。

添加环境后，可以在右侧的【环境】属性面板中设置当前渲染环境的属性，如图 10-46 所示。

如果不需要环境中的背景，在【环境】属性面板的【背景】选项区中选择【颜色】单选选项，并将颜色设置为白色即可。

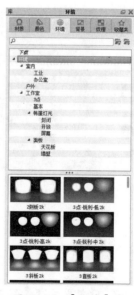

图 10-44　【环境】库

图 10-45　添加环境　　　　　　　　　　图 10-46　设置环境属性

10.8　背景库和纹理库

背景库中的背景文件主要用于室外与室内的场景渲染，背景库如图 10-47 所示。背景的添加方法与环境的添加方法是相同的。

纹理库中的纹理用来作为贴图用的材质。纹理既可以单独赋予对象，也可以在赋予材质时添加纹理。KeyShot 7.0 的纹理库如图 10-48 所示。

图 10-47　背景库　　　　　　　　　　图 10-48　纹理库

10.9　渲染

在窗口底部单击【渲染】控制按钮，弹出【渲染】对话框，如图 10-49 所示。【渲染】对话框中包括【输出】、【选项】和【Monitor】渲染设置类别，下面仅介绍【输出】和【选项】渲染设置类别。

第 10 章　KeyShot for Rhino 渲染技术

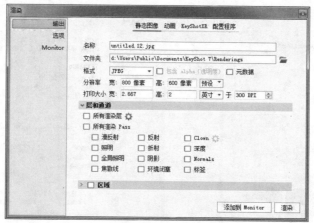

图 10-49　【渲染】对话框

10.9.1　【输出】渲染设置类别

【输出】面板中有三种输出类型：静态图像、动画和 KeyShotXR。

1. 静态图像

静态图像就是输出渲染的位图格式文件。该控制面板中各选项功能介绍如下：

- 名称：输出图像的名称，可以中文命名。
- 文件夹：渲染后图片的保存位置，默认情况下为 Renderings 文件夹。如果需要保存到其他文件夹，同样要注意的是路径全英文的问题，不能出现中文字符。
- 格式：用于设置文件保存格式。KeyShot 7.0 支持三种格式的输出：JPEG、TIFF 和 EXR。通常选择我们最为熟悉的 JPEG 格式；TIFF 格式的文件可以在 Photoshop 中去背景；EXR 是涉及色彩渠道、阶数的格式，简单来说就是 HDR 格式的 32 位文件。
- 包含 alpha（透明度）：勾选此选项，可以输出 TIFF 格式文件，在 Photoshop 中进行后期处理时将自带一个渲染对象及投影的选区。
- 分辨率：可以改变图片的大小。
- 打印大小：设置图像纵横比与图像大小的尺寸单位。一般打印尺寸为 300DPI。
- 层和通道：设置图层与通道的渲染。
- 区域：设置渲染的区域。

2. 动画

当创建渲染动画后才能显示【动画】输出设置面板。制作动画非常简单，只需在动画区域中单击【动画向导】按钮 ，选择动画类型、相机、动画时间等就可以完成动画的制作。每种类型都有预览，如图 10-50 所示。

完成动画制作后在【渲染】对话框的【输出】面板中单击【动画】按钮，即可显示动画渲染输出设置面板，如图 10-51 所示。

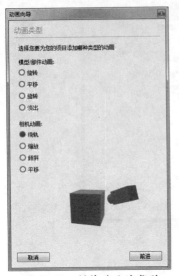
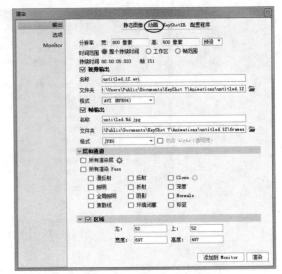

图 10-50　制作动画的类型　　　　图 10-51　动画渲染输出设置面板

在此面板中根据需求设置分辨率、视频与帧的输出名称/路径/格式、性能及渲染模式等。

3. KeyShotXR

KeyShotXR 是一种动态展示。动画也是 KeyShotXR 的一种类型。除了动画，其他的动态展示多是绕自身的重心进行旋转、翻滚、球形翻转、半球形翻转等定位运动。在菜单栏中执行【窗口】|【KeyShotXR】命令，打开【KeyShotXR 向导】对话框，如图 10-52 所示。

KeyShotXR 动态展示的定制与动画类似，只需按步骤进行即可。定义了 KeyShotXR 动态展示后，在【渲染】对话框的【输出】面板中单击【KeyShotXR】按钮，即可显示 KeyShotXR 渲染输出设置面板，如图 10-53 所示。

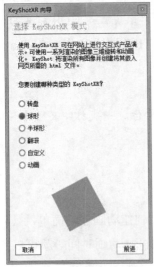

图 10-52　【KeyShotXR 向导】对话框　　　　图 10-53　KeyShotXR 渲染输出设置面板

设置完成后，单击【渲染】按钮，即可进入渲染过程。

10.9.2 【选项】渲染设置类别

【选项】类别面板用来控制渲染模式和渲染质量，如图10-54所示。

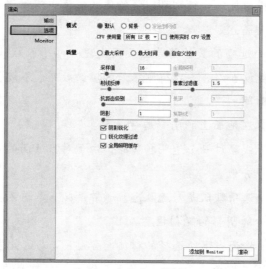

图10-54 【选项】面板

【质量】选项区中包括三种设置：最大采样、最大时间和自定义控制。

1. 最大采样

【最大采样】定义每一帧采样的数量，如图10-55所示。

2. 最大时间

【最大时间】定义每一帧和总时长，如图10-56所示。

图10-55 最大采样　　　　　　图10-56 最大时间设置

3. 自定义控制

- 采样值：控制图像每个像素的采样数量。在大场景的渲染中，模型的自身反射与光线折射的强度或者质量需要较高的采样数量。较高的采样数量设置可以与较高的抗锯齿设置做配合。
- 全局照明：提高这个参数的值可以获得更加细致的照明和小细节的光线处理。一般情况下这个参数没有太大必要去调整。如果需要在阴影和光线的效果上做处理，可以考虑改变它的参数。
- 射线反弹：控制光线在每个物体上反射的次数。

- 像素过滤值：这是一项新的功能，增加一幅模糊的图像，得到柔和的图像效果。建议使用1.5到1.8之间的参数值。不过在渲染珠宝首饰的时候，大部分情况下有必要将参数值降低到1和1.2之间。
- 抗锯齿级别：提高抗锯齿级别可以将物体的锯齿边缘细化。参数值越大，物体的抗锯齿质量也会越高。
- 景深：增加这个选项的数值将导致画面出现一些小颗粒状的像素点以体现景深效果。一般将参数设置为3足以得到很好的渲染效果。不过要注意的是，数值变大将会增加渲染的时间。
- 阴影：控制物体在地面上的阴影质量。
- 焦散线：指当光线穿过一个透明物体时，由于对象表面的不平整，出现漫折射，投影表面出现光子分散。
- 阴影锐化：这个选项默认是勾选状态。通常情况下尽量不要改动，否则将会影响到画面中细节部分的阴影的锐利程度。
- 锐化纹理过滤：检查当下所选择的材质与各贴图。勾选此复选框可以得到更加清晰的纹理效果，不过这个选项通常情况下是没有必要勾选的。
- 全局照明缓存：勾选此复选框，能得到较好的细节效果，时间上也可以得到很好的平衡。

10.10 实战案例——"成熟的西瓜"渲染

模型渲染是产品在设计阶段向客户展示的重要手段。本节将详细介绍利用Creo的渲染引擎做两个产品的渲染，让读者能从中掌握渲染过程及渲染方法。

一幅好的渲染作品，必须满足以下四点：
- 正确地选择材质进行组合
- 合理、适当的光源
- 现实的环境
- 细节的处理

西瓜的渲染，主要难点是灯光的布置和贴图的制作，其他的渲染参数采用默认设置即可。本案例西瓜的渲染效果如图10-57所示。

图10-57　西瓜渲染效果

第 10 章　KeyShot for Rhino 渲染技术

1. 在 KeyShot 中导入 bip 渲染文件

① 执行菜单栏中的【文件】|【打开】命令,打开本例源文件"西瓜.bip",并将其导入 KeyShot 中,如图 10-58 所示。

> **工程点拨:**
> 在【KeyShot 导入】对话框的【位置】选项区中勾选【贴合地面】复选框,在【向上】选项区中选择【Z】选项,保证导入模型后可以自由地旋转模型。

图 10-58　导入西瓜模型文件

② 导入的西瓜模型如图 10-59 所示。

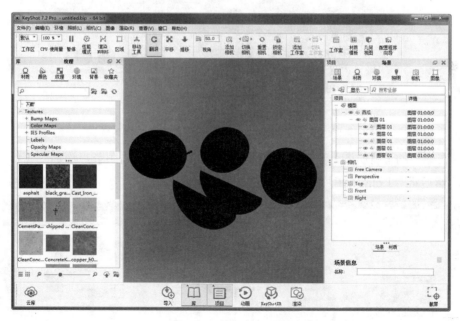

图 10-59　导入的西瓜模型

2. 给西瓜模型赋予材质

① 在左侧的材质库中,首先将【塑料 Plastic】材质文件夹下的【黑色柔软粗糙塑料】材质拖动到窗口右侧【场景】面板下的五个模型图层中,如图 10-60 所示。

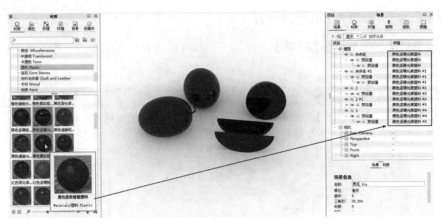

图 10-60 添加材质给西瓜图层

② 在窗口右侧切换到【材质】面板中，双击选中第一个西瓜材质，然后单击【材质图】按钮，如图 10-61 所示。

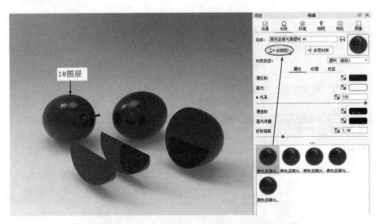

图 10-61 在【材质】面板中编辑 1#图层中的西瓜材质

③ 随后在弹出的【材质图】窗口中的工具栏上单击【将纹理贴图节点添加到工作区】按钮，然后将"1.png"图片打开，如图 10-62 所示。

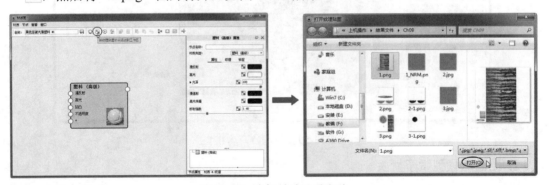

图 10-62 选择材质贴图文件

④ 添加贴图节点后，并将其导引到【塑料（高级）】节点上，如图 10-63 所示。

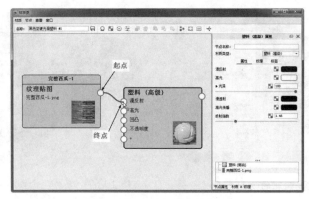

图 10-63　添加节点贴图

⑤　继续为这个西瓜添加一个凹凸贴图，如图 10-64 所示。

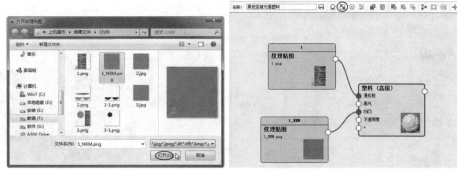

图 10-64　添加凹凸贴图

⑥　关闭【材质图】窗口。可以看到窗口中的第一个西瓜添加了贴图，但是贴图的方向不对，需要更改，如图 10-65 所示。

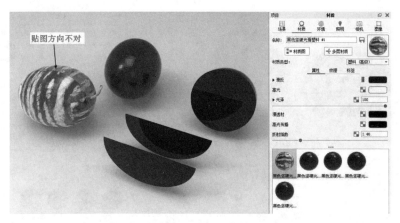

图 10-65　查看窗口中的贴图

⑦　首先，在【材质】面板中由默认的【属性】选项卡切换到【纹理】选项卡。然后选择【映射类型】为【UV】，如图 10-66 所示。可以看到，材质贴图很好地与西瓜模型相匹配。

⑧　同理，为第二个完整的西瓜添加相同的材质贴图并设置纹理，如图 10-67 所示。

图 10-66　设置纹理的映射类型　　　　图 10-67　为第二个西瓜添加相同材质贴图

⑨ 继续为第三个西瓜模型（小块西瓜）添加材质贴图，并设置纹理【映射类型】为【UV】，如图 10-68 所示。

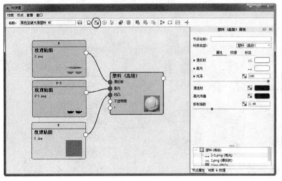 

图 10-68　为第三个西瓜添加材质贴图

⑩ 同理，为切开的一块西瓜添加相同的材质贴图，如图 10-69 所示。

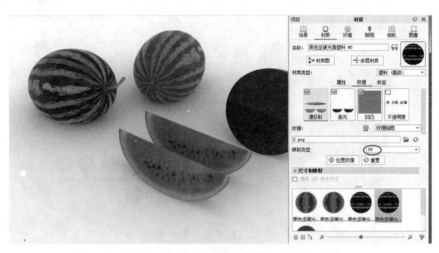

图 10-69　为切开的一块西瓜添加相同的材质贴图

⑪ 最后为切开的另一块西瓜模型添加材质贴图，如图 10-70 所示。

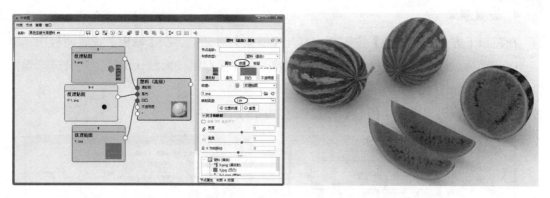

图 10-70　为另一块切开的西瓜模型添加材质贴图

3. 添加场景

添加场景的目的是为了让场景中的各种光线在西瓜表面反射,增加真实效果。

① 在左侧的【环境】库中将【Interior】下的【Dosch-Apartment_2k】场景双击添加到窗口中。然后在右侧的【环境】选项卡中,设置【地面】选项区的参数,如图 10-71 所示。

图 10-71　添加场景并设置地面参数

② 在右侧的【环境】选项卡中,设置【背景】选项区的参数,如图 10-72 所示。

图 10-72　设置背景参数

4. 设置渲染

① 在窗口下方单击【渲染】按钮,打开【渲染】对话框。在【输出】设置面板中,输入图片名称,设置输出【格式】为【JPEG】,文件保存路径为默认路径,其余选项保持默认设置,如图 10-73 所示。

② 在【选项】设置面板中的参数设置如图 10-74 所示。

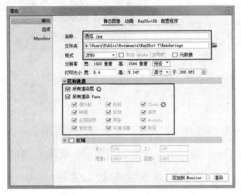

图 10-73 输出设置

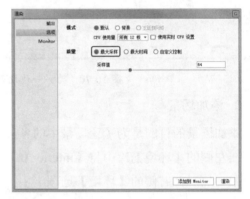

图 10-74 选项设置

> **工程点拨:**
> 测试渲染有两种方式:第一种为视窗硬件渲染(也是实时渲染),即将视窗最大化后等待 KeyShot 将视窗内文件慢慢渲染出来,随后使用【截屏】按钮,将视窗内的图像截屏保存。第二种方式为在【渲染】对话框中单击【渲染】按钮,将图像渲染出来。这种方式较第一种效果更好,但渲染时间较长。

③ 经过测试渲染,反复调节模型材质、环境等贴图参数,调整完毕后便可以进行模型的最终渲染出图。最终的渲染参数设置与测试渲染的参数设置方法一样,不同的是根据效果图的需要可以将【格式】设置为【TIFF】并勾选【包括 alpha 通道】复选框,这样能够为后期效果图修正提供极大方便,同时将渲染品质设置为良好即可。

④ 单击【渲染】按钮即可渲染出最终的效果图,如图 10-75 所示。在新渲染窗口中要单击【关闭】按钮,才能保存渲染结果。

图 10-75 最终渲染图

第 11 章
渲染巨匠 V–Ray for Rhino

本章内容

V-Ray 渲染引擎是目前比较流行的主流渲染引擎之一，V-Ray 是一款外挂渲染器，支持 3ds Max、Maya、Rhino、Revit、SketchUp 等大型三维建模与动画软件。本章将介绍 V-Ray for Rhino 6.0 渲染器的基础知识和使用方法。

知识要点

- ☑ V-Ray for Rhino 6.0 渲染器简介
- ☑ 布置渲染场景
- ☑ 光源、反光板与摄像机
- ☑ V-Ray 材质与贴图

11.1　V-Ray for Rhino 6.0 渲染器简介

V-Ray 渲染软件是世界领先的计算机图形技术公司 Chaos Group 的产品。

过去的很多渲染程序在创建复杂的场景时，必须花大量时间调整光源的位置和强度才能得到理想的照明效果，而 V-Ray for Rhino 6.0 版本的渲染器具有全局光照和光线追踪的功能，对于完全不需要放置任何光源的场景，也可以计算出很出色的图片，并且完全支持 HDRI 贴图，具有强大的着色引擎、灵活的材质设定、较快的渲染速度等特点。最为突出的是它的焦散功能，可以产生逼真的焦散效果，所以 V-Ray 又具有"焦散之王"的称号。

11.1.1　V-Ray for Rhino 6.0 软件安装

V-Ray for Rhino 6.0 渲染插件可以到 https://www.chaosgroup.com/官方网站下载试用。此插件为英文版，目前由国内著名的顶渲网 Ma5 老师完全汉化，具有完全知识产权，并且倾情奉献给国内 V-Ray 用户，极大地方便了初学者的使用。

下面介绍如何安装 V-Ray for Rhino 6.0 英文原版及顶渲中文汉化包。安装 V-Ray 之前必须先安装 Rhino 6.0 软件。

上机操作——安装 V-Ray for Rhino 6.0 英文版和顶渲简体中文包

① 到 Chaos Group 官网下载的软件程序为 vray_adv_36002_rhino_6_win_x64.exe。
② 双击启动安装界面，单击【I Agree】按钮，如图 11-1 所示。
③ 在第二个界面中勾选【Rhinoceros 6】复选框，然后单击【Next】按钮，如图 11-2 所示。

图 11-1　签署软件协议

图 11-2　选择对应主体软件

④ 在第三个界面中保留默认设置，单击【Install Now】按钮，如图 11-3 所示。
⑤ 稍后完成 V-Ray 许可服务器的下载，如图 11-4 所示。

第 11 章 渲染巨匠 V-Ray for Rhino

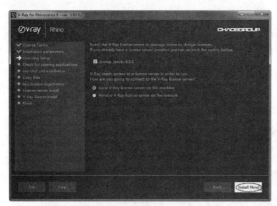

图 11-3 选择许可服务器

图 11-4 下载许可服务器

⑥ 许可服务器下载完成后，接下来继续安装 LICNSE SERVER 许可服务器，如图 11-5 所示。

⑦ 接着再继续安装 V-Ray Swarm，如图 11-6 所示。

图 11-5 安装 LICNSE SERVER

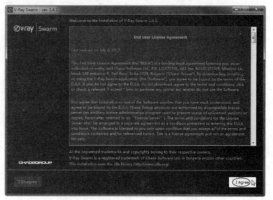

图 11-6 安装 V-Ray swarm

⑧ 到顶渲官网 https://www.toprender.com/portal.php 下载 VRay 3.6 for Rhino 6 顶渲简体中文包。

⑨ 双击启动顶渲简体中文包安装程序，启动安装界面，单击【下一步】按钮，如图 11-7 所示。

⑩ 随后自动完成安装，如图 11-8 所示。如果是第一次安装顶渲简体中文包，需要获得顶渲网的授权码才能正常安装。

图 11-7 启动安装界面

图 11-8 安装顶渲中文包

11.1.2 【VRay 大工具栏】选项卡

启动 Rhino 6.0 软件，可以将【VRay 大工具栏】选项卡调出来，方便设计者使用渲染工具，如图 11-9 所示。

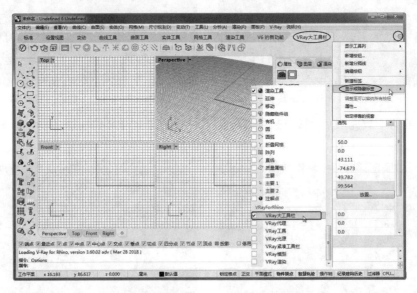

图 11-9 【VRay 大工具栏】选项卡

11.1.3 V-Ray 资源编辑器

V-Ray 资源编辑器包含四个用于管理 V-Ray 资源和渲染设置的选项卡：【材质编辑器】选项卡、【光源编辑器】选项卡、【V-Ray 模型编辑器】选项卡和【渲染设置】选项卡。

在【VRay 大工具栏】选项卡中单击【打开资源编辑器】按钮，弹出【V-Ray 资源编辑器】对话框，如图 11-10 所示。

除了四个编辑器选项卡，还可以使用渲染工具进行渲染操作，如图 11-11 所示。

单击【V-Ray 帧缓冲器】按钮，弹出帧缓冲窗口，如图 11-12 所示。通过帧缓冲窗口查看渲染过程。

图 11-10 【V-Ray 资源编辑器】对话框

第 11 章　渲染巨匠 V-Ray for Rhino

图 11-11　渲染工具

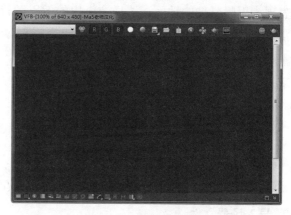

图 11-12　V-Ray 帧缓冲器

11.2　布置渲染场景

渲染场景就是所要渲染的产品对象所处的环境，包括地面、反光板、光源及摄影机等。渲染场景的布置对最终的表现效果具有直接影响。

1. V-Ray 无限平面

地面就是所要渲染的产品对象的承接面，也可以针对产品赋予地面相应的材质（如木质地板、瓷砖、玻璃及大理石等），以起到更好的烘托作用。

V-Ray for Rhino 6.0 提供了一种无限延伸的平面工具，可以作为产品的承接面，还可以赋予其材质。

单击【VRay 大工具栏】选项卡中的【在场景里添加一个无限平面】按钮，就可以在 Top 视窗中创建矩形平面，矩形平面的大小可以使用【二轴缩放】命令修改，如图 11-13 所示。但是在渲染时就会表现为无限延伸的地面，如图 11-14 所示。

不过在场景里添加一个"无限平面"只是一种无限延伸的二维平面，所以远方的地平线不能出现在摄影机视窗中，否则就会出现背景与地面相交的现象，如图 11-15 所示。

图 11-13　V-Ray 平面放置

图 11-14　V-Ray 平面俯视角度渲染效果

图 11-15　背景与地面相交

当摄影机视窗中不可避免地出现地平线时该怎么办呢？一般情况下可以创建一个弧形背景曲面来生成无缝白背景效果，如图 11-16 所示。通过调整其位置和角度，在摄影机视窗中就表现为无限延伸的地面，这样渲染出的效果图背景就比较单纯，如图 11-17 所示，很好地解决了背景与地面相交的问题。

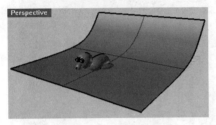

图 11-16　弧形背景曲面

图 11-17　单一背景效果

2. 导入场景文件

V-Ray 场景（.vrscene）是一种文件格式，允许在运行 V-Ray 的所有平台之间共享资源，例如几何体、材质和光源等。它也支持动画。

在【VRay 大工具栏】选项卡中单击【导入场景文件】按钮，可以从 V-Ray 安装路径下（C:\Program Files\Chaos Group\V-Ray\V-Ray for Rhinoceros 6\scenes）找到场景文件夹，如图 11-18 所示。

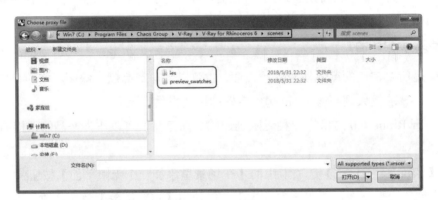

图 11-18　V-Ray 安装路径下的场景文件夹

11.3　光源、反光板与摄像机

本节主要讲述光源的特性与参数、反光板与摄像机的调整方式。

11.3.1　光源的布置要求

光源的布置要根据具体的对象来安排，工业产品渲染中一般都会开启全局照明功能来获得较好的光照分布。场景中的光线可以来自全局照明中的环境光（在【Environment】面板中设置），也可以来自光源对象，一般会两者结合使用。全局照明中的环境光产生的照明是均匀的，若强度太大会使画面显得比较平淡，而利用光源对象可以很好地塑造产品的亮部与暗部，应作为主要光源使用。

光源在产品的渲染中起着至关重要的作用，精确的光线是表现物体材质效果的前提，用户可以参照摄影中的"三点布光法则"来布置场景中的光源。

- 最好以全黑的场景开始布置光源，并注意每增加一盏光源后所产生的效果。
- 要明确每一盏光源的作用与产生照明的程度，不要创建用意不明的光源。
- 环境光的强度不宜太大，以免画面过于平淡。

1. 主光源

主光源是场景中的主要照明光源，也是产生阴影的主要光源。一般把它放置在与主体成45°角左右的一侧，其水平位置通常要比相机高。主光的光线越强，物体的阴影就越明显，明暗对比及反差就越大。在 V-Ray 中，通常以面光源作为主光源，它可以产生比较真实的阴影效果。

2. 辅光源

辅光源又称为补光，用来补充主光产生的阴影面的照明，显示出物体阴影面的细节，使物体阴影变得更加柔和，同时会影响主光的照明效果。辅光通常被放置在低于相机的位置，亮度是主光的 1/2~2/3，这个光源产生的阴影很弱。渲染时一般用泛光灯或者低亮度的面光源来作为辅光。

3. 背光

背光也叫作反光或者轮廓光，设置背光的目的是照亮物体的背面，从而将物体从背景中区分开来。背光通常放在物体的后侧，亮度是主光的 1/3~1/2，背光产生的阴影最不清晰。由于使用了全局照明功能，在布置光源时也可以不用安排背光。

以上只是最基本的光源布置方法，在实际的渲染工作中，需要根据不同的目的和渲染对象来确定相应的光源布置方案。

11.3.2 设置 V-Ray 环境光

单击【打开资源编辑器】按钮，弹出【V-Ray 资源编辑器】对话框。在【设置】选项卡的【环境】卷展栏中，可以设置环境光源，如图 11-19 所示。

勾选了【背景】选项右侧的复选框就表示开启全局照明功能，如图 11-20 所示。全局照明中就包含了自然界的天光（太阳光经大气折射）、折射光源和反射光源等。

图 11-19 【环境】卷展栏的环境光源设置

图 11-20 默认开启全局照明

单击位图编辑按钮 ■，如图 11-21 所示，可以编辑全局照明的位图参数，如图 11-22 所示。

图 11-21 开启位图编辑

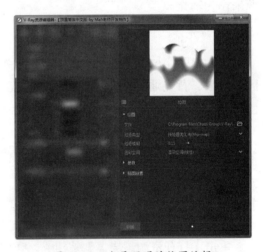

图 11-22 全局照明的位图编辑

当关闭全局照明后，可以设置场景中的背景颜色，默认颜色是黑色。单击颜色图例，弹出【颜色吸管工具】对话框，在此对话框中编辑背景颜色，如图 11-23 所示。

要想单独在场景中显示天光、反射光或者折射光源，前提是先关闭全局照明。如图 11-24 所示为全局照明的效果与仅开启【天光】的渲染效果对比。

第 11 章 渲染巨匠 V-Ray for Rhino

图 11-23 编辑背景颜色

开启全局照明　　　　　　关闭全局照明（仅天光）

图 11-24 天光渲染效果

在位图编辑器中单击列表按钮打开位图图库，然后选择【天空】贴图进行编辑，如图 11-25 所示。

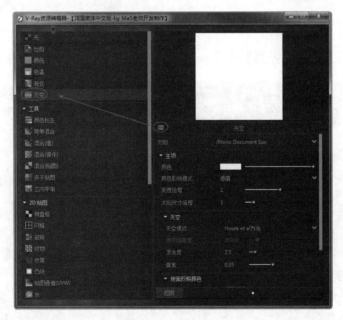

图 11-25 编辑天光位图

11.3.3 布置 V-Ray 主要光源

光源的布置对于材质的表现至关重要，在渲染时，最好先布置光源再调节材质。场景中光源的照明强度以真实反映材质颜色为宜。

V-Ray for Rhino 6.0 的光源布置工具如图 11-26 所示。包括常见的球形光源、聚光灯、IES 光源、点光源、平行光、面光源、穹顶光源、太阳光源等。下面仅介绍几种常见光源的创建与参数设置。

图 11-26　V-Ray 光源布置工具

1. 聚光灯

聚光灯也叫"射灯"。聚光灯的特点是光衰很小，亮度高，方向性很强，光质特硬，反差甚高，形成的阴影非常清晰，但是缺少变化显得比较生硬。单击【创建聚光灯】按钮，可布置聚光灯，如图 11-27 所示。如图 11-28 所示为聚光灯产生的照明效果。

图 11-27　聚光灯　　　　　　　图 11-28　聚光灯的照明效果

通过资源编辑器中的【光源】选项卡，可以编辑聚光灯的参数，如图 11-29 所示。

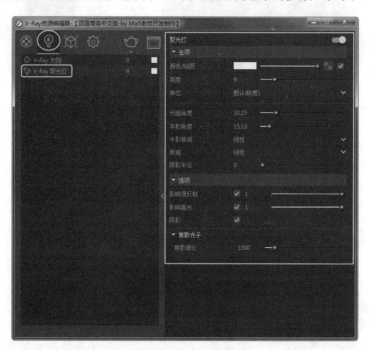

图 11-29　编辑聚光灯

在光源编辑面板顶部的 ●○ 开关，控制是否显示聚光灯光源。默认为开启状态，单击此开关将关闭聚光灯。

- 【主项】卷展栏
  - 颜色/贴图：用于设置光源的颜色及贴图。
  - 亮度：用于设置光源的强度，默认值为 1。
  - 单位：指定测量的光照单位。使用正确的单位至关重要。灯光会自动将场景单位尺寸考虑在内，以便为所用的比例尺生成正确的结果。
  - 光锥角度：指定由 V 射线聚光灯形成的光锥的角度。该值以度数指定。
  - 半影角度：指定光线从光强开始从全强转变为无照明的光锥内的角度。设置为 0 时，不存在转换，光线会产生尖锐的边缘。该值以度数指定。
  - 半影衰减：确定灯光在光锥内从全强转换为无照明的方式。包含两种类型，【线性】与【平滑三次方】。【线性】表示灯光不会有任何衰减，【平滑三次方】表示光线会以真实的方式褪色。
  - 衰减：设置光源的衰减类型，包括【线性】、【倒数】和【平方反比】三种类型，后两种衰减类型的光线衰减效果是非常明显的，所以在用这两种衰减方式时，光源的倍增值需要设置得比较大。如图 11-30 所示为设置不同衰减值的光照衰减效果对比。

图 11-30　不同衰减值的光照衰减效果对比

  - 阴影半径：控制阴影、高光及明暗过渡的边缘的硬度。数值越大，阴影、高光及明暗过渡的边缘越柔和；数值越小，阴影、高光及明暗过渡的边缘越生硬，如图 11-31 所示。

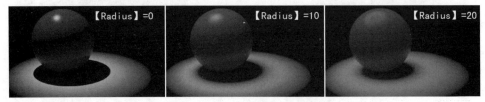

图 11-31　设置不同【Radius】值的效果比较

- 【选项】卷展栏
  - 影响漫反射：启用时，光线会影响材质的漫反射特性。
  - 影响高光：启用时，光线会影响材料的镜面反射。
  - 阴影：启用时（默认），灯光投射阴影；禁用时，灯光不投射阴影。

选取聚光灯后打开聚光灯的控制点。通过调整相应的控制点，可以改变聚光灯的光源位置、目标点、照射范围及衰减范围，如图 11-32 所示。

2. 点光源

点光源也称为泛光灯。单击【创建点光源】按钮，可以在场景中创建一盏点光源。点光源是一种可以向四面八方均匀照射的光源，在场景中可以用多盏点光源协调作用，以产生较好的效果。要注意的是，点光源不能创建过多，否则效果图就会显得平淡而呆板。如图 11-33 所示为在场景中创建的点光源，图 11-34 所示为点光源产生的照明效果。

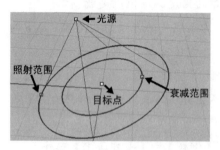
图 11-32　聚光灯的控制点

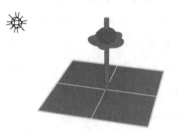
图 11-33　点光源

图 11-34　点光源的照明效果

点光源的参数和聚光灯的基本相同，这里不再赘述。

3. 平行光

单击【创建平行光源】按钮，可在场景中创建平行光。平行光就是光源在一个方向上发出平行光线，就像太阳照射地面一样，主要用于模拟太阳光的效果。它的光照范围是无限大的，光线强度不产生衰减。如图 11-35 所示为在场景中创建的平行光，如图 11-36 所示为平行光产生的照明效果。

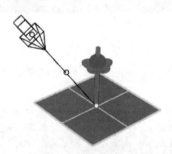
图 11-35　平行光

图 11-36　平行光的照明效果

4. 面光源

单击【创建面光源】按钮，可创建面光源。面光源在 V-Ray 中扮演着非常重要的角色，除了设置方便，渲染的效果也比较柔和。它不像聚光灯有照射角度的问题，而且能够让反射性材质反射这个矩形光源从而产生高光，以更好地体现物体的质感。

面光源的特性主要有以下几个方面：

- 面光源的大小对其亮度有影响：面光源的大小会影响它本身的光线强度，在相同的高度与光源强度下，尺寸越大其亮度也越大。
- 面光源的大小对投影的影响：较大的面光源光线扩散范围较大，所以物体产生的阴影不明显；较小的面光源光线比较集中，扩散范围较小，所以物体产生的阴影较明显。
- 面光源的光照方向：面光源的照射方向可以从矩形光源物体上突出的那条线的方向来判断。
- 对面光源的编辑：面光源可以用旋转和缩放工具来进行编辑。注意，用缩放工具调整面积的大小时会对其亮度产生影响。如图11-37所示为在场景中创建的矩形光源，如图11-38所示为矩形光源产生的照明效果。

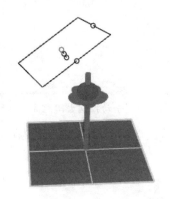

图 11-37　矩形光源

图 11-38　矩形光源的照明效果

5. 太阳光源

V-Ray自带的光源类型与天光配合使用，可以模拟比较真实的太阳光照效果。在自然界中，太阳的位置不同，其光线效果也是不同的，所以V-Ray会根据设置的太阳位置来模拟真实的光线效果，如图11-39所示。

图 11-39　V-Ray 太阳光照效果

单击【打开太阳创建面板】按钮☼，弹出【阳光角度计算器】对话框，如图11-40所示。对话框中默认显示的选项为系统自动计算参考时间、季节及地理位置等的太阳位置。也可以勾选【手动控制】复选框，手动控制太阳光的位置，如图11-41所示。

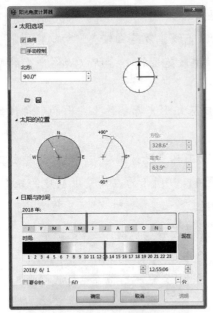

图 11-40 【阳光角度计算器】对话框

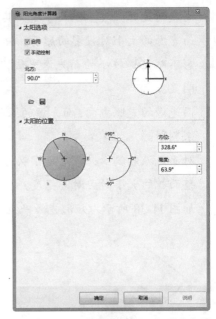

图 11-41 手动控制太阳光源的位置

例如将太阳设置在东方较低的位置，V-Ray 就会模拟清晨的光线效果，设置在南方较高的位置，就会产生中午的阳光效果，如图 11-42 所示。

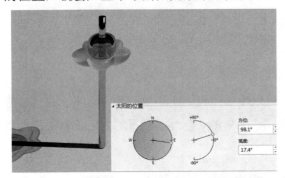

图 11-42 阳光效果

11.3.4 设置摄像机

在渲染时，通常需要表现产品的某个特定角度的效果，这时调节视窗的摄像机，调整好的视窗角度可以先进行保存，以便以后再次调用。V-Ray for Rhino 6.0 是支持 Rhino 6.0 的摄像机的，另外它还有物理摄像机，可以用来模拟比较真实的拍摄效果（比如景深、运动模糊等）。

建模时用到的四个工作视窗（即 Top、Front、Right、Perspective 视窗）都有自带的摄像机。要激活其中任意一个视窗，可以按 F6 键或者在其视窗标题栏上单击，在打开的菜单中选择【设置摄像机】|【显示摄像机】命令，如图 11-43 所示。在其他三个视窗中会显示激活

第 11 章　渲染巨匠 V-Ray for Rhino

视窗的摄像机，通过调整摄像机的控制点对其进行调整，如图 11-44 所示。

图 11-43　显示摄像机　　　　图 11-44　显示摄影机效果

一般通过调整 Perspective 视窗来得到需要的渲染面与角度，在 Perspective 视窗处于操作视窗状态，且确保视窗中没有其他对象被选中的状态下，在视窗右侧的【属性】控制面板中设置摄像机角度、摄像机目标点等参数，如图 11-45 所示。

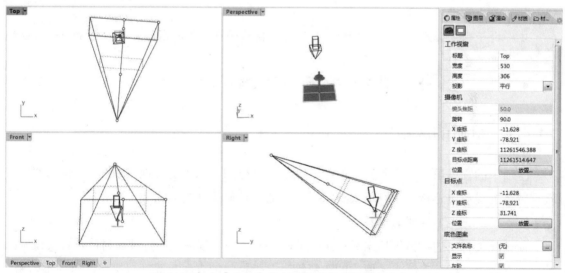

图 11-45　在【属性】控制面板中设置摄像机参数

11.4　V-Ray 材质与贴图

在效果图制作中，当模型创建完成之后，必须通过"材质"系统来模拟真实材料的视觉效果。因为在 Rhino 中创建的三维对象本身不具备任何质感特征，只有给场景物体赋予合适的材质后，才能呈现出具有真实质感的视觉特征。

"材质"就是三维软件对真实物体的模拟，通过它再现真实物体的色彩、纹理、光滑度、反光度、透明度、粗糙度等物理属性。这些属性都可以在 V-Ray 中运用相应的参数来进行设定，在光线的作用下，我们便看到一种综合的视觉效果。

材质与贴图有什么区别呢？材质可以模拟出物体的所有属性。贴图，是材质的一个层级，对物体的某种单一属性进行模拟，例如物体的表面纹理。一般情况下，使用贴图通常是为了改善材质的外观和真实感。

照明环境对材质质感的呈现至关重要，相同的材质在不同照明环境下的表现会有所不同，如图 11-46 所示。左图光源设置为彩色，可以看到材质会反射光源的颜色；中间的图为白光环境下材质的呈现；右图光源照明较暗，材质的色彩也会相应产生变化。

图 11-46　不同照明下同一材质的效果比较

材质的色彩设置原则：

- 由于白色会反射更多的光线，会使材质较为明亮，所以在设置时不要使用纯白或纯黑的色彩。
- 对于彩色的材质，设置时不要使用纯度太高的颜色。

11.4.1　材质的应用

生活中的物体虽然形态各异，但却是有规律可循的。为了更好地认识和表现客观物体，根据物体的材质质感特征，可以大致将生活中的各种材质分为五大类：

- 不反光也不透明的材质。

应用此类材质的物体包括未经加工过的石头和木头、混凝土、各种建材砖、石灰粉刷的墙面、石膏板、橡胶、纸张、厚实的布料等。此类材料的表面一般都较粗糙，质地不紧密，不具有反光效果，也不透明。此类材质应用的典型例子如图 11-47、图 11-48 所示。

图 11-47　厚实的布艺椅子　　　　　　图 11-48　石灰粉刷的墙壁和石材地面

- 反光但不透明的材质。

应用此类材质的物体包括镜面、金属、抛光砖、大理石、陶瓷、不透明塑料、油漆涂饰过的木材等，它们一般质地紧密，都有比较光洁的表面，反光较强。例如，多数金属材质，在加工以后具有很强的反光特点，表面光滑度高，高光特征明显，对光源色和周围环境极为敏感，如图 11-49 所示。

此类材质中也有反光比较弱的，如经过油漆涂饰的木地板，其表面具有一定的反光和高光，但其程度比镜面、金属物体弱，如图 11-50 所示。

图 11-49　反光强烈的金属材质　　　　　　图 11-50　反光的木地板材质

- 反光且透明的材质。

透明材质的透射率极高，如果表面光滑平整，人们便可以直接透过其本身看到后面的物体；而产品如果是曲面形态，那么在曲面转折的地方会由于折射现象而扭曲后面物体的影像。因此如果采用透明材质的产品的形态过于复杂，光线在其中的折射过程也就会捉摸不定，因此透明材质既是一种富有表现力的材质，同时又是一种表现难度较高的材质。表现时仍然要从材质的本质属性入手，反射、折射和环境背景是表现透明材质的关键，将这三个要素有机地结合在一起就能表现出晶莹剔透的效果。

透明材质有一个极为重要的属性——菲涅耳原理，这个原理主要阐述了折射、反射和视线与透明体平面夹角之间的物体表现，物体表面法线与视线的夹角越大，物体表面出现反射的情况就越强烈。相信读者都有这样的经验，当站在一堵无色玻璃幕墙前时，直视墙体能够不费力地看清墙后面的事物，而当视线与墙体法线的夹角逐渐增大时，你会发现要看清墙后面的事物变得越来越不容易，反射现象越来越强烈了，周围环境的映像也清晰可辨，如图 11-51 所示。

图 11-51　玻璃的菲涅耳效应

透明材质在产品设计领域有着广泛的应用，由于它们具有既能反光又能透光的作用，所以由透明件修饰的产品往往具有很强的生命力和冷静的美，人们也常常将它们与钻石、水晶等透明而珍贵的宝石联系起来，因此对于提升产品档次也起到了一定的作用，如图 11-52 所示。无论是电话按键、冰箱把手，还是玻璃器皿等，大多都是透明材质。

图 11-52　透明材质的应用效果

● 透明不反光的材质。

此类物体包括窗纱、丝巾、蚊帐等。和玻璃、水不同的是，这类物体的质地较松散，光线穿过它们时不会发生扭曲，即没有明显的折射现象，其形象特征如图 11-53 所示。

图 11-53　窗纱的形象特征

> **提示：**
> 生活中的反光物体，其分子结构是紧密的，表面都很光滑；不反光的物体，其分子结构是松散的，表面一般都比较粗糙，例如金属和普通布料。

第 11 章 渲染巨匠 V-Ray for Rhino

- 透光但不透明的物体。

此类物体包括蜡烛、玉石、多汁水果（如葡萄、西红柿）、黏稠浑浊的液体（如牛奶）、人的皮肤等，它们的质地构成不紧密，物体内部充斥着水分或者空气。所以，外界的光线能入射到物体的内部并散射到四周，但却没办法完全穿透。在光的作用下，这些物体呈现给人一种晶莹剔透的感觉。此类物体的形象特征，如图 11-54、图 11-55 所示。

图 11-54　反光强烈的金属材质

图 11-55　反光的木地板材质

理解现实生活中这几大类物体的物理属性，是我们模拟物体质感的基础。只有善于把它们归类，我们才可以抓住物体的质感特征，把握它们在光影下的变化规律，从而轻松实现各种质感效果。

11.4.2　V-Ray 材质的赋予

V-Ray 材质的赋予操作是通过 V-Ray 资源编辑器来实现的。打开资源编辑器，在【材质】选项卡的左边栏位置单击，可以展开材质库，如图 11-56 所示。

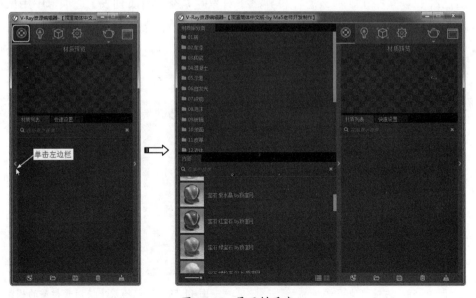

图 11-56　展开材质库

材质库中列出了 V-Ray 所有的材质。先在材质库中选择某种材质库类型，在下方的【内容】列表中列出该类型材质库中所包含的全部材质。下面介绍两种赋予材质的操作。

1. 方法一：加入到场景

在【内容】材质库列表中选择一种材质，单击鼠标右键弹出快捷菜单，在快捷菜单中选择【加入到场景】命令，可以将该材质添加到【材质列表】选项卡中，如图 11-57 所示。【材质列表】选项卡中的材质，就是场景中使用的材质，可以随时将场景中的材质赋予任意对象。

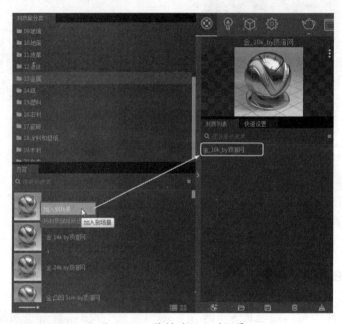

图 11-57　将材质加入到场景

材质已经在场景中了，那么怎样将其赋予对象呢？在【材质列表】选项卡中用鼠标右键单击材质，弹出快捷菜单，如图 11-58 所示。快捷菜单中各命令含义如下：

- 选取场景中使用此材质的模型：选择此命令，可将视窗中已经赋予该材质的所有对象选中，如图 11-59 所示。

图 11-58　右键快捷菜单

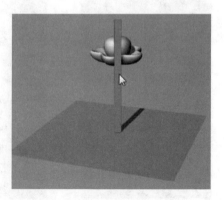

图 11-59　选取场景中使用此材质的模型

- 将材质赋给所选物体：在视窗中先选取要赋予材质的对象，再选择此命令，即可完成材质赋予操作。
- 将材质赋给层：在知晓对象所在的图层后，选择此命令，可立即将材质赋予图层中的对象，如图 11-60 所示。

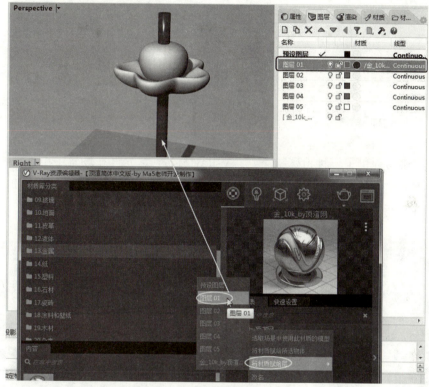

图 11-60　将材质赋给层中的对象

- 改名：就是重新设置材质的名称。
- 创建副本：可以创建一个副本材质，从副本材质中做少许修改，即可得到新的材质。
- 另存为：修改材质后，可以将材质保存在 V-Ray 材质库中（等同于底部的【将材质保存为文件】按钮）。以后调取此材质时，可在底部单击【导入 VRay 材质】按钮。
- 删除：从场景中删除此材质，同时从对象上也删除材质。等同于底部的【删除材质】按钮。

2. 方法二：将材质赋给所选物体

这种方法比较快速，先在视窗中选中要赋予材质的对象，然后在【内容】材质库中用鼠标右键单击某种材质，在弹出的快捷菜单中选择【将材质赋给所选物体】命令即可，如图 11-61 所示。

图 11-61　将材质赋给所选物体

11.4.3　材质编辑器

V-Ray 渲染器提供了一种特殊材质——V-Ray 材质。这允许在场景中更好地物理校正照明（能量分布），更快地渲染，更方便地设置反射和折射参数。在【材质】选项卡右侧边栏单击，可展开材质编辑器面板，如图 11-62 所示。

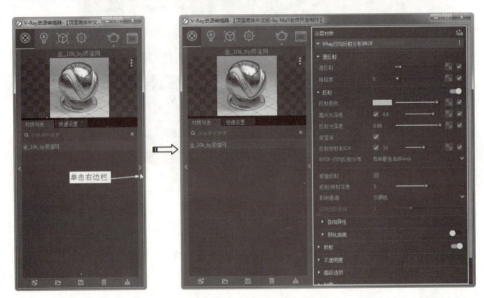

图 11-62　展开材质编辑器面板

材质编辑器面板中包含三个重要的控制选项：VRay 双向反射分布 BRDF、材质选项和纹理贴图。

11.4.4　【VRay 双向反射分布 BRDF】设置

在 V-Ray 材质中，可以应用不同的纹理贴图，控制反射和折射，添加凹凸贴图和位移贴图，强制进行 GI 计算，以及为材质选择 BRDF。接下来简要介绍卷展栏选项的含义。

第 11 章　渲染巨匠 V-Ray for Rhino

1.【漫反射】卷展栏

新建的材质默认只有一个漫反射层，其参数调节在【漫反射】卷展栏中进行，如图 11-63 所示。漫反射层主要用于表现材质的固有颜色，单击其右侧的■按钮，在弹出的位图图库中可以为材质增加纹理贴图，如图 11-64 所示。可以为材质增加多个漫反射层，以表现更为丰富的漫反射颜色。添加位图后单击底部的【返回】按钮，返回到材质编辑器中。

图 11-63　【漫反射】卷展栏

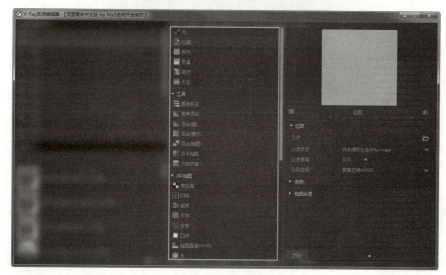

图 11-64　位图图库

- ■ 颜色图例：设置材质的漫反射颜色。
- ━ 颜色微调按钮：拖动微调按钮设置漫反射颜色的明暗。
- ■ 贴图按钮：单击该按钮，可以为材质增加纹理贴图，并覆盖材质的【颜色】设置。
- 粗糙度：用于模拟覆盖有灰尘的粗糙表面（例如，皮肤或月球表面）。如图 11-65 所示的例子中，演示了设置不同粗糙度参数的效果。随着粗糙度的增加，材料显得更加粗糙。

图 11-65　粗糙度参数的变换及渲染效果对比

2.【反射】卷展栏

反射是表现材质质感的一个重要元素。自然界中的大多数物体都具有反射属性，只是有些反射非常清晰，可以清楚地看出周围的环境；有些反射非常模糊，周围环境变得非常发散，不能清晰地反映周围环境。

【反射】卷展栏如图 11-66 所示。

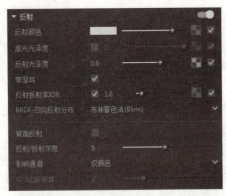

图 11-66 【反射】卷展栏

- 反射颜色：通过右侧的颜色微调按钮来控制反射的强度，黑色为不反射，白色为完全反射。如图 11-67 所示为反射颜色的示例。

反射颜色=黑色

反射颜色=中等灰度

反射颜色=白色

图 11-67 反射颜色

- 高光光泽度：为材质的镜面突出显示启用单独的光泽度控制。启用此选项并将值设置为 1.0 将禁用镜面高光。

- 反射光泽度：指定反射的清晰度。使用下面的细分值参数来控制光泽反射的质量。当值为 1.0 时意味着完美的镜像反射，较小的值会产生模糊或光泽的低反射，如图 11-68 所示。

反射/突出光泽度=1.0   反射/突出光泽度=0.8   反射/突出光泽度=0.6

图 11-68 反射光泽度

- 菲涅耳：菲涅耳效应是自然界中物体反射周围环境的一种现象，即物体法线朝向人眼或摄像机的部位反射效果越轻微，物体法线越偏离人眼或摄像机的部位反射效果越清晰。启用【菲涅耳】选项后，可以更真实地表现材质的反射效果，如图 11-69 所示。

【菲涅耳】开启　　　　【菲涅耳】开启　　　　【菲涅耳】开启　　　　【菲涅耳】关闭
　　　　　　　　　　折射率 IOR = 1.3　　　折射率 IOR = 2.0　　　折射率 IOR = 10.0

图 11-69　【菲涅耳】选项开启后的渲染效果

- 反射折射率 IOR：是一个非常重要的参数，数值越大反射的强度也就越强。如金属、玻璃、光滑塑料等材质的【反射折射率 IOR】强度可以设置为 5 左右，一般塑料或木头、皮革等反射较为不明显的材质则可以设置为 1.55 以下。不同【反射折射率 IOR】值的反射效果如图 11-70 所示。

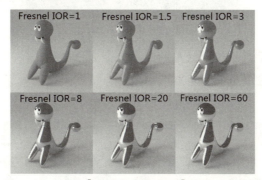

图 11-70　不同【反射折射率 IOR】值的反射效果

- BRDF-双向反射分布：确定 BRDF 的类型，建议对金属和其他高反射材料使用 GGX 类型。图 11-71 展示了 V-Ray 中可用的 BRDF 之间的差异。请注意不同 BRDF 产生的不同亮点。

BRDF 类型= Phong　　　BRDF 类型= Blinn　　　BRDF 类型= Ward　　　BRDF 类型= GGX

图 11-71　BRDF-双向反射分布

- 背面反射：禁用时，仅针对物体的正面计算反射；启用时，背面反射也将被计算。
- 反射/折射深度：指定光线可以被反射的次数。具有大量反射和折射表面的场景可能需要更高的值才能看起来更真实。
- 影响通道：指定哪些通道会受材料反射率的影响。

- GTR 边际衰减：仅当 BRDF 设置为 GGX 时才有效。它可以通过控制尖锐镜面高光消退的速率来微调镜面反射。

3.【折射】卷展栏

在表现透明材质时，通常会为材质添加折射效果。该卷展栏中的选项用于设置透明材质。【折射】卷展栏如图 11-72 所示。【折射】卷展栏中的部分选项含义与【反射】卷展栏中的选项相同，下面仅介绍不同的选项。

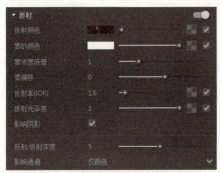

图 11-72　【折射】卷展栏

- 雾的颜色：用于设置透明材质的颜色，如有色玻璃。
- 雾浓度倍增：控制透明材质颜色的浓度，值越大颜色越深。将雾色设置为（R:122, G:239, B:106），不同雾色倍增值的效果如图 11-73 所示。

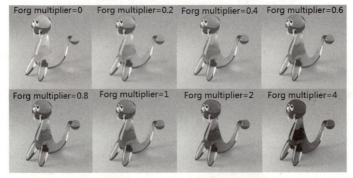

图 11-73　不同雾色倍增值的效果

- 雾偏移：改变雾颜色的应用方式。负值使物体的薄的部分更透明，厚的部分更不透明，反之亦然（正数使较薄的部分更不透明，较厚的部分更透明）。
- 影响阴影：勾选此复选框，投影颜色会受到雾色的影响，使投影更有层次感。
- 影响通道：勾选此复选框，Alpha 通道会受到雾色影响。

4.【色散】卷展栏

【色散】卷展栏如图 11-74 所示。

- 色散：启用时，将计算真实的光波长色散。
- 色散强度：扩大或减小色散效应。降低该值将扩大色散，反之亦然。

5.【半透明】卷展栏

【半透明】卷展栏如图 11-75 所示。

半透明材质效果比较特殊，蜡、皮肤、牛奶、果汁、玉石等都属于此类。这种材质会在光线传播过程中吸收其中的一部分，光线进入的距离不一样，光线被吸收的程度也不一样。

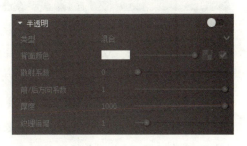

图 11-74　【色散】卷展栏　　　　图 11-75　【半透明】卷展栏

【半透明】卷展栏中各选项的含义如下：

- 类型：选择用于计算半透明度的算法。必须启用折射才能看到此效果。包括【硬（蜡）模型】和【混合】两种。【硬（蜡）模型】特别适用于硬质材料，如大理石；【混合】是最现实的 SSS 模型，适用于模拟皮肤、牛奶、果汁和其他半透明材料。
- 背面颜色：控制材质的半透明效果，不要使用白色全透明，这会让光线被吸收过多而变黑，也不要使用黑色完全不透明，这会没有透光效果。读者可以尝试使用黑白色之间的灰色。
- 散射系数：设置物体内部散射的数量。数值为 0 意味着光线在任何方向都进行散射；数值为 1 代表光线在次表面散射过程中不能改变散射方向。
- 厚度：用于限定光线在物体表面下跟踪的深度。参数值越大，光线在物体内部消耗得越快。
- 前/后方向系数：设置光线散射方向。数值为 0 时，光线散射朝向物体内部；数值为 1 时，光线散射朝向物体外部；数值为 0.5 时，朝物体内部和外部的散射数量相等。

6.【不透明度】卷展栏

【不透明度】卷展栏如图 11-76 所示，各选项含义如下：

- 不透明度：指定材质的不透明度。纹理贴图可以分配给这个通道。
- 方式：控制不透明度的工作方式。
- 自定义源：启用时，V-Ray 使用 Alpha 通道来控制材质不透明度。

7.【高级选项】卷展栏

【高级选项】卷展栏如图 11-77 所示，各选项含义如下：

图 11-76　【不透明度】卷展栏　　　　　图 11-77　【高级选项】卷展栏

- 双面：启用后，V-Ray 将使用此材质翻转背面的法线。否则，将始终计算材料外侧的照明。可用来为纸张等较薄物体实现假半透明效果。
- 光泽使用菲涅耳：启用时，可渲染出一种类似瓷砖表面有釉的那种效果或者木头表面清漆的效果。当光线到达材质表面时，一部分被反射，一部分发生折射，即当光线垂直于表面时，反射较弱；而当光线非垂直于表面时，夹角越小，反射越强。
- 使用发光贴图：启用时，发光贴图将用于近似物料的漫反射间接照明。当禁用时，强力 GI 将被使用。
- 雾单位缩放：启用时，雾色衰减取决于当前的系统单位。
- 线性工作流：启用时，V-Ray 将调整采样和曝光以使用 Gamma 1.0 曲线。这是默认禁用的。
- 中断阈值：低于此阈值的反射/折射不会被跟踪。V-Ray 试图估计反射/折射对图像的贡献，如果它低于此阈值，则不计算这些效果。不要将其设置为 0.0，因为在某些情况下，渲染时间可能会过长。
- 能量保存：确定漫反射和折射颜色如何相互影响。

8.【倍增器】卷展栏

【倍增器】卷展栏如图 11-78 所示。各选项含义如下：

- 方式：指定倍增器如何混合纹理和颜色。
- 漫反射：这里的漫反射主要用于表现贴图的固有颜色。
- 反射颜色：反射是表现材质质感的一个重要元素。此选项主要设置贴图的反射光颜色。
- 反射光泽度：设置贴图反射光的光线强度。取值范围为 0~1。当值为 1 时，贴图不会显示光泽，当值小于 1 时贴图才会显示光泽。
- 折射颜色：设置贴图折射光的颜色。
- 折射率（IOR）：设置贴图的折射率。折射率越小，反射强度也会越微弱。
- 折射光泽度：设置贴图折射光的光泽度。
- 不透明度：设置贴图的不透明度。

11.4.5 【材质选项】设置

【材质选项】用于设置光线追踪、材质双面属性等，如图11-79所示。如果没有特殊要求，建议用户使用默认设置。

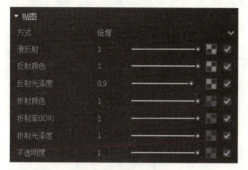

图11-78 【倍增器】卷展栏

图11-79 【材质选项】卷展栏

【材质选项】卷展栏中各选项含义如下：

- 材质可被覆盖：启用时，当在全局开关中启用覆盖颜色选项时，材质将被覆盖。
- Alpha 贡献：确定渲染图像的 Alpha 通道中对象的外观。
- 材质 ID 颜色：允许你指定一种颜色来表示材质 ID VFB 渲染元素中的材质。
- 投射阴影：禁用时，应用此材质的所有对象都不会投射阴影。
- 仅反射/折射可见：启用时，应用此材质的对象只会出现在反射和折射中，并且不会直接显示在相机上。

11.4.6 【纹理贴图】设置

【纹理贴图】设置用于为各个通道添加贴图，包含三个选项卷展栏，如图11-80所示。

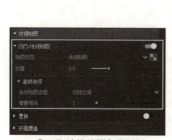

【凹凸/法线贴图】卷展栏

【置换】卷展栏

【环境覆盖】卷展栏

图11-80 【纹理贴图】设置选项卷展栏

1.【凹凸/法线贴图】卷展栏

- 凹凸/法线贴图：模拟粗糙的表面，将带有深度变化的凹凸材质贴图赋予物体，经过光线渲染处理后，物体的表面就会呈现出凹凸不平的感觉，而无须改变物体的几何结构或增加额外的点面。

- 贴图类型：指定贴图类型。包括凹凸贴图、本地空间凹凸贴图和法线贴图三种。
- 数量：凹凸贴图的效果倍增量。
- 高级选项：仅当贴图类型为【法线贴图】时，才可设置高级选项。
- 法线贴图类型：指定法线贴图类型。有四种类型可选。
- 增量缩放：减小参数的值来锐化凹凸，增加凹凸的模糊效果。

2.【置换】卷展栏

- 贴图类型：指定将被渲染的置换模式。
- 数量：置换的数量。
- 偏移：将纹理贴图沿着物件表面的法线方向向上或向下移动。
- 保持连续：如果启用，当存在来自不同平滑组和/或材质 ID 的面时，尝试生成连接的曲面，而不分割。请注意，使用材质 ID 不是组合位移贴图的好方法，因为 V-Ray 无法始终保证表面的连续性。使用其他方法（顶点颜色、蒙版等）来混合不同的位移贴图。
- 视口依赖：启用后，边长确定子像素边缘的最大长度（以像素为单位）。值为 1.0 表示投影到屏幕上时，每个子三角形的最长边长约为一个像素。禁用时，边长是世界单位中的最大子三角形边长。
- 边长：确定位移的质量。原始网格的每个三角形都细分为若干个子三角形。更多的小三角形意味着位移的更多细节、更慢的渲染和更多的内存占用；更少的三角形意味着更少的细节、更快的渲染和更少的内存占用。边长的含义取决于视图的相关参数。
- 最大细分：设置对原始网格物体的最大细分数量，计算时采用的是该参数的平方值，数值越大效果越好，但速度也越慢。
- 水平面：仅当启用了贴图置换操作后，此选项才被激活。表示纹理贴图的一个偏移面，在该平面下的贴图将被剪切。

3.【环境覆盖】卷展栏

- 背景：用贴图覆盖当前材质所处的背景。
- 反射：覆盖该材质的反射环境。
- 折射：覆盖该材质的折射环境。

11.4.7 V-Ray 渲染器设置

V-Ray 渲染参数是比较复杂的，但是大部分参数只需要保持默认设置就可以达到理想的效果，真正需要动手设置的参数并不多。

第 11 章　渲染巨匠 V-Ray for Rhino

在 V-Ray 资源编辑器的【设置】选项卡中，单击右边栏后可展开其他重要的渲染设置卷展栏，如图 11-81 所示。

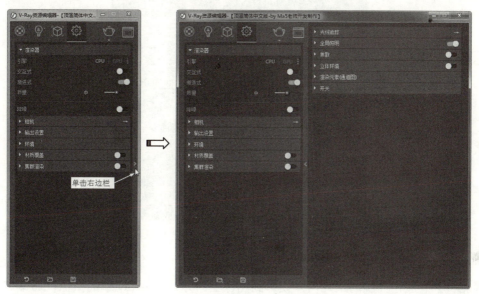

图 11-81　V-Ray 渲染设置卷展栏

1.【渲染器】卷展栏

【渲染器】卷展栏提供了对常见渲染功能的便捷访问，例如选择渲染设备或打开和关闭 V-Ray 交互式和渐进式模式，如图 11-82 所示。卷展栏中各选项含义如下：

图 11-82　【渲染器】卷展栏

- 引擎：在 CPU 和 GPU 渲染引擎之间切换。启用 GPU 可以解锁右侧的菜单，可以在其中选择要执行光线追踪计算的 CUDA 设备或将它们组合为混合渲染。计算机 CPU 在 CUDA 设备列表中也被列为 "C ++ / CPU"。
- 交互式：使交互式渲染引擎能够在场景中编辑对象、灯光和材质的同时查看渲染器图像的更新。交互式渲染仅在渐进模式下工作。
- 渐进式：在迭代中渲染整个图像。可以非常快速地看到图像，然后在计算额外通过时尽可能长时间地优化图像。
- 质量：通过调节滑块设置不同的预设值，以自动调整光线跟踪全局照明设置。
- 降噪：开启降噪功能。详细的降噪设置在【渲染元素（通道图）】卷展栏中，如图

11-83 所示。

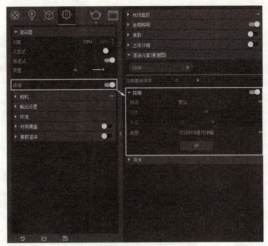

图 11-83　降噪设置

2.【相机】卷展栏

【相机】卷展栏控制场景几何体投影到图像上的方式。V-Ray 中的摄像机通常定义投射到场景中的光线，也就是将场景投射到屏幕上。

【相机】卷展栏的标准设置如图 11-84 所示。默认情况下，设置的相机仅显示调整相机所需的基本设置，以帮助用户创建基本的渲染。可以使用相机设置区域右上角的开关按钮将其更改为高级设置，如图 11-85 所示。

图 11-84　【相机】卷展栏的标准设置　　　图 11-85　【相机】卷展栏的高级设置

- 类型：包括【标准】、【球形全景虚拟现实】与【立方体贴图虚拟现实】。其中，【标准】适用于自然场景的局部区域；【球形全景虚拟现实】是 720°全景图像，是虚拟现实图像的一种；【立方体贴图虚拟现实】是基于室内 6 个墙面（四周墙面与顶棚、地板）的全景图像。
- 立体：启用或禁用立体渲染模式。基于输出布局选项，立体图像呈现为【并排】或

【一个在另一个之上】。不需要重新调整图像分辨率，因为它会自动调整。

(1)【曝光】卷展栏（标准设置）。

【曝光】卷展栏用于启用物理相机。启用时，曝光值、光圈 F 值、快门速度和 ISO 设置会影响图像的整体亮度。

- 曝光度：控制相机对场景照明级别的灵敏度。
- 白平衡：场景中具有指定颜色的对象在图像中显示为白色。有几种可以使用的预设，最值得注意的是外部场景预设的日光。如图 11-86 所示为白平衡的示例，【光圈 F 值】为 8.0，【快门速度】为 200.0，【胶片感光度（ISO）】为 200.0，在【特效】卷展栏中设置【虚影】值为 1（开启【渐晕】效果）。

白平衡是白色（255,255,255）　　白平衡是蓝色（145,65,255）　　白平衡是桃色（20,55,245）

图 11-86　白平衡示例

(2)【曝光】卷展栏（高级设置）。

- 胶片感光度（ISO）：决定胶片的功率（即感光度）。较小的值会使图像变暗，而较大的值会使图像变亮。如图 11-87 所示是胶片感光度的应用示例。【曝光】开启，快门速度为 60.0，光圈 F 值为 8.0，【虚光】打开，【白平衡】为白色。

　　　　ISO 是400　　　　　　　　　ISO 是800　　　　　　　　　ISO 是1600

图 11-87　胶片感光度示例

技术要点：

该参数决定了胶片的灵敏度及图像的亮度。如果 ISO 值较大（胶片对光线较为敏感），则图像较亮；较小的 ISO 值意味着该胶片不太敏感并且会产生较暗的图像。

- 光圈 F 值：决定相机光圈的宽度。如图 11-88 所示为光圈应用示例。【快门速度】为 60.0，【胶片感光度（ISO）】为 200，【渐晕】打开，【白平衡】为白色。示例中的所有图像均使用 VRaySunSky 太阳光源的默认参数进行渲染。

　　　　F 值为 8.0　　　　　　　　　　F 值为 6.0　　　　　　　　　　F 值为 4.0

图 11-88　光圈 F 值示例

- 快门速度（1/s）：静止照相机的快门速度，以 s 为单位。例如，1/30s 的快门速度对应于该参数的值 30。如图 11-89 所示为快门速度示例，【曝光】开启，【光圈 F 值】为 8.0，【胶片感光度（ISO）】值为 200，【渐晕】开启，【白平衡】为白色。

技术要点：

　　此参数确定虚拟相机的曝光时间。曝光时间越长（快门速度值越小），图像就越亮。相反，如果曝光时间较短（高快门速度值），图像会变暗。此参数还会影响运动模糊效果。

　　快门速度为125.0　　　　　　　快门速度为60.0　　　　　　　快门速度为30.0

图 11-89　快门速度示例

（3）【景深】卷展栏（标准设置）。

　　【景深】卷展栏定义相机光圈的形状。禁用时，会模拟一个完美的圆形光圈；启用时，用指定数量的叶片模拟多边形光圈。

- 散焦：相机散焦成像，与聚焦相反。
- 聚焦方式：选择确定相机聚焦的方式。包括【固定距离】、【相机目标】和【固定焦点】三种。
  - 固定距离：相机对焦固定为对焦距离值。使用右侧的按钮在 3D 空间中选择一个点来设置相机焦距。计算渲染摄像机与点之间的距离，然后将结果用作对焦距离。这种计算不是自动的，每次相机移动时都必须重复相同的操作。
  - 相机目标：在渲染开始之前自动计算焦距，并等于摄像机位置和目标之间的距离。

第11章 渲染巨匠 V-Ray for Rhino

> 固定焦点：在渲染开始之前自动计算焦距，并等于相机位置与所选3D点之间的距离。使用右侧的按钮选择场景中的一个点。

- 对焦距离：对焦距离影响景深，并确定场景的哪一部分将对焦。
- 【拾取焦点】按钮：通过在摄像机应该对焦的视口中拾取，确定三维空间中的位置。

(4)【焦外成像】卷展栏（高级设置）。

启用此卷展栏可模拟真实相机光圈的多边形形状。当这个选项关闭时，形状是圆形的。

- 镜头光圈叶片数量：设置光圈多边形形状的边数。
- 中心偏移：定义散景的偏差形状。值为0.0意味着光线均匀通过光圈。正值使光线集中在光圈的边缘，负值则将光线集中在光圈的中心。
- 旋转：定义叶片的方向。
- 各向异性：允许横向或纵向延伸散景效果。正值在垂直方向上延伸；负值将沿水平方向延伸。

(5)【特效】卷展栏。

- 虚影：也称为"渐晕"，该参数可以模拟真实相机的光学渐晕效果。指定渐晕效果的数量，值为0.0时为无渐晕，值为1.0时为正常渐晕。如图11-90所示为渐晕效果应用示例。
- 纵向倾斜调整：使用此参数可以实现两点透视效果。

渐晕是0.0（渐晕被禁用）　　　　　　渐晕是1.0

图 11-90　渐晕效果应用示例

3.【光线追踪】卷展栏

在V-Ray中，图像采样器是指根据其内部和周围的颜色计算像素颜色的算法。

渲染中的每个像素只能有一种颜色。为了获得像素的颜色，V-Ray根据物体的材质、直接照射物体的光线，以及场景中的间接照明来计算它。但是在一个像素内，可能会有多种颜色，这些颜色可能来自边缘相交于同一像素的多个对象，或者由于对象形状或衰减和/或光源阴影的改变而导致同一对象上亮度的差异。

为了确定这种像素的正确颜色，V-Ray会查看（或采样）像素本身不同部分的颜色以及其周围的像素，这个过程被称为图像采样。

【光线追踪】卷展栏也分标准设置和高级设置，如图 11-91 所示。

|【光线追踪】卷展栏的标准设置　　　　　　　　　【光线追踪】卷展栏的高级设置|

图 11-91　【光线追踪】卷展栏

当【渲染器】卷展栏中的【交互式】和【渐进式】选项被关闭时，【光线追踪】卷展栏也分为标准设置和高级设置，如图 11-92 所示。

下面介绍所有标准设置与高级设置中的各子卷展栏选项及参数含义。

- 噪点极限：指定渲染图像中可接受的噪点级别。数值越小，图像的质量越高（噪点越小）。

- 时间限度（分钟）：指定以分钟为单位的最大渲染时间。达到指定数量时，渲染停止。这只是最终像素的渲染时间。

- 最小细分：确定每个像素采样的初始（最小）数量。这个值很少需要高于1，除非是细线或快速移动物体与运动模糊相结合。实际采用的样本数量是该数字的平方。例如，4 个细分值会产生每个像素 16 个采样。

- 最大细分：确定一个像素的最大采样数量。实际采用的样本数量是该数值的平方。例如，4 个细分值会产生每个像素 16 个采样。请注意，如果相邻像素的亮度差异足够小，则可能会少于最大样本数。

- 上色比率：控制将使用多少光线计算阴影效果（例如光泽反射、GI、区域阴影等）而不是抗锯齿。数值越大意味着花在消除锯齿上的时间就越少，并且在对阴影效果进行采样时会付出更多努力。

- 块尺寸：确定以像素为单位的最大区域宽度（选择区域 W / H）或水平方向上的区域数（选择区域计数时）。

第 11 章　渲染巨匠 V-Ray for Rhino

【光线追踪】卷展栏-标准设置　　　　　【光线追踪】卷展栏-高级设置

图 11-92　关闭【交互式】与【渐进式】选项后的【光线追踪】卷展栏

（1）【抗锯齿过滤】卷展栏。

由于在 3D 图像中，受分辨率的制约，物体边缘总会或多或少地呈现三角形的锯齿，而抗锯齿就是指对图像边缘进行柔化处理，使图像边缘看起来更平滑，更接近实物。它是提高画质以使之柔和的一种方法。如图 11-93 所示为使用了抗锯齿和未使用抗锯齿的图像对比。

图 11-93　使用抗锯齿（左）与没有使用抗锯齿（右）的图像对比

- 过滤尺寸/类型：控制抗混叠滤波器的强度和要使用的抗混叠滤波器的类型。

（2）【GPU 贴图】卷展栏。

当在【渲染器】卷展栏中将渲染引擎设置为【GPU】后，【GPU 贴图】卷展栏才显示，如图 11-94 所示。

图 11-94　【GPU 贴图】卷展栏

- 调整尺寸：启用此选项可将高分辨率纹理调整为较小分辨率，以便优化 GPU 内存使用率。
- 贴图尺寸：设置纹理贴图的尺寸。
- 像素深度：指定纹理将调整到的分辨率和位深度。

(3)【优化】卷展栏。

- 自适应光源数量：启用【自适应光源】选项时由 V-Ray 评估的场景中的灯光数量。为了从光源采样中获得正面效果，该值必须小于场景中的实际灯光数量。值越小，渲染速度越快，但结果可能会更粗糙。较大的值会导致在每个节点计算更多的灯光，从而产生较少的噪点，但会增加渲染时间。
- 最大追踪深度：指定将为反射和折射计算的最大反弹次数。
- 最大光线强度：指定所有辅助射线被夹紧的等级。
- 不透明深度：控制透明物体追踪深度的程度。
- 二次光线偏移：所有二次光线的最小偏移。如果场景中有重叠的面，可以使用此功能以避免可能出现的黑色斑点。
- 子像素钳制：指定颜色分量的钳位级别。
- 高光曝光控制：选择性地将曝光校正应用于图像中的高光。

(4)【系统】卷展栏。

- 光线追踪内核（Embree）：启用英特尔的光线追踪内核。
- 节省内存：Embree 将使用更加紧凑的方法来存储三角形，这可能会稍慢些，但会减少内存使用量。

4.【全局照明】卷展栏

全局照明是指在来自光线周围和物体（或环境本身）周围的场景/环境中进行照明。全局照明（或间接照明 GI）是指通过计算机图形来计算这种效应。

在【渲染器】卷展栏中开启【交互式】后，【全局照明】将使用间接照明 GI。或者说，开启了【交互式】也就开启了间接照明 GI。此时的【全局照明】卷展栏如图 11-95 所示。

关闭了【交互式】后，【全局照明】卷展栏如图 11-96 所示。

图 11-95　开启【交互式】的【全局照明】卷展栏

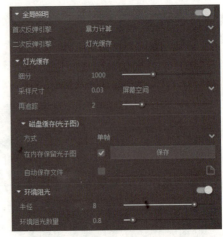

图 11-96　关闭【交互式】的【全局照明】卷展栏

(1)【首次反弹引擎】选项。

指定用于主要反弹的 GI 方法,包含以下三种首次反弹引擎。

1)【发光贴图】引擎。

使 V-Ray 对初始漫反射使用发光贴图。通过在三维空间中创建具有点集合的贴图,以及在这些点上计算的间接照明来工作。【发光贴图】的详细设置如图 11-97 所示。

- 最小比率:确定第一个 GI 通道的分辨率。值为 0 意味着分辨率将与最终渲染图像的分辨率相同,这将使发光贴图与直接计算方法类似。值为 1 意味着分辨率将是最终图像的一半。
- 最大比率:确定最后一个 GI 通道的分辨率。这与自适应细分图像采样器的最大速率参数(尽管不相同)类似。
- 细分:控制各个 GI 样本的质量。较小的值使渲染进度变得更快,但可能会产生斑点。值越大,图像越平滑。
- 插值:指定将用于在给定点插值间接照明的 GI 样本数。尽管结果会更加平滑,但较大的值往往会模糊 GI 中的细节。
- 颜色阈值:控制辐照度图算法对间接光照变化的敏感程度。数值越大意味着灵敏度越低;较小的值使得发光贴图对光变化更敏感(从而产生更高质量的图像)。
- 法线阈值:控制发光贴图对表面法线和小表面细节的变化敏感度。数值越大意味着灵敏度越低,较小的值使辐照度图对曲面曲率和细节较为敏感。
- 距离阈值:设置在计算发光贴图时,对物体表面距离改变的敏感度。值为 0 意味着发光贴图不会完全依赖于物体接近度;较大的值会在物体相互靠近的地方放置更多的样本。

2)【暴力计算】引擎。

用于计算全局照明的暴力方法可计算每个单独着色点的 GI 值。这种方法非常准确,尤其是在场景中有很多细节的情况下。当在【渲染器】卷展栏中开启【交互式】后,可以设置暴力计算,如图 11-98 所示。

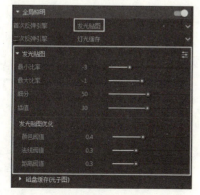

图 11-97　【发光贴图】引擎的设置选项

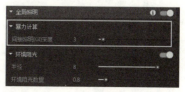

图 11-98　【暴力计算】设置选项

- 间接照明（GI）深度：指定将要计算的光线反弹次数。GI 深度也将用于计算交互式渲染 GI 深度。

3)【灯光缓存】引擎。

为主要漫反射指定灯光缓存。关于【灯光缓存】的选项设置将在后面【灯光缓存】卷展栏中详细介绍。

（2）【二次反弹引擎】选项。

指定用于二次反射的 GI 方法。包括【无】、【暴力计算】和【灯光缓存】三种引擎。如图 11-99 所示为首次反弹引擎与二次反弹引擎搭配使用的渲染效果对比。

仅限直接照明：GI 已关闭。

一次反弹：辐照度图，无次级 GI 引擎

二次反弹：辐射图+蛮力 GI 与一次二次反弹

四次反弹：辐射图+蛮力 GI 与三次反弹

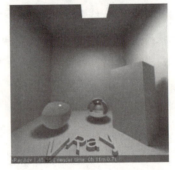
八次反弹：辐射图+蛮力 GI，七次二次反弹

无限次弹跳（完全漫射照明解决方案）：辐射度地图+灯光缓存

图 11-99　首次反弹引擎与二次反弹引擎搭配使用的渲染效果

（3）【灯光缓存】卷展栏。

灯光缓存是用于近似场景中的全局照明的技术。

- 细分：确定摄像机追踪的路径数。路径的实际数量是细分的平方（默认 1 000 个细分意味着将从摄像机追踪 1 000 000 条路径）。如图 11-100 所示为【细分】的应用示例。

第 11 章　渲染巨匠 V-Ray for Rhino

细分=500　　　　　　　　细分=1000　　　　　　　　细分=2000

图 11-100　【细分】的应用示例

- 采样尺寸：确定灯光缓存中样本的间距。较小的数值意味着样本间彼此更接近，灯光缓存将保留光照中的尖锐细节，但会更杂乱，并占用更多内存。
- 再追踪：此选项可在光缓存会产生太大错误的情况下提高全局照明的精度。对于有光泽的反射和折射，V-Ray 根据表面光泽度和距离来动态决定是否使用光缓存，以使由光缓存引起的误差最小化。请注意，此选项可能会增加渲染时间。

（4）【磁盘缓存（光子图）】卷展栏。

- 方式：控制光子图的模式，包括【单帧】和【使用文件】。
  > 单帧：启用后，将生成新的光子地图，它将覆盖之前渲染遗留的任何先前的光子贴图。
  > 使用文件：启用时，V-Ray 不会计算光子贴图，但会从文件加载。单击右侧的【浏览】按钮可以指定文件名称。
- 在内存保留光子图：启用时，在场景渲染完成后，V-Ray 将光子贴图保存在内存中。禁用时，地图将被删除并释放所占用的内存。如果你只想为特定场景计算一次光子贴图，然后将其重新用于进一步渲染，则启用此选项会特别有用。
- 自动保存文件：启用后，V-Ray 会在渲染完成时自动将焦散光子贴图保存到提供的文件中。指定渲染后焦散光子贴图将被保存的文件位置。

（5）【环境阻光】卷展栏。

【环境阻光】卷展栏允许将环境遮挡项添加到全局照明解决方案中。

- 半径：确定产生环境遮挡效果的区域的数量（以场景单位表示）。
- 环境阻光数量：指定环境遮挡量。值为 0 时不会产生环境遮挡。

5.【焦散】卷展栏

焦散是一种光学现象，是光线从其他对象反射或通过其他对象折射之后投射在对象上所产生的效果。在 V-Ray 场景中，要生成焦散效果，必须满足三个基本条件，包括能生成焦散的灯光、产生焦散的对象以及接受焦散的对象。

【焦散】卷展栏如图 11-101 所示。其中【磁盘缓存（光子图）】卷展栏在【全局照明】

卷展栏中已经详细介绍过。

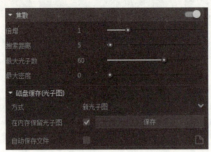

图 11-101　【焦散】卷展栏

- 倍增：控制焦散的强度。此参数是全局性的，适用于产生焦散的所有光源。如果需要不同光源的不同倍频器，请使用本地光源设置。
- 搜索距离：当 V-Ray 需要渲染给定表面点的焦散效果时，它会搜索阴影点（搜索区域）周围区域中该表面上的光子数。搜索区域是一个原始光子在中心的圆，其半径等于搜索距离值。较小的值会产生更锐利但可能更杂乱的焦散；较大的值会产生更平滑但模糊的焦散。
- 最大光子数：指定在表面渲染焦散效果时将要考虑的最大光子数。较小的值会导致使用较少的光子，并且焦散会更尖锐，但也许更杂乱。较大的值会产生更平滑但模糊的焦散。值为 0 意味着 V-Ray 将使用它可以在搜索区域内找到的所有光子。
- 最大密度：限制焦散光子图的分辨率（以及内存）。每当 V-Ray 需要在焦散光子图中存储新光子时，它首先会查看在此参数指定的距离内是否还有其他光子。

6.【渲染元素（通道图）】卷展栏

渲染元素是一种将渲染分解为其组成部分的方法，例如漫反射颜色、反射、阴影、遮罩等。在重新组合最终图像时，使用合成或图像编辑应用程序对最终图像进行微调控制组件元素。渲染元素有时也被称为渲染通道。

当没有设置渲染元素时，【渲染元素（通道图）】卷展栏如图 11-102 所示。在【添加元素】列表中可以选择一种渲染元素，如图 11-103 所示。

图 11-102　没有渲染元素的卷展栏

图 11-103　可以选择渲染元素

当在【渲染器】卷展栏中开启了【降噪】后,【渲染元素(通道图)】卷展栏中显示【降噪】子卷展栏,如图 11-104 所示。下面介绍【降噪】子卷展栏的选项。

- 效果更新频率:设置降噪效果的更新频率。较大的频率会导致降噪器更频繁地更新,也会增加渲染时长。一般设置从 5 到 10 的值通常就足够了。
- 预设:提供预设以自动设置强度和半径值。
- 强度:确定降噪操作的强度。
- 半径:指定要降噪的每个像素周围的区域。较小的半径将影响较小范围的像素;较大的半径会影响较大范围的像素,这会增加噪点。
- 类型:指定是否仅对 RGB 颜色渲染元素或其他元素进行去噪点。

图 11-104　【降噪】子卷展栏

11.5　实战案例——V-Ray 材质质感表现

本案例主要让大家学习塑料、陶瓷等普通反射类材质的设置。最终的案例效果,如图 11-105 所示。塑料、陶瓷等物体的反光(反射)效果比较弱,远没有金属强烈。因此,要注意它们的反射强度的区别。

图 11-105　最终的案例效果

11.5.1　布置光源

本例的光源实际上是表达白天在窗前的一个情景,没有阳光照射进来,只有天光(自然光）照射。通过用面光源去代替天光。

① 打开本例源文件"学习用品.3dm",如图 11-106 所示。

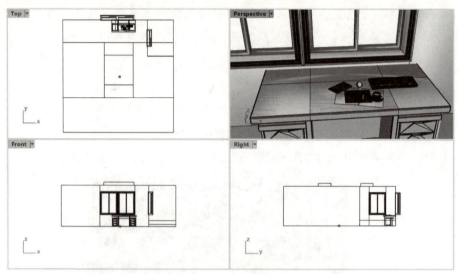

图 11-106 打开场景模型

② 在【VRay 大工具栏】选项卡中单击【创建面光源】按钮，然后在 Front 视窗中绘制一个矩形表示面光源，如图 11-107 所示。

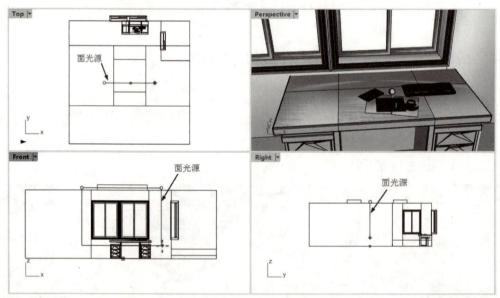

图 11-107 创建面光源

技术要点：

绘制矩形时要从上往下绘制，不要从下往上绘制，否则光线箭头的指向就是错误的。

③ 在 Top 视窗中将面光源移动至窗外，靠近窗户即可，确保光线箭头指向室内，如果不是指向室内，请旋转面光源，如图 11-108 所示。

④ 同理，再在右侧窗户外创建面光源。在 Right 视窗中绘制矩形，在 Top 视窗中将面光源

移动到右侧窗外,如图 11-109 所示。注意光线箭头须指向室内。

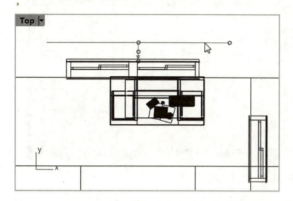
图 11-108 移动面光源到前窗外

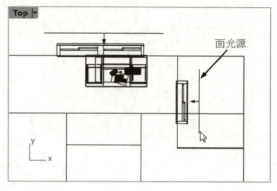
图 11-109 在侧窗创建面光源

⑤ 创建面光源后需要验证光源所产生的效果。激活 Perspective 视窗,再单击【开始渲染】按钮 ,完成初次渲染,如图 11-110 所示。从效果图中可以看出,仅有窗外存在光源,室内是没有任何光的。这说明室内的物品不会产生反射或折射,也就是说物品不带任何材质效果。

图 11-110 初次渲染的效果

11.5.2 赋予材质

在本例中,我们要表现的是桌面上这些物品的渲染效果,而不是门窗、墙壁等。所以仅将材质赋予桌面及桌面上的物品。

① 在 Perspective 视窗中调整好视图的方向,然后再次渲染查看视图表现的效果,如图 11-111 所示。为了能在渲染时看清物品,在【V-Ray 资源编辑器】的【设置】选项卡中开启【材质覆盖】选项,如图 11-112 所示。渲染完成后请及时关闭【材质覆盖】选项。

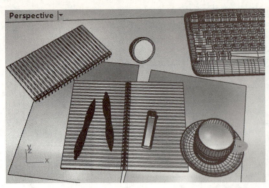

图 11-111　调整视图后的渲染结果

图 11-112　开启【材质覆盖】

② 首先设置桌面的材质,这是为了在渲染时能看清桌面上的物品。首先选中桌面对象,然后在【V-Ray 资源编辑器】的【材质】选项卡中单击左边栏展开材质库分类列表。在【19.木材】材质库中,将【木板_A01_100cm_by 顶渲网】材质赋予桌面。接着渲染查看桌面效果,如图 11-113 所示。

图 11-113　为桌面赋予木材质

③ 如果觉得木纹的方向不好看，是可以改变的。在【材质】选项卡中单击右边栏，展开材质编辑器面板。在【VRay 双向反射分布 BRDF】卷展栏的【漫反射】子卷展栏中，单击贴图按钮，在贴图通道编辑器的【贴图放置】卷展栏中设置【旋转】值为 90 或者其他任意角度，完成后单击【返回】按钮即可，如图 11-114 所示。

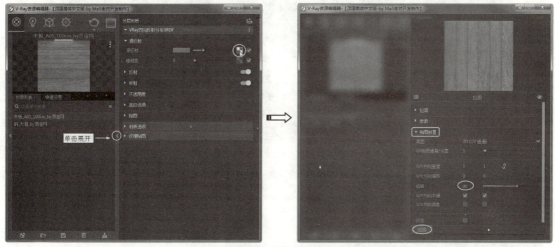

图 11-114　改变木材纹理的方向

④ 重新渲染得到如图 11-115 所示的木纹效果。

图 11-115　改变木纹方向后的渲染效果

⑤ 设置笔记本下面的纸张材质。在材质库分类列表中选择【14.纸】材质库，然后在【内容】列表中将【纸_D02_14cm_by 顶渲网】赋予所选的纸张对象，并进行渲染，如图 11-116 所示。如果想模拟有文字（图案）的纸张，在材质编辑器面板的漫反射的贴图通道添加用户自定义的贴图就可以了（本例源文件"arch20_document_01.jpg"），如图 11-117 所示。

技术要点：

要连续选择多个对象请按 Shift 键。

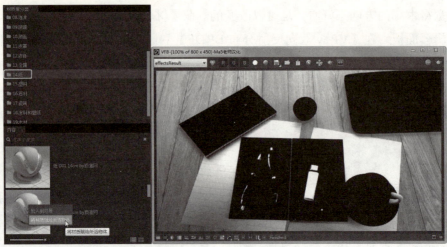

图 11-116　赋予纸张材质

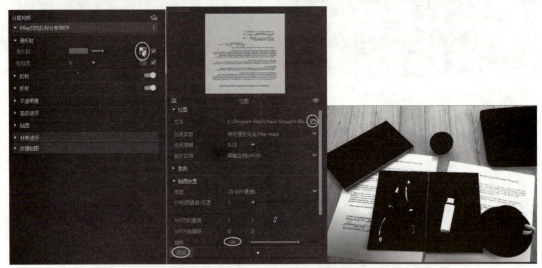

图 11-117　为纸张材质添加贴图

⑥　将材质"纸_C02_8cm_by 顶渲网"赋予笔记本封面（书皮），如图 11-118 所示。

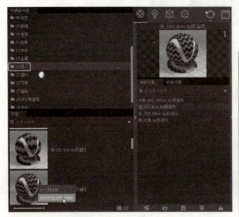

图 11-118　为笔记本封面（书皮）赋予材质

⑦ 将材质"纸_B_20cm_by顶渲网"赋予笔记本纸张，如图11-119所示。

图11-119 创建笔记本纸材质

⑧ 选择一支圆珠笔笔身部位，赋予绿色塑料材质"塑料_子面散射(SSS)_03_绿色_by顶渲网"，效果如图11-120所示。

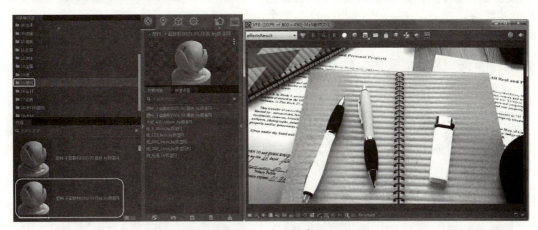

图11-120 为圆珠笔笔身赋予材质

⑨ 同理，选择另一支圆珠笔的笔身，赋予"塑料_子面散射(SSS)_02_橙色_by顶渲网"材质，效果如图11-121所示。

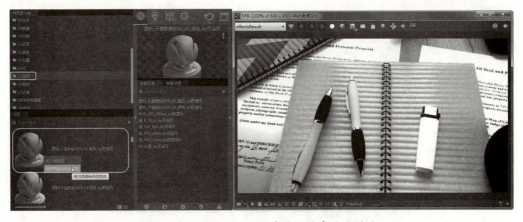

图11-121 为另一支圆珠笔的笔身赋予材质

⑩ 打火机外壳部分的塑料材质和圆珠笔的塑料材质是相同的,所以其材质也是对橙色塑料材质进行复制,再更改一下漫反射与子面散射层颜色就可以了,如图 11-122 所示。

图 11-122　赋予打火机外壳材质

⑪ 为键盘赋予黑色塑料材质"塑料_简单_中颗粒_黑色_by 顶渲网",如图 11-123 所示。

⑫ 将【04.陶瓷】材质库中的【陶瓷_A02_橙色_10cm_by 顶渲网】赋予咖啡杯及盘子,渲染效果如图 11-124 所示。

图 11-123　为键盘赋予塑料材质

图 11-124　为咖啡杯及盘子赋予陶瓷材质

⑬ 将【12.液体】材质库中的【咖啡_by 顶渲网】赋予咖啡杯中的咖啡,渲染效果如图 11-125 所示。

图 11-125　为咖啡赋予材质

⑭ 最后设置柠檬材质。将"塑料_子面散射(SSS)_01_白色_by顶渲网"材质赋予柠檬，然后在材质编辑器面板中单击【漫反射贴图通道】按钮█给柠檬材质添加一张柠檬贴图（本例源文件"lemon-3.jpg"），如图 11-126 所示。

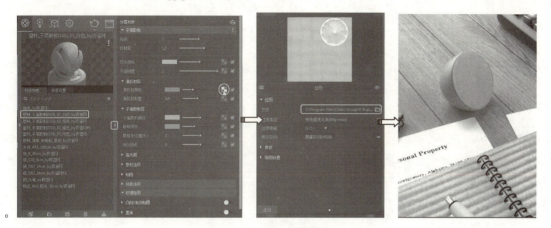

图 11-126　赋予柠檬材质

⑮ 在【设置】选项卡的【渲染器】卷展栏中开启【降噪】选项，在【全局照明】卷展栏中设置【首次反弹引擎】为【发光贴图】、【二次反弹引擎】为【灯光缓存】，如图 11-127 所示。最终整个场景的渲染效果如图 11-128 所示。

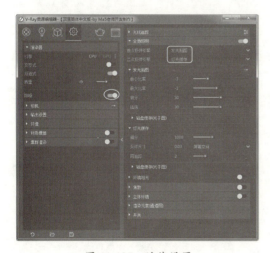 

图 11-127　渲染设置　　　　　　　图 11-128　最终渲染效果

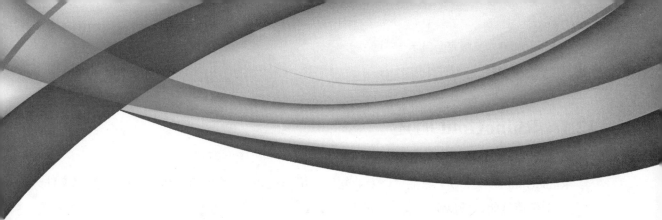

第 12 章
RhinoGold 珠宝设计

本章内容

本章主要介绍 Rhino 6.0 的珠宝设计插件 RhinoGold 的设计界面、设计工具的基本用法，让珠宝设计爱好者更轻松地掌握 RhinoGold 的使用技巧。

知识要点

- ☑ RhinoGold 概述
- ☑ 利用变动工具设计首饰
- ☑ 宝石工具
- ☑ 珠宝工具

12.1 RhinoGold 概述

RhinoGold 是一款 3D 珠宝设计专业软件，用来设计立体的珠宝造型，输出的数据文件可适用于任何打印设备以制作尺寸精准的可铸造模型。

RhinoGold 是闻名全球的珠宝设计方案提供商 TDM Solutions 的旗下产品。TDM Solutions 是一家特别重视珠宝产业，并且提供各式产业数字辅助设计/制造 (CAD/CAM) 解决方案的企业。同时提供数字辅助设计/制造方案给汽车、模具、模型制作、鞋业以及一般机械设备产业。

12.1.1 RhinoGold 6.6 软件的下载与安装

RhinoGold 6.6 是目前最新版本的软件，能完美结合 Rhino 6.0 使用。RhinoGold 6.6 大幅提升了最重要的 RhinoGold 体验，它引进了先进的装饰和快速省时工具。

首先进入 RhinoGold 的官网（https://www.tdmsolutions.com/zh-hans/），下载安装程序 GateApp.exe。RhinoGold 6.6 软件可以免费试用（期限为 15 天），为初学者提供了学习的便利。下面详细介绍安装教程。

上机操作——RhinoGold 6.6 的安装

① 双击 RhinoGold 6.6 的安装程序 GateApp.exe，启动安装界面，如图 12-1 所示。注意，第一次弹出安装界面，需要注册一个账号。

图 12-1 启动安装界面

② 在安装界面底部单击【立即升级】按钮，弹出 RhinoGold 6.6 下载界面。选择匹配的 Rhino 6 版本，然后单击【尝试】按钮，系统会自动从官网下载 RhinoGold 6.6 程序包，并完成自动安装，无须人为值守安装，如图 12-2 所示。

第 12 章 RhinoGold 珠宝设计

图 12-2 自动下载 RhinoGold 6.6 并安装

③ 安装完成后桌面上生成 RhinoGold 6.6 的软件图标 。双击此图标,启动 RhinoGold 6.6,首次试用软件须单击【继续】按钮,如图 12-3 所示。

④ 接着在新弹出的界面中单击【购买】或【尝试】按钮,如果继续试用,请单击【尝试】按钮,如图 12-4 所示。随后进入 RhinoGold 6.6 设计界面中。

图 12-3 试用软件

图 12-4 选择继续尝试

⑤ RhinoGold 6.6 设计界面如图 12-5 所示。

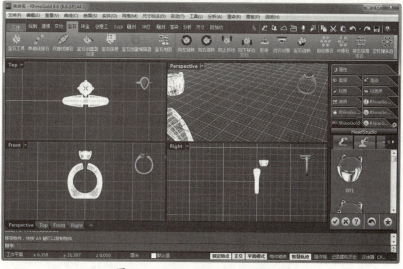

图 12-5 RhinoGold 6.6 设计界面

⑥ 既然 RhinoGold 6.6 是 Rhino 6.0 的插件，那么也可打开 Rhino 6.0，在 Rhino 6.0 界面中使用 RhinoGold 的相关设计工具，如图 12-6 所示。在 Rhino 6.0 中设计珠宝，赋予材质后不会实时进行渲染。而在 RhinoGold 6.6 中进行设计，可以实时观察到珠宝的渲染效果，所以本章均在 RhinoGold 6.6 中进行设计。

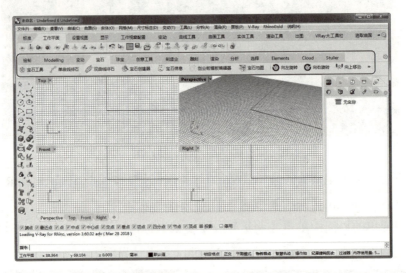

图 12-6　Rhino 6.0 中的 RhinoGold 6.6 工具

12.1.2　RhinoGold 6.6 设计工具

在 RhinoGold 6.6 界面环境中，功能区包含多个用于设计珠宝首饰的工具，其中【绘制】、【建模】、【变动】、【渲染】、【分析】及【尺寸】等选项卡中的工具，均属于 Rhino 6.0 的设计工具。

RhinoGold 6.6 与 Rhino 6.0 的界面环境是基本相同的，并且 RhinoGold 与 Rhino 的视图操控也是完全相同的。如果你已经习惯于其他三维软件的键鼠操作方式，可以在菜单栏中执行【文件】|【选项】命令，打开【Rhino 选项】对话框，在左侧列表中选择【鼠标】选项，然后在右边的选项设置区域中设置键鼠操控方式，如图 12-7 所示。

RhinoGold 6.6 的键鼠操控方式如下：

- 单击鼠标左键：选择对象；
- 单击鼠标中键：按下中键，弹出选择功能菜单；
- 单击鼠标右键：单击鼠标右键，重复执行上一次命令；
- 鼠标中键滚轮：滚动滚轮，缩放视图；
- 按下鼠标右键：旋转视图；
- 按下右键+Shift 键：平移视图；
- 按下右键+Ctrl 键：缩放视图；

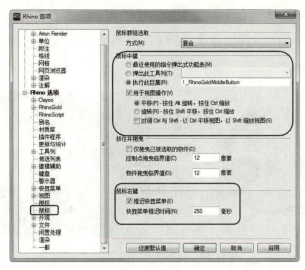

图 12-7 【Rhino 选项】对话框

12.2 利用变动工具设计首饰

【变动】选项卡中的工具在第 2 章中已经详细介绍过了。下面主要是利用这些变动工具来做几个首饰设计练习。RhinoGold 6.6 中的【变动】选项卡如图 12-8 所示。

图 12-8 【变动】选项卡

上机操作——【操作轴变形器】应用练习

① 打开本例源文件"12-1.3dm",练习模型如图 12-9 所示。

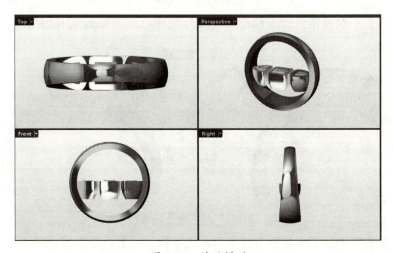

图 12-9 练习模型

② 在【变动】选项卡的【常用】面板中单击【操作轴变形器】按钮，然后在 Front 视窗中按 Shift 键选中中间的宝石及包镶，向上拖动绿色轴箭头改变其位置，如图 12-10 所示。

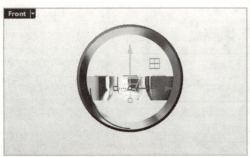
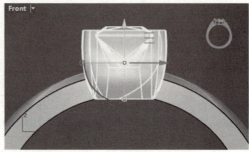

图 12-10　拖动中间的宝石及包镶

技术要点：
如果仅选择宝石，系统会自动检测到与宝石有关联的包镶，并且能够同时移动它。

③ 同理，将左侧的宝石及包镶也拖动到如图 12-11 所示的位置，然后拖动蓝色的旋转弧改变其方向。

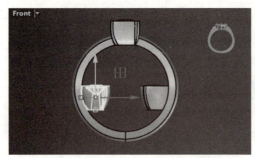
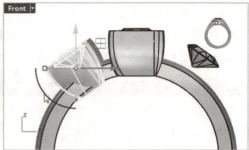

图 12-11　拖动左侧的宝石及包镶并旋转方向

④ 再将右侧的宝石及包镶进行平移拖动并进行旋转，效果如图 12-12 所示。

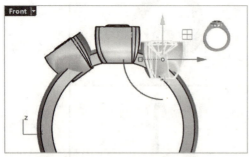
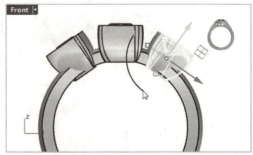

图 12-12　拖动右侧的宝石及包镶并旋转方向

⑤ 在【珠宝】选项卡的【戒指】面板中单击【手指尺寸】命令菜单中的【尺寸测量器】按

钮 ，在软件窗口右侧显示的【RhinoGold】控制面板中选择 Hong Kong 图标，设置圆柱底面直径为 15、圆柱的高度为 10，单击控制面板底部的【确定】按钮 ，完成圆柱实体（此实体代表了人体手指的尺寸）的创建，如图 12-13 所示。

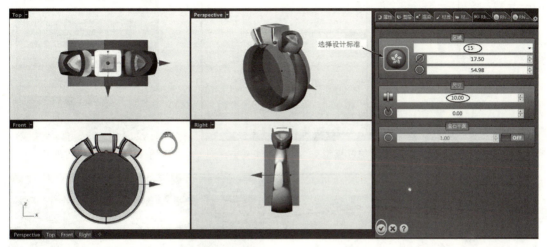

图 12-13　创建模拟手指尺寸的圆柱实体

⑥ 在【建模】选项卡的【修改实体】面板中单击【布尔运算差集】按钮 ，在任何一个视窗中按 Shift 键选取三个包镶作为分割主体，按 Enter 键确认，再选择圆柱实体作为切割工具，按 Enter 键确认后完成切割操作，如图 12-14 所示。

图 12-14　切割包镶中多余的部分

⑦ 完成本练习，保存结果文件。

上机操作——【动态环形阵列】应用练习

① 打开本例模型文件"12-2.3dm"，如图 12-15 所示。
② 在【变动】选项卡的【阵列】面板中单击【动态环形阵列】按钮 ，【RhinoGold】控制面板中显示环形阵列选项，如图 12-16 所示。
③ 在视窗中先选取宝石与包镶，然后在【RhinoGold】控制面板中的物件选择器上单击，添加要阵列的对象，如图 12-17 所示。

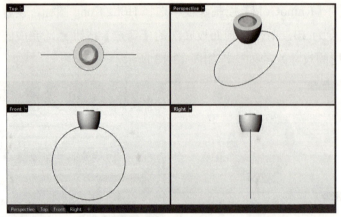

图 12-15 练习模型

图 12-16 环形阵列选项

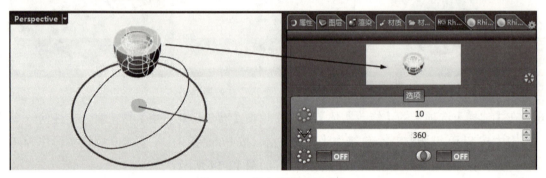

图 12-17 添加要阵列的对象

④ 在控制面板中设置副本数为13，单击【前】按钮，其他选项保持默认，单击【确定】按钮完成动态环形阵列操作，如图 12-18 所示。

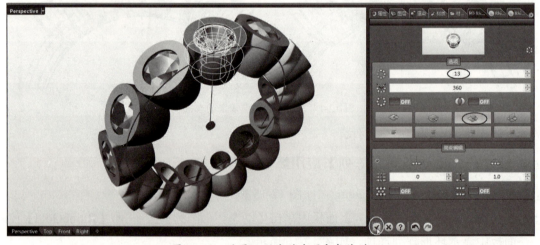

图 12-18 设置环形阵列选项完成阵列

上机操作——【动态阵列】应用练习

① 打开本例模型文件"12-3.3dm"，如图 12-19 所示。

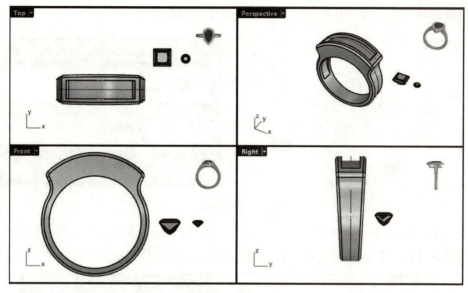

图 12-19　练习模型

② 在【变动】选项卡的【阵列】面板中单击【动态阵列】按钮，【RhinoGold】控制面板中显示动态阵列的选项。动态阵列有三个物件选择器：阵列对象选择器、参考曲线选择器和参考曲面选择器。

③ 在视窗中选取较大的那颗宝石作为阵列对象，然后单击阵列对象选择器，将其添加到选择器中，如图 12-20 所示。

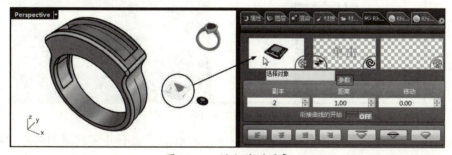

图 12-20　添加阵列对象

④ 按此操作，在视窗中选取曲线然后将其添加到参考曲线选择器中，如图 12-21 所示。

图 12-21　添加参考曲线

⑤ 在视窗中选择戒指再将其添加到曲面选择器中,如图 12-22 所示。

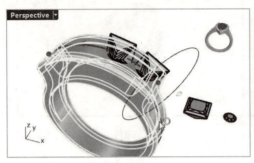

图 12-22　添加参考曲面

⑥ 设置副本数为 4、阵列距离为 0.4,单击【对齐中心】按钮 ≡ 和【对齐顶端】按钮 ▽,最后单击【确定】按钮 ✓ 完成动态阵列,效果如图 12-23 所示。

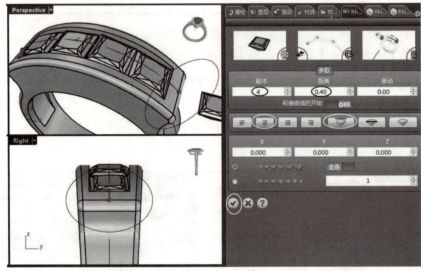

图 12-23　阵列预览

⑦ 再次单击【动态阵列】按钮，在视窗中依次选取圆形宝石并将其添加到阵列对象选择器中,选取戒环中间的曲线并将其添加到参考曲线选择器中,选择戒指实体并将其添加到参考曲面选择器中,如图 12-24 所示。

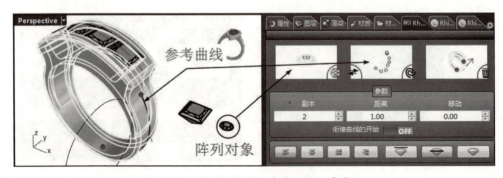

图 12-24　添加阵列对象、参考曲线和参考曲面

⑧ 设置副本数为 7、阵列距离为 0.4，再设置其他选项及参数，预览效果如图 12-25 所示。最后单击【确定】按钮☑完成动态阵列。

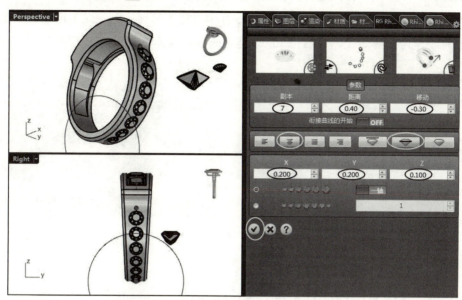

图 12-25　设置阵列选项及参数后的预览效果

⑨ 最后保存结果文件。

上机操作——【沿着曲线放样】应用练习

① 打开本例模型文件"12-4.3dm"，如图 12-26 所示。

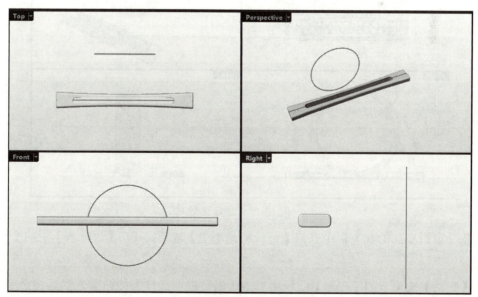

图 12-26　练习模型

② 在软件窗口底部的状态栏中开启【记录构建历史】选项，开启【过滤器】中的【子物件】选项。

③ 在【变动】选项卡的【变形】面板中单击【沿着曲线放样】按钮，然后按命令行中的操作提示进行操作。首先选择实体物件作为要放样的对象，按 Enter 键后，选择实体中间的那条红色直线作为基准线，并在命令行中设置【延展（S）=是】选项，紧接着选取圆形曲线作为当前曲线，最后按 Enter 键完成放样操作，如图 12-27 所示。

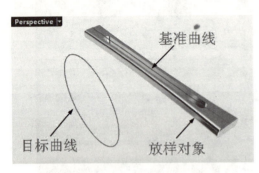

图 12-27　沿曲线放样

④ 保存结果文件。

上机操作——【沿着曲面放样】应用练习

① 打开本例模型文件"12-4.3dm"，如图 12-28 所示。

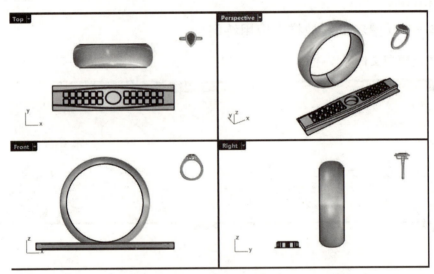

图 12-28　练习模型

② 在软件窗口底部的状态栏中开启【记录构建历史】选项，开启【过滤器】中的【子物件】选项。

③ 在【变动】选项卡的【变形】面板中单击【沿着曲面放样】按钮，然后按命令行中的操作提示进行操作。依次选择放样的物件、基础曲面和目标曲面，最后按 Enter 键完成放样操作，如图 12-29 所示。

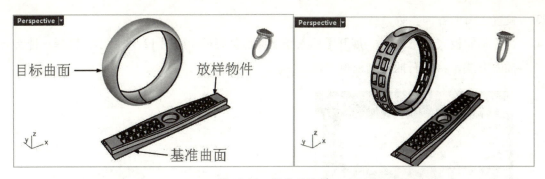

图 12-29 沿曲面放样

④ 保存结果文件。

12.3 宝石工具

RhinoGold 的【宝石】选项卡中的工具可以创建标准的宝石，也可以创建自定义的宝石。【宝石】选项卡如图 12-30 所示。

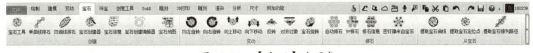

图 12-30 【宝石】选项卡

12.3.1 创建宝石

【宝石】选项卡的【创建】面板中的工具用来创建标准宝石和用户自定义的宝石，如图 12-31 所示。

图 12-31 【创建】面板

1. 宝石工具

【宝石工具】允许我们根据美国宝石协会（GIA，Gemological Institute of America）的标准与用户自定义的尺寸大小，将不同切割方式的宝石放置于模型中。单击【宝石工具】按钮，【RhinoGold】控制面板中显示宝石创建选项，如图 12-32 所示。

创建宝石的基本过程如下：

① 在【RhinoGold】控制面板中选择宝石形状。

② 选择宝石材质。

③ 设置宝石的各项参数。

④ 在控制面板底部单击 ⊕ ，展开【插入平面原点】菜单，如图12-33所示。选择一种宝石插入方式，将宝石插入到视窗中。

图12-32 宝石创建选项

图12-33 【插入平面原点】菜单

- 插入选择点 ：必须选择点以插入宝石，可以使用参考对象上的点。宝石的方向是由当前工作平面来决定的。
- 选择对象上的点 ：实际上是在曲面对象上指定一个放置点。
- 选择曲线上的点 ：选择一条直线或曲线，来定义宝石的方向（在曲线所在平面的法向），并且宝石底部的点在曲线起点上。
- 选择点 ：在视窗中任意选择一个点来放置宝石，宝石方向由当前工作平面决定。
- 在曲面上选择点 ：其实就是选择曲面上的已有点作为宝石底部放置点，并且宝石方向就是该点的曲面法向。

上机操作——【宝石工具】应用练习

① 打开本例模型文件"12-6.3dm"，如图12-34所示。

② 在【宝石】选项卡的【创建】面板中单击【宝石工具】按钮 ，然后在【RhinoGold】控制面板中选择宝石形状及宝石材质，并设置宝石的参数，选择宝石插入方式为【插入选择点】 ，如图12-35所示。

第 12 章　RhinoGold 珠宝设计

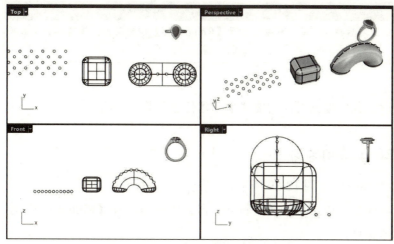

图 12-34　练习模型

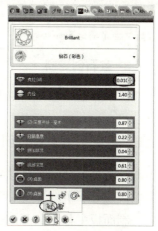

图 12-35　设置宝石选项

③ 然后在视窗中框选要插入宝石的点，如图 12-36 所示。最后按 Enter 键完成宝石的创建，如图 12-37 所示。

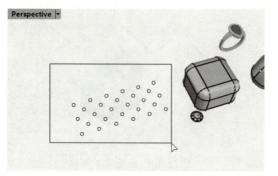

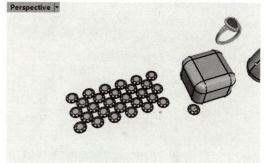

图 12-36　选取要插入宝石点　　　　图 12-37　以【选择点】方式插入宝石

④ 同理，再利用【宝石工具】，设置相同的宝石形状及参数，选择【在曲面上选择点】的宝石插入方式，在圆环体上选取点和曲面来插入宝石，如图 12-38 所示。最后单击控制面板中的【确定】按钮结束操作，保存结果文件。

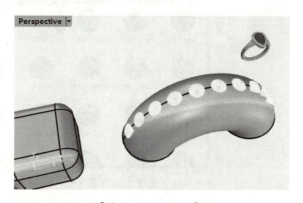

图 12-38　以【在曲面上选择点】方式插入宝石

> **技术要点：**
> 如果要编辑宝石的参数，选中宝石后按 F2 键，可再次打开【RhinoGold】控制面板，编辑参数及选项后，单击【确定】按钮即可。

2. 宝石创建器

【宝石创建器】工具可以让我们根据封闭的曲线来创建任意形状的宝石。

上机操作——【宝石创建器】应用练习

① 打开本例模型文件"12-7.3dm"，如图 12-39 所示。
② 在【宝石】选项卡的【创建】面板中单击【宝石创建器】按钮，在【RhinoGold】控制面板中显示宝石创建器选项。
③ 在视窗中选取一个正六边形的封闭曲线，然后在【RhinoGold】控制面板中的参考曲线选择器中单击，此时视窗中已经可以预览一颗宝石的形状，如图 12-40 所示。

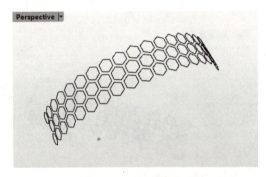   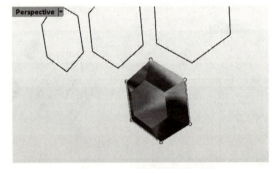

图 12-39 练习模型　　　　　　　　　图 12-40 预览宝石形状

④ 接着在材质选择器中单击【选择宝石材质】按钮，从弹出的【宝石材质选择器】对话框中选择一种材质（须双击材质才能将材质应用到宝石中），如图 12-41 所示。

   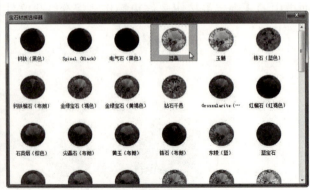

图 12-41 选择宝石材质

⑤ 最后单击控制面板底部的【确定】按钮，完成一颗钻石的创建。同理，可以继续选取其他封闭曲线来创建宝石。

12.3.2 排石

排石就是在戒指曲面上排布钻石和钉镶。下面介绍排石工具的用法。

1.【双曲线排石】

【双曲线排石】命令可以在两条曲线中放置多个宝石。

上机操作——【双曲线排石】应用练习

① 打开本例模型文件"12-8.3dm",如图12-42所示。
② 在【宝石】选项卡的【创建】面板中单击【双曲线排石】按钮，在【RhinoGold】控制面板中显示双曲线排石选项。
③ 在视窗中按Shift键选取两条曲线,如图12-43所示。

图12-42 练习模型

图12-43 选取两条曲线

④ 然后在【RhinoGold】控制面板中的参考曲线选择器中单击，将所选曲线添加到选择器中。为宝石选择材质后，在控制面板底部单击【预览】按钮，系统会自动计算两条曲线之间的距离和曲线长度，并自动插入符合计算结果的宝石,如图12-44所示。

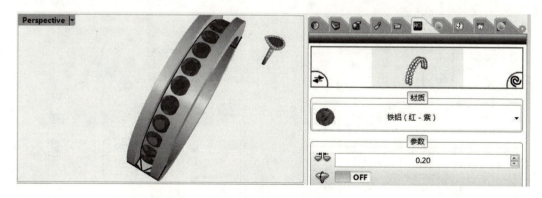
图12-44 预览双曲线排石

⑤ 单击【确定】按钮，完成宝石的创建。

2.【自动排石】

【自动排石】工具可以在任何物件上自动分布与动态摆放宝石。

上机操作——【自动排石】应用练习

① 打开本例模型文件"12-9.3dm",如图 12-45 所示。

② 在【宝石】选项卡的【创建】面板中单击【自动排石】按钮,在【RhinoGold】控制面板中显示自动排石选项。

③ 在控制面板中单击选择器,然后在视窗中选取戒指头部的曲面,将其添加到选择器中,如图 12-46 所示。

图 12-45 练习模型

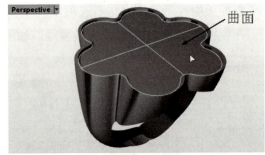
图 12-46 选取曲面添加到选择器

④ 然后在【RhinoGold】控制面板中设置宝石排布参数,并在【宝石尺寸】选项卡中设置宝石尺寸,如图 12-47 所示。

⑤ 在控制面板的【钉镶】选项卡中设置钉镶参数,如图 12-48 所示。

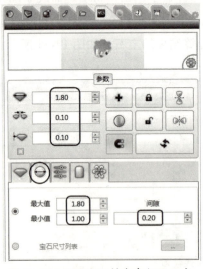
图 12-47 设置宝石排布参数及尺寸

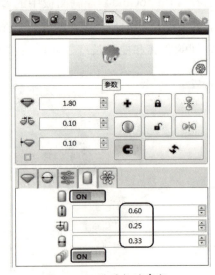
图 12-48 设置钉镶参数

⑥ 单击控制面板底部的【预览】按钮,并在接着头部的曲面上指定中点,按 Enter 键确认,随后显示排石预览,如图 12-49 所示。

第 12 章 RhinoGold 珠宝设计

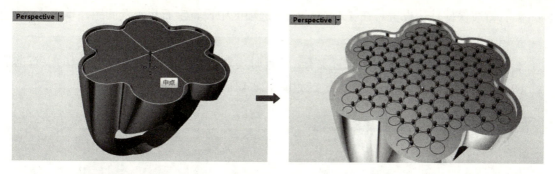

图 12-49 预览排石

⑦ 单击【确定】按钮 ✓，完成自动排石操作，效果如图 12-50 所示。

图 12-50 自动排石的效果

3.【UV 排石】

【UV 排石】工具可以在任意形状曲面上按照 U、V 方向完成排石工作。

上机操作——【UV 排石】应用练习

① 打开本例模型文件 "12-10.3dm"，如图 12-51 所示。
② 在【宝石】选项卡的【创建】面板中单击【UV 排石】按钮，在【RhinoGold】控制面板中显示 UV 排石选项。
③ 在控制面板中单击【选择一个曲面】选择器，然后在视窗中选取一个曲面，将其添加到选择器中，如图 12-52 所示。

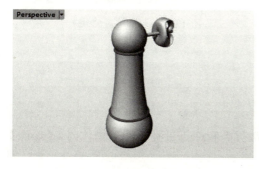

图 12-51 练习模型

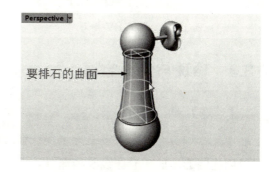

图 12-52 将选取的曲面添加到选择器中

④ 宝石材质保持默认设置。在【Automatic】选项区中设置宝石尺寸及间距,单击【添加】按钮,如图 12-53 所示。

⑤ 然后到视窗中所选的曲面上放置宝石。放置时注意宝石的位置,因为此位置的宝石也是 UV 排石的第一行,此行最为关键,如图 12-54 所示。

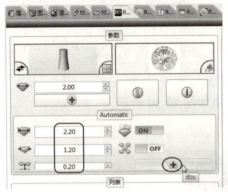

图 12-53　设置宝石尺寸

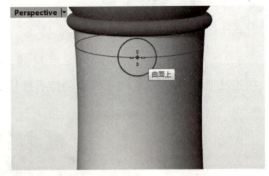

图 12-54　确定第一行宝石的位置

⑥ 确定第一行宝石的位置后,系统会自动计算整个曲面,以自动方式来排布宝石,直至排布均匀,如图 12-55 所示。

> **技术要点：**
> 如果自动排布的效果不好,可以在视窗的排石预览图中单击 + 或者 - 按钮,添加新行或者减少行数。

⑦ 最后单击【确定】按钮 ✓,完成 UV 排石操作,效果如图 12-56 所示。

图 12-55　预览 UV 排石

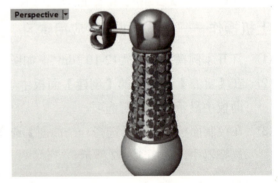

图 12-56　UV 排石的效果

12.3.3　珍珠与蛋面宝石

1.【珍珠】

珍珠是一种古老的有机宝石,主要产在珍珠贝类和珠母贝类软体动物体内。【珍珠】工具可以创建圆形珍珠、珍珠线及半球罩。

上机操作——【珍珠】应用练习

① 打开本例模型文件"12-11.3dm",如图12-57所示。
② 在【宝石】选项卡的【工具】面板中单击【珍珠】按钮,在【RhinoGold】控制面板中显示珍珠创建选项。
③ 在控制面板中设置珍珠内径尺寸、珍珠线及半球罩的尺寸,如图12-58所示。

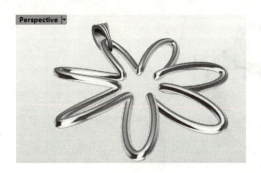

图12-57 练习模型

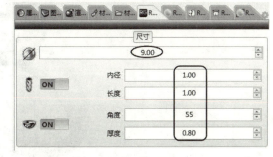

图12-58 定义珍珠、珍珠线及半球罩尺寸

④ 单击【确定】按钮,完成珍珠的创建,效果如图12-59所示。
⑤ 但是创建的珍珠并没有在预定的位置上,在Front视窗中可以通过操作轴将珍珠向下平移到首饰的中心位置,如图12-60所示。

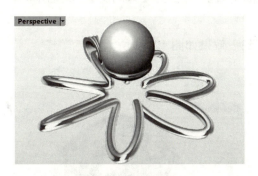

图12-59 创建的珍珠

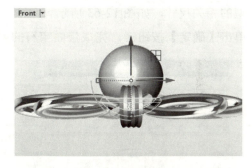

图12-60 平移珍珠到合适位置

⑥ 可利用【布尔运算联集】工具将珍珠半球罩与首饰的其他金属合并,得到如图12-61所示的完成效果图。

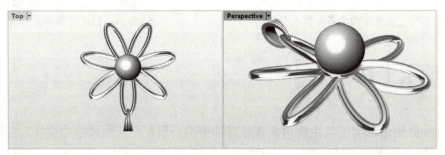

图12-61 珍珠效果

2.【蛋面宝石工作室】

【蛋面宝石工作室】工具能轻松地创建出四种蛋面形状的蛋面宝石。

上机操作——【蛋面宝石工作室】应用练习

① 打开本例模型文件"12-12.3dm",如图 12-62 所示。

图 12-62　练习模型

② 在【宝石】选项卡的【工具】面板中单击【蛋面宝石工作室】按钮，在【RhinoGold】控制面板中显示蛋面宝石创建选项。

③ 在控制面板中选择蛋面类型为【椭圆形蛋面宝石】、侧面为【共同侧】,设置所选蛋面类型的相关尺寸,如图 12-63 所示。

④ 单击【确定】按钮，完成蛋面宝石的创建,效果如图 12-64 所示。

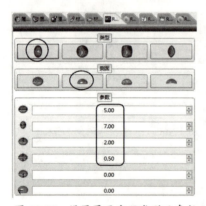

图 12-63　设置蛋面宝石类型及参数

图 12-64　创建的蛋面宝石

12.4　珠宝工具

RhinoGold 中的珠宝工具主要用来设计首饰中的金属部分,如戒指的戒环、宝石的钉镶/爪镶、首饰链条、吊坠及挂钩等。

设计珠宝的工具在【珠宝】选项卡中，如图 12-65 所示。

图 12-65 【珠宝】选项卡

12.4.1 戒指设计

1．设计素戒指

在【戒指】面板的【戒指】命令菜单中，有四种创建不带珠宝的戒指（也称"素戒指"）的设计方法，如图 12-66 所示。

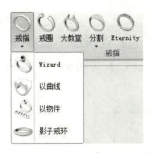

图 12-66 【戒指】命令菜单

上机操作——利用【Wizard】戒指向导设计戒指

① 在菜单栏中执行【文件】|【新建】命令，新建 Rhino 文件，如图 12-67 所示。

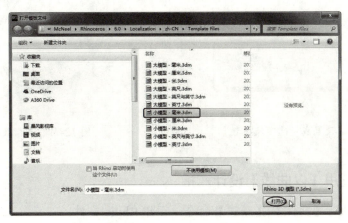

图 12-67 新建 Rhino 文件

② 单击【Wizard】按钮，【RhinoGold】控制面板中显示戒指向导选项页面，如图 12-68 所示。

③ 首先在【截面】选项卡中选择戒指的截面形状，双击编号为 008 的截面，视窗中显示预览，如图 12-69 所示。

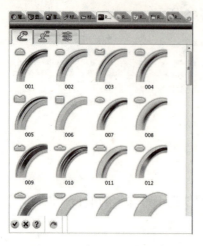

图 12-68 戒指向导选项页面

图 12-69 选择戒指截面

④ 在【参数设置】选项卡中,选择戒指设计标准(Hong Kong)、材质并设置戒指参数,如图 12-70 所示。最后单击【确定】按钮,完成戒指的设计,如图 12-71 所示。

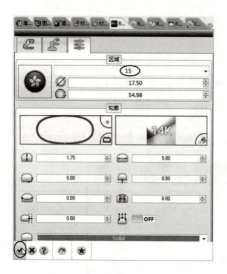

图 12-70 设置戒指选项及参数

图 12-71 戒指效果图

上机操作——利用【以曲线】设计戒指

① 在菜单栏中执行【文件】|【新建】命令,新建 Rhino 文件。
② 单击【以曲线】按钮,【RhinoGold】控制面板中显示戒指设计页面,系统会根据默认的参数创建一个戒指,如图 12-72 所示。

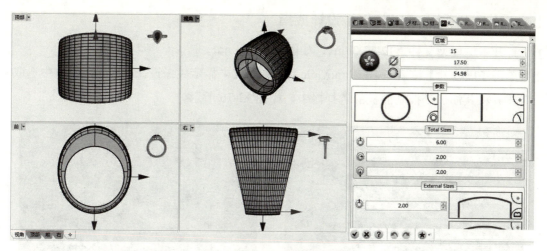

图 12-72 默认创建的戒指

③ 通过戒指设计页面，调整戒指设计标准，选择戒指材质、头部形状、侧面形状、截面形状等，设置的选项与参数会及时反馈到视窗中的戒指预览模型上，如图 12-73 所示。

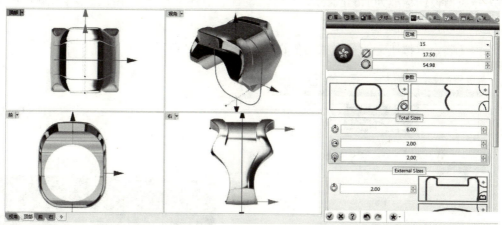

图 12-73 设置戒指选项及参数

④ 最后单击【确定】按钮 ✓，完成戒指的设计，如图 12-74 所示。

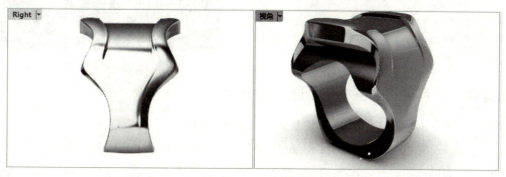

图 12-74 戒指效果图

上机操作——利用【以物件】设计戒指

① 打开本例模型文件 "12-13.3dm",如图 12-75 所示。
② 单击【以物件】按钮 ,【RhinoGold】控制面板中显示戒指设计页面。在视窗中选取实体并将其添加到控制面板的选择器中,如图 12-76 所示。

图 12-75 练习模型

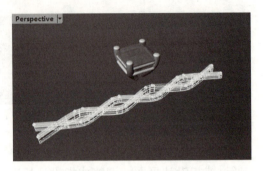
图 12-76 选择实体和曲线

③ 选择戒指设计标准为 Hong Kong 12 号,设置戒指直径为 16,系统会根据默认的参数创建一个戒指,如图 12-77 所示。
④ 单击【确定】按钮 ,完成戒指的设计,如图 12-78 所示。

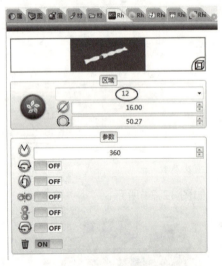
图 12-77 选择戒指设计标准

图 12-78 戒指效果图

上机操作——利用【影子戒环】设计戒指

① 在菜单栏中执行【文件】|【新建】命令,新建 Rhino 文件。
② 单击【影子戒环】按钮 ,【RhinoGold】控制面板中显示戒指设计页面,首先在控制面板中选择戒指设计标准为 Hong Kong 12 号,然后在【参数】选项卡中设置戒指的截面形状与参数,如图 12-79 所示。
③ 然后在【宝石和刀具】选项卡中设置宝石参数,如图 12-80 所示。

第 12 章 RhinoGold 珠宝设计

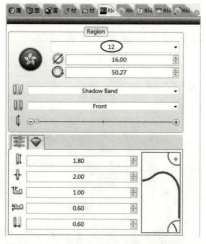

图 12-79 设置戒指标准与参数

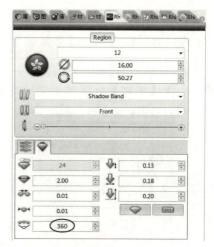

图 12-80 设置宝石参数

④ 最后单击【确定】按钮 ✓，完成戒指的设计，如图 12-81 所示。

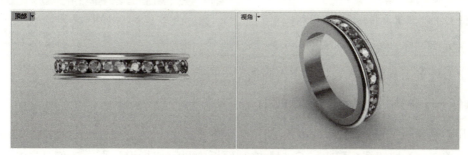

图 12-81 戒指效果图

2. 戒圈设计

通过利用戒指库中的戒圈外环样式创建戒环与宝石。

上机操作——利用【戒圈】设计戒指

① 在菜单栏中执行【文件】|【新建】命令，新建 Rhino 文件。

② 单击【戒圈】按钮 ，【RhinoGold】控制面板中显示戒指设计页面。此时系统会自动创建一个戒圈，预览效果如图 12-82 所示。

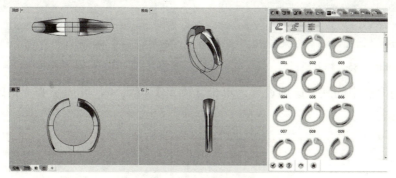

图 12-82 默认的戒圈预览效果

495

③ 在【截面】选项卡中选择一个戒圈外环截面，视窗中的预览随之更新。选择编号为083的截面形状，然后在【参数设置】选项卡中选择戒指设计标准及戒圈参数，如图12-83所示。

④ 最后单击【确定】按钮，完成戒指的设计，如图12-84所示。

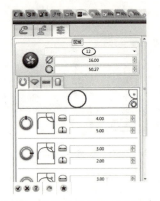

图12-83　设置戒指标准与戒圈参数

图12-84　戒指效果图

3. 空心环

【空心环】工具允许我们将戒指内侧掏空，再自定义想要的厚度。

上机操作——利用【空心】设计戒指

① 打开本例模型文件"12-14.3dm"，如图12-85所示。

② 单击【空心】按钮，【RhinoGold】控制面板中显示戒指设计页面。在视窗中选取实体曲面并将其添加到控制面板的选择器中。

③ 接着选取要删除的曲面，如图12-86所示，然后按Enter键确认。

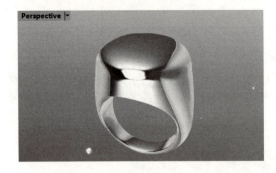

图12-85　练习模型

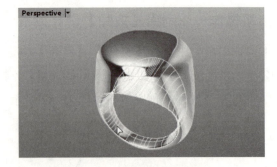

图12-86　选择要删除的曲面

④ 保留控制面板中的默认选项设置，单击【确定】按钮，完成空心戒指的设计，如图12-87所示。

第 12 章　RhinoGold 珠宝设计

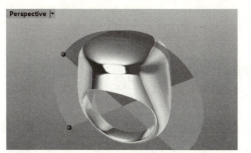

图 12-87　戒指空心选项设置

⑤　戒指的空心效果如图 12-88 所示。

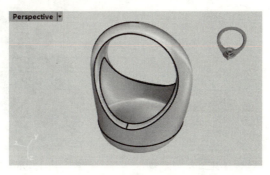

图 12-88　戒指的空心效果图

4. 其他戒指设计工具

【戒指】面板中的其他戒指设计工具，与【戒圈】工具的应用方法一致。如图 12-89～图 12-94 所示为其他类型戒指的效果图。

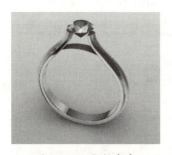

图 12-89　大教堂戒　　　　图 12-90　分叉柄戒　　　　图 12-91　高级分叉柄戒

图 12-92　Eternity 环圈戒　　图 12-93　花纹戒　　　　图 12-94　印章戒

12.4.2 宝石镶脚设置

当首饰中的宝石创建后，还要添加镶脚将其固定。镶脚的设计工具如图 12-95 所示。

1. 爪镶

下面以案例说明【爪镶】工具在首饰设计中的实战应用。在本例中，我们将会使用 RhinoGold 中常用的建模工具，如宝石工具、爪镶、智能曲线、挤出、圆管、动态弯曲，以及动态圆形数组功能。本例的首饰效果如图 12-96 所示。

图 12-95 镶脚设计工具

图 12-96 花瓣形戒指

上机操作——爪镶设计

① 在菜单栏中执行【文件】|【新建】命令，新建 Rhino 文件。

② 在【珠宝】选项卡中单击【Wizard】按钮，定义一个 Hong Kong16 号、截面曲线为 RG004 号、上方截面为 2×6、下方截面为 2×3 的戒圈，如图 12-97 所示。

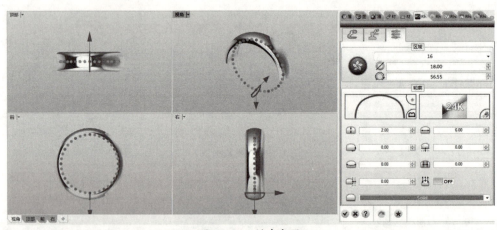

图 12-97 创建戒圈

> **技巧点拨：**
> 默认状态下，只有一个操作轴，在戒圈下方象限点（也叫方位球），可以先在对话框中设置下方的截面值（3×2）。然后在视窗中单击戒圈上方的象限点，显示操作轴，此时有两个操作轴了。如果不想同时改变整个戒环形状，请单击上方或下方的截面曲线，这样就会隐藏相应的操作轴。那么在对话框中设置的截面参数仅对显示操作轴的那一方产生效果。如图 12-98 所示为添加操作轴的示意图。

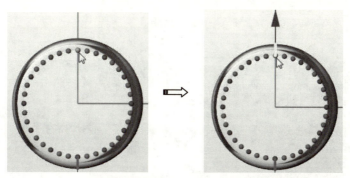

图 12-98 添加操作轴

③ 在【珠宝】选项卡中单击【爪镶】按钮，在【RhinoGold】控制面板中的爪镶外形库中双击选择编号为 004 的爪镶外形，在视窗中可以看到爪镶预览，如图 12-99 所示。

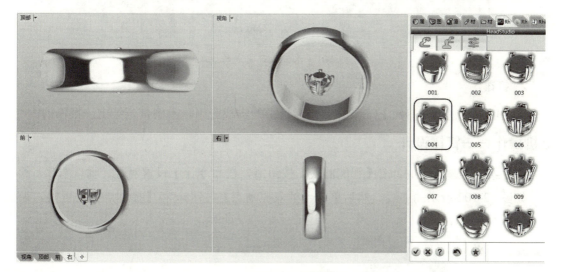

图 12-99 选择爪镶形状

④ 在视窗中选中宝石并按下 F2 键，在【RhinoGold】控制面板中编辑宝石参数，钉镶会随着宝石尺寸的变化而变化，如图 12-100 所示。

图 12-100 编辑宝石尺寸

⑤ 利用操作轴将爪镶及宝石平移到戒环上，完成爪镶的设计，如图 12-101 所示。

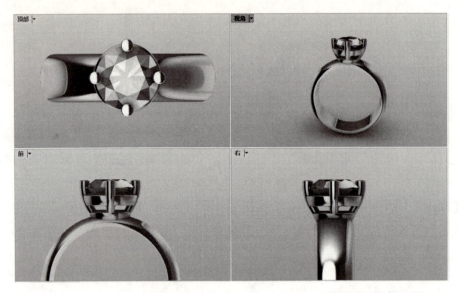

图 12-101　爪镶设计完成的效果

2. 钉镶

下面以案例说明【钉镶】工具在首饰设计中的实战应用。本例是延续上一案例的。

上机操作——钉镶设计

① 在【绘制】选项卡中单击【智能曲线】按钮，在命令行中设置对称、垂直选项，绘制如图 12-102 所示的曲线。然后单击【插入控制点】按钮和【控制点】按钮，调整曲线，如图 12-103 所示。

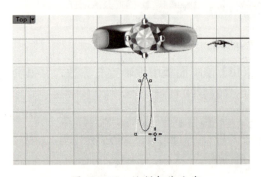
图 12-102　绘制智能曲线

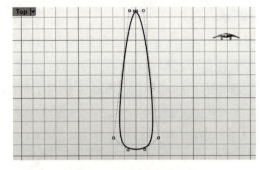
图 12-103　编辑曲线控制点

② 单击【偏移】按钮，创建偏移距离为 0.5 的偏移曲线，如图 12-104 所示。

③ 在【建模】选项卡中单击【挤出】按钮，选择里面的曲线创建挤出实体，厚度为 1，如图 12-105 所示。

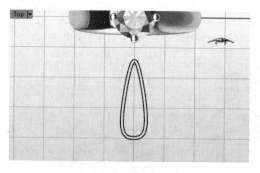

图 12-104 创建偏移曲线

图 12-105 创建挤出实体

④ 单击【圆管】按钮，沿着偏移曲线创建直径为 1 的圆管，如图 12-106 所示。

⑤ 在【变动】选项卡中单击【动态弯曲】按钮，按 Shift 键选取挤出实体和圆管，进行动态弯曲，如图 12-107 所示。

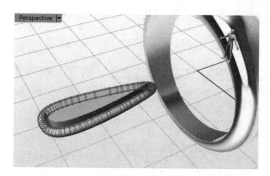

图 12-106 创建圆管

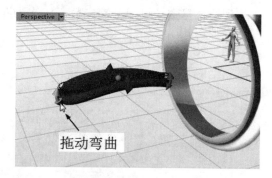

图 12-107 动态弯曲

⑥ 选中动态弯曲的两个实体，利用软件窗口底部状态栏中的【操作轴】工具，将实体移动至爪钉位置。同理，再将挤出实体和圆管实体重合，如图 12-108 所示。

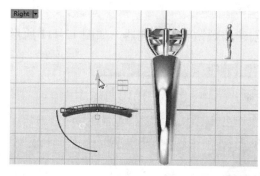

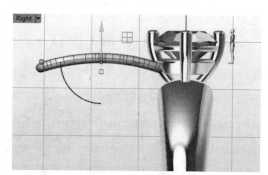

图 12-108 平移并重合挤出实体与圆管

⑦ 在【宝石】选项卡中利用【宝石工具】，在【RhinoGold】控制面板底部单击【插入平面原点】按钮，再单击菜单中的【选取对象上的点】按钮，依次放置四个内径均匀相差 0.5（1.5～3）的钻石，如图 12-109 所示。

图 12-109 创建宝石

⑧ 在【珠宝】选项卡中单击【钉镶】按钮展开命令菜单，再单击菜单中的【于线上】按钮，【RhinoGold】控制面板中显示线性钉镶选项。按 Shift 键选取四颗钻石后将其添加到选择器中，设置钉镶参数，依次为四颗钻石插入钉镶，如图 12-110 所示。需要手动移动钉镶的位置。

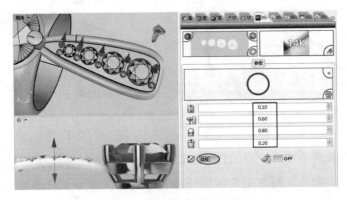

图 12-110 创建线性钉镶

⑨ 利用【珠宝】选项卡中的【刀具】工具，创建四颗钻石的开孔器，如图 12-111 所示。

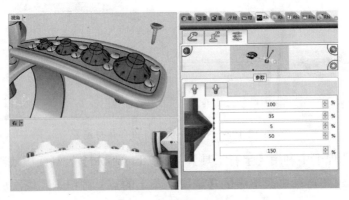

图 12-111 创建开孔器

⑩ 利用【布尔运算差集】工具，从挤出实体中修剪出开孔器。

⑪ 利用【变动】选项卡中的【动态圆形阵列】工具，创建圆形阵列，如图 12-112 所示。

第 12 章　RhinoGold 珠宝设计

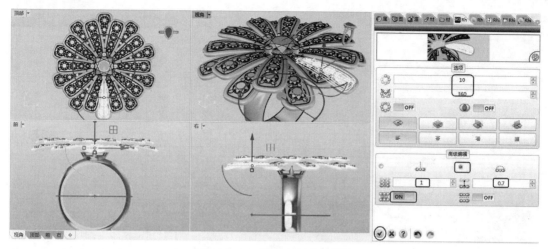

图 12-112　创建动态圆形阵列

⑫　至此，完成了花瓣形宝石戒指的造型设计。

3. 包镶

【包镶】工具允许我们创建用户参数化和可编辑的镶脚。在本例中，我们将会使用 RhinoGold 中常用的建模工具，如宝石工具、尺寸测量器、戒圈、包镶和布尔运算等功能。独粒宝石戒指造型如图 12-113 所示。

图 12-113　独粒宝石戒指

上机操作——包镶设计

① 在菜单栏中执行【文件】|【新建】命令，新建 Rhino 文件。

② 设置戒指大小。在【珠宝】选项卡中单击【手指尺寸】按钮，在弹出的命令菜单中再单击【尺寸测量器】按钮，【RhinoGold】控制面板中显示尺寸测量器选项。

③ 在控制面板中设置如图 12-114 所示的戒指尺寸，单击【确定】按钮完成手指尺寸的测量操作。

> **技巧点拨：**
> 这里选择 HongKong 16 号标准。也可以使用宝石平面选项来定义中心宝石位置，这里距离为 5。

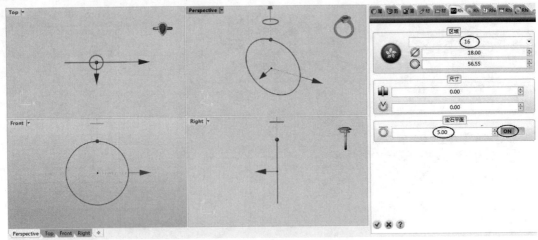

图 12-114　设置戒指尺寸

④ 接下来在【珠宝】选项卡中单击【包镶】按钮，【RhinoGold】控制面板中显示包镶选项。在【截面】选项卡中双击选择 010 号样式，将其添加到模型中，如图 12-115 所示。

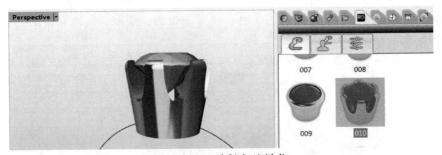

图 12-115　选择包镶样式

⑤ 在视窗中选择宝石并按下 F2 键，设置其内径为 6，如图 12-116 所示。

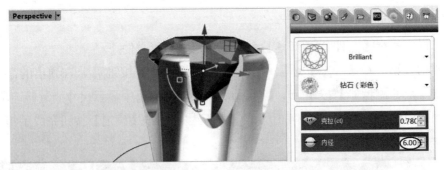

图 12-116　设置宝石内径

⑥ 在视窗中选择包镶并按下 F2 键，然后设置包镶截面形状参数。接着设置缺口形状曲线，如图 12-117 所示。最后单击【确定】按钮 完成包镶设计。

第 12 章　RhinoGold 珠宝设计

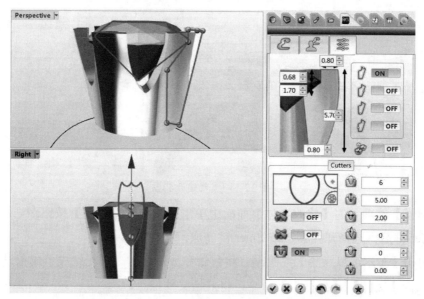

图 12-117　设置包镶缺口花纹

技巧点拨：
除了在控制面板中设置尺寸参数，还可以在视窗中拖动控制点手动改变包镶形状。

⑦ 现在为我们的戒指创建一个戒圈。在【珠宝】选项卡中单击【戒圈】按钮，弹出【戒圈】对话框。选择 Hong Kong 标准，在【戒圈】选项卡中设置戒圈的截面曲线（选择 013 的曲线），并在视窗中拖动操作轴箭头，改变戒圈的形状，如图 12-118 所示。其余选项保持默认，单击【确定】按钮完成戒圈的设计。

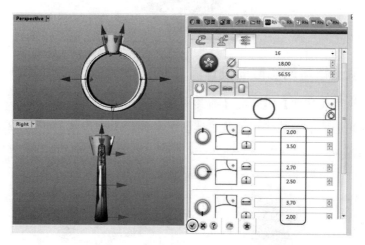

图 12-118　设置戒圈截面曲线与戒圈模型修改

⑧ 在【珠宝】选项卡中单击【刀具】按钮，弹出【开孔器】对话框。在控制面板中选择 007 号开孔器样式，然后在控制面板的【参数设置】选项卡中将宝石添加到选择器中。最后设置开孔器的参数，如图 12-119 所示，单击【确定】按钮完成创建。

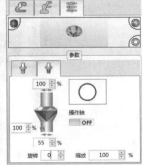

图 12-119　创建开孔器

⑨ 在【建模】选项卡的【修改实体】面板中单击【布尔运算差集】按钮，先选择包镶，按 Enter 键后再选择开孔器，按 Enter 键完成差集运算。

⑩ 最后单击【布尔运算联集】按钮，将包镶和戒圈合并，至此完成了戒指设计。在菜单栏中执行【文件】|【另存为】命令，将戒指文件保存。

4. 轨道镶与动态截面

在这个范例中，我们将使用 RhinoGold 中常用到的工具，如动态截面、布尔运算、轨道镶以及开孔器工具。双轨镶钻戒指造型如图 12-120 所示。

图 12-120　双轨镶钻戒指

上机操作——轨道镶与动态截面设计

① 在菜单栏中执行【文件】|【新建】命令，新建 Rhino 文件。

② 利用【珠宝】选项卡中的【尺寸测量器】工具测量手指尺寸，如图 12-121 所示。

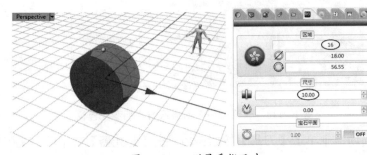

图 12-121　测量手指尺寸

③ 利用【绘制】选项卡的【曲线】命令菜单中的【曲面上的内插点曲线】工具，在 Top 视窗中的戒圈表面上绘制曲线。绘制时请开启物件锁点的【最近点】功能，以便捕捉到

曲面边缘，如图 12-122 所示。

④ 单击【珠宝】选项卡中的【动态截面】按钮，选取曲面上的曲线来创建动态截面的实体，如图 12-123 所示。

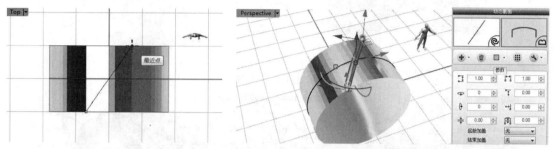

图 12-122 绘制曲面上的曲线　　　　图 12-123 创建动态截面实体

技巧点拨：
注意，两端需要往相反方向各旋转 15°，以便使底部曲面与戒圈表面相切，为后续的设计减去不必要的布尔差集运算的麻烦，如图 12-124 所示。

图 12-124 调整端面角度

⑤ 利用【变动】选项卡中的【动态圆形阵列】工具，创建动态圆形阵列，如图 12-125 所示。

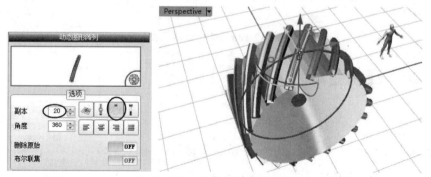

图 12-125 创建动态圆形阵列

⑥ 利用【变动】选项卡中的【水平对称】工具，将上一步骤创建的动态圆形阵列进行水平镜像，结果如图 12-126 所示。选择镜像平面请在 Top 视窗中进行选取。

⑦ 单击【珠宝】选项卡中的【轨道镶】按钮，【RhinoGold】控制面板中显示轨道镶选项。选取戒圈的边缘，创建轨道镶，如图 12-127 所示。同理，在另一侧也创建相同的轨道镶。

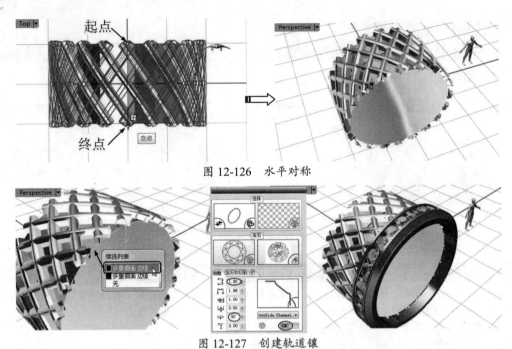

图 12-126 水平对称

图 12-127 创建轨道镶

> **技巧点拨：**
> 如果第一次不能选取边缘，可先选取戒圈曲面，取消选取后就可以拾取其边缘了。

⑧ 最后删除中间的戒圈实体和曲线，完成本例双轨镶钻戒指的创建，如图 12-128 所示。

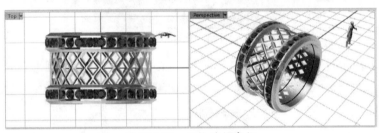

图 12-128 双轨镶钻戒指

12.4.3 链、挂钩和吊坠

1. 链

【链】工具用于设计贵金属项链、手链、脚链等。

上机操作——金项链设计

① 打开本例模型文件 "12-15.3dm"，如图 12-129 所示。

② 在【珠宝】选项卡的【Pendants】面板中单击【链子】按钮，在【RhinoGold】控制面板中显示链子设计选项。

③ 在视窗中选择要复制的金属圈并将其添加到第一个选择器中，再将链曲线添加到第二个选择器中，如图 12-130 所示。

第 12 章　RhinoGold 珠宝设计

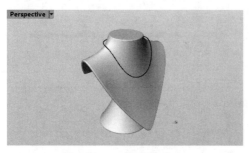
图 12-129　练习模型

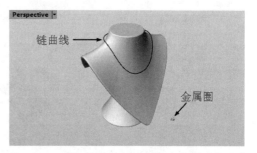
图 12-130　将金属圈和链曲线添加到选择器中

④ 在控制面板中设置金属圈的复制数目，并设置 X 旋转，如图 12-131 所示。

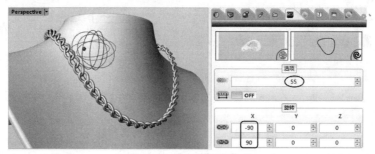
图 12-131　设置项链参数

⑤ 最后单击【确定】按钮，完成项链的创建。

2. 吊坠设计

利用【吊坠】工具可以创建文字形状的吊坠，还可以创建动物形状的吊坠。

上机操作——文本吊坠设计

① 在菜单栏中执行【文件】|【新建】命令，新建 Rhino 文件。

② 在【Pendants】选项卡中单击【吊坠】按钮，并在弹出的菜单中再单击【文本吊坠】按钮，【RhinoGold】控制面板中显示吊坠设计选项。

③ 在【截面】选项卡中双击一个文本样式，并将其添加到模型中，如图 12-132 所示。

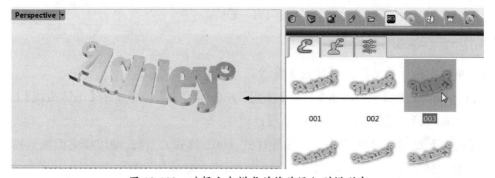
图 12-132　选择文本样式并将其添加到模型中

④ 在【参数设置】选项卡中，可以重新输入自定义的文本及参数，输入新文本后须按 Enter 键确认，如图 12-133 所示。

509

图 12-133　输入新文本并设置参数

⑤ 在视窗中可以调整挂钩的位置，本例是放置在字母 O 上，最后单击【确定】按钮✔，完成文本吊坠的设计，如图 12-134 所示。

图 12-134　文本吊坠

上机操作——动物吊坠设计

① 在菜单栏中执行【文件】|【新建】命令，新建 Rhino 文件。

② 在【Pendants】选项卡中单击【吊坠】按钮，并在弹出的菜单中单击【吊坠曲线】按钮，【RhinoGold】控制面板中显示吊坠设计选项。

③ 在【截面】选项卡中双击一个曲线样式（002 样式），将此曲线样式添加到模型中，如图 12-135 所示。

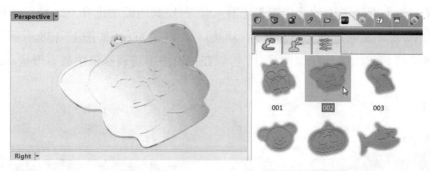

图 12-135 将文本样式添加到模型中

④ 在【参数设置】选项卡中,可以重新设置吊坠参数。最后单击【确定】按钮,完成动物吊坠的设计,如图 12-136 所示。

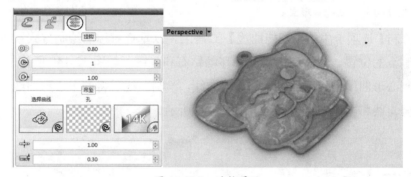

图 12-136 动物吊坠

⑤ 当然,我们也可以自定义封闭曲线,在【参数设置】选项卡中,将自定义的曲线添加到【选择曲线】选择器中,即可创建出自定义图案的吊坠。如果自定义图案内部有圆孔曲线,请将圆孔曲线添加到【孔】选择器中。

3. 挂钩设计

【挂钩】工具用来创建吊坠首饰的挂钩。

在本例中,我们将使用 RhinoGold 中常用到的工具,如智能曲线、挤出、双曲线排石、宝石工具、包镶与圆管等,设计出如图 12-137 所示的心形吊坠。

图 12-137 心形吊坠

上机操作——心形吊坠设计

① 在菜单栏中执行【文件】|【新建】命令,新建珠宝文件。

② 利用【宝石】选项卡中的【包镶】工具，在控制面板中选择 028 号包镶样式。选中宝石按 F2 键，重新选择宝石形状为心形钻石，内径为 6，如图 12-138 所示。

③ 选中包镶按 F2 键，编辑包镶的尺寸，可以在视窗中手动调整包镶截面形状，如图 12-139 所示。

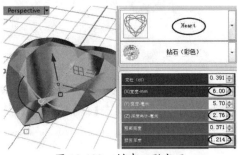
图 12-138 创建心形宝石

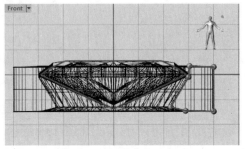
图 12-139 创建钻石包镶

④ 利用【绘制】选项卡中的【智能曲线】工具，以垂直对称的绘制方式绘制心形，注意曲线控制点的位置。然后利用操作轴移动钻石和包镶，如图 12-140 所示。

⑤ 接着绘制心形曲线的偏移曲线，并修改曲线。绘制曲线后将两个心形曲线一分为二（绘制一条竖直线将其左右分开），如图 12-141 所示。

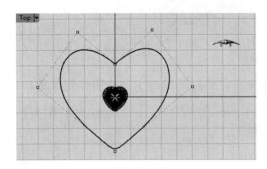
图 12-140 绘制智能曲线

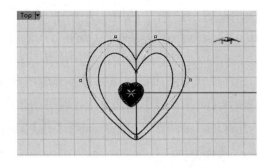
图 12-141 移动视图并绘制曲线

⑥ 利用【绘制】选项卡中的【延伸】工具，延伸右侧两条半边心形曲线使其交于一点，如图 12-142 所示。

⑦ 利用【剪切】工具剪切延伸的曲线。然后利用【组合】工具将所有心形曲线组合成整体，如图 12-143 所示。

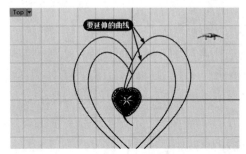
图 12-142 延伸曲线

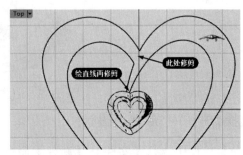
图 12-143 剪切并组合曲线

⑧ 利用【偏移】工具创建偏移曲线，偏移距离为 1，如图 12-144 所示。
⑨ 利用【建模】选项卡中的【挤出】工具，向下挤出 2（在命令行中输入-2），如图 12-145 所示。

图 12-144　偏移曲线　　　　　　　图 12-145　创建挤出视图

⑩ 同理，再创建内侧偏移曲线的挤出实体，向下挤出 1，然后进行布尔差集运算，得到如图 12-146 所示的结果。
⑪ 利用【不等距圆角】工具，对挤出实体进行倒圆角处理，圆角半径为 0.3，如图 12-147 所示。

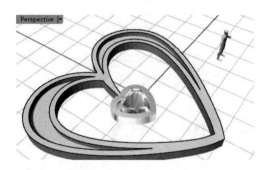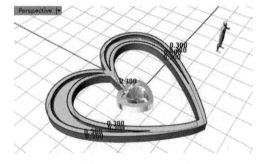

图 12-146　创建内部挤出并进行布尔差集运算　　　图 12-147　创建圆角

⑫ 利用【宝石】选项卡中的【双曲线排石】工具，选取偏移曲线（由于偏移曲线是组合曲线，可以利用【炸开】工具将其拆分成单条曲线）来放置宝石，宝石之间的距离为 0.1，如图 12-148 所示。同理，在另一侧也创建双曲线排石。

技巧点拨：

在【双曲线排石】对话框中要先单击【预览】按钮，预览成功后再单击【确定】按钮完成创建，否则不能创建成功。

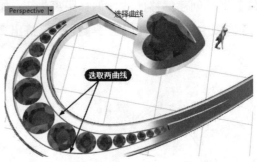

图 12-148　双线自动排石

⑬ 利用【智能曲线】工具在 Top 视窗中绘制一条圆弧曲线，如图 12-149 所示。

⑭ 利用【绘制】选项卡的【曲线】菜单中的【螺旋线】工具 ，以【环绕曲线】的方式绘制螺旋线，如图 12-150 所示。

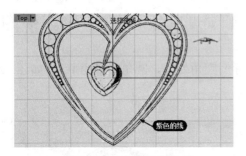

图 12-149　绘制智能曲线　　　　　　图 12-150　绘制螺旋线

⑮ 利用【建模】选项卡中的【圆管，圆头盖】工具 ，选取螺旋线创建直径为 1 的圆管，如图 12-151 所示。

⑯ 利用【包镶】工具 ，在控制面板中选择 040 号包镶样式（含有眼形宝石）。选取宝石按 F2 键，设置眼形宝石的宽度为 3.5，如图 12-152 所示。

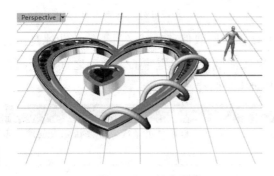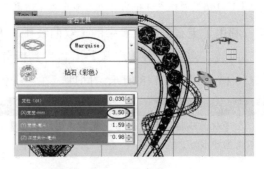

图 12-151　创建圆管　　　　　　图 12-152　创建宝石

⑰ 在视窗中选取包镶按下 F2 键，在控制面板中设置包镶参数，并且在视窗中手动调整截面形状，如图 12-153 所示。

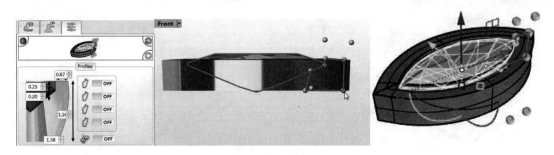

图 12-153 创建包镶

⑱ 在视窗中调整包镶和眼形钻石的位置,如图 12-154 所示。

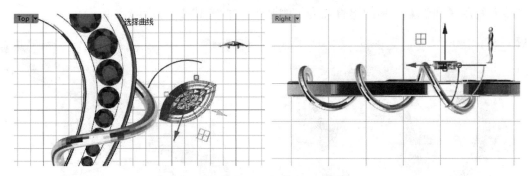

图 12-154 调整钻石的位置

⑲ 接着绘制智能曲线来连接包镶底座与圆管,如图 12-155 所示。再利用【圆管】工具创建圆管,起点直径为 0.5,终点直径为 0.25,如图 12-156 所示。

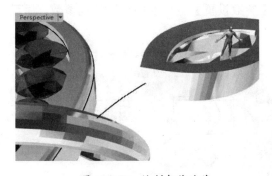

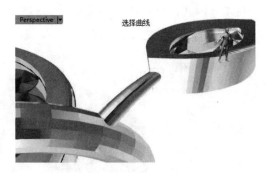

图 12-155 绘制智能曲线　　　　　　　图 12-156 创建圆管

⑳ 利用【变动】选项卡的【矩形阵列】菜单中的【沿着曲面上的曲线阵列】工具,创建如图 12-157 所示的沿螺旋曲线的阵列。

㉑ 利用操作轴调整阵列的包镶和钻石,如图 12-158 所示。

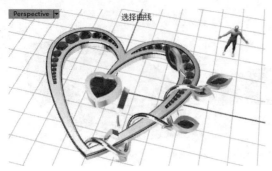

图 12-157　创建动态阵列

图 12-158　调整包镶和钻石的位置

㉒ 利用【圆弧】工具在 Top 视窗中绘制如图 12-159 所示的圆弧。

㉓ 接着利用【圆管】工具创建直径为 1 的圆管，如图 12-160 所示。

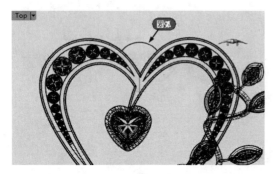

图 12-159　绘制圆弧

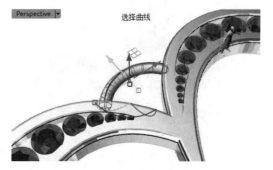

图 12-160　创建圆管

㉔ 利用【珠宝】选项卡中的【挂钩】工具，在控制面板的【挂钩样式】选项卡中双击 004 号样式，将其添加到模型中。然后在【参数设置】选项卡中设置挂钩参数，手动调整其位置，如图 12-161 所示。

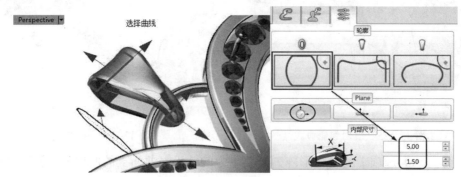

图 12-161　挂钩设计

㉕ 最后按照前面坠饰中创建线性钉镶的方法，创建心形坠饰的钉镶。至此，完成了心形坠饰的造型设计，结果如图 12-162 所示。

图 12-162　设计完成的心形坠饰

12.5　实战案例

在本节中，我们将利用 Rhino 及 RhinoGold 的相关设计工具，进行首饰造型设计。

12.5.1　绿宝石群镶钻戒设计

在这个范例中，我们将使用 RhinoGold 中常用到的工具，如对象环、爪镶、自动排石以及动态圆形数组等。绿宝石群镶钻戒造型如图 12-163 所示。

图 12-163　绿宝石群镶钻戒

① 在菜单栏中执行【文件】|【新建】命令，新建珠宝文件。
② 利用【绘制】选项卡中的【智能曲线】工具，以水平对称的方式，绘制如图 12-164 所示的对称封闭曲线。

技巧点拨：

　　为了保证对称性，可以先绘制一半，另一半用【镜像】命令去绘制，如图 12-165 所示。镜像后利用【组合】工具组合曲线。

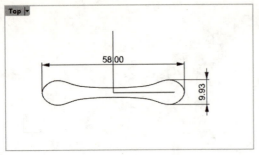

图 12-164 绘制对称曲线

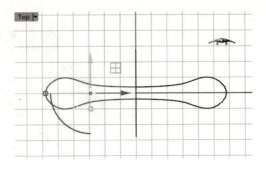

图 12-165 用镜像命令镜像出另一半

③ 利用【建模】选项卡中的【挤出】工具,创建挤出厚度为 2 的实体,如图 12-166 所示。

④ 利用【不等距圆角】工具,为挤出实体创建半径为 1 的圆角,如图 12-167 所示。

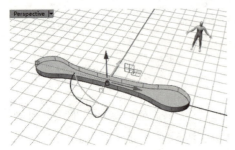

图 12-166 创建挤出实体

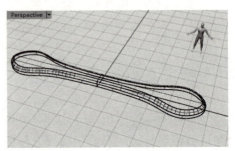

图 12-167 创建圆角

⑤ 利用【智能曲线】工具,以水平对称的方式,绘制如图 12-168 所示的对称封闭曲线。然后开启【锁定格点】并利用操作轴将曲线向上平移 1,如图 12-169 所示。

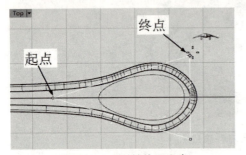

图 12-168 绘制封闭曲线

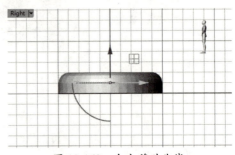

图 12-169 向上移动曲线

⑥ 利用【建模】选项卡中的【挤出】工具,创建挤出厚度为 2 的实体,如图 12-170 所示。利用【变动】选项卡中的【镜像】工具,将减去的小实体镜像至对称侧,如图 12-171 所示。

第 12 章　RhinoGold 珠宝设计

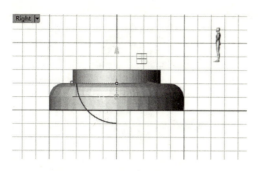

图 12-170　创建小的挤出实体　　　　图 12-171　创建镜像

⑦ 利用【布尔运算差集】工具减去小实体，如图 12-172 所示。利用操作轴将整个实体旋转 180°，让减去的槽在-Z 方向，如图 12-173 所示。

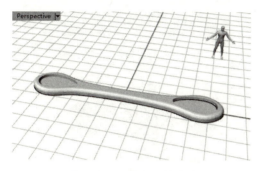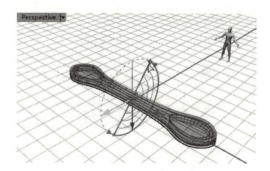

图 12-172　减去小挤出实体　　　　图 12-173　旋转实体 180°

⑧ 利用【珠宝】选项卡中的【戒指】|【以物件】工具，选取旋转后的实体来创建环形折弯的实体，如图 12-174 所示。

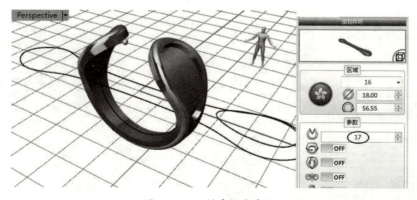

图 12-174　创建折弯实体

技巧点拨：
　　由于 RhinoGold 软件的原因，使得折弯实体不能按照意图来创建角度。所以，我们需要将折弯实体手动旋转一定角度后，创建一个能分割实体的曲面。然后利用曲线分割折弯实体，这样就得到想要的一半折弯实体，最后进行镜像，得到最终的折弯实体，如图 12-175 所示。

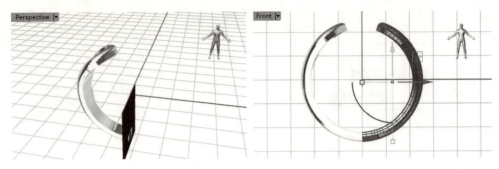

图 12-175 修改折弯实体

⑨ 利用【珠宝】选项卡中的【爪镶】工具，在【RhinoGold】控制面板中选择 008 号爪镶样式，如图 12-176 所示。在视窗中选取宝石并按下 F2 键，设置宝石的内径为 6。

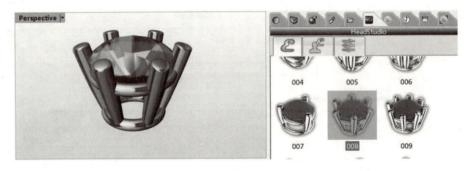

图 12-176 选择爪镶样式

⑩ 在视窗中选取爪镶并按下 F2 键，然后在【参数设置】选项卡中设置爪镶参数，如图 12-177 所示。注意，钉镶和滑轨需要在视窗中手动调节，以达到最佳效果。

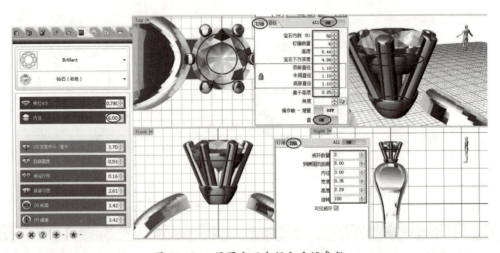

图 12-177 设置宝石内径和爪镶参数

⑪ 再利用【爪镶】工具，选择 007 号爪镶样式，如图 12-178 所示。选中宝石按下 F2 键，设置宝石内径为 2.5。

第 12 章 RhinoGold 珠宝设计

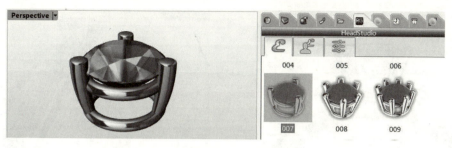

图 12-178 选择爪镶样式并设置宝石尺寸

⑫ 利用操作轴将爪镶及宝石旋转一定角度。再选中爪镶按下 F2 键，设置爪镶的参数。须在视窗中调整爪镶结构，如图 12-179 所示。

图 12-179 设置爪镶参数

⑬ 利用【动态圆形阵列】工具，将小宝石及爪镶进行动态圆形阵列，阵列副本为 10，如图 12-180 所示。

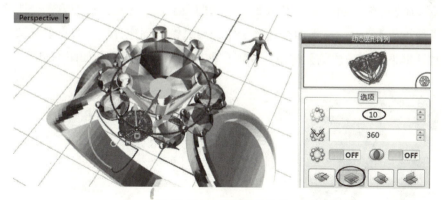

图 12-180 动态圆形阵列

⑭ 利用【建模】选项卡中的【环状体】工具，创建半径为 0.5 的环状体，并利用操作轴将其移动到圆形阵列的爪镶下方，如图 12-181 所示。

⑮ 利用【建模】选项卡的【修改实体】面板中的【抽离曲面】工具，选取折弯体中的凹槽表面进行面的抽取，如图 12-182 所示。同理，另一侧也抽离曲面。

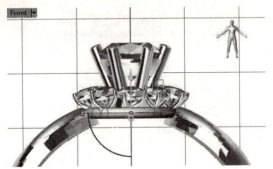

图 12-181　创建环状体并移动至合适位置

图 12-182　抽离曲面

⑯ 利用【宝石】选项卡中的【自动排石】工具❋，选取上一步骤抽离的曲面作为放置对象，然后在控制面板中设置参数，如图 12-183 所示。

图 12-183　选取曲面并设置宝石尺寸

⑰ 单击【添加】按钮后将宝石任意放置在所选曲面上，在控制面板的第二个选项卡中设置钻石【最小值】为 1，在第四个选项卡中开启钉镶的创建开关，并设置钉镶参数，最后单击对话框下方的【预览】按钮，预览自动排布钻石的情况，如图 12-184 所示。

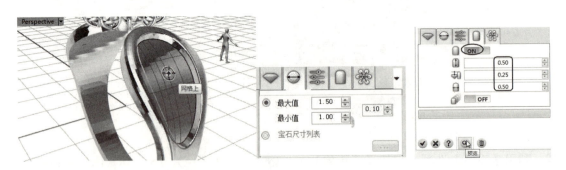

图 12-184　放置钻石并设置参数

⑱ 创建预览后单击【确定】按钮✓完成自动排石，如图 12-185 所示。

第 12 章 RhinoGold 珠宝设计

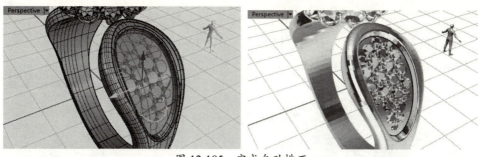

图 12-185 完成自动排石

⑲ 同理，在另一侧也自动排石，或者镜像至对称侧。至此完成了绿宝石群镶钻戒的造型设计，效果如图 12-186 所示。

图 12-186 绿宝石群镶钻戒

12.5.2 三叶草坠饰设计

在本例中，我们将使用 RhinoGold 中常用到的工具，如包镶、宝石工作室、动态截面以及单曲线排石等。三叶草坠饰造型如图 12-187 所示。

图 12-187 三叶草坠饰

① 在菜单栏中执行【文件】|【新建】命令，新建珠宝文件。
② 利用【珠宝】选项卡中的【包镶】工具，为宝石创建包镶台座，在【包镶】控制面板中选择 028 号包镶样式，在视窗中手动调整外形曲线以达到想要的效果，如图 12-188

所示。

③ 选择宝石按 F2 键，设置宝石的直径为 5，如图 12-189 所示。

图 12-188　创建包镶与宝石

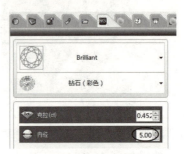

图 12-189　编辑宝石尺寸

④ 利用【绘制】选项卡中的【圆：直径】工具⌀，在 Top 视窗中绘制圆，如图 12-190 所示。

⑤ 在【珠宝】选项卡中利用【动态截面】工具，选取圆曲线，在【动态截面】对话框中设置截面曲线和参数，创建如图 12-191 所示的宽 2.6 的实体。

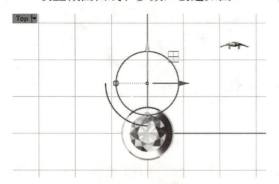

图 12-190　绘制圆

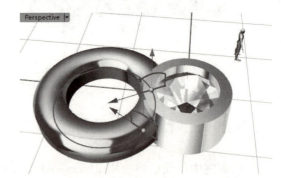

图 12-191　创建动态截面

⑥ 通过操作轴，将动态截面实体向下平移，使底端与包镶底端对齐，如图 12-192 所示。

⑦ 利用【布尔运算：分割】工具，分割出动态截面实体和包镶实体的相交部分，然后将分割出的这一小块实体删除。

⑧ 利用【建模】选项卡的【对象曲线】面板中的 抽离结构线 工具，开启对象锁点的【中点】锁定功能，从上一步骤所创建的实体中抽离中间结构线（可分多次抽离），如图 12-193 所示。

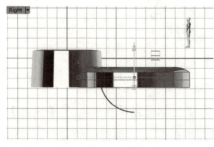

图 12-192　平移实体

图 12-193　抽离结构线

> **技巧点拨：**
> 如果抽离的结构曲线是两条，那么接着需要利用【绘制】选项卡的【修改】面板中的【组合】工具对两条曲线进行组合。否则不利于后续的自动排石。

⑨ 利用【宝石】选项卡中的【单曲线排石】工具，沿着上一步骤所抽离的曲线，在实体上放置直径为2、数量为7的宝石，如图12-194所示。

图 12-194　单曲线排石

⑩ 接下来利用【刀具】工具创建宝石的开孔器，以及利用【布尔运算差集】工具，在动态截面实体上创建出单线排石的宝石洞，如图12-195所示。

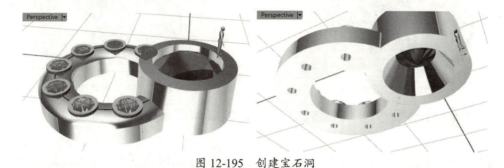

图 12-195　创建宝石洞

⑪ 利用【珠宝】选项卡中的【钉镶】|【于线上】工具，选取单线排石的宝石以便插入钉镶，如图12-196所示。

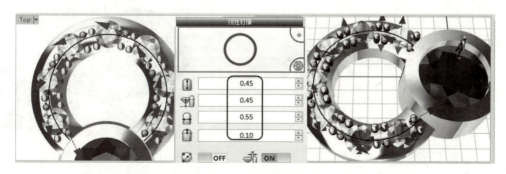

图 12-196　创建线性钉镶

⑫ 利用【变动】选项卡中的【动态圆形阵列】工具，创建圆形阵列，如图12-197所示。

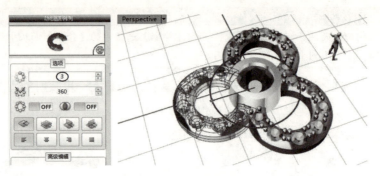

图 12-197 创建圆形阵列

⑬ 利用【建模】选项卡中的【不等距斜角】工具 ❖，创建中间包镶的斜角（斜角距离为 0.8），如图 12-198 所示。

⑭ 绘制圆并创建圆管，然后利用【布尔运算联集】工具，将圆管与其他实体合并，结果如图 12-199 所示。

图 12-198　创建斜角　　　　　　　　图 12-199　创建圆管

⑮ 利用【绘制】选项卡中的【椭圆】工具 ❖，在 Right 视窗中绘制椭圆曲线，如图 12-200 所示。

⑯ 利用【珠宝】选项卡中的【动态截面】工具 ❖，选取椭圆曲线创建动态截面实体，如图 12-201 所示。

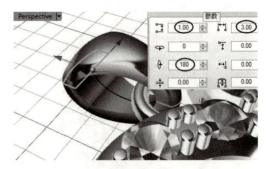

图 12-200　绘制椭圆曲线　　　　　　图 12-201　创建动态截面实体

⑰ 至此，完成了三叶草坠饰的造型设计，保存结果文件。

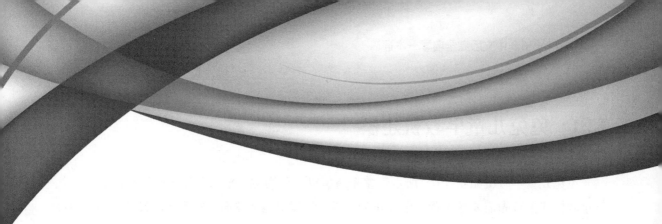

第 13 章
工业产品设计综合案例

本章内容

本章我们将进行三个产品造型设计练习，帮助大家熟悉 Rhino 功能指令，并掌握 Rhino 在实战案例中的应用技巧。

知识要点

- ☑ 兔兔儿童早教机建模
- ☑ 制作电吉他模型
- ☑ 制作恐龙模型

13.1 兔兔儿童早教机建模

兔兔儿童早教机如图 13-1 所示，整个造型以兔兔为主，重点关注一些细节的制作。儿童早教机建模首先需要导入背景图片作为参考，创建出整体曲面，然后依次设计细节，最终将它们整合到一起。

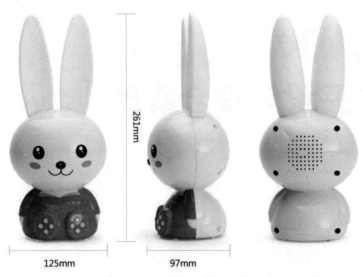

图 13-1　兔兔儿童早教机

13.1.1 添加背景图片

在创建模型之初，需要将参考图片导入对应的视图中。在默认的工作视图配置中，存在着三个正交视图。由于儿童早教机的各个面都不同，所以需要添加更多的正交视图来导入图片。

① 新建 Rhino 文件。

② 切换到 Front 视图，在菜单栏中执行【查看】|【背景图】|【放置】命令，在任意位置放入模型 Front 图片，如图 13-2 所示。

> **技术要点：**
> 图片的第一角点是任意点，第二角点无须确定，在命令行中输入 T，按 Enter 键即可。也就是以 1:1 的比例放置图片。

③ 在菜单栏中执行【查看】|【背景图】|【移动】命令，将兔兔头顶中间移动到坐标系（0,0）位置，如图 13-3 所示。

④ 切换到 Right 视图。在菜单栏中执行【查看】|【背景图】|【放置】命令，在任意位置放入模型 Right 图片，然后再将其移动，如图 13-4 所示。

第 13 章 工业产品设计综合案例

> **技术要点:**
> 此图片与 Front 图片的缩放比例是相同的。

图 13-2 放置图片

图 13-3 移动图片

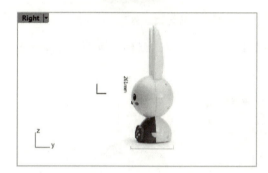

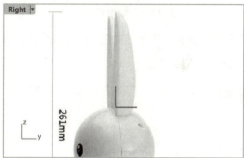

图 13-4 放置 Right 图片

⑤ 放置的两张图片都不是很正的视图，稍微有些斜。造型时绘制大概轮廓即可。

13.1.2 创建兔头模型

1. 创建头部主体

① 在【曲线工具】选项卡的左边栏中单击【单一直线】按钮 ，如图 13-5 所示。
② 单击【椭圆：从中心点】按钮 ，捕捉单一直线的中点，绘制一个椭圆，如图 13-6 所示。

图 13-5 绘制单一直线

图 13-6 绘制椭圆

③ 在 Right 视图中绘制一个圆，如图 13-7 所示。

④ 在菜单栏中执行【实体】|【椭圆体】|【从中心点】命令，然后在 Front 视图中确定中心点、第一轴终点及第二轴终点，如图 13-8 所示。

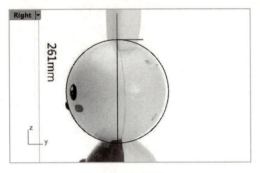

图 13-7　绘制圆

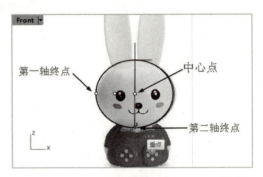

图 13-8　确定椭圆体的中心点及轴端点

⑤ 接着在 Right 视图中捕捉第三轴终点，如图 13-9 所示。单击鼠标右键或按 Enter 键，完成椭圆体的创建。

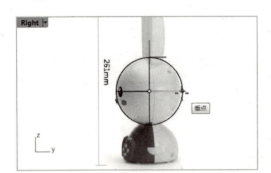

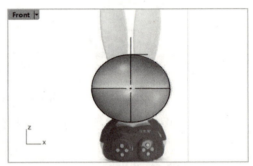

图 13-9　指定第三轴终点并创建椭圆体

2. 创建耳朵

① 在 Front 视图中利用【内插点曲线】工具，参考图片绘制出耳朵的正面轮廓，如图 13-10 所示。

② 利用【控制点曲线】工具，在耳朵轮廓中间位置继续绘制控制点曲线，如图 13-11 所示。

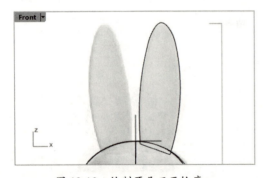

图 13-10　绘制耳朵正面轮廓

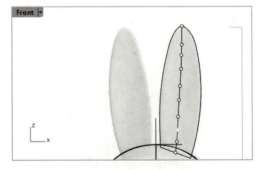

图 13-11　绘制中间的控制点曲线

③ 在 Right 视图中，参考图片拖动中间这条曲线的控制点，跟耳朵后背轮廓重合，如图 13-12 所示。

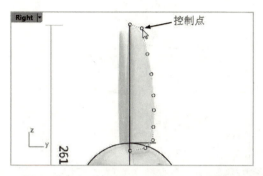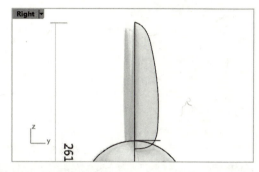

图 13-12　拖动曲线控制点与图片轮廓重合

④ 在左边栏中单击【分割】按钮，选取内插点曲线作为要分割的对象，按 Enter 键后再选取中间的控制点曲线作为切割用物件，再次按 Enter 键完成内插点曲线的分割，如图 13-13 所示。

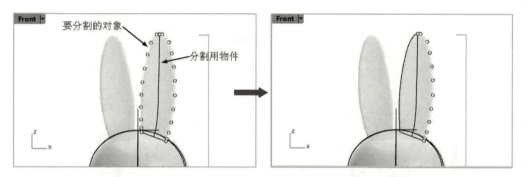

图 13-13　分割内插点曲线

技术要点：

分割内插点曲线后，最好利用【衔接曲线】工具，重新衔接一下两条曲线，避免因尖角的产生导致后面无法创建圆角。

⑤ 利用【控制点曲线】工具，在 Top 视图中绘制如图 13-14 所示的曲线，然后切换到 Front 视图中调整控制点，结果如图 13-15 所示。

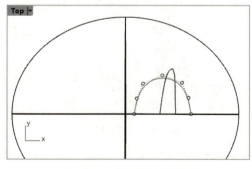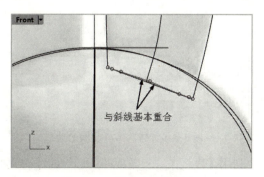

图 13-14　绘制控制点曲线　　　　图 13-15　调整曲线控制点

⑥ 在 Right 视图中调整耳朵后背的曲线端点，如图 13-16 所示。

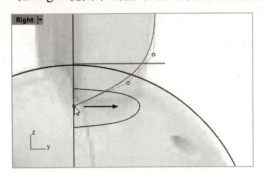 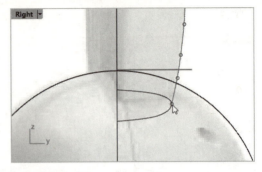

图 13-16 调整耳朵后背的曲线端点

技术要点：
在连接线端点时，要在状态栏开启【物件锁点】功能，但不要勾选【投影】锁点选项。

⑦ 在【曲面工具】选项卡的左边栏中单击【从网线建立曲面】按钮，框选耳朵的内插点曲线和控制点曲线，如图 13-17 所示。接着依次选取第一方向的三条曲线，如图 13-18 所示。

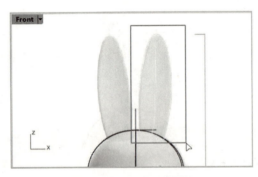 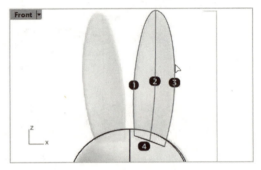

图 13-17 框选耳朵曲线　　　　　　　图 13-18 选取第一方向的三条曲线

⑧ 按 Enter 键确认后再选取第二方向的一条曲线（编号为 4），如图 13-19 所示。最后按 Enter 键完成网格曲面的创建，如图 13-20 所示。

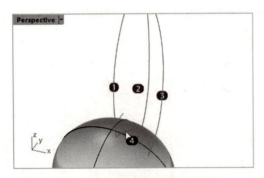 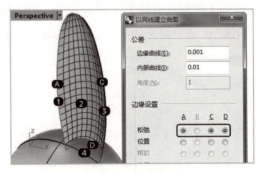

图 13-19 选取第二方向的曲线　　　　　图 13-20 创建网格曲面

⑨ 利用【以两条、三条或四条边缘曲线建立曲面】工具，分别创建出如图 13-21 所示的两个曲面。

第 13 章　工业产品设计综合案例

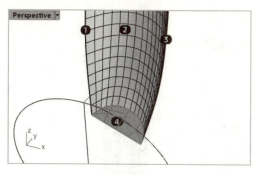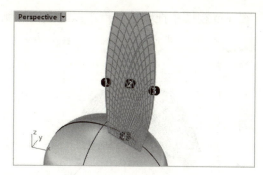

图 13-21　创建平面曲面

⑩ 利用左边栏中的【组合】工具，将一个网格曲面和两个边缘曲面组合。
⑪ 利用【边缘圆角】工具，创建半径为 1 的圆角，如图 13-22 所示。
⑫ 在【变动】选项卡中单击【变形控制器编辑】按钮，选取前面进行组合的曲面作为受控物件，如图 13-23 所示。

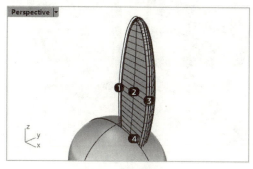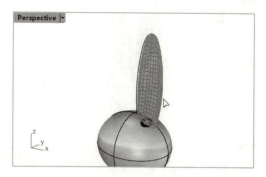

图 13-22　创建圆角　　　　　　　　图 13-23　选取受控物件

⑬ 按 Enter 键后在命令行中选择【边框方块（B）】选项，接着按 Enter 键确认世界坐标系，再按 Enter 键确认变形控制器参数。然后在命令行中将【要编辑的范围】设置为【局部】选项，按 Enter 键确认衰减距离（默认值），视图中显示可编辑的方块控制框，如图 13-24 所示。
⑭ 关闭状态栏中的【物件锁点】选项。按 Shift 键在 Front 视图中选取中间的四个控制点，如图 13-25 所示。

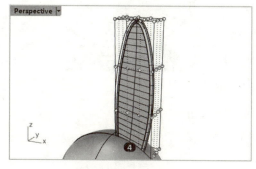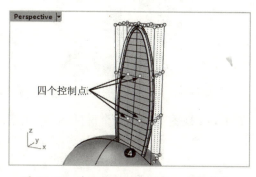

图 13-24　显示方块控制框　　　　　图 13-25　选取控制框中间的四个控制点

533

⑮ 在 Top 视图中拖动控制点，以此改变该侧曲面的形状，如图 13-26 所示。

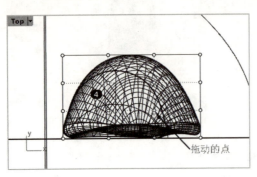
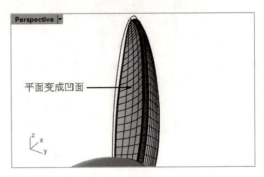

图 13-26　拖动控制点改变曲面形状

⑯ 利用【镜像】工具，将耳朵镜像复制到 Y 轴的对称侧，如图 13-27 所示。

⑰ 利用【组合】工具，将耳朵与头部组合，然后创建半径为 1 的圆角，如图 13-28 所示。

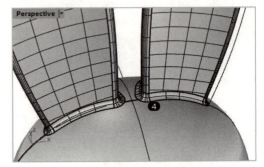

图 13-27　镜像复制耳朵　　　　　　　　　图 13-28　创建圆角

3. 创建眼睛与鼻子

① 在菜单栏中执行【查看】|【背景图】|【移动】命令，将 Front 视图中的图片稍微向左平移，如图 13-29 所示。

图 13-29　向左平移图片

② 在 Front 视图中创建一个椭圆体作为眼睛，如图 13-30 所示。

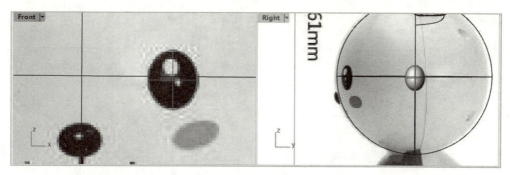

图 13-30　创建椭圆体

③ 在 Right 视图中利用【变动】选项卡中的【移动】工具，将椭圆体向左平移（为了保持水平平移，请按下 Shift 键辅助平移），平移时还需观察 Perspective 视图中的椭圆体的位置情况，如图 13-31 所示。

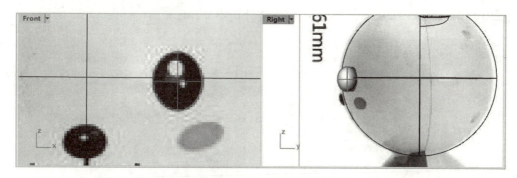

图 13-31　向左平移椭圆体

④ 利用【镜像】工具，将椭圆体镜像至 Y 轴的另一侧，如图 13-32 所示。

⑤ 同理，继续创建椭圆体作为鼻子，如图 13-33 所示。

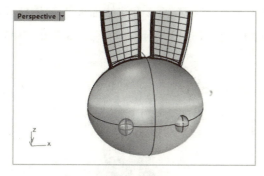

图 13-32　镜像椭圆体

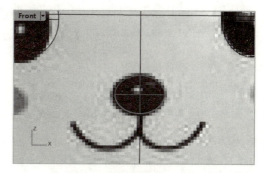

图 13-33　创建椭圆体作为鼻子

⑥ 在 Right 视图中将作为鼻子的椭圆体进行旋转，如图 13-34 所示。然后将其平移，如图 13-35 所示。

⑦ 利用【实体工具】选项卡中的【布尔运算联集】工具，将眼睛、鼻子及头部主体进行布尔求和运算，使其成为一个整体。

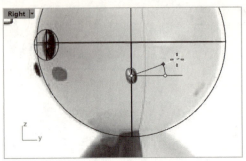

图 13-34 旋转椭圆体

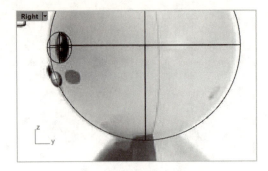

图 13-35 向左平移椭圆体

⑧ 利用【控制点曲线】工具在 Front 视图中绘制如图 13-36 所示的三条曲线。利用【投影曲线】工具将其投影到头部曲面上。

⑨ 在【曲面工具】选项卡的左边栏中单击【挤出】工具栏中的【往曲面法线方向挤出曲面】按钮，选取其中的一条曲线向头部主体外挤出 0.1 的曲面，如图 13-37 所示。

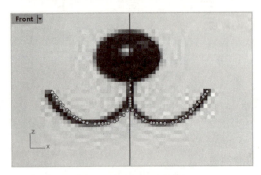

图 13-36 绘制三条曲线

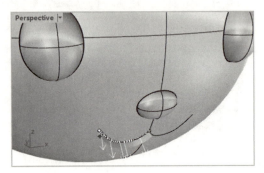

图 13-37 往曲面法线方向挤出曲面

⑩ 同理，挤出另两条曲线的基于曲面法线的曲面。

⑪ 利用【曲面工具】选项卡中的【偏移曲面】工具，选取三个法线曲面进行偏移（在命令行中要选择【两侧=是】选项），创建出如图 13-38 所示的偏移距离为 0.15 的偏移曲面。

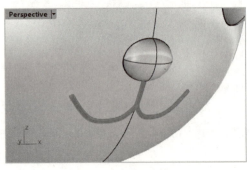

图 13-38 创建偏移曲面

13.1.3 创建身体模型

1. 创建主体

① 利用【单一直线】工具，在 Front 视图中绘制竖直直线，如图 13-39 所示。

② 利用【控制点曲线】工具，在 Front 视图中绘制身体一半的曲线，如图 13-40 所示。

 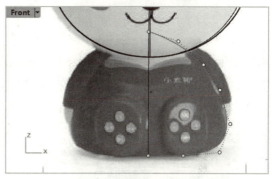

图 13-39　绘制竖直直线　　　　　　　　图 13-40　绘制控制点曲线

③ 利用【曲面工具】选项卡的左边栏中的【旋转成型】工具，选取控制点曲线绕竖直直线旋转 360°，创建出如图 13-41 所示的身体主体部分。

2. 创建手臂

① 选中身体部分及其轮廓线，再执行菜单栏中的【编辑】|【可见性】|【隐藏】命令，将其暂时隐藏。

② 利用【控制点曲线】工具，在 Front 视图中绘制手臂的外轮廓曲线，如图 13-42 所示。

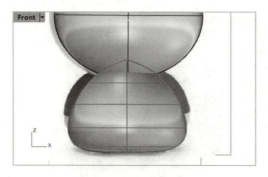 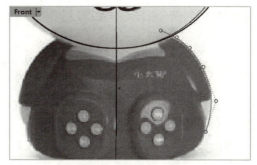

图 13-41　旋转成型　　　　　　　　　　图 13-42　绘制控制点曲线

③ 在 Right 视图中平移图片，如图 13-43 所示。

图 13-43 平移图片

④ 利用【控制点曲线】工具，在 Right 视图中绘制手臂的外轮廓曲线，如图 13-44 所示。
⑤ 然后到 Front 视图中调整曲线的控制点位置（移动控制点时请关闭【物件锁点】），如图 13-45 所示。

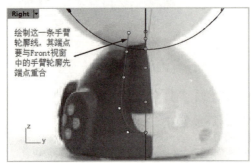
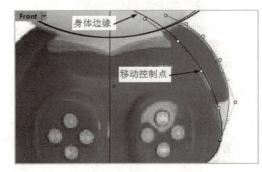

图 13-44 绘制手臂轮廓线　　　　　　　图 13-45 移动曲面控制点

⑥ 将移动控制点后的曲线进行镜像（镜像时开启【物件锁点】选项），如图 13-46 所示。
⑦ 利用【内插点曲线】工具，仅勾选状态栏的【物件锁点】选项中的【端点】与【最近点】，在 Right 视图中绘制三条内插点曲线，如图 13-47 所示。

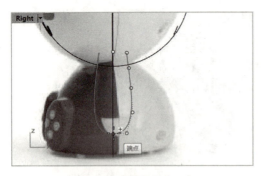
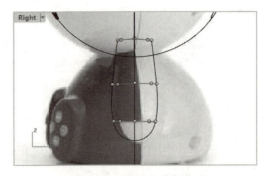

图 13-46 镜像曲线　　　　　　　　　　图 13-47 绘制内插点曲线

⑧ 利用【曲面工具】选项卡的左边栏中的【从网线建立曲面】工具，依次选择六条曲线来创建网格曲面，如图 13-48 所示。

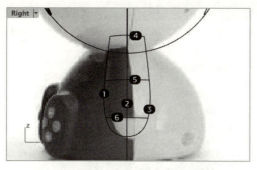 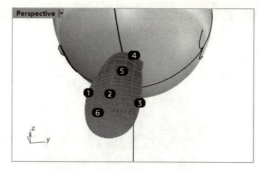

图 13-48　创建网格曲面

⑨ 利用【单一直线】工具，补画一条直线，如图 13-49 所示。再利用【以两条、三条或四条边缘曲线建立曲面】工具创建两个曲面，如图 13-50 所示。

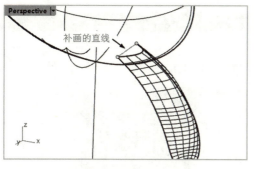 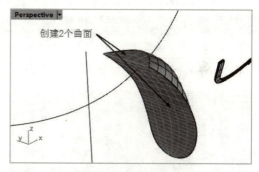

图 13-49　绘制直线　　　　　　　　图 13-50　创建两个曲面

⑩ 利用【组合】工具将组成手臂的三个曲面组合成封闭曲面。

⑪ 在菜单栏中执行【查看】|【可见性】|【显示】命令，显示隐藏的身体主体部分。利用【镜像】工具，在 Top 视图将手臂镜像至 Y 轴的另一侧，如图 13-51 所示。

⑫ 再利用【布尔运算联集】工具，将手臂、身体及头部合并。

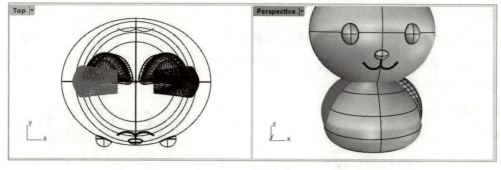

图 13-51　镜像手臂曲面

13.1.4　创建兔脚模型

① 在 Front 视图中移动背景图片，使两只脚位于中线的两侧，形成对称，如图 13-52 所示。

技术要点：

可以绘制连接两边按钮的直线作为对称参考。移动时，捕捉到该直线的中点，将其水平移动到中线上即可。

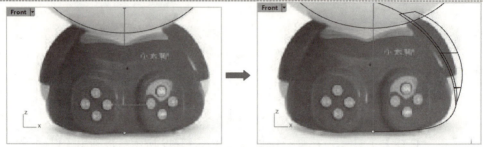

图 13-52 调整背景图片位置

② 绘制兔脚的外形轮廓曲线，如图 13-53 所示。

技术要点：

可以适当调整下面这段圆弧曲线的控制点位置。

③ 将绘制的曲线利用【投影曲线】工具 投影到身体曲面上，如图 13-54 所示。

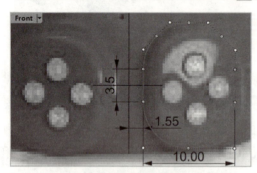

图 13-53 绘制兔脚的外形轮廓线

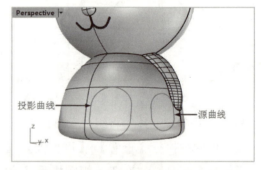

图 13-54 将轮廓曲线投影到身体曲面上

④ 利用左边栏中的【分割】工具 ，用投影曲线分割身体曲面，得到脚曲面，如图 13-55 所示。

⑤ 利用【实体工具】选项卡的左边栏的【挤出建立实体】工具栏中的【挤出曲面成锥状】工具 ，选取分割出来的脚曲面，创建挤出实体。挤出的方向在 Top 视图中进行指定，如图 13-56 所示。

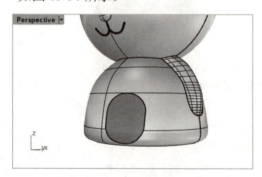

图 13-55 分割出脚曲面

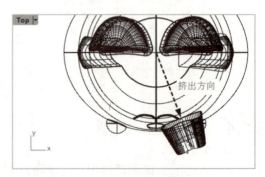

图 13-56 指定挤出实体的挤出方向

第 13 章　工业产品设计综合案例

技术要点：
　　指定挤出方向，先开启【物件锁点】中的【投影】、【端点】和【中点】选项，接着在 Right 视图中捕捉一个点作为方向起点，如图 13-57 所示。捕捉到方向起点后临时关闭【投影】选项，再捕捉如图 13-58 所示的方向终点。

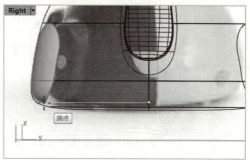

图 13-57　捕捉方向起点　　　　　　　图 13-58　捕捉方向终点

⑥ 在命令行中还要选择【反转角度】选项，并设置挤出深度为 5，按 Enter 键后完成挤出实体的创建，如图 13-59 所示。

⑦ 在 Top 视图中绘制两条直线（外面这条用【偏移曲线】工具），如图 13-60 所示。

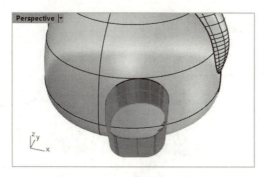

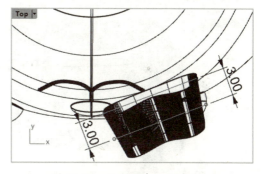

图 13-59　创建挤出曲面　　　　　　　图 13-60　绘制两条平行直线

⑧ 在【工作平面】选项卡中单击【设置工作平面与曲面垂直】按钮，在 Perspective 视图中选取上一步骤绘制的曲线并捕捉其中点，将工作平面的原点放置于此，如图 13-61 所示。

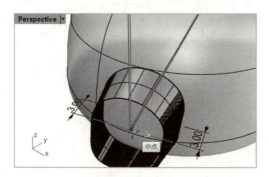

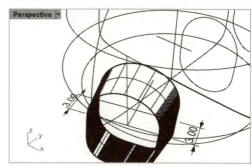

图 13-61　设置工作平面

⑨ 激活 Perspective 视图，在【设置视图】选项卡中单击【正对工作平面】按钮，切换为工作平面视图。绘制一段内插点曲线，此曲线第二点在工作平面原点上，如图 13-62 所示。

⑩ 利用【曲面工具】选项卡的左边栏中的【单轨扫掠】工具，选取上一步骤绘制的内插点曲线为路径、直线为端面曲线，创建扫掠曲面，如图 13-63 所示。

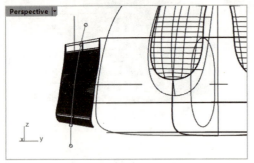

图 13-62　绘制内插点曲线　　　　　图 13-63　创建单轨扫掠曲面

⑪ 同理，创建另一半的扫掠曲面，如图 13-64 所示。

⑫ 利用【修剪】工具，选取扫掠曲面为【切割用物件】，再选取锥状挤出曲面为【要修剪的物件】，修剪结果如图 13-65 所示。

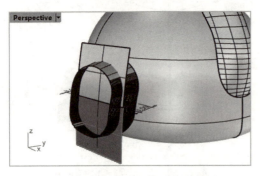
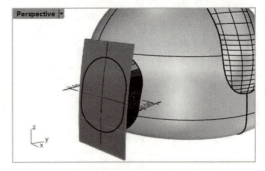

图 13-64　创建另一半的扫掠曲面　　　图 13-65　修剪锥状挤出曲面

⑬ 同理，再次进行修剪操作，不过【要修剪的物件】与【切割用物件】正相反，修剪结果如图 13-66 所示。利用【组合】工具，将锥状曲面和扫掠曲面进行组合。

⑭ 利用【边缘圆角】工具，选取组合后的封闭曲面的边缘，创建圆角半径为 0.75 的边缘圆角，如图 13-67 所示。

第 13 章　工业产品设计综合案例

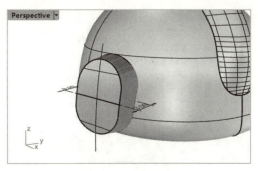

图 13-66　修剪扫掠曲面

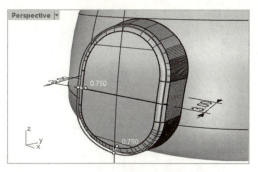

图 13-67　创建边缘圆角

⑮ 在 Front 视图中绘制四个小圆，如图 13-68 所示。再利用【投影曲线】工具，在 Front 视图中将小圆投影到脚曲面上，如图 13-69 所示。

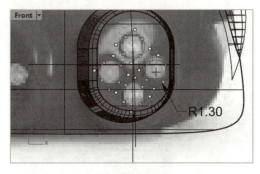

图 13-68　绘制小圆

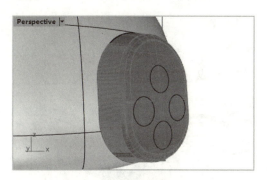

图 13-69　将小圆投影到脚曲面上

⑯ 利用【分割】工具，用投影的小圆来分割脚曲面，如图 13-70 所示。
⑰ 暂时将分割出来的小圆曲面隐藏，脚曲面上有四个小圆孔。利用【直线挤出】工具，将脚曲面上圆孔曲线向身体内挤出-1，挤出的方向与图 13-56 中的方向相同，创建的挤出曲面如图 13-71 所示。

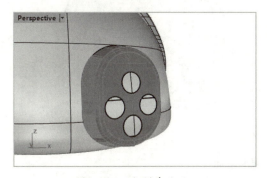

图 13-70　分割脚曲面

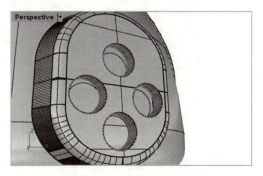

图 13-71　创建挤出曲面

⑱ 利用【组合】工具将上一步骤创建的挤出曲面与脚曲面组合，再利用【边缘圆角】工具创建半径为 0.1 的圆角，如图 13-72 所示。
⑲ 利用【曲面工具】选项卡的左边栏中的【嵌面】工具，依次创建四个嵌面，如图 13-73 所示。

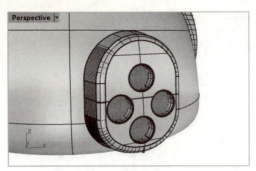

图 13-72 创建边缘圆角

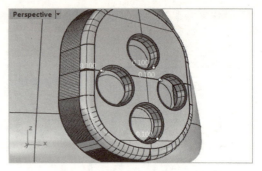

图 13-73 创建四个嵌曲面

⑳ 将暂时隐藏的四个小圆曲面显示。同理，用【挤出曲面】工具也创建出相同挤出方向的挤出曲面，向外的挤出长度为-1（向内挤出为1），如图13-74所示。同样，在挤出曲面上创建半径为0.1的圆角，如图13-75所示。

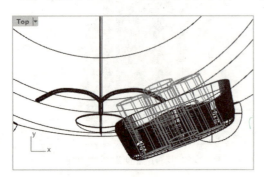

图 13-74 创建挤出曲面

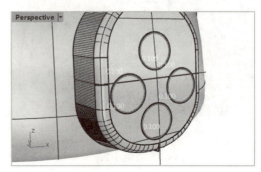

图 13-75 创建边缘圆角

㉑ 利用【镜像】工具，将整只脚所包含的曲面镜像至Y轴的另一侧，如图13-76所示。

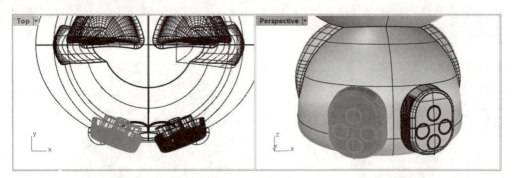

图 13-76 镜像脚曲面

㉒ 利用【分割】工具，选取脚曲面去分割身体曲面。

㉓ 利用【组合】工具，将两边的脚曲面与身体曲面进行组合，得到整体曲面，如图13-77所示。

㉔ 最后利用【边缘圆角】工具，创建脚曲面与身体曲面之间的圆角，半径为1，如图13-78所示。

第 13 章 工业产品设计综合案例

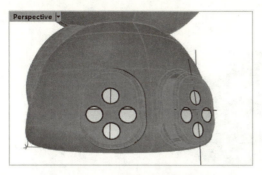

图 13-77 组合身体曲面与脚曲面

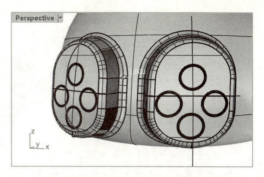

图 13-78 创建边缘圆角

> **技术要点：**
> 如果曲面与曲面之间不能组合，多半是由于曲面间存在缝隙、重叠或交叉。如果仅仅是间隙问题，可以执行菜单栏中的【工具】|【选项】命令，打开【Rhino 选项】对话框，设置【绝对公差】值即可，如图 13-79 所示。

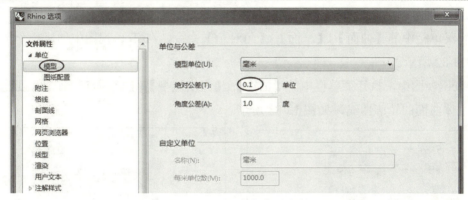

图 13-79 设置绝对公差值

㉕ 至此，完成兔兔儿童早教机的建模工作，结果如图 13-80 所示。

图 13-80 创建完成的儿童早教机模型

13.2 制作电吉他模型

电吉他模型效果如图 13-81 所示。

545

图 13-81　电吉他

13.2.1　创建主体曲面

吉他主体曲面将由曲线、曲面及编辑工具共同完成。

① 新建 Rhino 文件。

② 执行菜单栏中的【曲面】|【平面】|【角对角】命令，在 Top 视图中创建一个平面，如图 13-82 所示。

③ 在 Top 视图中，执行菜单栏中的【曲线】|【自由造型】|【控制点】命令，创建一条吉他主体曲面的轮廓曲线，如图 13-83 所示。

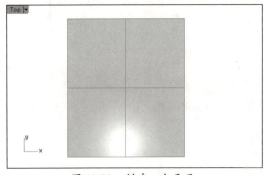

图 13-82　创建一个平面

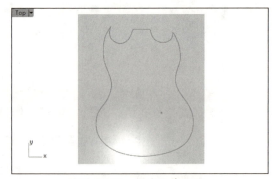

图 13-83　创建轮廓曲线

④ 执行菜单栏中的【编辑】|【修剪】命令，在 Top 视图中以轮廓曲线对创建的平面进行剪切，剪去曲线的外围部分，如图 13-84 所示。

图 13-84　修剪曲面

⑤ 执行菜单栏中的【曲线】|【自由造型】|【控制点】命令，沿修剪后的曲面外围创建一条曲线，如图 13-85 所示。

⑥ 在 Right 视图中，开启【正交】捕捉，将曲线 1 向上移动复制一条曲线 2，然后将前面创建的曲面复制一份并移动到同样的高度，如图 13-86 所示。

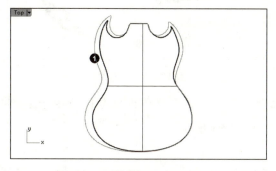

图 13-85　创建控制点曲线　　　　　图 13-86　移动复制曲线、曲面

⑦ 执行菜单栏中的【曲面】|【放样】命令，选取曲线 1、曲线 2，单击鼠标右键确认，创建放样曲面，如图 13-87 所示。

⑧ 执行菜单栏中的【编辑】|【重建】命令，调整放样曲面的 U、V 参数，单击【预览】按钮在 Perspective 视图中观察，效果如图 13-88 所示。

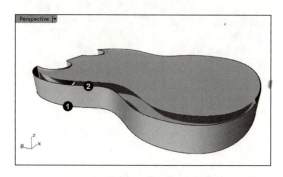
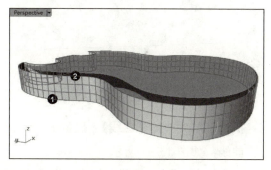

图 13-87　创建放样曲面　　　　　　图 13-88　重建曲面

⑨ 执行菜单栏中的【曲面】|【曲面编辑工具】|【衔接】命令，选取放样曲面的上侧边缘，然后选取上面的剪切曲面边缘，在弹出的对话框中调整连续类型为【位置】，将放样曲面与上侧面进行衔接。以同样的方法，将放样曲面的下边缘与下面的剪切曲面边缘进行衔接，效果如图 13-89 所示。

⑩ 删除上下两个剪切曲面，执行菜单栏中的【编辑】|【控制点】|【移除节点】命令，调整衔接后的放样曲面，移除曲面上过于复杂的 ISO 线，效果如图 13-90 所示。

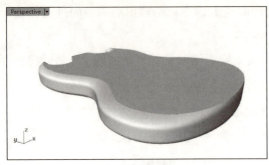

图 13-89　衔接曲面

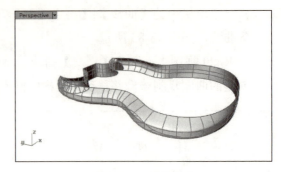

图 13-90　调整曲面

⑪ 执行菜单栏中的【曲面】|【平面曲线】命令,选取图中的放样曲面的上下两条边缘曲线,单击鼠标右键确认,创建两个曲面,如图 13-91 所示。

⑫ 执行菜单栏中的【编辑】|【组合】命令,将这几个曲面组合到一起,吉他的主体轮廓曲面创建完成。执行菜单栏中的【变动】|【旋转】命令,在 Right 视图中,将组合后的曲面向上倾斜一定的角度,如图 13-92 所示。

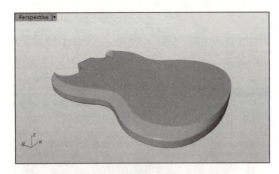

图 13-91　以平面曲线创建曲面

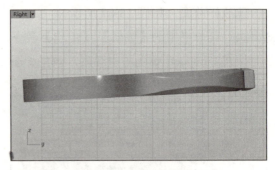

图 13-92　旋转多重曲面

⑬ 执行菜单栏中的【曲线】|【控制点】|【自由造型】命令,在 Right 视图中创建三条轮廓曲线,如图 13-93 所示。

⑭ 在曲线 1、曲线 2、曲线 3 的两端,执行菜单栏中的【曲线】|【直线】|【单一直线】命令,分别创建一条水平直线、一条垂直直线,如图 13-94 所示。

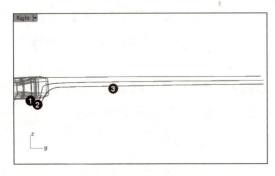

图 13-93　创建控制点曲线

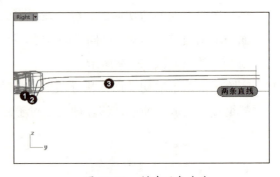

图 13-94　创建两条直线

⑮ 在 Right 视图中使用新创建的两条直线对曲线 1、曲线 2、曲线 3 进行修剪，然后在 Top 视图中调整它们的位置、形状，如图 13-95 所示。

⑯ 执行菜单栏中的【变动】|【镜像】命令，以曲线 3 上的点的连线为镜像轴，在 Top 视图中创建曲线 1、曲线 2 的镜像副本，得到曲线 4、曲线 5，如图 13-96 所示。

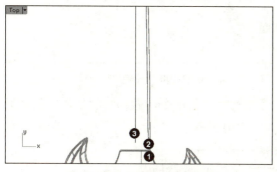

图 13-95　调整曲线

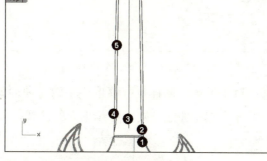

图 13-96　创建镜像副本

⑰ 执行菜单栏中的【曲线】|【断面轮廓线】命令，在 Perspective 视图中依次选取曲线 1、曲线 2、曲线 3、曲线 5 和曲线 4，单击鼠标右键确认。在命令行中选择【封闭（C）=否】选项，按 Enter 键后创建几条轮廓曲线，如图 13-97 所示。

⑱ 执行菜单栏中的【编辑】|【分割】命令，用曲线 2 和曲线 4 对上一步骤创建的轮廓曲线进行分割。再执行菜单栏中的【曲线】|【直线】|【单一直线】命令，在曲线 1 与曲线 2 之间创建四条直线，如图 13-98 所示。

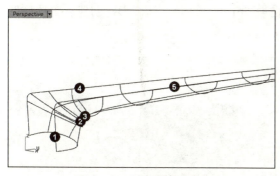

图 13-97　创建轮廓曲线

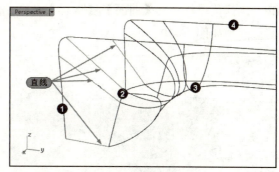

图 13-98　分割曲线

⑲ 执行菜单栏中的【曲面】|【网线】命令，选取曲线 2、曲线 3、曲线 5，以及位于它们之间的断面轮廓线，单击鼠标右键确认，创建一个曲面，如图 13-99 所示。

⑳ 执行菜单栏中的【曲面】|【双轨扫掠】命令，选取曲线 1、曲线 2，然后选取位于它们之间的几条直线、曲线，单击鼠标右键确认，创建一个扫掠曲面，如图 13-100 所示。

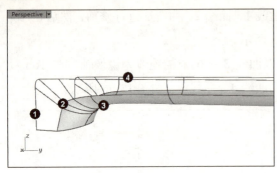 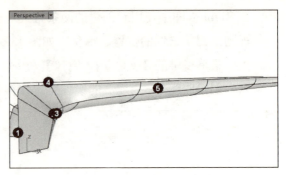

图 13-99　创建一个曲面　　　　　　图 13-100　创建扫掠曲面

㉑ 对于另一侧同样执行菜单栏中的【曲面】|【双轨扫掠】命令，做相同的处理，创建另一个扫掠曲面，随后隐藏图中的曲线，如图 13-101 所示。

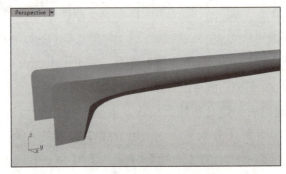

图 13-101　创建扫掠曲面

㉒ 执行菜单栏中的【曲面】|【放样】命令，选取图中的边缘 A、边缘 B，创建一个放样曲面，如图 13-102 所示。

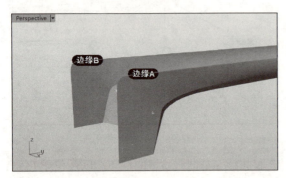 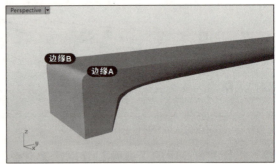

图 13-102　创建放样曲面

㉓ 执行菜单栏中的【曲面】|【平面曲线】命令，选取图中几个曲面的底部边缘，单击鼠标右键确认，创建一个平面，如图 13-103 所示。

㉔ 执行菜单栏中的【编辑】|【组合】命令，将图中的曲面组合到一起。执行菜单栏中的【实体】|【边缘圆角】|【不等距边缘圆角】命令，为底部的棱边曲面创建边缘圆角，如图 13-104 所示。

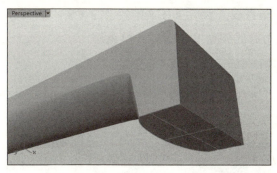
图 13-103 以平面曲线创建曲面

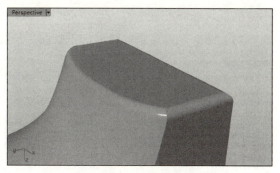
图 13-104 创建边缘圆角

㉕ 执行菜单栏中的【实体】|【立方体】|【角对角、高度】命令，在 Right 视图中整个吉他曲面的右侧创建一个立方体，如图 13-105 所示。

㉖ 执行菜单栏中的【曲线】|【自由造型】|【控制点】命令，在 Top 视图中的立方体上创建一组曲线，如图 13-106 所示。

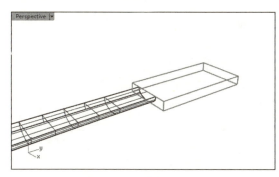
图 13-105 创建立方体

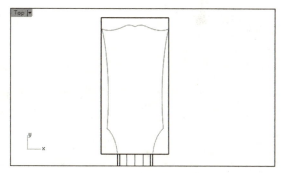
图 13-106 创建控制点曲线

㉗ 执行菜单栏中的【编辑】|【修剪】命令，在 Top 视图中以新创建的那组曲线对立方体进行修剪，剪切掉无限外围的部分，效果如图 13-107 所示。

㉘ 执行菜单栏中的【编辑】|【炸开】命令，将剪切后的立方体炸开为几个单独的曲面，然后删除右侧的那个曲面。执行菜单栏中的【曲面】|【混接曲面】命令，调整【连续性】为【位置】，创建几个混接曲面，封闭上下两个底面的侧面，效果如图 13-108 所示。

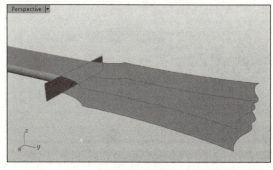
图 13-107 修剪曲面

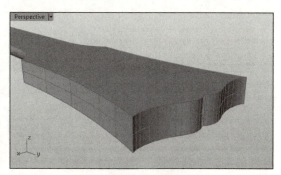
图 13-108 封闭侧面

㉙ 执行菜单栏中的【曲线】|【直线】|【单一直线】命令，开启状态栏中的【物件锁点】

捕捉，在炸开后的立方体下底面上创建一条直线。然后执行菜单栏中的【编辑】|【修剪】命令，以这条曲线剪切下底面，最终将直线删除，如图13-109所示。

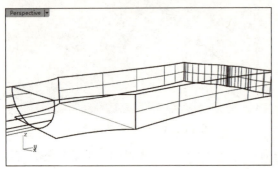 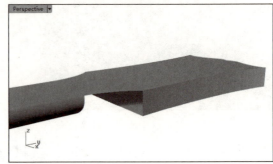

图13-109 以直线剪切曲面

㉚ 在Right视窗中选取右侧的几块曲面，执行菜单栏【变动】|【旋转】命令，以图13-110所示的旋转中心点，旋转这几块曲面。

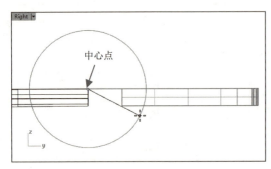 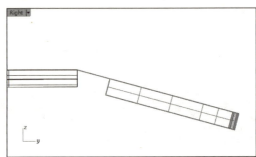

图13-110 旋转曲面

㉛ 执行菜单栏中的【曲线】|【直线】|【单一直线】命令，在Right视图中创建一条直线，如图13-111所示。

㉜ 执行菜单栏中的【编辑】|【修剪】命令，在Front视图中，以新创建的直线对吉他杆曲面进行修剪，剪切掉右侧的一小部分曲面，如图13-112所示。

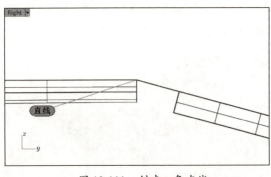 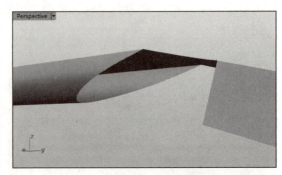

图13-111 创建一条直线　　　　　　　　图13-112 剪切曲面

㉝ 执行菜单栏中的【曲面】|【混接曲面】命令，选取图中的边缘1、边缘2，单击鼠标右

键确认，在弹出的对话框中调整两处的连续性类型，单击【确定】按钮完成曲面的创建，如图13-113所示。

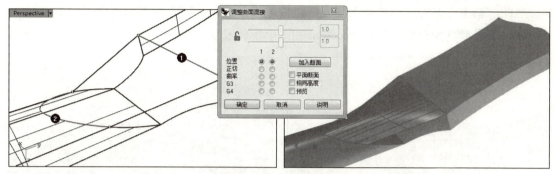

图13-113　创建混接曲面

㉞ 执行菜单栏中的【曲面】|【曲面编辑工具】|【衔接】命令，选取创建的混接曲面的左侧边缘，然后选取与其相接的吉他杆曲面边缘，在弹出的对话框中调整相关的参数，最后单击【确定】按钮，完成曲面间的衔接，如图13-114所示。

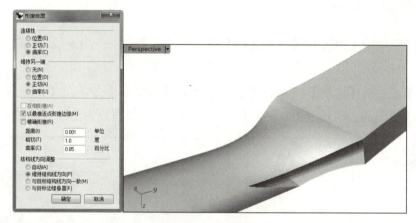

图13-114　衔接曲面

㉟ 执行菜单栏中的【曲面】|【边缘曲线】命令，选取图中的四个边缘，创建一个曲面，封闭曲面间的空隙，对吉他杆的另一侧做相同的处理。随后执行菜单栏中的【编辑】|【组合】命令，将吉他杆尾部的曲面组合为一个多重曲面，如图13-115所示。

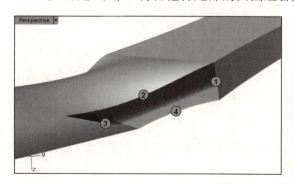 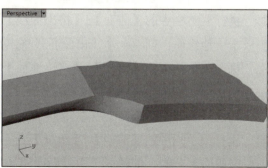

图13-115　封闭并组合曲面

㊱ 执行菜单栏中的【实体】|【边缘圆角】|【不等距边缘圆角】命令，为组合后的吉他柄曲面的下部创建圆角曲面，如图 13-116 所示。

㊲ 至此，整个吉他的主体曲面创建完成，接下来的工作是在吉他的主体曲面上添加细节，使整个模型更为饱满。在 Perspective 视图中旋转观察整个主体曲面，如图 13-117 所示。

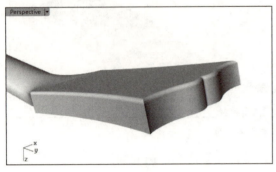

图 13-116　创建圆角曲面

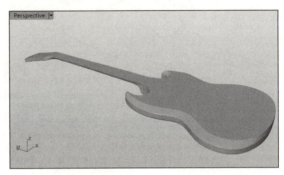

图 13-117　主体曲面创建完成

13.2.2　创建琴身细节

① 执行菜单栏中的【曲线】|【自由造型】|【控制点】命令，在 Top 视图中创建几条曲线，如图 13-118 所示。

② 执行菜单栏中的【曲线】|【从物件建立曲线】|【投影】命令，在 Top 视图中将创建的几条曲线投影到吉他正面上，随后删除这几条曲线，保留投影曲线，如图 13-119 所示。

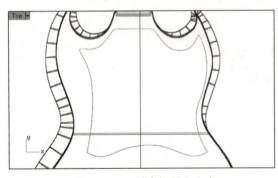

图 13-118　创建控制点曲线

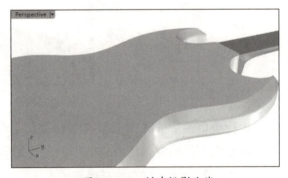

图 13-119　创建投影曲线

③ 执行菜单栏中的【曲面】|【挤出曲线】|【往曲面法线】命令，选取投影曲线，然后单击吉他正面，创建一个挤出曲面（挤出曲面的长度不宜过长），如图 13-120 所示。

④ 执行菜单栏中的【曲面】|【挤出曲面】|【锥状】命令，选择刚刚创建的挤出曲面的上侧边缘，单击鼠标右键确认，在提示行中调整拔模角度与方向，创建一个锥状挤出曲面，如图 13-121 所示。

⑤ 执行菜单栏中的【编辑】|【组合】命令，将锥状挤出曲面与往曲面法线方向的挤出曲面组合到一起，创建一个多重曲面，如图 13-122 所示。

⑥ 执行菜单栏中的【实体】|【立方体】|【角对角、高度】命令，在 Top 视图中创建一个立方体，在 Front 视图中调整它的高度，随后在 Right 视图中向上移动曲面到如图 13-123 所示的位置。

图 13-120 创建挤出曲面

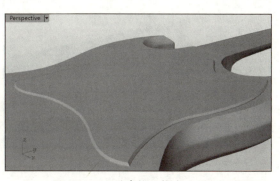

图 13-121 创建锥状挤出曲面

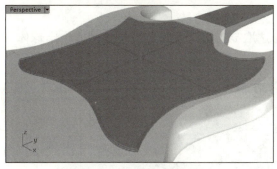

图 13-122 创建多重曲面

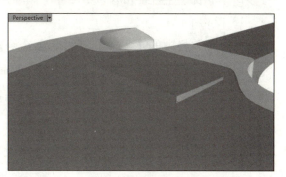

图 13-123 移动曲面

⑦ 单独显示立方体，然后执行菜单栏中的【实体】|【球体】|【中心点、半径】命令，在 Top 视图中，创建一个小圆球体，如图 13-124 所示。在 Right 视图中，将它移动到立方体的上部。

⑧ 显示圆球体的控制点，在 Right 视图中调整圆球体的上排控制点，将其向下垂直移动一小段距离，从而调整圆球体的上部形状，如图 13-125 所示。

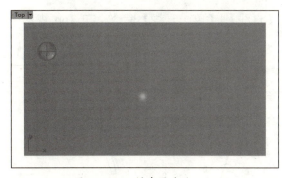

图 13-124 创建圆球体

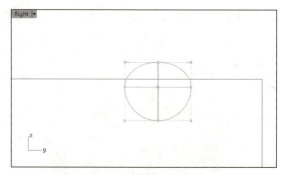

图 13-125 调整圆球体形状

⑨ 再次执行菜单栏中的【实体】|【立方体】|【角对角、高度】命令，在圆球体的上部创建一个小的立方体，如图 13-126 所示。

⑩ 执行菜单栏中的【实体】|【差集】命令，选取圆球体，单击鼠标右键确认。然后选取上部的小立方体，单击鼠标右键确认，布尔运算完成，如图 13-127 所示。

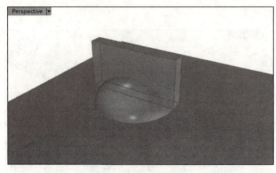

图 13-126 创建立方体

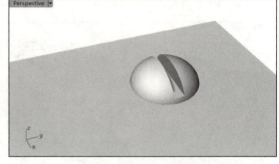

图 13-127 布尔差集运算

⑪ 在 Top 视图中，将完成布尔运算的圆球体复制几份，平均分布在大立方体的上部，如图 13-128 所示。

⑫ 执行菜单栏中的【实体】|【并集】命令，选取立方体，然后选取图中的六个圆球体，单击鼠标右键确认，执行布尔并集运算命令，结果如图 13-129 所示。

图 13-128 复制圆球体

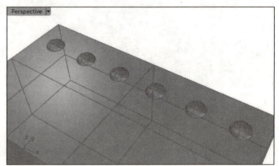

图 13-129 布尔并集运算

⑬ 执行菜单栏中的【实体】|【边缘圆角】|【不等距边缘圆角】命令，为组合后的多重曲面的棱边创建圆角曲面，效果如图 13-130 所示。

⑭ 显示其他曲面，执行菜单栏中的【曲线】|【直线】|【单一直线】命令，在 Top 视图中创建一条水平直线，如图 13-131 所示。

图 13-130 创建不等距边缘圆角

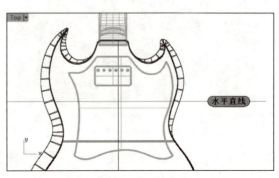

图 13-131 创建一条水平直线

⑮ 执行菜单栏中的【变动】|【镜像】命令，选取前面创建的立方体，单击鼠标右键确认，然后以水平直线为镜像轴，创建立方体的镜像副本，效果如图 13-132 所示。

⑯ 执行菜单栏中的【实体】|【圆柱体】命令，在 Top 视图中控制圆柱体的底面大小，创建一个圆柱体，然后将其移动到吉他曲面上侧，如图 13-133 所示。

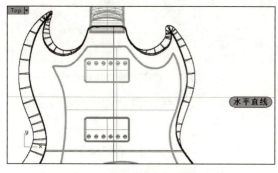

图 13-132　创建镜像副本　　　　　　　　图 13-133　创建圆柱体

⑰ 将圆柱体曲面复制一份，并在 Right 视图中将其垂直向下移动一段距离，如图 13-134 所示。

⑱ 将上面创建的两个圆柱体在 Top 视图中复制一份，并水平移动到如图 13-135 所示的位置。

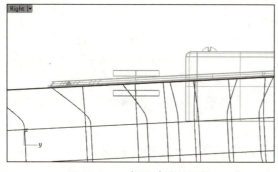
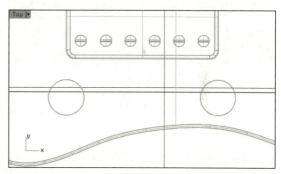

图 13-134　复制并移动圆柱体　　　　　　图 13-135　复制并水平移动圆柱体

⑲ 在 Perspective 视图中，单独显示这四个圆柱体。执行菜单栏中的【曲线】|【矩形】|【角对角】命令，然后在命令提示行中选择【圆角（R）】选项，在 Top 视图中创建一条圆角矩形曲线，如图 13-136 所示。

⑳ 执行菜单栏中的【实体】|【挤出平面曲线】|【直线】命令，以曲线 1 创建一个多重曲面，然后在 Right 视图中将这个曲面向上垂直移动到如图 13-137 所示的位置。

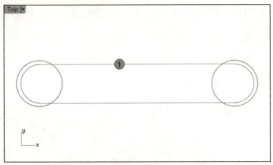

图 13-136 创建圆角矩形曲线

图 13-137 创建并移动挤出曲面

㉑ 执行菜单栏中的【实体】|【圆柱体】命令,创建两个圆柱体,贯穿图中的几个曲面,如图 13-138 所示。

㉒ 将两个新创建的圆柱体复制一份,然后执行菜单栏中的【实体】|【差集】命令,将两个圆柱体和与其相交的曲面进行差集运算,最终效果如图 13-139 所示。

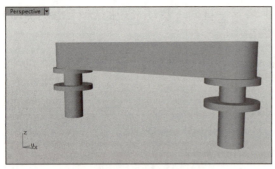

图 13-138 创建两个圆柱体

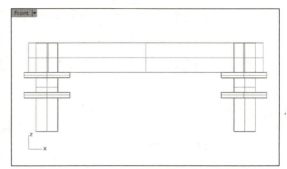

图 13-139 布尔差集运算

㉓ 执行菜单栏中的【实体】|【立方体】|【角对角、高度】命令,创建两个等宽的立方体,如图 13-140 所示。

㉔ 执行菜单栏中的【实体】|【并集】命令,将两个等宽的立方体组合成一个多重曲面,然后将其移动到如图 13-141 所示的位置。

图 13-140 创建两个立方体

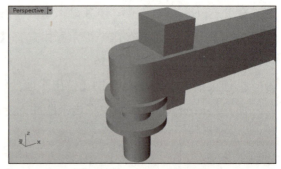

图 13-141 移动多重曲面

㉕ 执行菜单栏中的【实体】|【差集】命令,选取以圆角矩形创建的挤出曲面,单击鼠标右键确认,然后选取刚刚组合的多重曲面,单击鼠标右键确认,效果如图 13-142 所示。

㉖ 执行菜单栏中的【实体】|【立方体】|【角对角、高度】命令,再次创建一个立方体,如图 13-143 所示。

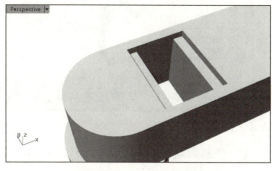

图 13-142 布尔差集运算

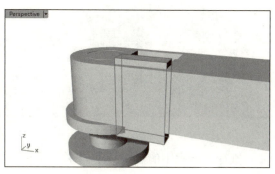

图 13-143 创建立方体

㉗ 在 Right 视图中创建一条直线,随后执行菜单栏中的【曲面】|【挤出曲线】|【直线】命令,创建一个挤出曲面,如图 13-144 所示。

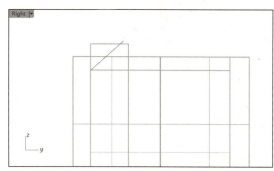

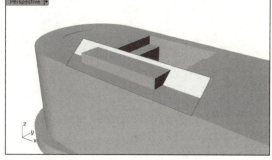

图 13-144 创建挤出曲面

㉘ 执行菜单栏中的【实体】|【差集】命令,选取立方体,单击鼠标右键确认。然后选取挤出曲面,单击鼠标右键完成布尔差集运算,如图 13-145 所示。

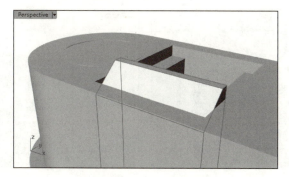

图 13-145 布尔差集运算

㉙ 以类似的方法,创建一个曲面,然后执行布尔差集运算,在立方体的上边沿创建一个豁口的形状,如图 13-146 所示。

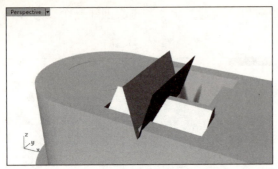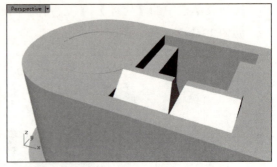

图 13-146 布尔差集运算

㉚ 执行菜单栏中的【实体】|【并集】命令，将这几个曲面组合为一个实体，如图 13-147 所示。

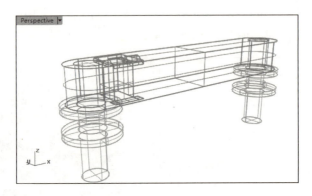

图 13-147 布尔并集运算

㉛ 接下来需要创建一个螺丝来连接曲面的前后两端，这里将不再详细讲解具体的步骤。大致为创建圆柱体、螺丝盖、螺母曲面，然后执行布尔并集运算来将它们组合到一起，如图 13-148 所示。

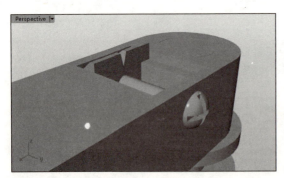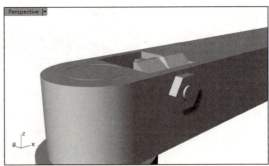

图 13-148 添加螺丝

㉜ 利用相同的方法，在多重曲面上再创建五个凹槽，并添加螺丝等细节，效果如图 13-149 所示。

㉝ 执行菜单栏中的【曲线】|【自由造型】|【控制点】命令，在 Front 视图中创建几条曲线，如图 13-150 所示。

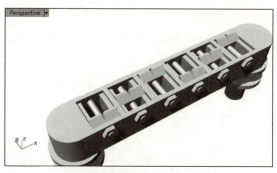
图 13-149 添加其余的凹槽

图 13-150 创建几条曲线

㉞ 隐藏多余的曲面,在 Top 视图中垂直移动三条曲线,调整它们的位置,效果如图 13-151 所示。

㉟ 执行菜单栏中的【曲面】|【放样】命令,依次选取曲线 1、曲线 3、曲线 2,单击鼠标右键确认。在对话框中调整相关的参数,单击【确定】按钮,完成曲面的创建,如图 13-152 所示。

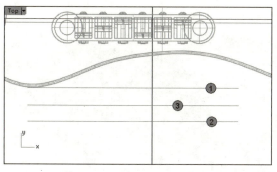
图 13-151 调整曲线的位置

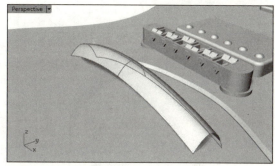
图 13-152 创建放样曲面

㊱ 显示放样曲面的控制点,在 Right 视图中调整曲面的控制点,使整个曲面拱起的弧度更加明显,如图 13-153 所示。

㊲ 单独显示这个曲面,然后执行菜单栏中的【曲线】|【直线】|【单一直线】命令,在 Top 视图中创建两条直线,如图 13-154 所示。

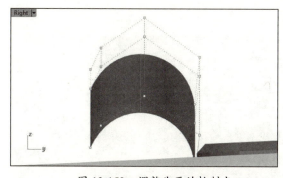
图 13-153 调整曲面的控制点

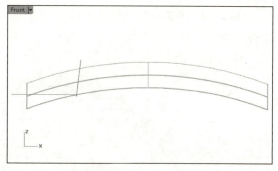
图 13-154 创建两条直线

㊳ 执行菜单栏中的【变动】|【镜像】命令,将新创建的两条曲线以曲面的中线为对称轴

创建镜像副本，如图 13-155 所示。

㊴ 执行菜单栏中的【编辑】|【修剪】命令，以这四条直线在 Front 视图中对曲面进行剪切，结果如图 13-156 所示。

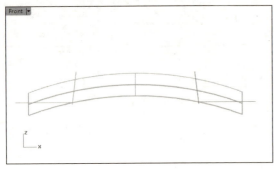
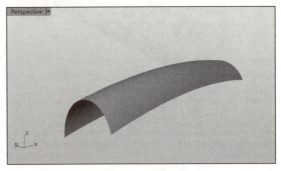

图 13-155　创建镜像副本　　　　　　　　图 13-156　剪切曲面

㊵ 执行菜单栏中的【曲线】|【直线】|【单一直线】命令，开启状态栏处的【正交】和【物件锁点】捕捉，以曲面的一个端点为直线的起点，在 Right 视图中创建一条水平直线，如图 13-157 所示。

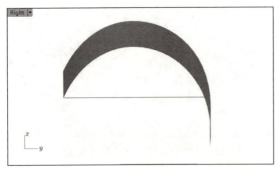
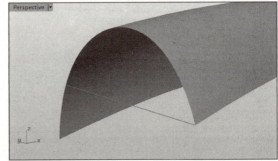

图 13-157　创建一条水平直线

㊶ 执行菜单栏中的【曲面】|【挤出曲线】|【直线】命令，以刚创建的那条直线，在 Front 视图中挤出一个曲面，如图 13-158 所示。

㊷ 执行菜单栏中的【曲面】|【边缘工具】|【分割边缘】命令，将曲面边缘 A 在与挤出曲面的交点处分割为两段，如图 13-159 所示。

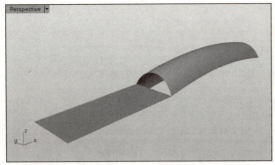
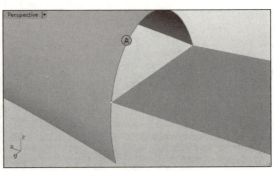

图 13-158　创建挤出曲面　　　　　　　　图 13-159　分割边缘

㊸ 执行菜单栏中的【曲面】|【平面曲线】命令，选取边缘 A 的上部分，然后选取相邻的挤出曲面的边缘，单击鼠标右键确认，创建一个平面，如图 13-160 所示。

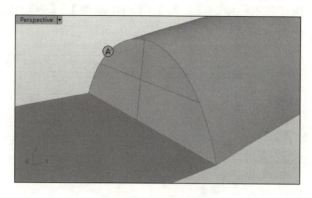

图 13-160　创建一个平面

㊹ 执行菜单栏中的【曲面】|【单轨扫掠】命令，然后依次选取图中的边缘 1、边缘 A 的下半部分，单击鼠标右键确认。在弹出的对话框中调整相关的曲面参数，最后单击【确定】按钮，完成曲面的创建，如图 13-161 所示。

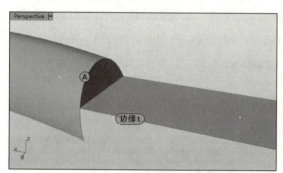 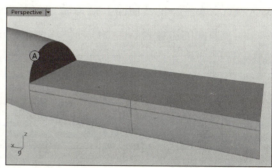

图 13-161　创建单轨扫掠曲面

㊺ 对曲面的另一侧做类似的处理，也可将左侧的这几个曲面以放样曲面的中轴线为镜像轴，创建一份镜像副本，如图 13-162 所示。

㊻ 执行菜单栏中的【曲面】|【挤出曲线】|【直线】命令，选取图中的三条边缘曲线，单击鼠标右键确认。在 Right 视图中，向下垂直挤出一段距离，如图 13-163 所示。

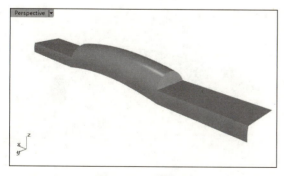 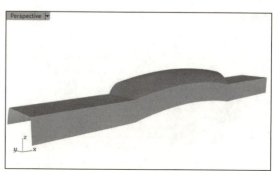

图 13-162　镜像曲面　　　　　　　图 13-163　创建挤出曲线

㊼ 再次执行【曲面】|【挤出曲线】|【直线】命令,以后侧的几条边缘曲线,创建一个挤出曲面,如图 13-164 所示。

㊽ 在 Top 视图中,执行菜单栏中的【曲线】|【自由造型】|【控制点】命令,创建两条圆弧状曲线,如图 13-165 所示。

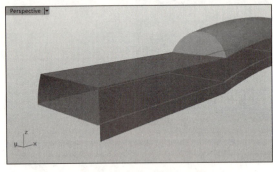
图 13-164 创建挤出曲面

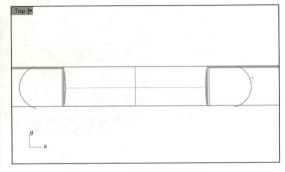
图 13-165 创建控制点曲线

㊾ 执行菜单栏中的【编辑】|【修剪】命令,在 Top 视图中,以新创建的曲线对图中的曲面进行剪切,剪切掉位于左右侧多余的部分,结果如图 13-166 所示。

㊿ 执行菜单栏中的【曲面】|【双轨扫掠】命令,以上下挤出曲面的边缘为路径曲线,以前后两个曲面的边缘为断面曲线,创建两个挤出曲面,封闭图中的曲面,如图 13-167 所示。

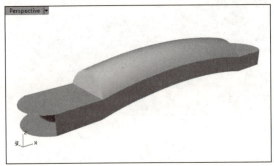
图 13-166 修剪曲面

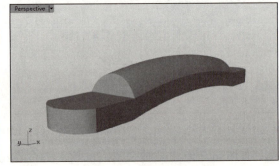
图 13-167 封闭曲面

㊼¹ 最后,将图中这几个曲面组合为一个多重曲面,然后多次执行布尔求差运算,为曲面添加洞孔等其他细节,结果如图 13-168 所示。

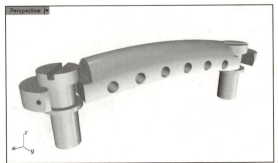

图 13-168 添加其他细节

㊼ 在图中显示其他曲面。至此，吉他正面的重要结构曲面创建完成。对于一些较为琐碎的结构，如螺丝钉等小部件的建模都较为简单，可以参考本书附赠资源中附带的模型完善吉他的正面细节，如图 13-169 所示。

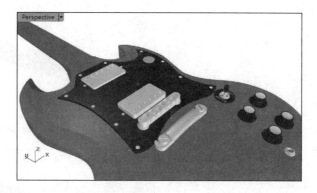

图 13-169　完善吉他正面细节

13.2.3　创建琴弦细节

① 执行菜单栏中的【实体】|【立方体】|【角对角、高度】命令，在 Right 视图中的吉他杆上部创建一个立方体，如图 13-170 所示。
② 在 Top 视图中，执行菜单栏中的【曲线】|【直线】|【单一直线】命令，依据吉他杆的轮廓，创建两条直线，如图 13-171 所示。

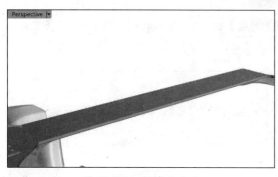

图 13-170　创建立方体

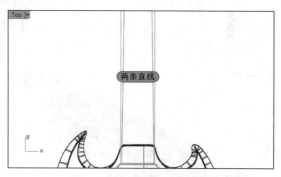

图 13-171　创建两条直线

③ 执行菜单栏中的【编辑】|【修剪】命令，剪切立方体两边多出的部分，如图 13-172 所示（由于剪切的部分较少，在图中可能不大容易看出立方体的变化）。
④ 执行菜单栏中的【实体】|【将平面洞加盖】命令，将剪切后的立方体的两侧边处封闭，如图 13-173 所示。
⑤ 执行菜单栏中的【曲线】|【直线】|【线段】命令，在 Top 视图中创建一组多重直线，如图 13-174 所示。
⑥ 执行菜单栏中的【编辑】|【分割】命令，在 Top 视图中对长条立方体进行分割，结果

如图 13-175 所示。

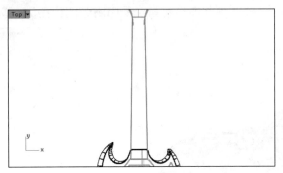

图 13-172　修剪曲面

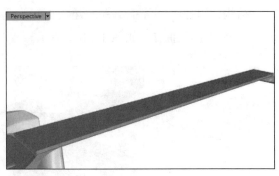

图 13-173　将平面洞加盖

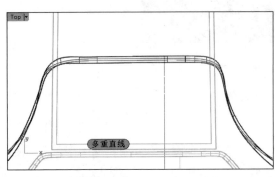

图 13-174　创建一组多重直线

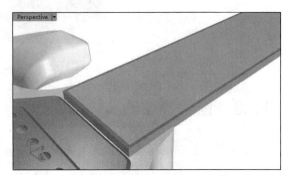

图 13-175　分割曲面

⑦ 执行菜单栏中的【曲面】|【混接曲面】命令，以及【编辑】|【组合】等命令，将分割后的曲面各自组合为实体，如图 13-176 所示。

⑧ 执行菜单栏中的【曲线】|【自由造型】|【控制点】命令，在 Top 视图中创建一条曲线，如图 13-177 所示。

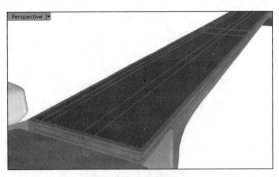

图 13-176　组合曲面为实体

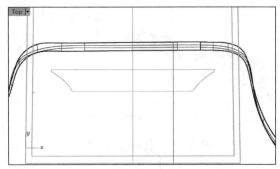

图 13-177　创建一条曲线

⑨ 执行菜单栏中的【实体】|【挤出平面曲线】命令，以新创建的曲线挤出一个实体曲面，并在 Right 视图中将其向上移动，如图 13-178 所示。

⑩ 执行菜单栏中的【曲线】|【自由造型】|【控制点】命令，在 Right 视图中创建一条曲线，如图 13-179 所示。

第 13 章　工业产品设计综合案例

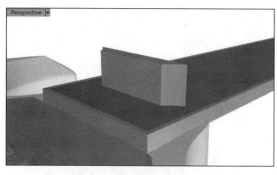

图 13-178　创建并移动挤出实体曲面　　　　图 13-179　创建控制点曲线

⑪ 执行菜单栏中的【曲面】|【挤出曲线】|【直线】命令，以新创建的曲线挤出一个曲面，然后将这个曲面在 Top 视图中移动到与前面创建的实体曲面相交的位置。执行菜单栏中的【实体】|【差集】命令，以这块曲面修剪实体曲面的下部，如图 13-180 所示。

⑫ 将图中的曲面 A、曲面 B 复制一份，然后执行菜单栏中的【实体】|【交集】命令，依次选取如图 13-181 所示的实体曲面 B、实体曲面 A，执行布尔交集运算。

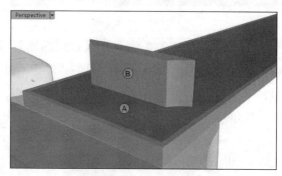

图 13-180　布尔差集运算　　　　　　　　图 13-181　布尔交集运算

⑬ 再次执行菜单栏中的【实体】|【差集】命令，选取实体曲面 A 的副本，单击鼠标右键确认，然后选取实体曲面 B 的副本，单击鼠标右键完成布尔差集运算，如图 13-182 所示。

⑭ 以类似的方法，在上面标记的实体曲面 A 上创建出多个这样的曲面，结果如图 13-183 所示。

图 13-182　布尔差集运算　　　　　　　　图 13-183　添加其余的细节

13.2.4 创建琴头细节

① 执行菜单栏中的【实体】|【立方体】|【角对角、高度】命令，在 Right 视图中位于吉他头部的位置创建一个立方体，如图 13-184 所示。
② 在 Right 视图中，执行菜单栏中的【曲线】|【自由造型】|【控制点】命令，创建一条曲线，如图 13-185 所示。

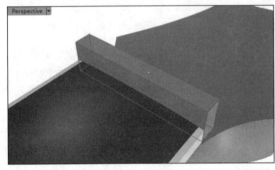

图 13-184 创建立方体　　　　　　　图 13-185 创建控制点曲线

③ 执行菜单栏中的【曲面】|【挤出曲线】|【直线】命令，以新创建的控制点曲线挤出一个曲面，并将其移动到如图 13-186 所示的位置。
④ 执行菜单栏中的【实体】|【差集】命令，选取立方体，单击鼠标右键确认，然后选取挤出曲面，单击鼠标右键完成布尔差集运算，结果如图 13-187 所示。

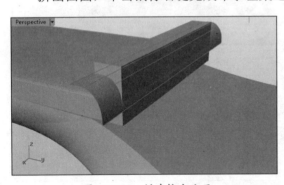 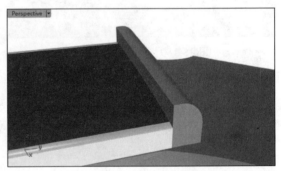

图 13-186 创建挤出曲面　　　　　　　图 13-187 布尔差集运算

⑤ 执行菜单栏中的【实体】|【边缘圆角】|【不等距边缘圆角】命令，为棱边创建边缘圆角，结果如图 13-188 所示。

第 13 章 工业产品设计综合案例

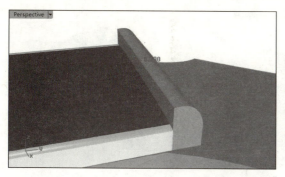 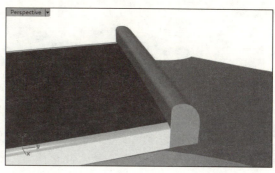

图 13-188 创建边缘圆角

⑥ 执行菜单栏中的【实体】|【立方体】|【角对角、高度】命令，在 Top 视图中创建六个大小不等的立方体，如图 13-189 所示。

⑦ 执行菜单栏中的【实体】|【差集】命令，选取实体曲面 A，单击鼠标右键确认，然后选取六个立方体，单击鼠标右键完成布尔差集运算，结果如图 13-190 所示。

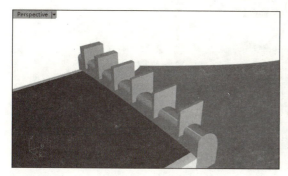 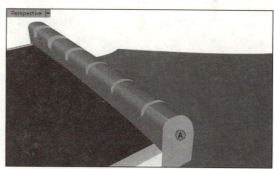

图 13-189 创建立方体　　　　　　　　　图 13-190 布尔差集运算

⑧ 在吉他的头部添加一个表达厚度的曲面，然后在这个曲面上添加细节，如图 13-191 所示。

⑨ 使用类似于前面创建旋钮的方法，添加固定吉他弦用的旋钮曲面，将它复制多份并分布在不同的位置，结果如图 13-192 所示。

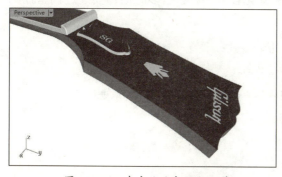 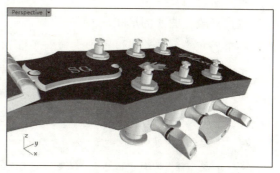

图 13-191 在吉他头部添加细节　　　　　图 13-192 添加固定吉他弦旋钮

⑩ 参照 Right 视图，在 Top 视图中执行菜单栏中的【曲线】|【自由造型】|【控制点】命令，创建六条吉他弦曲线，如图 13-193 所示。

569

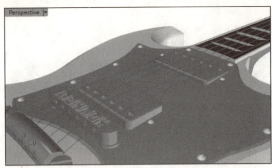

图 13-193 创建吉他弦曲线

⑪ 执行菜单栏中的【实体】|【圆管】命令,以这几条吉他弦曲线,创建圆管曲面,调整圆管半径的大小从而控制吉他弦的粗细,结果如图 13-194 所示。

⑫ 至此,整个吉他模型创建完成,在 Perspective 视图中进行旋转查看,也可在创建的模型基础上添加更多细节,如图 13-195 所示。

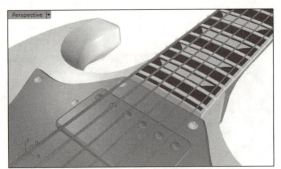

图 13-194 创建圆管曲面　　　　　图 13-195 吉他模型创建完成

13.3 制作恐龙模型

恐龙模型乍看起来会较为复杂,由于曲面的变化较为多样,很多时候需要通过调整控制点的位置来改变曲面的形状。

整个恐龙模型在建模过程中大致有下面这几个步骤:

- 创建主体曲面轮廓线,并依据轮廓线创建断面轮廓线;
- 依据断面轮廓线通过使用放样工具创建恐龙身体曲面,并通过移动控制点来进行调整;
- 创建恐龙头部曲面及头部细节;
- 创建恐龙四肢曲面及细节;
- 为整个模型曲面分配图层,模型创建完成。

13.3.1 创建恐龙主体曲面

① 新建 Rhino 模型文件。
② 创建模型之初,需要将模型的俯视图与侧视图分别导入 Top 视图、Front 视图中,并进行对齐操作,如图 13-196 所示。

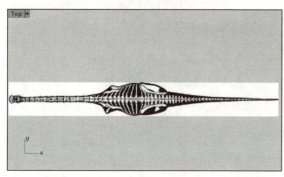

图 13-196 放置背景图片

③ 执行菜单栏中的【曲线】|【自由造型】|【控制点】命令,在 Front 视图中依据背景参考图片创建两条轮廓曲线,如图 13-197 所示。

图 13-197 创建曲线

> **技术要点:**
> 在创建控制点曲线的时候,对于上图中的复杂轮廓线,很难直接创建完成。一般都是创建出轮廓线的大致轮廓,在曲线变化复杂处多放置几个控制点,平滑处少放置几个,然后开启控制点显示,再对它们进行调整,最终创建出符合要求的曲线。

④ 再次执行菜单栏中的【曲线】|【自由造型】|【控制点】命令,在 Top 视图中创建一条轮廓曲线,如图 13-198 所示。

⑤ 显示新创建曲线的控制点,在 Front 视图中移动调整这条曲线,调整后的形状如图 13-199 所示。

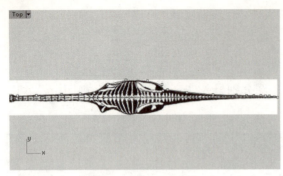

图 13-198　创建曲线

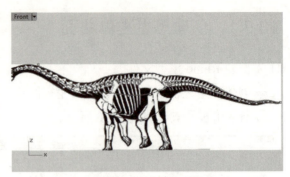

图 13-199　调整曲线

⑥ 执行菜单栏中的【变动】|【镜像】命令，在 Top 视图中，为前面的曲线创建一个镜像副本，如图 13-200 所示。

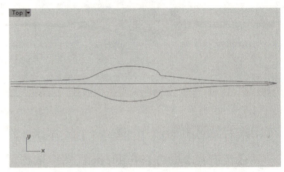

图 13-200　镜像曲线

⑦ 执行菜单栏中的【曲线】|【断面轮廓线】命令，在 Perspective 视窗中依次选取图中的四条曲线，单击鼠标右键确认。然后在 Front 视图中创建一组断面曲线，最后单击鼠标右键创建完成，如图 13-201 所示。

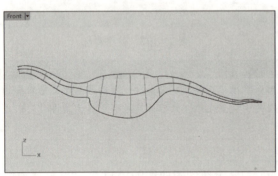
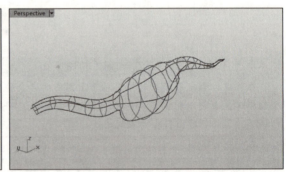

图 13-201　创建断面轮廓线

⑧ 执行菜单栏中的【曲面】|【放样】命令，在 Front 正交视图中从左至右依次选取新创建的断面曲线，单击提示行中的【点（P）】选项，选取右端的几条曲线的端点，然后单击鼠标右键确认，在弹出的对话框中调整相关的参数，最后单击【确定】按钮，完成曲面的创建（完成后对曲面执行菜单栏中的【编辑】|【重建】命令可以调整曲面的 U、V 参数），如图 13-202 所示。

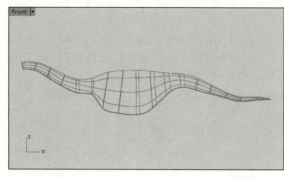
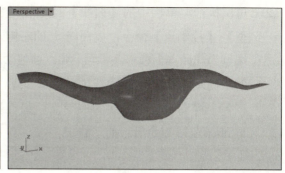

图 13-202 重建曲面

⑨ 显示曲面的控制点，在 Front 视图中进行调整，在调整过程中要注意主体曲面的对称协调性，并在 Perspective 视图中适时地观察曲面所发生的变化，如图 13-203 所示。

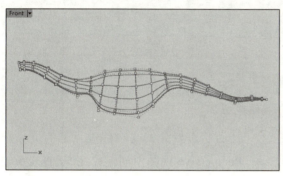

图 13-203 调整曲面

13.3.2 制作恐龙头部

① 执行菜单栏中的【曲线】|【自由造型】|【控制点】命令，在 Front 视图中创建两条恐龙头部轮廓曲线，如图 13-204 所示。

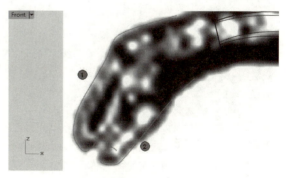

图 13-204 创建曲线

② 再次执行菜单栏中的【曲线】|【自由造型】|【控制点】命令，以曲线1的左侧端点为起始点创建一条曲线，并以曲线2的左侧端点作为这条曲线的终点。然后在各个视图中调整曲线的控制点，最终得到如图13-205所示的形状。

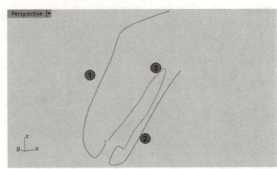

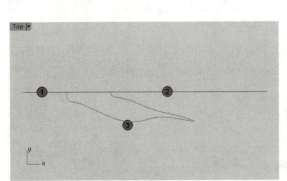

图13-205 调整曲线

③ 继续执行菜单栏中的【曲线】|【自由造型】|【内插点】命令，在Front视图中连接曲线1、2的右侧端点，单击鼠标右键确认，创建出曲线4。开启它的控制点，调整形状，如图13-206所示。

④ 开启状态栏处的【物件锁点】捕捉，在Perspective视图中创建曲线5。曲线5的首尾两点分别位于曲线3和曲线4上，调整它的控制点，结果如图13-207所示。

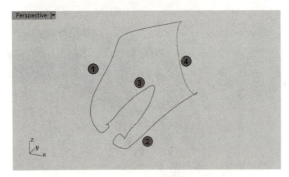

图13-206 创建并调整曲线

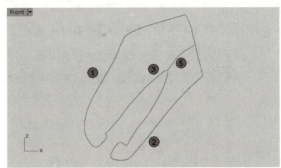

图13-207 连接两条曲线

⑤ 执行菜单栏中的【编辑】|【分割】命令，以曲线5对曲线3、曲线4进行分割，分割为图中的几段曲线，如图13-208所示。

⑥ 执行菜单栏中的【曲面】|【边缘曲线】命令，依次选取曲线2、曲线7、曲线5、曲线9，单击鼠标右键确认，创建出恐龙头部的下颚部分曲面，如图13-209所示。

第 13 章 工业产品设计综合案例

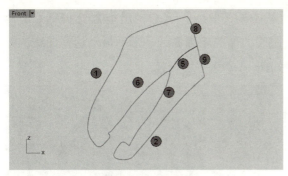

图 13-208 分割曲线

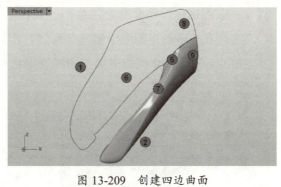

图 13-209 创建四边曲面

⑦ 单击鼠标右键，重复执行上一步的命令，依次选取曲线 1、曲线 6、曲线 5、曲线 8，单击鼠标右键确认，创建出上部分曲面，如图 13-210 所示。

⑧ 开启上部曲面的控制点，然后通过调整控制点来为曲面添加凹陷、凸出等特征。这部分较为烦琐，自主性较强，在调整控制点的过程中，通过观察 Perspective 视图中的曲面所发生的变化进行适时的调整，结果如图 13-211 所示。

图 13-210 创建另一个四边曲面

图 13-211 调整曲面

⑨ 执行菜单栏中的【变动】|【镜像】命令，选取头部的两个曲面，在 Top 视图中创建出它们的镜像副本，完成整个头部的创建，如图 13-212 所示。

⑩ 执行菜单栏中的【实体】|【球体】|【中心点、半径】命令，在 Top 视图中创建一个圆球体，然后移动其位置，以此作为恐龙的眼球曲面，如图 13-213 所示。

图 13-212 创建镜像副本

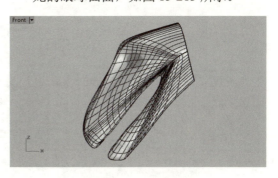

图 13-213 创建圆球体

575

⑪ 选取圆球体，隐藏其余的曲面。执行菜单栏中的【曲线】|【自由造型】|【控制点】命令，在 Front 视图中创建几条曲线，作为眼睑曲面的轮廓曲线。然后显示这些曲线的控制点，在 Right 视图中调整曲线的形状，如图 13-214 所示。

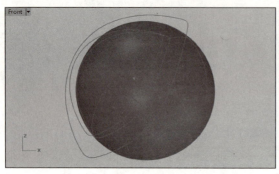
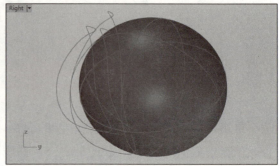

图 13-214　创建控制点曲线

⑫ 执行菜单栏中的【曲面】|【放样】命令，依次选取曲线 1、曲线 2、曲线 3，单击鼠标右键确认。在弹出的对话框中调整相关的参数，最后单击【确定】按钮，完成放样曲面的创建。在 Perspective 视图中进行查看，如图 13-215 所示。

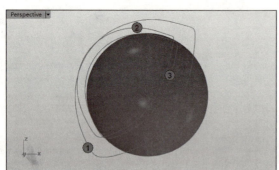
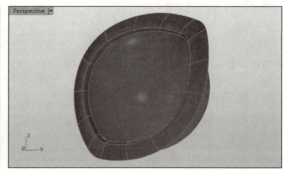

图 13-215　创建放样曲面

⑬ 显示头部曲面，执行菜单栏中的【曲线】|【自由造型】|【控制点】命令，在 Front 视图中创建一条曲线，如图 13-216 所示。

⑭ 执行菜单栏中的【编辑】|【修剪】命令，在 Front 视图中以新创建的曲线 1 剪切曲线内的头部曲面，结果如图 13-217 所示。

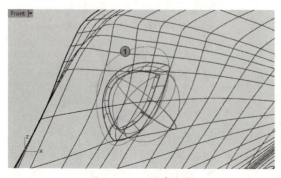

图 13-216　创建曲线　　　　　　　　　图 13-217　修剪曲面

⑮ 执行菜单栏中的【曲面】|【混接曲面】命令,然后在 Perspective 视图中选取剪切曲面的边缘以及眼睑曲面的边缘,单击鼠标右键确认。在弹出的对话框中设置相应的参数,单击【确定】按钮,完成混接曲面的创建,如图 13-218 所示。

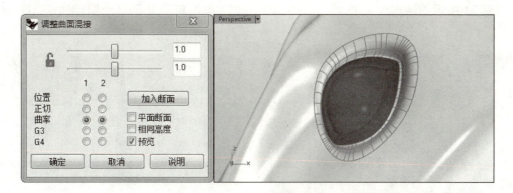

图 13-218　创建混接曲面

⑯ 对另一侧的头部曲面做相同的处理(也可删除原有的那一侧曲面,将添加完眼部细节的曲面镜像复制以创建另一侧曲面),最终整个头部曲面的效果如图 13-219 所示。

图 13-219　镜像复制曲面

⑰ 执行菜单栏中的【曲面】|【曲面编辑工具】|【衔接】命令,依次选取两个曲面的相接边缘,单击鼠标右键确认。在弹出的对话框中调整曲面间的【连续性】为【曲率】,单击【确定】按钮,完成曲面间的衔接,如图 13-220 所示。

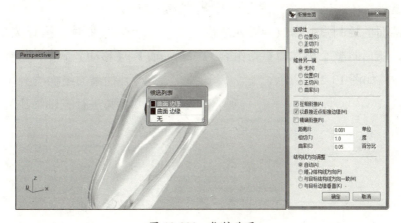

图 13-220　衔接曲面

⑱ 执行菜单栏中的【曲线】|【从物件建立曲线】|【抽离结构线】命令，选取下颚曲面，移动光标，在曲面上选取如图13-221所示的结构线。

⑲ 执行菜单栏中的【实体】|【圆锥体】命令，在 Top 视图中确定圆锥体底面的大小，在 Front 视图中控制圆锥体的高度，最后单独显示这个圆锥体，如图 13-222 所示。

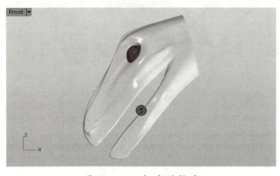

图 13-221　抽离结构线

图 13-222　创建圆锥体

⑳ 执行菜单栏中的【编辑】|【炸开】命令，将圆锥体曲面炸开为几个单一曲面。然后执行菜单栏中的【编辑】|【重建】命令，重建圆锥曲面，使其有更多的控制点可供编辑，如图 13-223 所示。

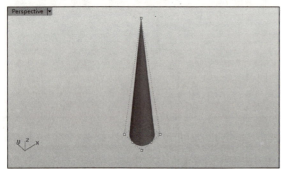

图 13-223　重建圆锥体曲面

㉑ 调整圆锥面的控制点，修改为恐龙牙齿的形状，随后将整个圆锥体重新组合为一个实体，如图 13-224 所示。

㉒ 显示头部曲面，执行菜单栏中的【变动】|【移动】命令，将整个圆锥体旋转移动到抽离的结构线上（如果大小不合适可将其进行三轴缩放），如图 13-225 所示。

图 13-224　调整圆锥体曲面

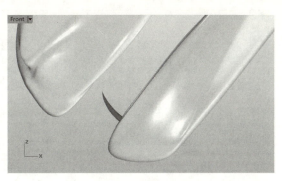

图 13-225　移动圆锥体

㉓ 执行菜单栏中的【变动】|【阵列】|【沿着曲线】命令,将小圆锥体沿抽取的结构线创建阵列,如图 13-226 所示。

㉔ 执行菜单栏中的【变动】|【镜像】命令,选取所有的牙齿曲面,在 Top 视图中将它们以头部中轴线为镜像轴创建牙齿曲面的副本,如图 13-227 所示。

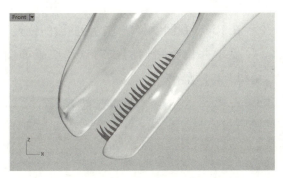

图 13-226　创建阵列

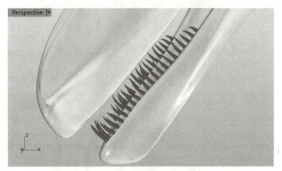

图 13-227　创建镜像副本

㉕ 以同样的方法,为恐龙头部添加上侧的牙齿曲面。为了构造出牙齿的多样性,可对一些牙齿的控制点进行移动,完成恐龙牙齿曲面的创建,如图 13-228 所示。

图 13-228　牙齿曲面创建完成

㉖ 显示恐龙的主体曲面,执行菜单栏中的【曲面】|【混接曲面】命令,选取图中的两条边缘曲线,单击鼠标右键确认。在弹出的对话框中调整混接参数,单击【确定】按钮,完成头部曲面与主体曲面的混接,如图 13-229 所示。

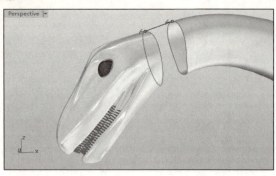 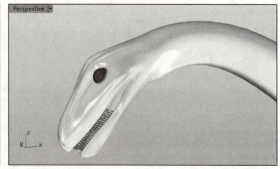

图 13-229　恐龙头部曲面创建完成

13.3.3　创建恐龙腿部曲面

由于腿部曲面有着相同的建模思路以及建模方法，因此这里以一条腿部的曲面建模为主要讲解对象，其他的腿部曲面可参照完成。

① 执行菜单栏中的【曲线】|【自由造型】|【控制点】命令，在 Front 视图中创建其中一条腿部的轮廓曲线，如图 13-230 所示。

② 在 Right 视图中移动这几条曲线的位置，显示并调整它们的控制点，结果如图 13-231 所示。

图 13-230　创建轮廓曲线　　　　　　　图 13-231　调整曲线

③ 执行菜单栏中的【曲线】|【断面轮廓线】命令，依此选取腿部轮廓曲线 1、曲线 2、曲线 3、曲线 4，单击鼠标右键确认，在 Front 视图中创建几条断面轮廓曲线，如图 13-232 所示。

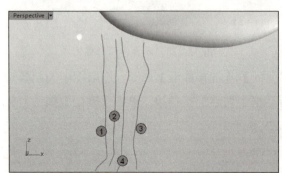 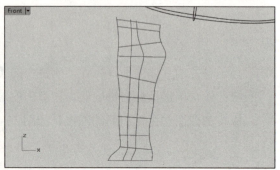

图 13-232　创建断面轮廓线

④ 执行菜单栏中的【曲面】|【放样】命令，依此选取图中的断面曲线，单击鼠标右键确认。在弹出的对话框中设置相关的参数，单击【确定】按钮，完成腿部曲面的创建。之后，开启曲面的控制点，对曲面进行微调，结果如图 13-233 所示。

⑤ 执行菜单栏中的【曲线】|【圆】|【中心点、半径】命令，单击命令提示行中的【可塑形的（D）】选项，在 Front 视图中创建一条圆形曲线，然后显示它的控制点并移动，结果如图 13-234 所示。

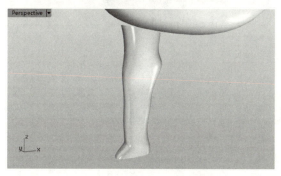

图 13-233 创建放样曲面

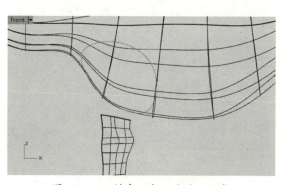

图 13-234 创建可塑形的圆形曲线

⑥ 执行菜单栏中的【编辑】|【修剪】命令，在 Front 视图中，以新创建的曲线对恐龙主体曲面进行剪切，剪去曲线所包围的那部分曲面，如图 13-235 所示。

图 13-235 修剪曲面

⑦ 执行菜单栏中的【曲面】|【混接曲面】命令，选取图中的两条边缘曲线，单击鼠标右键确认，在弹出的对话框中调整两条边缘曲线的混接参数，最后单击鼠标右键确认，混接曲面完成创建，如图 13-236 所示。

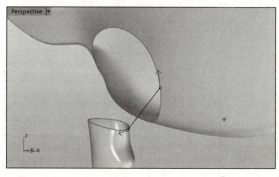

图 13-236 创建混接曲面

⑧ 为了使腿部连接曲面显得更为丰富，显示混接曲面的控制点，然后进行移动，使模型更为生动，如图13-237所示。

⑨ 执行菜单栏中的【曲面】|【平面曲线】命令，在Perspective视图中选取腿部下侧边缘曲线，单击鼠标右键确认，创建一个曲面对腿部曲面进行封口，如图13-238所示。

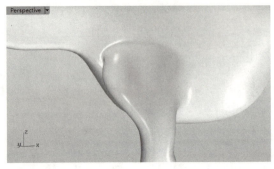

图 13-237 调整曲面

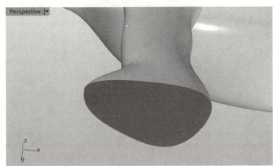

图 13-238 封闭腿部曲面

⑩ 接下来创建脚趾部分曲面。执行菜单栏中的【曲线】|【自由造型】|【控制点】命令，在Front视图中创建一条曲线，如图13-239所示。

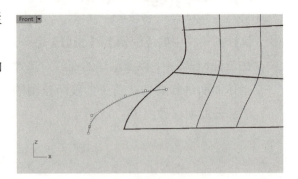

图 13-239 创建曲线

⑪ 在Top视图中移动刚创建的曲线，然后再次执行菜单栏中的【曲线】|【自由造型】|【控制点】命令，以曲线1的端点为起始点创建曲线2，如图13-240所示。

⑫ 执行菜单栏中的【变动】|【镜像】命令，在Top视图中以曲线1为镜像轴为曲线2创建镜像副本曲线3，如图13-241所示。

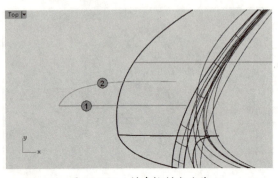

图 13-240 创建控制点曲线

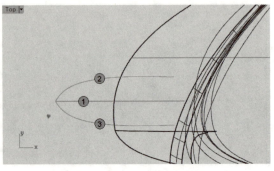

图 13-241 创建镜像副本

⑬ 执行菜单栏中的【曲线】|【放样】命令,依次选取曲线 2、曲线 1、曲线 3,单击鼠标右键确认。在弹出的对话框中调整相关的参数,最后单击鼠标右键确认,如图 13-242 所示。

 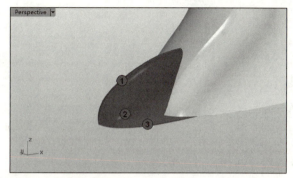

图 13-242　创建放样曲面

⑭ 执行菜单栏中的【编辑】|【重建】命令,选取新创建的放样曲面,单击鼠标右键确认。在弹出的对话框中设置重建的 U、V 参数,单击【确定】按钮,完成曲面的重建,如图 13-243 所示。

⑮ 显示曲面的控制点,并在 Front 视图中调整控制点位置,在 Perspective 视图中观察整个曲面的变化,如图 13-244 所示。

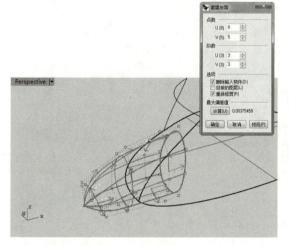 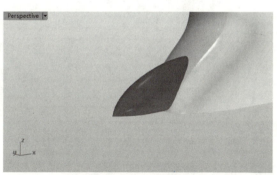

图 13-243　重建曲面　　　　　　　　图 13-244　调整曲面

⑯ 将创建好的脚趾曲面在 Top 视图中进行旋转复制,缩放它们的大小并分配到脚部的不同位置,结果 13-245 所示。

⑰ 使用类似的方法创建出其余的腿部曲面,在 Perspective 视图中进行旋转查看,并进行调整,如图 13-246 所示。

图 13-245　旋转复制脚趾曲面

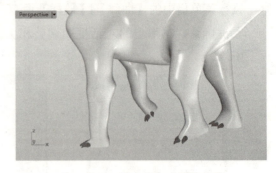

图 13-246　创建其余的腿部曲面

⑱ 至此，整个恐龙模型创建完成，显示所有的曲面，在 Perspective 视图中进行着色显示，隐藏构建曲线，并旋转查看，如图 13-247 所示。

图 13-247　恐龙模型创建完成